Fachwissen Logistik

Reihe herausgegeben von
K. Furmans
Karlsruhe, Deutschland

C. Kilger
Saarbrücken, Deutschland

H. Tempelmeier
Köln, Deutschland

M. ten Hompel
Dortmund, Deutschland

T. Schmidt
Dresden, Deutschland

Kai Furmans · Christoph Kilger
Hrsg.

Betrieb von Logistiksystemen

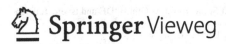

Hrsg.
Kai Furmans
Institut für Fördertechnik und Logistiksysteme
Karlsruher Institut für Technologie
Karlsruhe
Deutschland

Christoph Kilger
Ernst & Young GmbH
Wirtschaftsprüfungsgesellschaft
Saarbrücken
Deutschland

Fachwissen Logistik
ISBN 978-3-662-57942-8   ISBN 978-3-662-57943-5 (eBook)
https://doi.org/10.1007/978-3-662-57943-5

Die Deutsche Nationalbibliothek verzeichnet diese Publikation in der Deutschen Nationalbibliografie; detaillierte bibliografische Daten sind im Internet über http://dnb.d-nb.de abrufbar.

Springer Vieweg ist ein Imprint der eingetragenen Gesellschaft Springer-Verlag GmbH, DE und ist ein Teil von Springer Nature.
Die Anschrift der Gesellschaft ist: Heidelberger Platz 3, 14197 Berlin, Germany

Inhaltsverzeichnis

Projektabwicklung in der Logistik

Michael Glass

1.1 Projektanforderungen

Anforderungen an jedes Logistiksystem verändern sich im Laufe der Zeit. Das System muss an diese Anforderungen angepasst werden, Technik oder Abläufe stehen zur Disposition. Je automatisierter das Logistiksystem desto wahrscheinlicher werden umfangreiche Umbauten bis hin zu einer Neuerrichtung erforderlich, um die Anforderungen zu erfüllen. Auch das Erreichen der Lebensdauergrenze eines existierenden Systems oder dessen Komponenten können Auslöser für solche Maßnahmen sein. Um- und Neubauten werden in industriellen Kundenprojekten abgewickelt.

In einem industriellen Kundenprojekt entsteht ein neues Materialflusssystem. Dies kann die Integration oder Änderung eines bestehenden Systems beinhalten. Mittels dieses Materialflusssystems will der Auftraggeber die wesentlichen intralogistischen Aufgaben seines Geschäftes erfüllen. Ein Projekt dieser Art stellt i.d.R. eine größere Investition dar, so dass auch die strategische Positionierung des Auftraggebers durch die gewählte Lösung über längere Zeit beeinflusst wird. Wettbewerbsvorteile, welche der Anlagenbetreiber mittels seines Logistiksystems erzielen kann, können nicht ohne weiteres durch Mitbewerber aufgeholt werden. Der Fokus des Auftraggebers liegt darauf, ein anforderungsgerechtes Materialflusssystem innerhalb der Budgetgrenzen zu erhalten. Der Auftraggeber wird die Anforderungen in Ausschreibungsunterlagen formulieren und veröffentlichen. Für potenzielle Auftragnehmer entsteht dadurch das Kundenprojekt.

Bei der Beschreibung der Anforderung verfolgt der Auftraggeber mehrere Zielstellungen. Zuerst soll Vergleichbarkeit der Angebote hergestellt werden. Hierfür erstellt der Auftraggeber ein detailliertes Leistungsverzeichnis und gibt ein Anlagenlayout vor.

M. Glass (✉)
Siemens AG, Karl-Legien-Straße 190, 53117 Bonn, Deutschland
e-mail: glass.michael@siemens.com

© Springer-Verlag GmbH Deutschland, ein Teil von Springer Nature 2019
K. Furmans, C. Kilger (Hrsg.), *Betrieb von Logistiksystemen*, Fachwissen Logistik,
https://doi.org/10.1007/978-3-662-57943-5_1

Dieser Ansatz verlangt nicht nur die Beschreibung der Anforderungen sondern bereits eine detaillierte Beschreibung der Lösung. Hierfür muss der Auftraggeber selbst Know-how beisteuern. Diese Form der Ausschreibung herrscht dann vor, wenn der Auftraggeber das maßgebliche System- und Prozesswissen besitzt.

Eine vorgegebene Lösung wird jedoch nicht die spezifischen Stärken der Auftragnehmer berücksichtigen können und deshalb nicht zur bestmöglichen Lösung führen. Die Alternative besteht deshalb darin, den Anlagenzweck inklusive Leistungsanforderungen zu definieren. Man spricht dann von einer funktionalen Ausschreibung. Hierbei können einzelne Teile dennoch detailliert vorgegeben sein, wodurch Mischformen entstehen. Letztlich möchte der Auftraggeber auch Vertrauen gewinnen, dass die angeboten Lösungen termingerecht fertiggestellt und die Anforderungen erfüllen werden.

Um Vergleichbarkeit zu wahren und dennoch eine möglichst performate Lösung zu erhalten, ist praktisch auch üblich, dass ein Auftraggeber mit Leistungsverzeichnis ausschreibt, aber dennoch von dieser Vorgabe abweichende Angebote akzeptiert und beauftragt. Für den Auftragnehmer im Wettbewerb bedeutet dies eine signifikante Erhöhung des Aufwandes, da mehrere Lösungen parallel erstellt und bewertet werden müssen.

Industrielle Kundenprojekte im Logistikbereich sind durch scharfen Wettbewerb gekennzeichnet. Gleichzeitig werden innerhalb kurzer Angebotsfristen komplexe Systeme mit zahlreichen Abhängigkeiten ausgelegt, wobei Risiken entsprechend schwer zu bewerten sind. In diesem Umfeld entscheidet oft das Projektmanagement und die Beherrschung der Risiken über Erfolg oder Misserfolg.

1.2   Projektphasen und Meilensteine

Jedes Kundenprojekt hat einen typischen Lebenszyklus. Innerhalb der Phasen dieses Lebenszyklus sind sehr unterschiedliche Aufgaben zu bearbeiten und Entscheidungen zu treffen. Bei einzelnen Meilensteinen wird auch über die Fortführung des Projektes befunden. Grob wird ein Gesamtprojekt in die Akquisitionsphase und in die Realisierungsphase eingeteilt. Diese Projektphasen werden typischerweise als eigenständige Projekte geführt.

Innerhalb der Hauptphasen werden weitere Phasen unterschieden, welche jeweils durch einen Meilenstein abgeschlossen werden (Meilensteinmodell). Je größer und anspruchsvoller das Projekt, desto mehr Phasen werden formell verfolgt. Abb. 1.1 zeigt ein Meilensteinmodell mit 6 Phasen, welches für kleine bis mittelgroße Anlagenprojekte angemessen

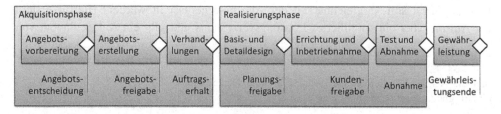

Abb. 1.1 Meilensteinmodell

ist. Bei größeren Projekten ist auch mehr als die doppelte Anzahl Phasen und Meilensteine üblich (s. folgende Abschnitte).

Üblicherweise überschneiden sich die einzelnen Phasen nicht. In der Realisierungsphase verfolgt das Projektmanagement jedoch mitunter Phasen für Anlagenteile bzw. Teilsysteme separat und das Projektteam bearbeitet diese parallel. Für jede Phase sind die zu erzielenden Ergebnisse definiert. Ob eine Phase erfolgreich abgeschlossen und der Meilenstein erreicht ist, wird anhand einer spezifischen Checkliste pro Meilenstein überprüft. Die Projektleitung schließt jede Phase durch die formelle Erklärung der Erreichung des entsprechenden Meilensteins ab.

1.2.1 Akquisitionsphase

1.2.1.1 Angebotsvorbereitung

Bevor aus einem Angebot eines Auftraggebers ein Kundenprojekt entsteht, wird auf Leitungsebene eine Entscheidung getroffen, ob der Auftrag verfolgt und an der Erstellung eines Angebotes gearbeitet werden soll. Die Auswahl erfolgt nach Betrachtung und Abwägung der Projektattraktivität mit den Projektrisiken. Nicht immer ergibt sich in dieser Phase für jedes Kriterium bereits ein eindeutiges Bild. Attraktivitätsfaktoren, welche für die Abgabe eines Angebotes sprechen, sind:

- voraussichtlich erzielbare Marge
- Erhöhung der Kapazitätsauslastung
- Übereinstimmung der Projektsituation mit der strategischen Ausrichtung

Die voraussichtlich erzielbare Marge wird von Ertrag und Aufwand bestimmt. Zur Einschätzung der Ertragsseite werden neben der Marktsituation vorgegebene Budgets und die Wettbewerbssituation, welche den erzielbaren Preis positiv oder negativ beeinflussen können, betrachtet. Auf der Kostenseite ist neben Skaleneffekten eine hohe Abdeckung der Anforderungen durch bereits erprobte, vorhandene Lösungen maßgeblich. Dies erhöht die Effizienz der Angebotserstellung, senkt Engineeringkosten und reduziert Risiken und Unwägbarkeiten bei der Ausführung.

Hat der Auftragnehmer freie Kapazitäten, wird er versuchen durch Erwerb des Projektes positive Deckungsbeiträge zu erzielen.

Selbst wenn andere Faktoren dagegen sprechen, kann besondere Übereinstimmung der Projektsituation mit der strategischen Ausrichtung des Unternehmens für die Erstellung eines Angebotes sprechen. Damit sollen z. B. Marktanteile hinzugewonnen oder innovative Technologien erschlossen werden.

Den Attraktivitätsfaktoren stehen Projektrisiken gegenüber:

- Projektvolumen
- Abweichungen zwischen Kundenspezifikation und Portfolio, technologische Lücken
- Projektsetup

Das Projektvolumen darf einen bestimmten Anteil des Gesamtvolumens des Geschäftsbetriebes des Auftragnehmers nicht übersteigen, damit Projektrisiken nicht den Fortbestand des Auftragnehmers gefährden.

Mechatronische Lösungen für einzelne Prozessschritte werden im Folgenden *Designs* genannt. Nur selten kann das Portfolio bekannter, bewährter Designs des Auftragnehmers die Projektanforderungen vollständig abdecken. Das Portfolio muss abgeändert oder ergänzt werden. Am einfachsten beherrschbar sind geringfügige Änderungen an einzelnen oder allen Designs des bestehenden Portfolios. Bei massenhafter Anwendung dieser geänderten Designs muss besonderes Augenmerk auf die Kostenbetrachtung der Änderungen gelegt werden. Größere technische Risiken entstehen, wenn neue Designs oder Technologien geschaffen bzw. integriert werden müssen. Hierbei kann nicht mehr auf Erfahrungswerte zurückgegriffen werden und die allgemeine Anwendbarkeit existierender Annahmen, Konzepte, Prozesse und Werkzeuge muss hinterfragt werden.

Eine Möglichkeit, Projektrisiken zu begegnen, besteht darin, zur Abwicklung des Projektes Partnerschaften einzugehen oder Konsortien zu bilden. Während diese Vorgehensweise zwar Risiken wegen des Projektvolumens oder technologischer Lücken verringert, entstehen andere Risiken durch zusätzliche organisatorische oder technische Schnittstellen und Kommunikationsbedarf. Das Projektvolumen kann grundsätzlich vertikal durch Trennung nach Teilanlagen bzw. -systemen oder horizontal nach Disziplinen oder Gewerken aufgeteilt werden. Abb. 1.2 stellt vertikale und horizontale Projektaufteilung gegenüber.

Die horizontale Aufteilung ist wesentlich problematischer als die vertikale Aufteilung. Während bei der vertikalen Aufteilung die Anzahl zusätzlicher Schnittstellen begrenzt bleibt entstehen diese bei der horizontalen Aufteilung in praktisch allen Systembereichen. Designbaukästen, welche eine solche Projektaufteilung berücksichtigen, liegen i.d.R. nicht vor, wodurch sich der Aufwand, die Systemlösung zu erstellen sowie die Risiken zu erkennen und zu bewerten, erheblich erhöht. Medienwirksame Fehlschläge der Vergangenheit finden ihre Ursache oft in unzureichender Berücksichtigung der zusätzlichen Projektschnittstellen und Risiken bei dieser Art der Aufteilung. Diese sollte nur bei eingespielten Partnerschaften gewählt werden oder auf Kompatibilität der Kulturen achten und die zusätzlichen Risiken und Aufwände explizit berücksichtigen. Noch am besten

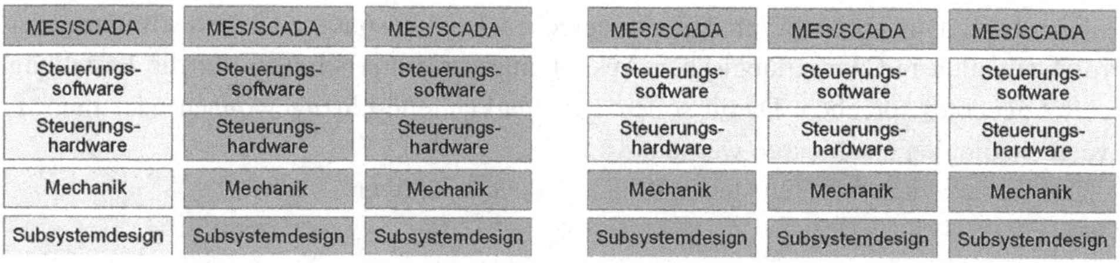

Abb. 1.2 Vertikale und horizontale Projektaufteilung (Beispiel)

bewährt hat sich bei der horizontalen Aufteilung, wenn ein Partner die Mechanik nebst der Sensorik und Aktorik im Feld übernimmt, während sich der andere auf Prozess- und Systemdesign, sowie die Steuerung konzentriert.

Steuert das Kundenprojekt auf die Erstellung eines Angebotes zu, erfolgt eine Klassifizierung des Projektes. Diese Klassifizierung erfolgt primär nach Projektvolumen. Diese Klassifikation bestimmt für das Projekt:

- Art und Anzahl der betrachteten Meilensteine bzw. Projektphasen
- vorhandene Rollen und Verantwortungsbereiche
- Freigabevorschriften für die Meilensteine
  - Detailtiefe der Checklisten
  - Organisationsebene und Kreis der Freigabe
- Berichts- und Dokumentationspflichten

Die Angebotserstellung wird i.d.R. als eigenständiges Projekt geführt. Vor Beginn der Angebotserstellung werden zuletzt die Projektrollen für die Erstellung des Angebots besetzt, insbesondere ernennt man den Angebotsprojektleiter.

Fällt die Abwägung der Attraktivitätsfaktoren mit der Projektrisiken positiv aus und ist die Meilensteincheckliste abgehakt, tritt das Projekt mit Erklärung des Meilensteins "Angebotsentscheidung" in die Phase der Angebotserstellung über.

1.2.1.2 Erstellung des Angebotes

Die zwei wesentlichen Aufgaben der Angebotserstellung sind Finden und Beschreiben eines Systemdesigns und dessen Umsetzung, sowie Bewerten dieser Lösung hinsichtlich Risiko, Leistung und Kosten. Dabei ist die Angebotserstellung durch die bis zur Angebotsangabe zur Verfügung stehende Zeit sowie das Budget für die Angebotserstellung begrenzt. Die Komplexität von Logistiksystemen mit ihren zahlreichen Interdependenzen erzwingt insbesondere bei mittelgroßen und großen System eine erhebliche Detailtiefe der Beschreibung von Konzepten und Lösungen, um fundierte Leitungsaussagen treffen und die Risiken beherrschen zu können. Die folgenden Ausführungen gehen von einer funktionalen Ausschreibung aus. Wurde bereits vom Auftraggeber ein Design beschrieben, reduziert sich der Umfang der Designaufgaben entsprechend.

Das Finden und Beschreiben eines Systemdesigns hat zwei Facetten: Eine ist auf die Beschreibung der Lösung in Form von Prozessplänen, Anlagenplänen und -layouts, Materiallisten, Betriebs- und Nutzungskonzepten, sowie Leistungsaussagen ausgerichtet. Die andere Facette ist auf die Planung und Umsetzung des Projektes zur Erstellung der Lösung ausgerichtet. Nicht selten behält sich der Auftraggeber vor, auch Teile der internen Planung zum Bestandteil der Angebotsunterlagen zu machen, um die prozesstechnische Reife und Erfahrung des Anbietenden zu beurteilen.

Zu Beginn der Angebotserstellung findet eine Phase der Anforderungsklärung statt, um die Anforderungen zu präzisieren, potentielle Missverständnisse auszuräumen und Lösungsmöglichkeiten auszuloten.

1.2.1.3 Modulbaukasten und Layouterstellung

Wesentlich für die Erstellung wettbewerbsfähiger Angebote im Logistikumfeld sind vorhandene, standardisierte Designs vom Einzelförderer bis hin zum Subsystem in einem Modulbaukasten. I.d.R. ist es weder effizient noch zeitlich möglich, eine angebotsreife Lösung innerhalb des vorgegebenen Rahmens vom Grund auf zu erstellen. Als einfachste Form eines Modulbaukastens kann der Fundus der vergleichbaren Altprojekte dienen. Das zu erstellende Angebot wird unter Verwendung vorhandener Dokumente und Daten zusammenkopiert. Bei dieser Verfahrensweise muss explizit verfolgt werden, ob sich die wiederverwendeten Designs im Altprojekt tatsächlich bewährt haben und ob die Annahmen der Altprojekte übertragbar sind. Weiterhin kann der Nachnutzer nicht ohne weiteres erkennen, ob ein Altdesign grundsätzlich vorteilhaft oder nur durch die Restriktionen des Altprojektes erzwungen worden war. Abhilfe schafft ein In-house-Standardbaukasten, welcher ausschließlich erprobte, vorteilhafte Designs enthält. In manchen Anwendungsbereichen (z. B. Automobilindustrie) wird ein Standard auch derart detailliert vom Auftraggeber vorgegeben, dass dem Auftragnehmer nur wenig Raum für eigene Lösungen bleibt (Branchen- oder Auftraggeber-Standard).

Der Modulbaukasten mit den Designs beschreibt Lösungen der Geräte bzw. Maschinenebene, über Funktionsgruppen bis hin zu Subsystemen (s. Abb.1.3). Die Designs sind beschrieben durch

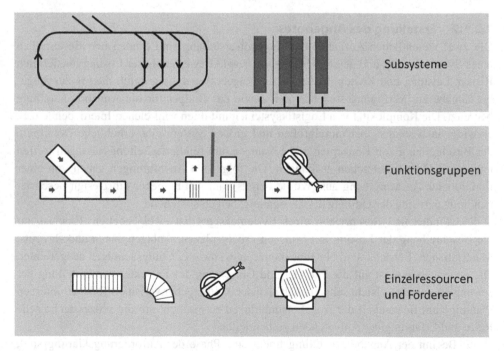

Abb. 1.3 Modulbaukasten

- *Parameter und Kenngrößen.* Die Designs sind so gestaltet, dass Kenngrößen (z. B. Sortierleistung) bekannt sind. Dabei können die Designs parametrierbar sein, so dass ein bestimmter Satz Parameter – eine Konfiguration – bekannte Kenngrößen liefert. Nur eine mechatronisch interdisziplinäre Beschreibung, welche Betriebsparameter, Mechanik, Sensorik und Software beinhaltet, gewährleistet Reproduzierbarkeit.
- *Produkte.* Komponenten von Designs können als Platzhalter beschrieben oder als konkrete Produkte angegeben sein. Sind Produkte festgelegt, sind auch für die Angebotsdokumentation benötigte Unterlagen (z. B. CE-Erklärungen, Installations- uns Wartungsanweisungen, Ersatzteillisten) bereits vorhanden. Die Produktions- bzw. Lieferbeziehungen und -konditionen sind erprobt und bekannt. Einerseits vermindert dies Risiken und Aufwände in einer späteren Designphase. Andererseits führen festgelegte Produkte zu einer erhöhten Wahrscheinlichkeit, dass die Standarddesigns in Widerspruch zur Angebotsspezifikation stehen und angepasst werden müssen.
- *Kosten.* Für Standarddesigns sind die Beschaffungskosten bekannt, wodurch sich die Kalkulation auf die Ermittlung des Mengengerüstes reduziert. Über die Beschaffungskosten hinaus liegen auch Daten zu Installations- und Inbetriebnahmeaufwand in verschiedenen Einsatzszenarien vor. Dabei handelt es sich um wichtige Basisdaten für die Projektplanung. Erfahrung im Umgang mit dem Design hilft Risiken frühzeitig zu erkennen und zu vermeiden. Bei sehr weit standardisierten Lösungen und entsprechenden Erfahrungsdaten, können dann auch stark vereinfachte Kalkulationsansätze gewählt werden (z. B. Kosten/Meter Fördertechnik).
- *Daten für Engineering- und Planungssoftware.* Um das Angebot effizient erstellen zu können sind die bisher aufgeführten Informationen datentechnisch hinterlegt. Typische Daten sind
  - CAD-Daten für Layouterstellung
  - Kalkulationsdaten
  - Simulationsbausteine
  - Textbausteine für Angebotstexte
  - Lieferantendaten

Der Baukasten ist so gestaltet, dass Detailtiefe und Abdeckung der Designs den für die Angebotserstellung notwendigen Detailgrad aufweisen und gleichzeitig möglichst flexibel anwendbar sind.

Nicht alle Projektanforderungen können mit einem Standardbaukasten abgedeckt werden. Welche Portfoliolücken bestehen, ergibt sich vor und in Einzelfällen während der Layouterstellung. Diese Portfoliolücken müssen durch Anpassung existierender Designs oder neue Designs geschlossen werden. Projektspezifische Designs müssen im Baukasten deutlich von Standardlösungen unterscheidbar sein und können ggf. später in einem separaten Prozess als Standarddesign aufgenommen werden. Auch für die projektspezifischen Designs müssen die o.g. Informationen beschafft bzw. Daten erstellt werden.

Vor der eigentlichen Layouterstellung steht die Gestaltung des Prozesses. Hierbei wird das Gesamtsystem in Subsysteme aufgeteilt. Dabei werden bereits erste räumliche Gegebenheiten und Restriktionen berücksichtigt. Die Leistungsanforderungen präzisiert eine Materialflussmatrix. Ggf. sind Verbindungs- und Prozesszeitvorgaben zu betrachten. Im nächsten Schritt wird jedes Subsystem bis auf Linienebene in einem Materialfluss-plan detailliert. Daraus ergibt sich bereits eine Vorauswahl anwendbarer Funktionsgrup-pen. Weiterhin können nun steuerungstechnische Konzepte betrachtet werden. Letztlich müssen Linien und Prozessschritte durch physische Designs realisiert (Geräte, Maschinen und Fördertechnik) und diese im Layout verortet werden. Dabei werden für die Gesamt-lösung Standarddesigns, projektspezifische Designs und von Partnern bzw. potentiellen Lieferanten beigesteuerte Designs integriert.

Das Anlagenlayout ist die Grundlage für weitere Schritte der Angebotserstellung, wie der Detaillierung des Projektstrukturplans, der Simulation und weiterer Engineeringauf-gaben wie Ergonomie- und Sicherheitsbewertungen. Auf Basis des Layouts erfolgt auch die Detaillierung der automatisierungstechnischen Lösung und die Planung von bau- und gebäudetechnischen Leistungen, z. B. SPS-Typen und -Anzahl, Stahlbaubühnen etc. Das Layout ist dadurch die Grundlage für das gesamte Mengengerüst des Angebots.

1.2.1.4   Planung und Kalkulation

Bei der Umsetzungsplanung werden die Art und Reihenfolge der notwendigen Vorgänge, sowie die dafür benötigten Ressourcen bestimmt. Dazu wird die Gesamtaufgabe in einem *Projektstrukturplan* (s. Abschn. 1.3.1) in Teilaufgaben bis auf Ebene von Arbeitspaketen gegliedert. Zuerst erfolgt die Strukturierung dabei meist funktional, d. h. sie ist an Gewer-ken ausgerichtet. Die nächsten Ebenen sind objektorientiert und folgen der technische Strukturierung der Anlage, so wie diese für die Layouterstellung erfolgte. Auf unterster Ebene wird ggf. noch zeitlich nach Bau- oder Installationsphasen unterschieden.

Im weiteren Projektverlauf wird der Projektstrukturplan durch Projektleitung und Con-trolling direkt für die Verfolgung des Projektes aus kaufmännischer Sicht verwendet.

Den Arbeitspaketen werden Vorgänge und Ressourcen zugeordnet. Die Vorgänge werden in einem Ablauf angeordnet, terminiert, und dann mit den Kapazitäten abgeglichen und die einzelnen Vorgänge werden terminiert. Als Methode kommt die *Netzplantechnik* zum Einsatz. Abb. 1.7 stellt einen exemplarischen Netzplan für die Phase der Angebotser-stellung dar. Die Netzplantechnik ist in Abschn. 1.3.2 näher beschrieben.

Aus der Ressourcenzuordnung und der Terminierung der Vorgänge werden Lieferkon-zepte abgeleitet und Make-or-Buy-Entscheidungen getroffen. Der Projekteinkauf fragt bereits zu diesem Zeitpunkt wesentliche Zulieferungen an oder reserviert Kapazitäten, wodurch die Projektkosten präzisiert und Risiken der Beschaffung verringert werden.

1.2.1.5   Risikobewertung und Simulation

Ob das geplante System die Kundenanforderungen erfüllen kann, lässt sich bei kom-plexen Logistiksystemen auch trotz der vorangegangenen Planungsschritte nicht ohne weiteres bestätigen. Das gilt insbesondere in dynamischen Lastsituationen oder bei komplexen Auftragssteuerungen. Um die Anlagenfunktionalität zu bestätigen, die Konzepte zu validieren und die Leistungsaussagen abzusichern werden Simulationsuntersuchungen eingesetzt. Oft sind Ergebnisse von Simulationsuntersuchungen oder die Simulationsmodelle selbst bereits explizit Bestandteil der Kundenanforderungen, sowohl für Angebot als auch für die Realisierung. Die Simulation ist ein eigenständiges Gewerk und kann sowohl intern ausgeführt als auch an Dienstleister vergeben werden. Für die Inhouse-Lösung sprechen die besondere Prozesskenntnis und einfachere Kommunikation, Know-how-Schutz sowie vorhandene Simulationsbausteine. Interne Simulation setzt das Vorhandensein eigener Simulationsexperten voraus und kann etwas schneller zu Ergebnissen führen. Für externe Simulationsuntersuchungen spricht die zusätzliche externe Expertise, welche so ins Projekt eingebracht wird, und die Flexibilität hinsichtlich der Simulationskapazität.

Ein Simulationsmodell wird bei entsprechender Gestaltung auch für die Erstellung von Marketing- und Kommunikationsmaterialien (z. B. Videos) verwendet.

In einem komplexen Logistikprojekt bestehen nicht nur Risiken aus Anlagengestaltung und -betrieb, sondern auch allgemeine Geschäftsrisiken, deren Erfassung und Bewertung für die interne Freigabe von Bedeutung ist. Größere Projekte besetzen eine eigene Rolle für das Management von Chancen und Risiken und eine Risikoanalyse ist für Projekte vorgeschrieben.

1.2.1.6 Freigabe

Nach Abschluss der Angebotserstellung durchläuft das Angebot einen je nach Projektvolumen und -risiko (Klassifikation) mehr oder minder umfangreichen Freigabeprozess, während dessen das Projekt dem Management präsentiert wird. Das Management erklärt die Freigabe des Angebotes, worauf dieses an den Auftraggeber übermittelt werden darf (Meilenstein Angebotsfreigabe).

Nach der Übermittlung des Angebotes wird verhandelt. Im Erfolgsfall endet diese Phase mit dem Zuschlag des Projektes und geht in die Realisierungsphase über. Andernfalls wird das Angebot geschlossen und man analysiert die Ursachen für den nicht erfolgten Zuschlag.

1.2.2 Realisierungsphase

1.2.2.1 Projektvorbereitung

Im Zeitraum zwischen Zuschlag und Projektstart sind eine Reihe von Vorbereitungen für die Ausführung des Projektes zu treffen.

Projektleitung und Projektteam werden nominiert. Die Anforderungen an die Qualifikation der Projektleitung und die zu besetzenden Rollen werden wiederum durch die Klassifikation des Projektes determiniert. Im Projekt werden folgende Rollen besetzt:

Projektleiter, Projektkaufmann, technische(r) (Teil-)Projektleiter, Qualitätsmanager, Bauleiter, Terminplaner, Projekteinkäufer, Projektcontroller, Vertragsmanager, Forderungsmanager und Änderungsmanager. Bei Bedarf werden Experten für Finanzierungs-, Rechts-Steuer, oder Delegationsfragen hinzugezogen. In kleineren Projekten haben die einzelnen Projektteilnehmer jeweils mehrere Rollen.

Während der Projektvorbereitung werden Verhandlungsergebnisse in die Projektunterlagen und die Projektplanung integriert. Typische Änderungen sind Anpassungen des Leistungsumfangs mit Definition von Optionen oder terminliche Anpassungen. Eine größere Änderung des Projektsetups erfolgt, wenn nach Auftragsvergabe Partner für Teilsysteme (z. B. Sorter oder Hochregallager) gewechselt werden. Wenn Subsystemlieferant A exklusiv zusammen mit Anbieter B auftrat, aber C den Zuschlag erhielt, kann nun A in Einvernehmen mit dem Auftraggeber oder auf dessen Wunsch in die Lösung von C eingebunden werden.

Der aktualisierte Projektstrukturplan wird spätestens jetzt in Software zur kaufmännischen und terminlichen Projektverfolgung abgebildet. Es erfolgt die Auftragseingangskalkulation, welche die Basis für die fortlaufende Kalkulation (Mitkalkulation) während des Projektes bildet (s. auch Abschn. 1.3.3 und Abb.1.8).

1.2.2.2 Designphase

Nach dem Projektstart (Kick-off) des Projektes wird in der Designphase daran gearbeitet, die technische Lösung umsetzungsfertig zu ermitteln und zu dokumentieren. Die Designphase lässt sich in eine Basisdesignphase und in eine Detaildesignphase unterteilen.

Während der Basisdesignphase wird auf Basis der Konzepte und Unterlagen aus der Angebotsphase der Detailgrad soweit erhöht, dass nach Abschluss des Basisdesigns in den einzelnen Gewerken weitgehend unabhängig voneinander an der Fertigstellung der Pläne und Unterlagen gearbeitet werden kann. Die Gewerke stellen sich gegenseitig diejenigen Informationen zur Verfügung, welche sie für die Fertigstellung ihrer Designaufgabe von den anderen Gewerken benötigen. Die Basisdesignphase ist deshalb von intensiver interdisziplinärer Kommunikation geprägt und die Systemlösung wird iterativ optimiert.

Während des Basisdesigns werden Komponenten, welche im Designbaukasten für das Angebotslayout noch als Platzhalter erschienen, durch konkrete Produkte und Lösungen abgelöst.

Ein abgeschlossenes Basisdesign ermöglicht weiterhin:

- Erstellung vergabefähiger Unterlagen für Detaildesigns einzelner Gewerke. Die weitere Bearbeitung von Design- und Planungsaufgaben bis hin zur Umsetzung kann nun an Unterauftragnehmer vergeben werden. Vor Abschluss des Basisdesigns käme dies einer horizontalen Projektaufteilung gleich.
- Erstellung produktions- bzw. bestellfähiger Spezifikationen für Langläufer. Art und Anzahl der verwendeten Produkte sind nun soweit bekannt, dass nach selektiver Detaillierung Bestellungen bzw. Produktionsprozesse für Langläufer ausgelöst werden können.

Typische Aufgaben der einzelnen Gewerke während der Basisdesignphase sind:

- Layout: Verfeinerung und Optimierung des Layouts hinsichtlich Zielleistung (nach Simulationsfeedback), Wartbarkeit und Zugänglichkeit, Anpassungen von einzelnen Designs sowie deren Parametern
- Stahlbau: Grobdesign für Plattformen und Zugangswege, Festlegung der Art und Weise der Abstützung bzw. Befestigung der Förder- und Prozesstechnik im Gebäude
- Mechanik: Konstruktion bzw. Integration projektspezifischer Designs, Antriebsauslegung
- Steuerungstechnik: Bereichszuordnungen (Steuerung, Sicherheit, Stromversorgung), Topologie- und Busplanung, Schaltschrankdesign, Automatisierung der projektspezifischen Sonderlösungen
- Leitrechentechnik: Basiskonfiguration und Hardwaredimensionierung, Verfeinerung und Dokumentation der Betriebskonzepte (Notbetrieb, Anfahren, etc.)
- Simulation: Funktionalitäts- und Leistungnachweis für verschiedene Last- und Fehlerfälle (Szenarien)
- Beschaffung: Make-or-Buy Entscheidungen, Lieferantenauswahl, Logistikkonzept detaillieren

Zum Abschluss der Basisdesignphase kann der Meilenstein „Layout-freeze" erklärt werden. Anders als der Name vermuten lässt, handelt es sich aber nicht um die Einstellung von Änderungen am Systemdesign, sondern lediglich um eine Aussage, dass bei Änderungen nun mit weitreichenderen Konsequenzen gerechnet werden muss. U.U. werden Änderungen ab diesem Meilenstein in einem formaleren Prozess verfolgt als zuvor.

In der Detaildesignphase vervollständigen die Gewerke ihre Pläne bis alle Dokumente, Unterlagen und Konfigurationen in finaler Fassung vorliegen. *Beispiele* für solche Detailengineeringaufgaben sind:

- Stahlbau: Zugangs- und Schutzkonstruktionen (Treppen, Geländer) im Detail zeichnen, Festigkeitsnachweise erstellen
- Mechanik: Stücklisten für alle Förderer, Ressourcen und Geräte finalisieren, Installationszeichnungen für Installationsabschnitte produzieren und Stücklisten dafür erstellen, Ersatzteillisten erstellen, Dokumentation für neue Designs erstellen
- Steuerungstechnik: Hard- und Softwareprojekte für die einzelnen Steuerungsbereiche inkl. Adressierung im Steuerungsengineeringframework zusammenstellen, Dokumentation, virtuelle Inbetriebnahme von kritischen Einzelbereichen, Bedienoberflächen designen oder konfigurieren
- Leitrechentechnik: Konfigurationsdaten für Serversysteme mit Steuerungs- und Simulationsdaten erstellen, virtuelle Inbetriebnahme, Schnittstellen dokumentieren

- Dokumentation: Redaktion für die gesamte Anlagendokumentation (Installations-, Wartungs-, und Betriebsanweisungen)
- Beschaffung: Detailplanung mit Terminierung und finaler Lieferantenauswahl

Die Designphase wird mit Erklärung des Meilensteins Planungsfreigabe abgeschlossen. Diese kann für einzelne Teilanlagen oder Bauphasen separat erfolgen. Es schließen sich Produktion, Beschaffung und Lieferung zum Installationsort an. In größeren Projekten wird dies in dedizierten Phasen verfolgt.

1.2.2.3 Errichtung, Installation und Inbetriebsetzung

Nimmt man das Gebäude aus beginnt die typische Reihenfolge der Errichtung mit dem Stahlbau und setzt sich über Installation der Mechanik mit der Montage der Energieversorgung und Steuerungstechnik im Feld fort. Daneben erfolgt die Installation der Schaltschränke und Verkabelung zur Leitrechentechnik. Die Installation wird mit der Inbetriebnahme von Mechanik und Elektrik (Handbetrieb) abgeschlossen. Bei größeren Anlagen erfolgt dies koordiniert, abschnittsweise zeitversetzt (s. Abb. 1.4). Die Abschnitte müssen groß genug sein, um durch geeignete Ressourcenzuweisung Umfänge im Arbeitsvolumen ausgleichen zu können. Mit dieser Vorgehensweise vermeidet man Konflikte zwischen den Gewerken und erhält frühzeitig testbare Teilsysteme. Kommen mechatronische Designs aus einer Hand können auch mechatronische Teams gebildet werden.

Spielräume bei der Gestaltung des Projektes in der Errichtungsphase bestehen vor allem beim Supply Chain Management. Durch die Festlegung von Liefer- und Montageorten (Werk, auf der Baustelle, direkt am Einbauort) können die Logistikprozesse an die lokalen Gegebenheiten angepasst werden. In Mitteleuropa wird i.d.R. eine Just-In-Time Anlieferung direkt zum Montageort, auch durch Unterlieferanten, angestrebt. Dies vermeidet unnötige Transportprozesse und die Bildung eines Baustellenlagers.

Auch während der Installationsphase kommt es immer noch zu Änderungen, welche in dieser Phase meist durch bisher unentdeckte Konflikte der Planung mit der tatsächlichen Einbausituation entstehen (z. B. Gebäude weicht von der Planung ab, unzureichende Koordination der Einbauräume mit der Haus- und Gebäudetechnik).

Abb. 1.4 Installationsabschnitte

1.2.2.4 Integration, Test und Abnahme

Wenn die Zulieferungen aller Gewerke installiert und in Betrieb genommen sind, erfolgt die Integrationsphase. In dieser Phase wird zum ersten Mal die Anlagenfunktion insgesamt über alle Steuerungsebenen hinweg erprobt. Der gemeldete Fertigstellungsgrad der Einzelgewerke beträgt zu diesem Zeitpunkt bereits über 90%, die nachgewiesene Gesamtfunktionalität und Systemleistung aber noch 0%. Falls es nicht gelungen ist, Steuerungs- und Betriebskonzepte wie geplant umzusetzen – was i.d.R. nicht offensichtlich ist – werden wegen der komplexen Wirkungszusammenhänge "überraschend" Schwierigkeiten zutage treten, Systemfunktion und -leistung zu erzielen. Intralogistikprojekte sind besonders anfällig für das 90%-Syndrom.

In dieser Projektphase direkt am Realsystem Strategien zu parametrieren und zu justieren ist außergewöhnlich aufwändig. Um Materialflusssysteme physisch im Test realistischen Anforderungen auszusetzen, muss ein erheblicher Aufwand hinsichtlich Personal und Testausrüstung betrieben werden. Ein Lasttest im Gesamtsystem kann die Größe eines eigenständigen Projektes annehmen, inkl. detaillierter Planung und eigener Logistik. Oft lassen sich stabile Lastzustände im Testbetrieb gar nicht erreichen.

Diese Situation kann mit einer zweigleisigen Teststrategie vermieden werden: Die einzelnen Teilbereiche einer Anlage werden mechatronisch auch unabhängig voneinander im Realsystem getestet. Dazu sind auch Mock-ups und Steuerungskonfigurationen, welche Teilbereiche einzeln testbar machen, einzusetzen, z. B. das temporäre Schließen eines Förderkreises mit einer später nicht mehr vorhandenen Förderstrecke. So wird die Teilsystemfunktionalität erprobt und mechatronische Probleme der Installation in der Realanlage zutage gefördert. Gleichzeitig testet man die Leitrechnerebene in Zuge einer virtuellen Inbetriebnahme am Simulationsmodell. Mitunter wird vom Auftraggeber sogar die Anlagensteuerung in einer Umgebung abgenommen, bei der ein Simulationsmodel die Emulation der Lastsituation, der physikalischen Vorgänge, der SPS-Steuerungsebene und der Kommunikation übernimmt. Physische Tests lassen sich so auf ein Mindestmaß reduzieren und interne physische Tests erfolgen nur noch zur Erprobung der finalen Kundenabnahmetests.

Sind alle Leistungsumfänge des Projektes erbracht und werden diese Tests dem Kunden erfolgreich demonstriert erfolgt die Kundenabnahme. Mit Erreichen des Meilensteins „Abnahme" endet die Realisierungsphase des Projektes. Das Kundenprojekt endet.

1.2.3 Betrieb, Wartung und Instandhaltung, Rückbau

Mit dem Übergang in die Betriebsphase ggf. nach einer Phase des Ramp-up geht i.d.R. auch ein Übergang der Verantwortung auf den Betreiber bzw. Auftraggeber einher. Dieser muss über den bestimmungsgemäßen Betrieb hinaus auch für Wartung und Instandhaltung des Systems sorgen.

Effiziente Wartung und Instandhaltung greift sowohl auf operative Informationen (SCADA) als auch auf die Dokumente und Daten aus der Anlagenerstellung zurück. Zukünftige Methoden der Wartung und Instandhaltung, z. B. unterstützt durch Augmented Reality, erfordern immer umfangreichere Basisdaten, z. B. komplette 3D-Modelle der Anlage. Diese Daten müssen im Rahmen des Anlagenprojektes erstellt und Bestandteil des Lieferumfanges sein. Auch deshalb müssen Konzepte für Betrieb, Wartung und Instandhaltung bei der Definition der Projektanforderungen berücksicht werden.

Im Zuge von Instandhaltung – wie auch in der Endphase der Inbetriebnahme – kann es zu zunehmenden Differenzen zwischen dem dokumentierten Anlagenstand und der Realanlage kommen. Es fehlt eine gesicherte Planungsgrundlage für zukünftige Änderungsprojekte. Diese sind nun nicht ohne umfangreiche IST-Aufnahmen möglich oder zumindest erheblichen Risiken unterworfen. Flexibilität hinsichtlich von Änderungen im System besteht nicht im gewünschten Umfang. Selbst für einen Rückbau der Anlage müssen Planungrundlagen vorhanden sein.

Ein dauerhaft gepflegtes digitales Modell als Abbild der Realanlage (Digital Twin) vermeidet diese Situation. Es kann permanent für Zwecke der

- Visualisierung,
- Unterstützung von Wartung und Instandhaltung und
- Projektplanung

herangezogen werden.

1.3 Projektsteuerung

1.3.1 Projektstrukturplan

Ein Projektstrukturplan (PSP; engl. work breakdown structure, WBS) gliedert ein Projekt in separat plan- und kontrollierbare Einheiten. Das Gesamtprojekt wird dafür in immer detailliertere Teilaufgaben zerlegt. Auf der untersten Ebene befinden sich Arbeitspakete. Nach DIN 69900 ff. sind die Strukturierungsprinzipien [1]:

- Funktionsorientiert. Die funktionsorientierte Gliederung fragt nach Funktionsbereichen der projektausführenden Organisation. Im Vordergrund steht die Art der auszuführenden Tätigkeit.
- Objektorientiert. Bei der objektorientierten Gliederung steht das Produkt selbst im Vordergrund. Der Projektgegenstand wird in seine einzelnen Komponenten, Baugruppen oder Einzelteile zerlegt.
- Zeitorientiert. Für eine zeitorientierte Gliederung betrachtet man den Ablauf oder die Phasen des Projektes. Diese bilden dann die Teilaufgaben oder Arbeitspakete der jeweiligen Ebene.

Im Projektstrukturplan wird Vollständigkeit und Überdeckungsfreiheit bei der Beschreibung der Arbeitsinhalte angestrebt. Um dieses Ziel zu erreichen wird empfohlen innerhalb einer Gliederungsebene nicht die Gliederungsprinzipien zu mischen.

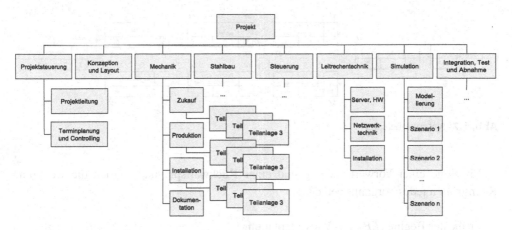

Abb. 1.5 Projektstrukturplan

Abb.1.5 stellt vereinfacht und auszugsweise einen Projektstrukturplan dar.

1.3.2 Netzplantechnik

Bringt man Elemente des Projektstrukturplanes in eine logische und zeitliche Abfolge entsteht ein Netzplan. Die Planung und Terminierung der Einzelvorgänge soll primär einen termingerechten Abschluss des Projektes gewährleisten. Zusätzlich liefert sie die Grundlage für eine Reihe von Entscheidungen:

- Stehen die Kapazitäten dann zur Verfügung, wenn sie benötigt werden?
- Durch Verkürzung welcher Vorgänge kann die Gesamtlaufzeit des Projektes verringert werden bzw. bei welchen Vorgängen führt eine Verzögerung zur Verlängerung der Gesamtlaufzeit?
- Welche Vorgänge können flexibel ohne Auswirkungen auf das Gesamtprojekt gestaltet werden?

Weiterhin bildet der Netzplan zusammen mit dem Projektstrukturplan die Grundlage für weiterführende Kennzahlenbildung im Projektcontrolling (s. Abschn. 1.3.4).

Der Netzplan ordnet die Vorgänge in einem Graphen an (s. Abb.1.6). Jeder Vorgang ist durch Identifikationsnummer N, Bezeichnung und Dauer D gekennzeichnet.

Abb. 1.6 Darstellung eines Vorgangs im Netzplan

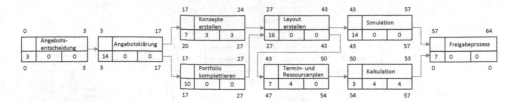

Abb. 1.7 Netzplanbeispiel

Im Zuge einer Vorwärtsplanung und einer Rückwärtsplanung werden die weiteren Kenngrößen jedes Vorgangs berechnet:

- Frühester Beginn (*FB*), aus Vorwärtsplanung)
- Frühestes Ende (*FE*), aus Vorwärtsplanung und jeweiliger Dauer
- Spätestes Ende (*SE*), aus Rückwärtsplanung
- Spätester Beginn (*SB*), aus Rückwärtsplanung und jeweiliger Dauer
- Gesamtpuffer $GP = SB - FB$
- Freier Puffer $FP = FB(Nachf.) - FE$

Die wichtigste Größe ist dabei der Gesamtpuffer. Ist dieser 0 befindet sich der Vorgang auf dem *kritischen Pfad* und ist damit zeitkritisch für das Projektende. Abb. 1.7 zeigt einen einfachen Netzplan für die Phase der Angebotserstellung.

1.3.3 Änderungsmanagement

Praktisch wird kein Projekt wie geplant umgesetzt. Änderungen von Rahmenbedingen, von Partnern, Produkten und Ressourcen, von Kosten und Terminen, und am Design selbst sind praktisch unvermeidlich. Während Änderungen anfangs Ausdruck iterativer Verbesserungen und der Detaillierung des Designs sind, werden Änderungen mit fortschreitendem Projekt zu immer schwerer beherrschbaren Ausnahmeerscheinungen mit Auswirkungen auf den Terminplan. Eine Projektplanung, welche Änderungen ausschließt, ist unrealistisch. Stattdessen müssen Änderungen im Projekt stringent verfolgt und die Planung ggf. aktualisiert werden.

Größere Projekte haben für das Management von Änderungen ein eigenes Gremium, das Change Control Board. Dieses initiiert, kommuniziert und bestätigt Änderungen und sorgt so für die notwendige Abstimmung im Projekt. Weiterhin werden Änderungskosten ermittelt, diese dem Verursacher zugeordnet und bei externen Ursachen die Erstattung geprüft bzw. verhandelt (Vertrags- und Claim-Management). Abb. 1.8 stellt die Verfolgung des Projektergebnisses und die Auswirkungen verschiedener Projektereignisse darauf dar. Diese Form der Verfolgung des Projektergebnisses wird als Mitkalkulation bezeichnet.

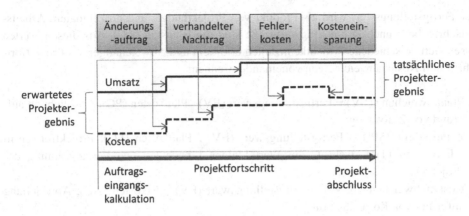

Abb. 1.8 Ergebnisentwicklung im Projekt

Die nachvollziehbare und nachweisbare Zuordnung und Ermittlung von Änderungs-kosten ist praktisch mit Schwierigkeiten verbunden. Die Höhe der Änderungskosten wird immer auch von der Fähigkeit des Ausführenden bestimmt, diese Änderungen flexibel zu handhaben und lokal zu begrenzen. Beispielsweise haben selbst lokale Layoutänderungen die Tendenz, eine Kette von weiteren Änderungen nach sich zu ziehen, deren Wirkungszu-sammenhänge für der Verursacher nicht ohne weiteres transparent sind. Engineeringsoft-ware, welche Change Management unterstützt ist in diesem Umfeld von großem Vorteil. Innerhalb von Logistikprojekten ist solche Software weit weniger verbreitet als im Bereich Softwareentwicklung und Dokumentenverwaltung. Versionsverwaltung und Archivierung von Plänen, Dokumenten, Unterlagen und Projektkommunikation stärken die Verhand-lungsposition und sind darüber hinaus schon aus Haftungsgründen unverzichtbar.

1.3.4   Projektcontrolling

Während des Projektablaufes werden die Kennzahlen des Projektes fortlaufend überwacht, um Abweichungen von der Plansituation frühzeitig zu erkennen und darauf reagieren zu können. Einfache Form der Steuerung ist die Meilensteintrendanalyse (MTA). Mit dieser wird im Projekt regelmäßig neu eingeschätzt, wann die geplanten Meilensteine erreicht sein werden. Auf diese Weise lassen sich Terminverzögerungen frühzeitig erkennen und alle Projektbeteiligten erhalten einen Überblick über die Terminsituation.

Ein fortgeschritteneres Verfahren als die Meilensteintrendanalyse ist die Fertigstel-lungswertanalyse (auch Leistungswertanalyse; engl. Earned Value Analysis, EVA)[2]. Basis für die EVA sind der Projektstrukturplan und der Netzplan. Aus diesen Plänen lässt sich zu jeder Planzeit bestimmen, welche Projektkosten aufgelaufen sein sollten. Dies sind zuerst die Plankosten (PC). Diesen gegenüber stehen der Fertigstellungswert (Earned Value, EV), welcher angibt, wieviel die bereits erbrachte Leistung laut Plan gekostet hätte.

Der Fertigstellungswert wird als Produkt von Projektbudget und prozentualem Arbeitsfortschritt berechnet. Dritte Eingangsgröße sind die Istkosten (AC). Aus diesen Werten lassen sich verschiedene Projektkennzahlen ermitteln und Abweichungen im Projektfortschritt und Kostenabweichungen voneinander trennen:

- Planabweichung (SV) = Fertigstellungswert (EV) - Plankosten (PC): Abweichung aufgrund von Zeitverzug
- Zeiteffizienz (SPI) = Fertigstellungswert (EV) / Plankosten (PC): Projektfortschritt relativ zum Planfortschritt. Ein Wert kleiner 1 bedeutet eine Verlangsamung des Projektes.
- Kostenabweichung (CV) = Fertigstellungswert (EV) - Istkosten (AC): Abweichung aufgrund von Kostenänderungen
- Kosteneffizienz (CPI) = Fertigstellungswert (EV) / Istkosten (AC): Wert der geleisteten Arbeit relativ zu den Istkosten. Ein Wert kleiner 1 bedeutet eine Verteuerung.

Für die effiziente Umsetzung des Projektcontrollings in der Praxis ist Softwareunterstützung erforderlich.

Literatur

1. DIN 69900:2009-01
2. DIN 69901:2009-01

Beschaffungslogistik

Holger Beckmann

Bei den Rationalisierungsbestrebungen der Unternehmen ist die Einbeziehung der Material- und Informationsflussbeziehungen zwischen Lieferanten und Produzenten unabdingbar. Ziel ist es, die Beschaffungskette in Bezug auf die Erfolgsfaktoren Zeit, Qualität und Kosten zu optimieren. Um die unternehmensübergreifende Beschaffungslogistik erfolgreich zu gestalten, ist eine enge Zusammenarbeit zwischen Zulieferunternehmen (Lieferanten) und Herstellern erforderlich. Dazu müssen die Beschaffungsstrukturen (s. Abschn. 2.5), die Prozesse (s. Abschn. 2.2.3.2), die Steuerung bzw. Lenkung (s. Abschn. 2.7) und die Ressourcen (s. Abschn. 2.8) überprüft und ggf. Änderungen vorgenommen werden. Zentrale Gestaltungsfelder der Beschaffungslogistik sind:

- Material-, Teile- und Baugruppenauswahl → Festlegung des Beschaffungsprogramms
- Lieferantenauswahl → Lieferanten- und Kooperationsmanagement
- Beschaffungsseitiges Transport- und Lagerkonzept → Materialflusskonzept (Beschaffungsstrukturen und -prozesse)
- Informationsflussgestaltung → Steuerung bzw. Lenkung

Als Treiber für die Suche nach Verbesserungspotenzialen in der Beschaffungslogistik lässt sich an erster Stelle die sinkende Fertigungstiefe in produzierenden Unternehmen nennen. Im Zuge des dadurch gestiegenen Einkaufsvolumens sind Modul- und Systemlieferanten

H. Beckmann (✉)
Hochschule Niederrhein, Reinarzstraße 49, 47805 Krefeld, Deutschland
e-mail: holger.beckmann@hs-niederrhein.de

© Springer-Verlag GmbH Deutschland, ein Teil von Springer Nature 2019   19
K. Furmans, C. Kilger (Hrsg.), *Betrieb von Logistiksystemen*, Fachwissen Logistik,
https://doi.org/10.1007/978-3-662-57943-5_2

entstanden, die ihre Produkte auf dem Weltmarkt anbieten. Unternehmen sind in der Lage ihre Beschaffungsgüter weltweit zu beziehen. Wesentliche Gründe sind:

- Wegfall von Handelsbarrieren,
- technologische Möglichkeiten: standardisierte Technologien lassen sich heute in relativ kurzer Zeit weltweit aufbauen,
- Qualifikation der Arbeiter in Zweit-/Drittländern ist gestiegen,
- früher hohe Währungsrisiken sind heute stark zurückgegangen,
- niedrige Transportkosten.

In diesem Kontext ist die Beschaffung besonders in den letzten Jahren immer stärker in den Fokus des Managements gerückt.

2.1   Einleitung

- *Beschaffung* umfasst sämtliche unternehmens- und/oder marktbezogene Tätigkeiten, die darauf gerichtet sind, einem Unternehmen die benötigten, aber nicht selbst herge-stellten Objekte und Dienstleistungen verfügbar zu machen.
- *Logistik* kennzeichnet alle Managementaktivitäten in und zwischen Unternehmen, die sich auf die Gestaltung des gesamten Material- und Informationsflusses von den Lieferanten in ein Unternehmen hinein, innerhalb sowie vom Unternehmen zu den Abnehmern beziehen. Im Hinblick auf real existierende Unternehmen lassen sich damit folgende Teilbereiche der Logistik unterscheiden: Beschaffungslogistik für Transak-tionen zwischen Lieferanten und Unternehmen, innerbetriebliche Logistik für Trans-aktionen im Unternehmen und Distributionslogistik für Transaktionen zwischen Unter-nehmen und Abnehmern. Hier steht die Beschaffungslogistik im Vordergrund, welche die logistischen Prozesse ausgehend von der Planung der Beschaffungsmengen, der tatsächlichen Bestellung über die Vereinnahmung der Waren bis hin zu deren Bereit-stellung am Bedarfsort umfasst. Somit verbindet die Beschaffungslogistik über soge-nannte Beschaffungskanäle die Warenausgänge der Lieferanten mit dem Bedarfsort des beschaffenden Unternehmens (Abb. 2.1).
- *Materialwirtschaft* umfasst sämtliche Vorgänge innerhalb eines Unternehmens, die der wirtschaftlichen Bereitstellung von Materialien dienen mit dem Ziel, ein materialwirt-schaftliches Optimum zu erreichen.

2.1.1   Beschaffungsobjekte

Die Beschaffung umfasst sämtliche unternehmens- und/oder marktbezogenen Aktivitäten, die ausgerichtet an den Zielen der Beschaffung darauf abzielen, einem Unternehmen die

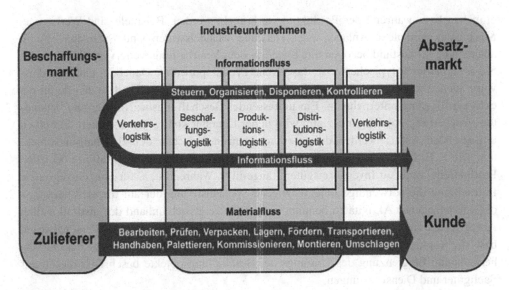

Abb. 2.1 Teilgebiete der Logistik [24]

benötigten, aber nicht selbst hergestellten Objekte verfügbar zu machen. Die Objekte, welche Gegenstand dieser Beschaffungsaktivitäten sind, werden als Beschaffungsobjekte bezeichnet. Grundsätzlich benötigen Unternehmen folgende Beschaffungsobjekte:

- Sachgüter,
- Dienstleistungen,
- Informationen,
- Rechte,
- Arbeitskräfte und
- Kapital (Finanzmittel).

Sachgüter sind entweder natürliche Ressourcen oder Ergebnisse von Produktionsprozessen, in diesem Fall spricht man auch von Sachleistungen. Je nach Einsatz in den Produktionsprozessen können Produktions-, Investitionsgüter und Handelswaren unterschieden werden. Produktionsgüter werden auch als Erzeugnisstoffe bezeichnet, wenn sie unverändert oder nach Bearbeitung verändert direkt in die Erzeugnisse eingehen. Beispiele sind Rohmaterialien, Vorprodukte, Komponenten, Baugruppen oder Module. Während man von Betriebsstoffen spricht, wenn diese nicht in die Erzeugnisse eingehen, aber zu deren Produktion verbraucht bzw. zur Aufrechterhaltung des Leistungsprozesses benötigt werden, wie Treibstoffe, Schmiermittel, Strom, Reinigungsmittel oder Reparaturmaterialien. Investitionsgüter (auch Betriebsmittel oder Potenzialfaktor) sind langlebige Wirtschaftsgüter, die von Unternehmen zur Erstellung und Weiterverarbeitung von Gütern angeschafft werden ohne, dass sie im Gegensatz zu Produktionsgütern in die Erzeugnisse eingehen bzw. während der Produktion verbraucht werden. Beispiele sind Werkzeuge, Maschinen, komplexe Anlagen oder Gebäude. Handelswaren sind Sachgüter, die in absatzfähigem Zustand bezogen und ohne Be- oder Verarbeitung weiterveräußert werden. Sie komplettieren typischerweise das eigene Produktportfolio. Daneben kann Handelsware auch eine Dienstleistung sein, wie z. B. die Schulung eines Endkunden durch ein externes Trainingsunternehmen. Ein umfassender Beschaffungsbegriff, der alle benannten Beschaffungsobjekte einbezieht, wird in der Literatur kontrovers diskutiert. Für einen umfassenden Ansatz werden die Interdependenzen zwischen den Beschaffungsobjekten, wie z. B. bei personalsparenden Maschinen und der Personalbeschaffung oder den Produktions- und den Investitionsgütern, angeführt. Während u. a. für eine eingegrenzte Betrachtung die notwendige objektbezogene Spezialisierung der auf die Beschaffungsobjekte bezogenen Aktivitäten benannt wird. Dies zeigt sich anhand der institutionellen Ausdifferenzierung in der Praxis, indem die Personalbeschaffung dem Personalwesen bzw. die Kapitalbeschaffung dem Finanzwesen zugeordnet wird. Die in der Literatur vorherrschende Eingrenzung des Umfangs der Beschaffungsobjekte beschränkt diesen auf Sachgüter und Dienstleistungen.

2.1.2   Rollen in der Beschaffungskette

In einer typischen Beschaffungskette lassen sich vier Rollen bzw. Teilnehmer identifizieren:

- Lieferant,
- Hersteller,
- Logistikdienstleister,
- Händler.

Die Beteiligten haben dabei unterschiedliche Interessen und Aufgaben, die vielfach gegensätzlich sind (Tab. 2.1):

In einer mehrstufigen Beschaffungskette lässt sich die Rolle des Lieferanten weiter unterteilen (s. Abb. 2.2). Lieferanten werden je nach Produkt, bzw. Position in der gesamten Lieferkette und Komplexität des hergestellten Produkts bezeichnet als:

- Teilelieferant,
- Lieferant für Komponenten und Aggregate,
- Modullieferant,
- Systemlieferant usw.

Teilelieferant
Der Teilelieferant versorgt die übergeordnete Stufe mit DIN- und Normteilen, Rohmaterialien und Halbfabrikaten. Es werden weitestgehend standardisierte Produkte geliefert,

Tab. 2.1 Interessen und Aufgaben

	Lieferant	Hersteller	Logistikdienstleister	Händler
Aufgaben	Auswahl Dienstleister Produktionsplanung Materialdisposition Transportdisposition	Auswahl Lieferanten Absatz-/Produktionsplanung Programm-/Sequenzplanug Feinabruf	Behälterdisposition Fahrzeugdisposition Tourenplanung Sendungsbündelung	Sortimentsplanung Bedarfsprognosen Nachschubplanung Kommissionierung
Interessen	Maximaler Verkaufspresis 100 % Lieferservice Sichere Produktionspläne Minimale Bestände	Minimaler Einkaufspreis 100 % Termintreue Fertigungsflexibilität Minimale Bestände	Kostenbegrenzung Kundenservice Fuhrparkauslastung Leerfahrtenminimierung	Minimaler Einkaufspreis 100 % Lieferservice Einkauf gängiger Artikel Minimale Bestände

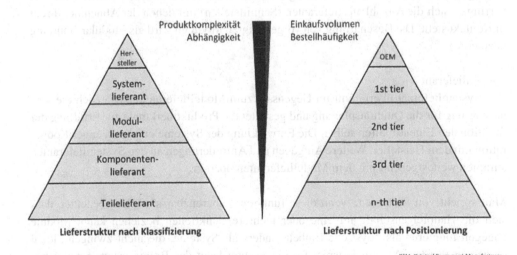

Abb. 2.2 Lieferstruktur nach Klassifizierung und Positionierung (in Anlehnung an [6])

deren Herstellung kein spezielles Wissen voraussetzt. In der Automobilbranche handelt es sich z. B. um Schrauben oder Kabel sowie um weitere Materialien, die nicht weiter zerlegbar sind. Der Abnehmer gibt in der Regel vor, wie das Erzeugnis gestaltet werden soll indem er die Spezifikation und den Arbeitsplan vorgibt.

Komponentenlieferant

Komponenten besitzen eine komplexere Struktur als Teile und werden von Komponenten-lieferanten hergestellt. Es erfolgt eine Erhöhung der Integration des Lieferanten in die Prozesse des Abnehmers. Der Komponentenlieferant hat für eine gewisse Integralqualität zu sorgen (passgenaue Einbaufähigkeit, Schnittstellenkompatibilität). Häufig werden auch Dienstleitungen neben der Produktion verlangt wie z. B. die Just-in-Time-Belieferung (JIT). Als Bespiele für Komponenten in der Automobilbranche lassen sich Kabelbäume, Kupplungen oder Getriebegestänge nennen.

Modullieferant

Der Modullieferant montiert die von ihm gefertigten Teile zu einer komplexen Bau-gruppe. Die Bestandteile von Modulen sind Einzelkomponenten oder bereits vorgefer-tigte Submodule. Für die Automobilbranche zählen z. B. Heiz-/Klimageräte, Türen, Fahr-werk oder Motoren zu den Modulen. Das Aufgabenspektrum des Modullieferanten ist die Entwicklung, Produktion und Komplettierung bis hin zur Just-in-Time- (JIT) oder Just-in-Sequence (JIS) Anlieferung. Der Modullieferant übernimmt dabei die logistische Verantwortung sowie die qualitative Verantwortung für die Baugruppe. Durch die Zusam-menarbeit mit einem Modullieferanten kann die Anzahl der Beschaffungsobjekte deutlich verringert werden, was zu einer Senkung der Transaktionskosten des Abnehmers führt. Es verringert sich die Anzahl an Lieferanten (Schnittstellen) mit denen der Abnehmer direkt in Kontakt steht. Die Beschaffung von vorgefertigten Modulen wird als Modular-Sourcing bezeichnet.

Systemlieferant

Der Systemlieferant übernimmt im Gegensatz zum Modullieferanten zusätzlich die Ver-antwortung für die Qualitätsplanung und gestaltet die Produktmerkmale zur Erfüllung der funktionalen Eigenschaften selber. Die Entwicklung der Systeme erfolgt in enger Koope-ration mit dem Hersteller. Weitere Aufgaben und Anforderungen an den Systemlieferanten stimmen weitestgehend mit dem Modullieferanten überein.

Man spricht von Systemen, wenn diese funktional abgrenzbar sind. Das bedeutet, dass sich die Haupteigenschaft auf eine oder mehrere Funktionen beziehen kann. Module dagegen fungieren als physische Einheit, anders als Systeme, die nicht zwingend lokal eingebaut werden. Als ein Beispiel für ein System kann das Bremssystem eines Auto-mobils genannt werden, welches aus Bremsscheiben, Bremsbelägen, Bremsleitungen, Bremszange, Bremskolben etc. besteht. Es ist über das gesamte Fahrzeug verteilt und konzentriert sich nicht auf einen einzelnen Verbaupunkt.

Darüber hinaus können in einer mehrstufigen Kette mit einem Hersteller Lieferanten auch in Abhängigkeit ihrer Position zum Endhersteller gekennzeichnet werden. Ein direkt an den Endhersteller liefernder Lieferant wird als 1st-tier-Supplier bezeichnet, ein Liefe-rant der den 1st-tier-Supplier bedient, heißt entsprechend 2nd-tier-Supplier usw.

2.2 Einkaufsstrategie – Integriertes Beschaffungsmanagement

Die Aufgaben des Beschaffungsmanagements lassen sich gemäß der in Abb. 2.3 aufgezeigten Ebenen strukturieren.

Zur Beantwortung der eingangs aufgezeigten zentralen Gestaltungsfragen der Beschaffungslogistik sind folgende Basiskonzepte notwendig, denen jeweils eine Querschnittsfunktion innerhalb des Aufgabenmodells des Beschaffungsmanagements zukommen. Neben diesen bestehen weitere Basiskonzepte, wie z. B. das Qualitäts-, Risiko- und Innovationsmanagement. Die weiteren Ausführungen werden auf die in Abb. 2.4 aufgezeigten Basiskonzepte fokussiert.

2.2.1 Normative Ebene des Beschaffungsmanagements

Die Ebene des normativen Beschaffungsmanagements beschäftigt sich mit den generellen Zielen in der Beschaffung, mit Prinzipien, Normen und Leitlinien, die auf die langfristige Erhaltung und Entwicklung der Beschaffungsziele ausgerichtet sind. Diese sind an den Unternehmenszielen und den Rahmenbedingungen des Unternehmens zu orientieren. So verlangt z. B. die steigende Bedeutung der Beschaffung für die langfristige Wettbewerbsfähigkeit von Unternehmen nach einem neuen Selbstverständnis der Beschaffungsfunktionen in den Kunde-Lieferant-Beziehungen. Diese sind als strukturiertes Netzwerk

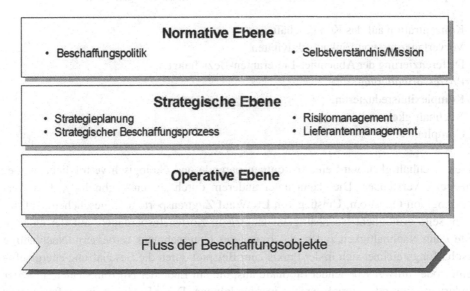

Abb. 2.3 Bezugsrahmen des integrierten Beschaffungsmanagements

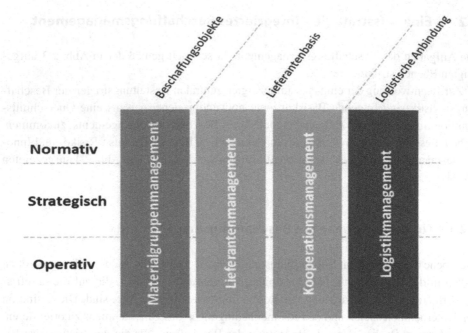

Abb. 2.4 Basiskonzepte der Beschaffungslogistik

interdependenter Prozessketten zu betrachten. Die Umsetzung effizienter Beschaffungs-konzepte hat dabei unter Beachtung folgender Leitlinien zu erfolgen [44]:

- Konzentration auf das Kerngeschäft,
- Vorverlagerung von Einkaufsaktivitäten,
- Differenzierung der Abnehmer-Lieferanten-Beziehungen,
- Prozessorientierung
- Komplexitätsreduzierung
- Nachhaltigkeit und
- Compliance.

Unter Nachhaltigkeit wird eine ressourcensparende und ökologisch verträgliche Vorge-hensweise verstanden. Dies kann unter anderem durch „green"-technology, d. h. Ver-wendung von Ökostrom, Umstieg von LKW auf Zugtransporte usw. geschehen. Auf der einen Seite ermöglicht Nachhaltigkeit langfristig Kosteneinsparungen, auf der anderen Seite kann Nachhaltigkeit zudem das Image des Unternehmens verbessern. Nachhaltige Beschaffung zeichnet sich in der Praxis zum Beispiel durch die Beschaffung energieeffi-zienter oder umweltschonender Produkte aus, die am Ende der Nutzungsdauer entweder wiederverwertet oder zurückgegeben werden können. Diese Produkte sind anfangs zwar teurer, aber langfristig lohnen sie sich aufgrund wegfallender Entsorgungskosten, niedrigerer Energiekosten usw.

Neben der Nachhaltigkeit gewinnt der Begriff der Compliance in der heutigen Zeit immer mehr an Bedeutung. Unter Compliance wird hierbei die Einhaltung sowohl von rechtlichen Grundsätzen, als auch von freiwilligen Kodexen verstanden. Die Einhaltung rechtlicher Grundsätze ist vorgeschrieben und auch wichtig, da den Unternehmen bei einer Nichteinhaltung hohe Kosten und sonstige Schäden drohen können. Die Kodexe sind rechtlich nicht bindend, allerdings wird von Unternehmen oft erwartet, dass diese sich auch mit moralischen Werten auseinandersetzen und bei ihren Entscheidungen berücksichtigen. Ein umfangreicher Bereich ist hierbei die Ethik. Hierunter fällt zum Beispiel Korruption. Um die Einhaltung zu garantieren werden vermehrt Compliance-Managementsysteme eingeführt. Diese haben die Aufgabe drohende Regelverstöße zu identifizieren und davor zu warnen. Gerade in Zeiten des Internets, in denen Skandale schneller und weitläufiger bekannt werden und dadurch mehr Personen beeinflussen, ist ein vorbildliches und regelkonformes Verhalten der Unternehmen immer wichtiger. Siemens Compliance Abteilung umfasst z. B. rund 600 Mitarbeiter. Die hierfür jährlich anfallenden Kosten werden auf 400 Millionen Euro geschätzt.

Die Leitlinien zur Umsetzung effizienter Beschaffungskonzepte münden in der Beschaffungspolitik, die im Zusammenspiel mit der strategischen Planung für einzelne Beschaffungsobjekte oder für homogene Materialgruppen Grundsatzentscheidungen trifft. Diese bilden langfristige Rahmenbedingungen für die operativen Geschäftsprozesse der Beschaffung, sie werden den Mitarbeitern als Vorgaben und Ziele in den Verfahrensanweisungen vorgegeben und legen die Vorgehensweise der softwareunterstützten Planung fest [32]. Als wesentliche Bausteine der Beschaffungspolitik sind zu nennen:

- Beschaffungsprogrammpolitik
- Lieferantenpolitik
- Kontraktpolitik
- Lagerpolitik

2.2.1.1 Beschaffungsprogrammpolitik

Die Beschaffungsprogrammpolitik befasst sich mit der Festlegung des Beschaffungsprogramms, also dem Spektrum der Beschaffungsobjekte, das vom Lieferantenmarkt bezogen wird. Auf diese Festlegung haben folgende Entscheidungsbereiche maßgeblichen Einfluss:

- Entscheidungen über Eigenfertigung oder Fremdbezug (Make-or-Buy),
- die Materialstandardisierung,
- die Materialsubstitution und
- die Änderung der Eigenschafts- oder Qualitätsanforderungen.

Entscheidungsfeld Eigenfertigung oder Fremdbezug (Make-or-Buy)
Man unterscheidet im Zusammenhang mit der Materialbeschaffung zwei Fertigungsarten:

- Eigenfertigung,
- Fremdbezug, -fertigung.

Im Zusammenhang mit der Entscheidung um Eigen- oder Fremdbezug hat sich auch der Begriff „Make-or-Buy" etabliert. Um eine Make-or-Buy-Entscheidung vorzubereiten, gibt es einige Gründe für Eigen- oder Fremdbezug, die erste Hinweise auf die mögliche Entscheidung geben können (s. Tab. 2.2).

Die Auswahl der Fertigungsart betrifft nicht nur die Beschaffung. Erforderlich ist eine Zusammenarbeit aller betroffenen unternehmerischen Abteilungen: Vertrieb, Produktion, FuE und Rechnungswesen. Das Beschaffungscontrolling muss in Zusammenarbeit mit

Tab. 2.2 Gründe für Eigen- und Fremdfertigung

Gründe für Eigenfertigung	Gründe für Fremdfertigung
Kostenanalysen des Unternehmens bestätigen, dass Eigenfertigung günstiger ist als Fremdbezug	Kostenanalysen des Unternehmens bestätigen, dass Fremdbezug günstiger ist als Eigenfertigung
Eigenfertigung stärkt Produkt-Know-how, maschinelle Ausstattung, Tradition des Hauses	Es sind weder Raum, maschinelle Anlagen, Zeit und potenzielles Personal vorhanden, um die notwendigen Produktionsverfahren für die Eigenfertigung einzuführen
Die Kapazitäten werden besser ausgelastet und finanzieren damit die Overhead-Kosten	
Die Anforderungen an das Produkt sind ungewöhnlich oder komplex; die notwendige Ausführungsgenauigkeit kann nur durch eine verstärkte Kontrolle im eigenen Haus gewährleistet werden	Aufgrund der niedrigen Stückzahlen oder aufgrund eines benötigten Kapitalbedarfs an anderer Stelle erscheint die Investition in die Eigenfertigung nicht attraktiv
Eigenfertigung erleichtert die Kontrolle bei Produktänderung, der Lagerhaltung und Beschaffungsaktivitäten	Die zugrunde liegenden saisonalen, zyklischen oder unsicheren Marktnachfragen sollen die Kapazitätsauslastung der Eigenfertigung nicht gefährden
Das Produkt lässt sich nur schwer oder zu unverhältnismäßig hohen Kosten transportieren	Der Bedarf an speziellen Technologien oder Produktionsausstattungen lässt den Fremdbezug als vorteilhaft erscheinen
Das Produktdesign oder das Herstellungsverfahren sind geheim	Die Unternehmensführung vertritt die Meinung, dass sich die eigenen Kräfte auf Innovationen in den Schwerpunkttätigkeitsbereichen des Betriebes konzentrieren sollen
Die Abhängigkeit von einer auswärtigen Beschaffungsquelle wird nicht gewünscht	Der Fremdbezug bei Konkurrenten erlaubt eine Überprüfung der eigenen Leistungsfähigkeit
	Das Existenz von Patenten oder Gegengeschäftsbeziehungen favorisieren den Fremdbezug

den anderen bereichsspezifischen Controlling-Abteilungen jene Informationen bereitstellen, die zur Fundierung einer Make-or-Buy-Entscheidung notwendig sind.

Die bereitgestellten Informationen können sich auf unterschiedliche Zielkriterien, wie z. B. Kosten-, Qualitäts- oder Versorgungssicherungsziele, beziehen. Langfristig disponierte Kosten (der fremdbezogenen Güter bzw. der Vorprodukte bei Eigenfertigung) müssen prognostiziert und Informationen über die Qualität einzelner Bezugsmöglichkeiten bereitgestellt werden. Nur wenn dem Management die notwendigen Informationen z. B. über die vom Marketing geforderten Qualitätsanforderungen zur Verfügung stehen und ein Vergleich mit den Qualitätsstandards einzelner Lieferanten möglich ist, kann eine gute Entscheidung getroffen werden.

Die Gestaltung eines logistischen Systems kann durch die Verwendung eines Make-or-Buy-Portfolios unterstützt werden, wie es in Abb. 2.5 dargestellt ist: Ziel ist es, damit eine systematische Analysemöglichkeit zur Entscheidungsunterstützung bei möglicher Fremdfertigung bereitzustellen. Dabei wird bei dem entsprechenden Teil zum einen die Marktverfügbarkeit und zum anderen seine strategische Bedeutung für das eigene Unternehmen überprüft. In Abhängigkeit der Einordnung in die Matrix ergibt sich für das jeweilige Teil eine Empfehlung für Eigenfertigung oder Fremdbezug.

Im Fall der *Selektiven Entscheidung* (s. Abb. 2.5) muss eine Kostenvergleichsrechnung durchgeführt werden, bei der die Kosten der Eigenfertigung (variable Kosten, Opportunitätskosten) mit denen der Fremdfertigung zuzüglich der Lieferkosten verglichen werden.

Dabei muss unterschieden werden, ob es sich um eine kurzfristige Entscheidung bei Unterbeschäftigung oder Engpasssituation handelt.

Bei langfristigen Entscheidungen eignet sich die Break-Even-Analyse als Entscheidungshilfe. Das Ziel ist, eine Grenzmenge zu bestimmen, oberhalb welcher sich die Eigenfertigung lohnt. In Abb. 2.6 ist eine solche Break-Even-Analyse beispielhaft dargestellt

Abb. 2.5 Make-or-Buy-Portfolio

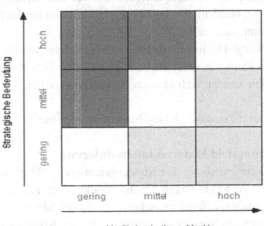

Abb. 2.6 Break-Even-Analyse für Make-or-Buy-Entscheidungen

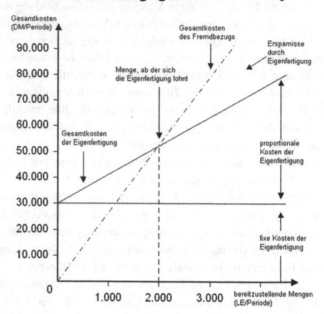

und grafisch aufbereitet. Auf der x-Achse ist die „Menge pro Periode" abgetragen; auf der y-Achse befinden sich die „Gesamtkosten pro Periode". Die aufgetragenen Gesamtkosten des Fremdbezugs steigen mit der Menge proportional an, während die Kosten bei Eigenfertigung durch Ausnutzung von fertigungsbedingten und organisatorischen Synergieeffekten niedriger ansteigen – aus der Differenz ergibt sich der Einsparungs-/Mehrkostenbetrag bei Eigenfertigung und der Schnittpunkt der Kurven markiert die Fertigungsmenge, oberhalb der sich die Eigenfertigung für das betrachtete Unternehmen lohnt (Entscheidungsgrenze).

Anmerkung: Der lineare Anstieg ist eine Vereinfachung, da es in der Praxis bei steigender Menge häufig zu sprunghaftem Anstieg der fixen Kosten kommt. Die hier dargestellten Geraden können sich je nach Anwendungsfall in Form spezifischer Kurvenverläufe darstellen.

Eine getroffene Make-or-Buy-Entscheidung ist in regelmäßigen Abständen zu überprüfen.

Entscheidungsfeld Materialstandardisierung

Der Trend zur zunehmenden Kundenorientierung führt zu einer Zunahme der Variantenvielfalt der am Markt angebotenen Produkte. Der Endkunde hat z. B. beim Automobilhersteller Audi die Wahl zwischen 10^{23} Möglichkeiten, um sein individuelles Auto zu konfigurieren. Neben der steigenden externen Komplexität, bedingt durch den Markt, nimmt auch die interne Komplexität im Unternehmen oftmals zu. Die Standardisierung von Teilen und Materialien ist eine Möglichkeit diese Komplexität zu verringern. Durch die Materialstandardisierung soll eine überflüssige Teilevielfalt in der Ausprägungsart einzelner Materialarten vermieden werden.

Entscheidungsfeld Materialsubstitution
Die Materialsubstitution ermöglicht ebenfalls die Senkung der Teile- bzw. Variantenvielfalt indem abteilungsübergreifend Materialien gesucht werden, die die Funktion anderer miterfüllen können. Diese Materialien können für unterschiedliche End- oder Zwischenprodukte eingesetzt werden. Sie sollten frühzeitig recherchiert werden, damit die Prozess- und Produktkomplexität bereits bei der Produktentwicklung gesenkt werden kann. Die Suche nach neuen Lieferanten kann eingespart werden, wenn bereits im Voraus Substitutionsmaterialien ausgemacht werden.

2.2.1.2 Lieferantenpolitik
Die Lieferantenpolitik gestaltet die Beziehungen zwischen Unternehmen und Lieferant. Das Ziel der Lieferantenpolitik ist die Erschließung bzw. Erhaltung einer hinreichenden Anzahl leistungsfähiger Versorgungsquellen von dauerhafter Existenz und Lieferbereitschaft. Entscheidungsfelder dieses Teilgebietes der Beschaffungspolitik sind die Festlegung:

* der Beschaffungsmärkte: lokal - global
* der bei der Auswahl von Lieferanten zugrunde gelegten Entscheidungskriterien und deren Gewichtung
* der Anzahl der Lieferanten, mit denen zusammengearbeitet werden soll (siehe dazu auch Entscheidungsfeld Anzahl der Lieferanten) sowie
* von Art und Umfang der Zusammenarbeit mit den Lieferanten (siehe dazu auch Entscheidungsfeld Art und Umfang der Zusammenarbeit)

Innerhalb der Entscheidungsfelder werden unterschiedliche Sourcing-Strategien (source, engl.: Quelle) gewählt. Hierunter werden Strategien verstanden, nach denen ein Hersteller seine Sachgüter beschaffen kann. Durch die Entscheidungen werden wesentliche Leitlinien für das Lieferantenmanagement festgelegt.

Entscheidungsfeld Beschaffungsmärkte
Beim Local Sourcing werden die Waren und Dienstleistungen aus unmittelbarer
Nachbarschaft des Unternehmens bezogen.
Im Zuge der Globalisierung hat sich auch der Beschaffungsmarkt internationalisiert – man spricht von Global Sourcing. Der Unterschied zur nationalen Beschaffung liegt in der Berücksichtigung der Besonderheiten internationaler Transaktionen. Der wesentliche Grund, international/global zu beschaffen, ist die Senkung des Einkaufspreises, der mit den geringeren Lohnkosten und Steuervorteilen einhergeht. Dagegen steht der Aufwand für das Herstellungsunternehmen, Sprachbarrieren zu überwinden, Transportrisiken auszuschalten, Qualitätszusagen sicherzustellen und den Transaktionsaufwand zu minimieren. Hinzu kommt ein nicht zu unterschätzendes Währungsrisiko.

Entscheidungsfeld Entscheidungskriterien und deren Gewichtung

Eine umfangreiche und entsprechend der Entscheidungssituation geeignete Bewertung der Leistungsstärke von Lieferanten spiegelt sich insbesondere in der Festlegung der Kriterien wider. Bei Kaufentscheidungen, die aus Kosten- und Zeitgründen, eine schnelle Lieferantenauswahl erfordern, können Einfaktorenvergleiche eingesetzt werden. Sie werden größtenteils bei geringem Einkaufsvolumen und einem niedrigen Versorgungsrisiko durchgeführt. Meistens liegt hierbei nur ein einziges und leicht messbares Kriterium wie der Preis oder die Ausschussquote zu Grunde. Die Fokussierung auf nur ein Entscheidungskriterium birgt die Gefahr von Fehlentscheidungen, weil andere entscheidungsrelevante Faktoren ausgeblendet werden. Für die Beschaffung von komplexeren Objekten wird ein Lieferantenanforderungsprofil definiert, welches eine Reihe von Kriterien beinhaltet, anhand derer die Leistungsfähigkeit der Lieferanten im Rahmen eines Mehrfaktorenvergleichs bewertet wird. Hierbei muss darauf geachtet werden, dass sich die Kriterien nicht überschneiden. Obwohl die Komplexität des Bewertungsvorgangs mit zunehmender Anzahl der Kriterien ansteigt, ist der erhöhte Informationsaufwand immer dann gerechtfertigt, wenn die drohenden Opportunitätskosten aus einer resultierenden Fehlentscheidung als höher zu bewerten sind. Die wesentlichen Kriterien der Lieferantenbewertung lassen sich gliedern in:

* Mengenleistungen
* Qualitätsleistungen
* Logistikleistungen
* Entgeltleistungen (Wettbewerbsfähigkeit)
* Serviceleistungen
* Informations- und Kommunikationsleistung
* Innovationsleistungen
* Umweltleistungen

Entscheidungsfeld Anzahl der Lieferanten

Beim *Sole Sourcing* steht für den Bezug des Beschaffungsobjektes nur ein Lieferant (Monopolist) zur Verfügung. Daher steht hier marktbedingt nur ein Lieferant zur Wahl.

Beim *Single Sourcing* wird für ein zu beschaffendes Teil genau ein Lieferant ausgewählt. Diese Variante eignet sich für Güter mit hoher Spezifität (customer-taylored). Der Hersteller ist dabei bestrebt, durch den aktiven Aufbau eines leistungsstarken und innovativen Lieferanten eine hohe Qualität der Vorprodukte zu erreichen und den Einstandspreis damit zu senken. Die Beziehung ist von persönlichem Vertrauen geprägt – die Gefahr des opportunistischen Verhaltens ist dennoch auf beiden Seiten erheblich. Daher werden Rahmenverträge mit relativ langer Laufzeit geschlossen. Weil der Lieferant nicht kurzfristig ersetzbar ist, besteht die Gefahr des Produktionsstopps bei Lieferausfall.

Um u. a. dieses Risiko zu senken, wird beim *Dual Sourcing* ein Beschaffungsobjekt von zwei Lieferanten bezogen (Zweiquellenbezug), die miteinander im Wettbewerb stehen.

Der Lieferant der die günstigeren Konditionen bietet, erhält dabei oftmals ein höheres Beschaffungsvolumen als der andere.

Das *Parallel Sourcing* ist eine Sonderform des Single oder Dual Sourcing. Hierbei werden parallele Strukturen aufgebaut, indem die benötigten Teile für verschiedene Fertigungsstandorte, Länder, Produktlinien oder bestimmte Materialgruppen (i.d.R. ähnliche Komponenten) jeweils von alternativen Lieferanten bezogen werden.

Preferential Sourcing Strategie bezeichnet die Konzentration auf wenige Vorzugslieferanten, mit dem Ziel deren hervorragende Leistung bzgl. Qualität (Produkte und Prozesse), Preis-/Leistungsverhältnis, Prozesssicherheit zu nutzen.

Beim *Multiple Sourcing* stehen für zu beschaffende Sachgüter mehrere Lieferanten zur Verfügung. Durch Förderung des Wettbewerbs unter den Lieferanten wird ein niedriger Einstandspreis erwirkt. Die Sachgüter sind von geringer Komplexität und Spezifität sowie guter marktlicher Verfügbarkeit. Der Lieferant ist kurzfristig substituierbar – für neue Anbieter ist der Marktzutritt leicht möglich. Durch „ordersplitting" kann das Versorgungsrisiko beim Hersteller reduziert werden. Die Beziehung der Lieferanten zum Hersteller ist kurzfristiger Art; es werden keine langfristigen Rahmenverträge abgeschlossen.

Entscheidungsfeld Art und Umfang der Zusammenarbeit

Hierbei sind vornehmlich der Umfang der an den Lieferanten vergebenen Wertschöpfungs-, Forschungs- und Entwicklungsaktivitäten, aber auch der Spezialisierungsgrad des Lieferanten und die Transaktionskosten, relevant. Je größer der an den Lieferanten vergebene Leistungsumfang (Wertschöpfung u. F&E) und je höher der Spezialisierungsgrad sowie die beeinflussbaren Transaktionskosten sind, desto eher wird eine partnerschaftliche langfristige Zusammenarbeit angestrebt. Ist dies der Fall kommt der Sourcing-Strategie des Modular oder System Sourcing eine hohe Bedeutung zu. Modular Sourcing bezeichnet die Beschaffung kompletter, einbaufertiger Baugruppen bzw. Module. Hiermit gehen reduzierte Transaktionskosten einher, da das beschaffende Unternehmen einerseits weniger Lieferanten benötigt als bei Beschaffung der Einzelteile mit anschließender Selbsterstellung der Baugruppe. Andererseits werden über eine längerfristige Zusammenarbeit Lernkurveneffekte erzielt, die ebenfalls die Transaktionskosten reduzieren. Teilweise wird das Konzept als System Sourcing bezeichnet, wenn die bezogene Leistung ein komplettes funktionales System ist, welches aus mehreren Teilen bestehen kann. Hier besteht eine gewisse Unschärfe in der Definition, daher wird der Begriff des System Sourcing, teilweise nur dann verwendet, wenn zusätzlich zur Lieferung von funktionalen Systemen eine Integration des Lieferanten in die Produktentwicklung gegeben ist. Der Lieferant übernimmt die Verantwortung für die Beschaffung, Logistik und Qualitätssicherung sowie für die Forschung und Entwicklung der Module, so dass sich der Kunde auf seine Kernkompetenzen konzentrieren kann. Diese Strategie führt zu einer Reduktion der Lieferantenanzahl und der Reduktion der Fertigungstiefe beim Hersteller. Systemhersteller liefern häufig Just-in-Time (JIT) oder fertigen und montieren auf dem Werksgelände des Herstellers (shop-in-the-shop). Das Modular Sourcing ist in vielen Branchen verbreitet (s. Tab. 2.3).

Tab. 2.3 Beispiele für Modular- und System-Sourcing

Branche	Module
Automobil	Armaturenbrett, komplettes Front-End
Computer	Festplatten, CD-ROM-Laufwerke
Bauwirtschaft	Treppen, Stützen, Nasszellen

2.2.1.3 Kontraktpolitik

Innerhalb der Kontraktpolitik sollen die vertraglichen Beziehungen zu den beauftragten Lieferanten festgelegt werden. Die Ziele der Kontraktpolitik sind:

- eine langfristige Sicherung der qualitativen, mengenmäßigen und terminlichen Versorgung
- eine langfristige Absicherung günstiger Einstandspreise
- die Einflussnahme auf die Lieferzuverlässigkeit der Lieferanten
- die Verhinderung bzw. Verminderung der Abhängigkeit von Lieferanten
- die Absicherung gegen konkurrierende Nachfrager auf dem Beschaffungsmarkt

2.2.1.4 Lagerpolitik

Das Ziel der Lagerpolitik ist die Sicherstellung der Versorgungssicherheit. Es sollen Entscheidungen getroffen werden über:

- die Notwendigkeit der Ausgleichslagerhaltung
- den Auf- bzw. Abbau strategischer Sicherheitslager zur langfristigen Versorgungssicherheit und zum Aufbau einer Nachfragemacht, sowie
- den Auf- bzw. Abbau strategischer Spekulationslager zum Schutz vor Preissteigerungen.

Zur Umsetzung der Lagerpolitik wird zwischen verschiedenen Bereitstellungsarten unterschieden, die Einfluss auf die Notwendigkeit zur Lagerung und die Bestandshöhe haben. Diese werden im Konzeptbaustein Logistikmanagement in Abschn. 2.4 detailliert erläutert.

2.2.2 Strategische Ebene des Beschaffungsmanagements

Das strategische Management ist auf den Aufbau, die Pflege und die Ausnutzung von Erfolgspotenzialen gerichtet. Den dazu notwendigen strategischen Planungsprozess veranschaulicht Abb. 2.7.

Die Umweltanalyse erfolgt im Rahmen der Beschaffungsmarktforschung. Sie umfasst alle Aktivitäten, die das systematische Zusammentragen und Verarbeiten von Informationen betreffen, um fundierte Kenntnisse über die Bedingungen und Vorgänge auf den

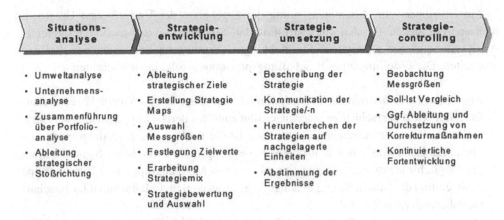

Abb. 2.7 Phasen der strategischen Beschaffungsplanung

bisherigen oder möglichen zukünftigen Beschaffungsmärkten zu erlangen. Dabei werden folgende Ziele verfolgt:

- die Verbesserung der Markttransparenz, um damit die Voraussetzungen für optimale Beschaffungsentscheidungen zu schaffen,
- Erschließung neuer Erfolgspotenziale durch regelmäßige und systematische Markterkundung,
- frühzeitige Erkennung kritischer Marktsituationen,
- Absicherung bestehender Erfolgspotenziale,
- Bereitstellung von Informationen, die zur Vermeidung und Senkung von Kosten in Beschaffung, Produktion und Absatz dienen.

Die Umsetzung der Aufgaben und Ziele erfolgt in folgenden Schritten:

- Selektion von Objekten der Beschaffungsmarktforschung,
- Selektion von Informationsinhalten,
  - Beschaffungsobjekt,
  - Lieferanten,
  - Angebot und Nachfrage am Beschaffungsmarkt,
  - Bewegungen und Entwicklungen am Beschaffungsmarkt,
- Selektion von Methoden und Informationsquellen der Beschaffungsmarktforschung,
- Auswertung der Marktforschungsinformationen.

Die Unternehmensanalyse zielt u. a. auf die Erfassung der aktuellen Situation, interner Rahmenbedingungen, Anforderungen der internen Kunden sowie die Anfälligkeit des Unternehmens in Bezug auf Versorgungsstörungen ab. Zur Erfassung der aktuellen Situation sind Stärken und Schwächen in Bezug auf Strategien, Organisationsstrukturen, Prozesse, IT- und Controlling Systeme und Mitarbeiter zu analysieren.

Ein Instrument zur Zusammenführung der Ergebnisse der Umwelt- und Unternehmensanalyse stellen Beschaffungsportfolios dar. Sie dienen dazu, anhand festgelegter Analysedimensionen strategische Stoßrichtungen (Normstrategien) für die Beschaffung abzuleiten. Die Erstellung eines Beschaffungsportfolios erfolgt in vier Schritten:

- *Abgrenzung und Auswahl der zu analysierenden Objekte:* Um die Vielzahl der Beschaffungsobjekte beherrschbar zu machen, erfolgt zunächst deren Gruppierung zu sog. strategischen Ressourceneinheiten. Zielsetzung ist die Bildung von Materialgruppen, die hinsichtlich des von ihnen induzierten Versorgungsrisikos möglichst homogen sind, ein möglichst identisches Aggregationsniveau von Materialgruppe zu Materialgruppe besitzen und die Durchführung unabhängiger Strategien und Maßnahmen im Beschaffungsbereich zulassen [44].
- *Definition der Analysedimensionen, Ermittlung und Klassifikation von Erfolgsfaktoren:* In der Regel beschränkt sich die Portfolioanalyse auf zwei Dimensionen, um die Übersichtlichkeit zu gewährleisten. Für die Analyse strategischer Ressourceneinheiten werden im Bereich der Beschaffung häufig die Wertigkeits- und Risikodimensionen sowie die Angebots- und Nachfragemachtdimensionen herangezogen. Diese spannen ein i. d. R. zweidimensionales Koordinatensystem auf, wobei jede Dimension eine unterschiedliche Skalierung aufweisen kann.
- *Positionierung der Analyseobjekte:* In diesem Koordinatensystem werden nun die jeweiligen Analyseobjekte positioniert.
- *Ableitung strategischer Stoßrichtungen:* Aus der Position der Analyseobjekte lassen sich Normstrategien für ihre zukünftige Entwicklung ableiten.

Zu den bedeutendsten Beschaffungsportfolios gehört das auf Kraljic zurückgehende Material-Lieferanten-Portfolio. Es ermöglicht die Ableitung strategischer Stoßrichtungen (Normstrategien) anhand der vier in Abb. 2.8 aufgezeigten Analysedimensionen sowie deren anschließende Verdichtung zum Material-Lieferanten-Portfolio gemäß Abb. 2.9.

- Strategische Teile: Hierbei handelt es sich um Teile mit einem hohen Einkaufsvolumen, die oft nach Kundenspezifikation geliefert werden. Häufig ist nur eine Lieferquelle verfügbar, die nicht kurzfristig ohne erhebliche Kosten gewechselt werden kann. Üblicherweise haben strategische Teile einen erheblichen Einfluss auf die Kostenstruktur des Endproduktes, in das sie einfließen. Die Kommunikation und Interaktion zwischen Kunde und Lieferant sind gewöhnlich stark ausgeprägt. Entsprechend zielt die strategische Stoßrichtung auf den Aufbau einer partnerschaftlichen Zusammenarbeit ab.
- Hebelteile: Diese Teile können üblicherweise mit einem hohen Qualitätsstandard von einer großen Anzahl von Lieferanten bezogen werden. Sie repräsentieren einerseits einen relativ großen Anteil an den Kosten des Endproduktes, andererseits haben bereits kleine Änderungen des Einstandspreises eine starke Hebelwirkung auf die Kosten. Entsprechend gilt es, aggressives Beschaffungsmarketing zu betreiben und den Wettbewerb unter den Lieferanten weiter zu verstärken. Charakteristisch ist die große

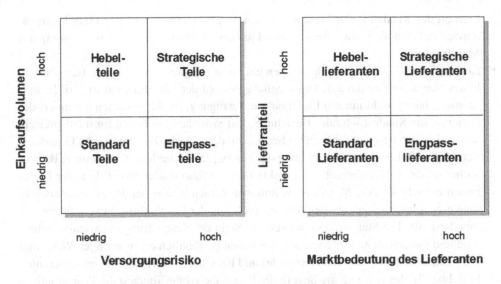

Abb. 2.8 Teilportfolios zur Klassifikation von Material und Lieferanten

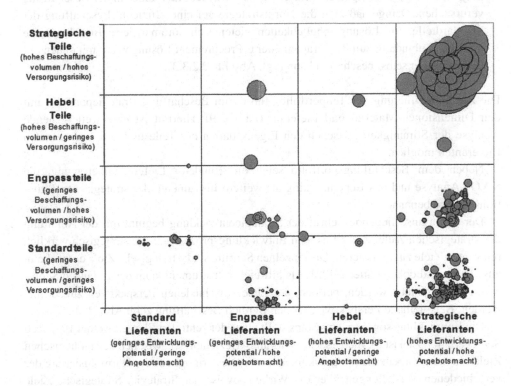

Abb. 2.9 Material-Lieferanten-Portfolio

Freiheit des Kunden in der Lieferantenwahl. Zugleich sind die Kosten eines Lieferantenwechsels i. d. R. gering. Entsprechend gilt als Normstrategie die Ausschöpfung des Marktpotenzials.

- Engpassteile: Diese Teile repräsentieren ein kleines Einkaufsvolumen, weisen aber ein hohes Versorgungsrisiko auf. Die mögliche Anzahl der Lieferquellen ist i. d. R. sehr limitiert, häufig steht nur ein Lieferant zur Verfügung. Im Allgemeinen dominiert der Lieferant die Kunde-Lieferant- Beziehung, was sich häufig in hohen Einstandspreisen, langen Lieferzeiten und schlechtem Service niederschlägt. Die strategische Grundausrichtung zielt daher auf die Erhöhung der Versorgungssicherheit. Dies kann z. B. über Sicherheitsbestände, alternative Produkte bzw. Verfahren oder mit Hilfe neuer Lieferanten erreicht werden. Materialsubstitutionen sollten bereits bei der Produktentwicklung eingeplant werden, um den Aktionsspielraum der Beschaffung zu vergrößern.

- Standardteile: Die Standardteile weisen aus Sicht der Beschaffung nur wenige technische und ökonomische Probleme auf. Sie haben gewöhnlich einen geringen Wert, sind stark standardisiert (DIN und Normteile) und bei einer großen Anzahl von Lieferanten beziehbar. In dieser Kategorie liegt in der Praxis die größte Teileanzahl. Problematisch ist, dass der Wert der Teile häufig die Kosten der Bestellabwicklung und des Handlings übersteigt. Oft zeigt sich, dass die Teile 80 % des Aufwandes in der Beschaffung verursachen. Demgemäß zielt die Normstrategie auf eine effiziente Beschaffung der Standardteile. Als Lösungsmöglichkeiten bieten sich automatisierte Bestellsysteme mit EDI-Anbindung zum Lieferanten oder e-Procurement Lösungen an, mit denen der Bedarfsträger selbst beschaffen kann (vgl. Abschn. 2.2.3.3).

Die Zusammenführung der Teilportfolios führt zum Beschaffungsstrategieportfolio mit den Dimensionen Material und Lieferant (Abb. 2.9). Hiermit ist eine weitergehende Analyse der Stimmigkeit zwischen den Eigenschaften der Teile und den zugeordneten Lieferanten möglich.

Neben dem Beschaffungsportfolio seien die Kunden-/ Lieferantenbefragung, die SWOT-Analyse und das Benchmarking als weitere Instrumente der strategischen Situationsanalyse benannt.

Der daran anschließende Schritt der Strategieentwicklung beginnt mit der Ableitung der strategischen Ziele. Ziel ist es, den Entwicklungsprozess auf die strategisch wirklich relevanten Ziele zu fokussieren. Die einzelnen Schritte sind: strategische Ziele entwickeln, auswählen und dokumentieren [22]. Als hilfreiches Instrument kann der Balanced Scorecard Ansatz genutzt werden, bei dem die Ziele verschiedenen Perspektiven zugeordnet werden. Beispielhafte Perspektiven für den Bereich Beschaffung zeigt Abb. 2.10.

Die Entwicklung sog. Strategy Maps stellt eines der zentralen Elemente einer Balanced Scorecard dar. Ziel ist es, die Ursache-Wirkungs-Beziehungen zwischen den strategischen Zielen herauszuarbeiten und zu dokumentieren. Dies ermöglicht die Harmonisierung der verschiedenen Vorstellungen über die Wirkungsweise der Strategie. Strategische Ziele stehen nicht losgelöst und unabhängig nebeneinander, sondern sind miteinander verknüpft und beeinflussen sich gegenseitig. Der Erfolg einer Strategie hängt vom Zusammenwirken mehrerer Faktoren ab [22].

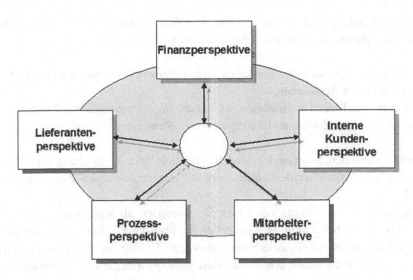

Abb. 2.10 Perspektiven einer Balanced Scorecard

Das Auswählen der Messgrößen dient dazu, strategische Ziele klar und unmissverständlich auszudrücken sowie die Entwicklung der Zielerreichung verfolgen zu können. Über das Messen von strategischen Zielen soll das Verhalten in eine gewünschte Richtung beeinflusst werden. Um die Eindeutigkeit bei der Beurteilung der Zielerreichung zu gewährleisten, sollte man nicht mehr als zwei, in seltenen Fällen drei Messgrößen für jedes strategische Ziel bestimmen. Erst durch die Festlegung eines Zielwertes und -termins ist ein strategisches Ziel vollständig beschrieben [22]. Das Ergebnis der Portfolioanalyse (Teilportfolio Lieferanten Abb. 2.8) zeigt, dass in der Lieferantenperspektive eine differenzierte Betrachtung und Zieldefinition nach Lieferanten-Typ (Standard-Lieferanten etc.) notwendig ist. Ein Ergebnis der Zieldefinition zeigt Abb. 2.11 beispielhaft für die Lieferantenperspektive.

	Ziel	Messgröße	Zielwert	Termin
Lieferantenperspektive	Reduzierung der »Cost of Ownership«	Prozesskosten für die Beschaffung von Material und Dienstleistungen (inklusive Kosten für Bestellung, Erhaltung, Überprüfung, Lagerung und Defektbewältigung)	10% Verbesserung gegenüber Vorjahr	
		Einsparung e-Auktion	16%	
		Bestellwertanteil e-Bestellungen	15%	
	Entwicklung der Fähigkeit zu hoher Qualität beim Lieferanten	Fehlerquote pro Million Teile (ppm)	15% Verbesserung gegenüber Vorjahr	
	Einsatz neuer Ideen der Lieferanten	Anzahl der Innovationen von den Lieferanten	> 30 pro Jahr	
	....			

Abb. 2.11 Ergebnis der Zieldefinition (Ausschnitt)

Im nächsten Schritt sind die zur umfassenden Zielerreichung notwendigen Strategien zu entwickeln. Hierbei können drei Schritte unterschieden werden:

- Überblick über die laufenden Strategien, deren Zielwirkung sowie die mit der Umsetzung gebundenen Ressourcen,
- Erarbeitung von Ideen für Strategien zur Umsetzung der strategischen Ziele,
- Strukturierung und Zusammenführung zu einem Strategiemix.

Die bereits vorhandenen Strategien sind hinsichtlich ihrer Zielwirkung zu validieren. Solche, die beibehalten werden sollen, werden den strategischen Zielen zugeordnet (Abb. 2.12).

Wenngleich die Erarbeitung von Ideen für Strategien als unternehmensspezifischer kreativer Prozess zu betrachten ist, kann neben der über das Portfolio entwickelten Stoßrichtung auf zahlreiche Strategieelemente zurückgegriffen werden. Nach Arnold und Eßig lassen sich sechs Strategieelemente einer Beschaffungsstrategie mit folgenden Ausprägungen unterscheiden:

- Lieferantenstrategie: Sole-, Single-, Dual- und Multiple Sourcing (vgl. Abschn. 2.2.1.2),
- Beschaffungsobjektstrategien: Unit-, Modular- und System Sourcing (vgl. Abschn. 2.2.1.2),
- Beschaffungszeitstrategien: Stock, Demand tailored und Just-in-Time (vgl. Abschn. 2.4),

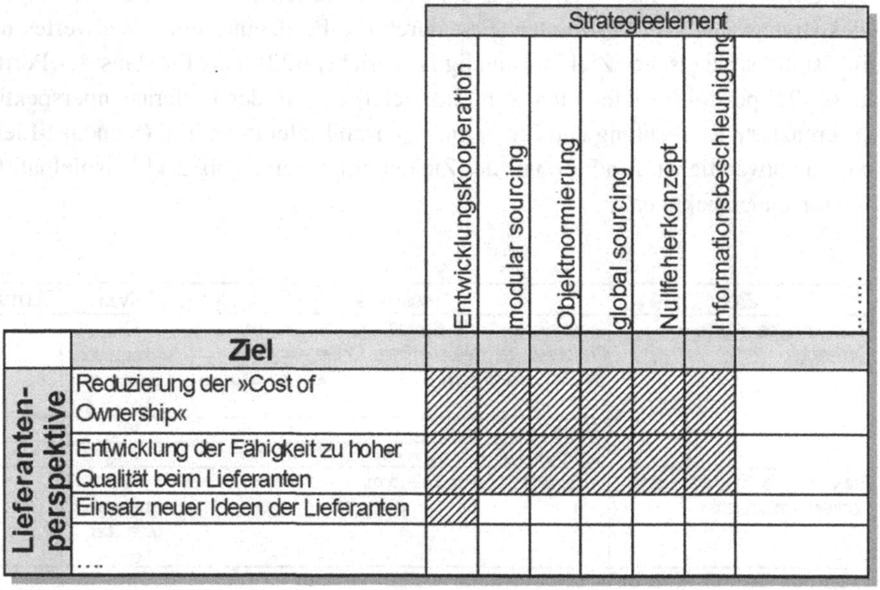

		Strategieelement						
		Entwicklungskooperation	modular sourcing	Objektnormierung	global sourcing	Nullfehlerkonzept	Informationsbeschleunigung	
	Ziel							
Lieferanten-perspektive	Reduzierung der »Cost of Ownership«	▨	▨	▨	▨	▨		
	Entwicklung der Fähigkeit zu hoher Qualität beim Lieferanten	▨	▨	▨				
	Einsatz neuer Ideen der Lieferanten	▨						
	....							

Abb. 2.12 Zuordnungsmatrix Strategieelemente zu Zielen

- Beschaffungssubjektstrategien: Individual- und Collective-Sourcing (Einkaufskooperation vgl. Abschn. 2.3.3.2),
- Beschaffungsarealstrategien: Local-, Domestic- und Global Sourcing (vgl. Abschn. 2.2.1.2),
- Wertschöpfungsstrategien: Ort, an dem die Wertschöpfung des Lieferanten erbracht wird. External Sourcing (Wertschöpfung an Produktionsstätte des Lieferanten) und Internal Sourcing (Ansiedlung Lieferanten in der Nähe oder gar in der Produktionsstätte des Kunden).

Koppelmann wählt einen anderen Weg zur Strukturierung der Strategieelemente. Im Folgenden werden daraus lediglich ergänzende Strategieelemente und deren Ausprägungen aufgezeigt:

- Produktstrategie: a) Eigenentwicklung Lieferant, Entwicklungsvorgaben durch Kunden und Entwicklungskooperation b) Standardisierung über Baukastensysteme und Plattformstrategien (vgl. Abschn. 2.7),
- Kommunikationsstrategien: geringer Informationsaustausch (Schutz des Know-hows) vs. offener beschleunigter Informationsaustausch zur Synchronisation der Prozesse und als Frühwarninformation,
- Servicestrategien: Outsourcing von Dienstleistungen (z. B. Entsorgungsleistungen),
- Preisstrategien: Minimalpreis-, Marktdurchschnittspreis- und Fairpreisstrategie.

Darüber hinaus ist die Leistungstiefendefinition (Outsourcing vs. Insourcing) als mögliches Element einer Beschaffungsstrategie zu nennen.

Die in einem kreativen Prozess aus den aufgezeigten Strategieelementen ausgewählten sowie die individuell entwickelten Strategieelemente sind zu strukturieren und anschließend den strategischen Zielen zuzuordnen (Abb. 2.12).

Im Schritt Strategiebewertung und -auswahl gilt es, den Aufwand und den zu erwartenden Nutzen der Strategieumsetzung zu ermitteln. Eine genaue Aufwandsschätzung braucht eine sorgfältige Planung; sorgfältige Planung wiederum braucht Zeit: ein Zeitverzug bei der Erstellung der Balanced Scorecard wäre die Folge. Bevor eine Feinabschätzung der Kosten stattfindet, erfolgt daher zunächst eine Grobschätzung. Meist genügt den Projektteilnehmern eine solche Grobschätzung zur Priorisierung und Beurteilung, ob eine strategische Aktion überhaupt im weiteren Diskussionsprozess berücksichtigt werden sollte oder nicht [22]. Um die Bewertung transparent zu machen kann in der Zuordnungsmatrix eine Punktebewertung vorgenommen werden.

Eine erfolgreiche Strategieumsetzung setzt einen zielgerichteten Kommunikations- und Lernprozess voraus. Um diesen Prozess nachhaltig zu unterstützen, sind die Strategien so zu beschreiben, dass eine unternehmensweite Vermittlung möglich ist.

Um eine unternehmensweite Umsetzung der Beschaffungsstrategien zu gewährleisten sind diese ggf. auf nachgelagerte Organisationseinheiten (Geschäfts- oder Funktionsbereiche) herunterzubrechen. Das Herunterbrechen auf die nachfolgenden Unternehmenshierarchien sollte entsprechend der Führungsphilosophie, des Führungsstils sowie der

Geschäftserfordernisse erfolgen. Die Frage nach der Einsatztiefe im Unternehmen – ob nur auf die Gesamtunternehmensebene oder über alle Hierarchiestufen hinweg herunter-gebrochen wird oder gar bis auf die Ebene von Mitarbeiterteams oder einzelnen Mit-arbeitern – kann nur unternehmensspezifisch beurteilt werden [22]. Es bleibt anzumerken, dass zur Umsetzung einzelner Strategieelemente auch ein unternehmensübergreifendes Herunterbrechen unter Einbeziehung von Lieferanten erforderlich sein kann. Die Abstim-mung der Ergebnisse muss sicherstellen, dass die Teilstrategien der Organisationseinhei-ten weder zwischen Organisationseinheiten zu Konflikten führen noch der Gesamtstrategie zuwiderlaufen.

Um sicherzustellen, dass der gewählte Strategiemix die erwartete Zielumsetzung ein-leitet und zum Soll-Termin erreicht ist, ist die Entwicklung der definierten Messgrößen zu überwachen. Ergibt der Soll-Ist-Abgleich negative Abweichungen sind adäquate Kor-rekturmaßnahmen zu entwickeln und einzuleiten. Im Sinne eines kontinuierlichen Ver-besserungsprozesses sind auch die Ziele selbst in Frage zu stellen und im Sinne einer Höherentwicklung nachzujustieren.

Die strategische Planung bildet einerseits den Rahmen für den Beschaffungsprozess, der in Abschn. 2.2.3.2 beschrieben ist, andererseits kann er innerhalb des Prozesses zur Gestaltung einzelner Kunde-Lieferant-Beziehungen zum Einsatz kommen. Um die not-wendigen Freiräume für strategische, gestaltende Aufgaben zu schaffen, wird organisato-risch häufig eine Gliederung nach dem „gestaltenden bzw. strategischen" und „verwalten-den bzw. operativen" Einkauf vorgenommen. Dies hat eine organisatorische Aufteilung des Beschaffungsprozesses zur Folge. Die dem strategischen Beschaffungsprozess zuge-ordneten Aufgaben zeigt Abb. 2.13. Damit werden die Rahmenbedingungen für die dis-positiven Prozesse des operativen Einkaufs gestaltet.

Abb. 2.13 Strategischer Beschaffungsprozess

Der strategische Beschaffungsprozess ist ein Element des übergreifenden Lieferantenmanagements, das den gesamten Lebenszyklus der Kunde-Lieferant-Beziehungen betrachtet. Dieses Element umfasst die aktive und systematische Analyse, Lenkung, Gestaltung und Entwicklung der Kunde-Lieferant-Beziehungen. Dabei werden folgende Ziele verfolgt:

- kontinuierliche Optimierung der Lieferantenbasis sowie der Lieferprozesse,
- nachhaltige Senkung der Lieferantenkosten und Steigerung der Lieferantenleistung,
- Fokussierung auf die besten Lieferanten und die Aktivierung von Lieferantenpotenzialen.

2.2.3 Operative Ebene des Beschaffungsmanagements

Der Kunde-Kunde-Prozess ist ein geschlossener Prozess, der beim Kunden beginnt und dort auch endet. Der Käufermarkt oder der Kunde ist derjenige, der eine betriebliche Leistung in Anspruch nehmen möchte. Ein zentraler Kunde-Kunde-Prozess ist der Auftragsabwicklungsprozess (Abb. 2.14).

Innerhalb des Kunde-Kunde-Prozesses finden sich zwei Kernaufgaben der Beschaffung auf die hier zunächst eingegangen werden soll. Es handelt sich um einen Teil des sogenannten vorauseilenden Informationsflusses, der in einer Bestellung beim Lieferanten mündet:

- Materialbedarfsplanung bzw. Materialdisposition
- Beschaffungsplanung bzw. Materialbestellung

Weitere operative Prozesse werden in Abschn. 2.2.3.2 beschrieben.

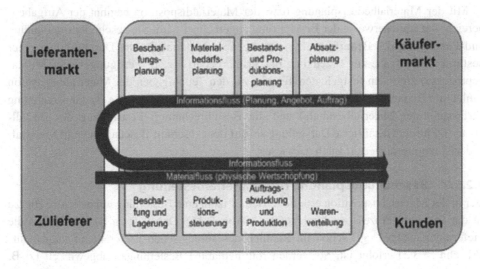

Abb. 2.14 Der Kunde-Kunde-Prozess: Auftragsabwicklung

2.2.3.1 Materialbedarfsplanung bzw. Materialdisposition

Der Kunde ist Auslöser des Prozesses, indem er eine Bestellung in Form eines Auftrags platziert, oder das Unternehmen selbst, welches über Absatzprognosen den voraussichtlichen Bedarf der Kunden abschätzt.

Im ersten Fall spricht man von einer Produktion auf Bestellung mit Einzel- oder Rahmenaufträgen. Ein Einzelauftrag ist zu vergleichen mit einer Bestellung in einem Internetshop. Rahmenaufträge basieren auf längerfristigen Vereinbarungen und einer größeren Zahl von Lieferungen. In den Aufträgen ist der Bedarf an Dienstleistungen, fertigen Erzeugnissen, aber auch an selbstständig verkaufbaren Zwischenprodukten und Ersatzteilen, der sogenannte Primärbedarf, festgelegt.

Im Zweiten Fall spricht man von Produktion auf Basis von Absatzerwartungen basierend auf Vergangenheitsdaten. Hier bilden Absatzprognosen die Grundlage zur Bestimmung des Primärbedarfs. In der Praxis finden sich vielfach Kombinationen beider Ansätze zur Auslösung des Auftragsabwicklungsprozesses. Die Planung des Primärbedarfes ist Aufgabe der Absatzplanung bzw. des Marketings (vgl. Abb. 2.7). Der Absatzplanung können umfangreiche Prognose- und Optimierungsberechnungen vorausgehen.

Die im Absatzplan festgelegten Bedarfe für die einzelnen Erzeugnisse werden im Rahmen der Produktionsprogrammplanung in das sogenannte Produktionsprogramm überführt. Hierbei werden unter Berücksichtigung der Kapazitäten (z. B. Personal, Bearbeitungsmaschinen etc.) die herzustellenden Erzeugnisse nach Art, Menge und Termin für einen definierten Planungszeitraum festgelegt. Hierzu werden für die im Absatzplan festgelegten Erzeugnismengen die notwendigen Produktionsstunden ermittelt, um die Konsequenzen auf die Kapazitäten in Fertigung und Montage zu erkennen. Ergebnis ist der hinsichtlich seiner Absetzbarkeit und Realisierbarkeit abgestimmte Produktionsplan, der verbindlich festlegt, welche Leistungen (Primärbedarfe) in welchen Stückzahlen (Mengen) zu welchem Zeitpunkt produziert werden sollen.

Mit der Materialbedarfsplanung bzw. der Materialdisposition beginnt der Aufgabenbereich, der üblicherweise der Beschaffung zugerechnet wird. Sie beschreibt die Planung und Festlegung des Bedarfs an fremdbezogenem Material für die Durchführung einer bestimmten Aufgabe zur Erzeugung des Primärbedarfs (z. B. Fertigungs- oder Montageprozesse) zu einem festgelegten Termin. Zu den Teilaufgaben der Materialdisposition zählen die Bedarfsplanung (Ermittlung des zukünftigen Bedarfes), die Bestandsrechnung (Erfassung der Materialbestände) und die Bestellrechnung (Feststellung der Bestellmenge). Für eine detaillierte Darstellung sei auf den Abschnitt Beschaffung und Materialbedarfsplanung in diesem Buch verwiesen.

2.2.3.2 Beschaffungsplanung bzw. Materialbestellung

Der in der Materialdisposition ermittelte Bedarf ist in eine Bestellung umzusetzen. Hierzu ist der folgende Prozess zu durchlaufen (s. Abb. 2.15). Dabei ist zu beachten, dass die Lieferantenauswahl ggf. schon im Rahmen des strategischen Lieferantenmanagements (Abschn. 2.3.2) erfolgt ist. So werden routinemäßige Bestellungen abgewickelt (z. B.

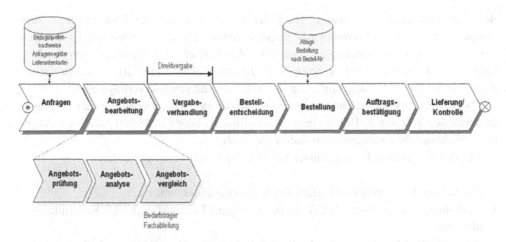

Abb. 2.15 Die 7 typischen Beschaffungsprozesse

Bestellauslösungen durch Abruf), bei denen die Phasen Anfrage etc. nur einmal stattgefunden haben und die Ergebnisse dann für die Zeit von Lieferverträgen Gültigkeit besitzen.

Anfrage
Die Anfrage an Lieferanten erfolgt üblicherweise durch den Einkäufer, der dabei auf seine Lieferantendatenbank zurückgreift oder sonstige Informationsquellen (insbesondere das Internet) nutzt. Grundlage für eine Anfrage ist eine Bedarfsmeldung. Die Bedarfsmeldung enthält eine Spezifikation, z. B. Lieferantenteilenummer, Zeichnung, Liefervorgaben etc.

Die Anfrage sollte alle technischen Spezifikationen sowie die betriebswirtschaftlichen Bedingungen enthalten:

- Typbezeichnung,
- Mengen (Gesamtmenge, Teillieferungen),
- Materialart/Werkstoff,
- Oberflächenbearbeitung, Materialqualität,
- Art der beabsichtigten Be- oder Verarbeitung,
- Zeichnung oder Beschreibung,
- Garantie-, Kundendienst-Anforderungen,
- Verpackungsvorschriften,
- Zahlungsweise,
- Versandvorschriften,
- Erfüllungsort, Gerichtsstand,
- Rabatte, Skonti, Boni,
- Liefertermine.

Bei hochgradig technisch aufwendigen Teilen ist es üblich, dass der Einkauf bereits zum Zeitpunkt des Konstruktionsentwurfs eingeschaltet wird, um z. B. geeignete Lieferanten frühzeitig für eine Mitwirkung zu gewinnen. Man bezeichnet diese Aktivitäten des Einkaufs auch als Advanced Purchasing (= vorgezogene Einkaufsaktivität). In diesem Vorstadium entwickelt der Facheinkäufer die Spezifikation und schließt Verträge ab.

Die Anzahl der einzuholenden Angebote ist in den meisten Unternehmen durch Dienstanweisungen geregelt, z. B. bei einem Beschaffungsvolumen > 25.000 EUR, drei Angebote. Sie hängt üblicherweise vom Auftragswert ab.

Mit der Angebotseinholung können verschiedene Ziele verfolgt werden:

- Ermittlung des günstigsten Lieferanten bei vorliegender Anfrage,
- Einholung von Informationen (z. B. für die eigene Entwicklungs- und Konstruktionsabteilung),
- Kontrolle und Ergänzung der Einkaufsunterlagen im Sinne der Beschaffungsmarktforschung.

Die Art der Angebotseinholung ist von der Wertigkeit und Bedeutung der einzukaufenden Materialien im gesamten Unternehmen abhängig: Im Fall von C-Materialien kommt eine mündliche Angebotseinholung in Betracht, während sie bei A- und B-Materialien immer schriftlich vorgenommen werden sollte.

Wenn der Lieferant eine Anfrage erhält, wird er diese sorgfältig prüfen und sich vor Abgabe eines Angebots vergewissern, ob er die notwendigen Einrichtungen und Kapazitäten hat, um die angefragten Mengen zu bestimmten Terminen liefern zu können. Sollte der Lieferant sich in der Lage sehen, die Anfrage positiv beantworten zu können, kann er ein verbindliches Angebot abgeben: Er verpflichtet sich damit, innerhalb der – gesetzlichen oder vertraglichen – Bindungsfrist, die angebotene Leistung zu erbringen. Der Anbieter (Lieferant) kann die Bindung an das Angebot aber auch einschränken und ausschließen, z. B. durch Formulierungen:

- solange Vorrat reicht,
- Liefermöglichkeit vorbehalten,
- Preis freibleibend,
- unverbindlich.

In der Praxis hat sich gezeigt, dass es in der Phase der Angebotseinholung zu erheblichen Verzögerungen kommen kann, meist weil die Lieferanten die Anfrage zu zögerlich behandeln und das Angebot – wenn überhaupt – erst spät unterbreiten. Daher ist eine geregelte Überwachung von (gesendeten) Anfragen und den (eingehenden) Angeboten unerlässlich.

Angebotsbearbeitung

Der Einkauf muss vor Angebotsprüfung sicherstellen, dass alle Angebote lückenlos eingegangen und erfasst sind. Ziel der anschließenden Angebotsprüfung ist, das optimale

Angebot zu bestimmen. Dabei sollte zwischen der formellen Prüfung und Analyse unterschieden werden.

Mit der *formellen Angebotsprüfung* soll sichergestellt werden, dass die Anfrage des Unternehmens und das Angebot des Lieferanten sachlich übereinstimmen, d. h. dass die in der Anfrage enthaltenen Spezifikationen mit den im Angebot enthaltenen Angaben verglichen werden: Materialart, Menge, (s. Abschn. „Anfrage").

Die *Analyse* der Angebote erfolgt unter Anlegung bestimmter Kriterien:

- Preis,
- Leistungen und Qualität,
- Lieferzeit,
- Standort des Lieferanten,
- Bekanntheit/Ruf des Lieferanten,
- Forschungsaktivitäten,
- Kulanzleistungen,
- Management beim Lieferanten,
- eigenes Vertrauen zum Lieferanten u. a.

Im Regelfall wird der Einkäufer jedoch zunächst den Angebotspreis analysieren und die Preisgestaltung sowie die Zahlungsbedingungen einer sorgfältigen Untersuchung unterziehen. Zu analysieren ist auch, ob nicht durch Bezug einer größeren Menge ein günstigerer Preis erzielt werden kann.

Die in diesem Abschnitt beschriebenen Kriterien sollten übersichtlich (tabellarisch) dargestellt sein, sodass ein Vergleich möglich ist und die Auswahl für den Lieferanten transparent ist. Dabei sollten (neben dem Preis) folgende Fragen mitentscheidend sein:

- Wer ist der terminlich zuverlässigste Lieferant?
- Wer hat ausreichende Kapazität?
- Wer kann die richtige Qualität liefern?
- Wer liefert auch kleinere Mengen?
- Wer bietet einen guten Service?
- Wer ist kulant bei Reklamationen?

Direktvergabe und Vergabeverhandlung

Kommt nach dem Angebotsvergleich lediglich ein Lieferant für den Hersteller in Frage, spricht man von Direktvergabe. Sollten nach der Prüfung einige Angebote im Preis bzw. der Gesamtbewertung ähnlich sein, kann es sich anbieten, eine ergänzende Vergabeverhandlung aufzunehmen. Bei der Vorbereitung sollte folgendes beachtet werden: Zusammensetzung der Verhandlungsdelegation, Verhandlungstermin und -ort (Büro des Einkaufs vs. neutraler Ort) festlegen, Sitzordnung, Unterlagen vorbereiten (Beschaffungsvorgang, Lieferantenbewertung, sonstige Dokumentationen), Vorgehensweise bei der Verhandlung festlegen (z. B. Preisgrenze).

Eine geplante Vorgehensweise ist eine wichtige Voraussetzung für den Erfolg der Verhandlung. Ob die Verhandlung erfolgreich verläuft, hängt wesentlich vom psychologischen Einfühlungsvermögen und Verhandlungsgeschick des Einkäufers ab – die Einfühlung in die Situation des Verkäufers wird ihm dabei erleichtert, wenn er die Hintergründe des Verkaufsgesprächs kennt. Daher sind viele Unternehmen dazu übergegangen, ihre Einkäufer in den Verhandlungsstrategien und -taktiken des Verkaufs zu schulen.

In dringenden Bedarfsfällen und beim Auftreten von Beschaffungsengpässen gewinnt die Frage der kürzesten Lieferzeit als Auswahlkriterium an Gewicht. Dann wird unter dem Druck hoher Fehlmengenkosten gehandelt und der Einkäufer zu Preiszugeständnissen verleitet. In einem solchen Fall ist der Einkaufserfolg stark gefährdet. Als Alternative zur klassischen Verhandlung werden inzwischen mehr und mehr E-Auctions verwendet. Bei diesen unterbieten sich mehrere Lieferanten, bis nur noch einer übrig bleibt. Ein großer Vorteil dieses Verfahrens ist die schnelle Durchführung und Entscheidungsmöglichkeit. Durchführbar sind E-Auctions allerdings nur, wenn das Unternehmen eine entsprechende Marktmacht hat, da durch die Auktion ein verhältnismäßig großer Druck auf die einzelnen Lieferanten ausgeübt wird. Der Ablauf einer E-Auction sieht wie folgt aus. Nachdem eine erste Analyse der Angebote durchgeführt wurde werden potenziell interessante Lieferanten zu einer E-Auction eingeladen. Diese kann in drei unterschiedlichen Variationen, mittels dutch ticker, englisch ticker oder reverse auction durchgeführt werden. Die Bieter sitzen dabei in ihrem eigenen Büro, wodurch ein zusätzlicher Aufwand (z. B. Zeit, Geld) für den Lieferanten entfällt.

Bestellentscheidung, Bestellung und Auftragsbestätigung

Nach der Angebotsprüfung trifft der Hersteller nach einer möglichen Vergabeverhandlung die *Bestellentscheidung*.

Wenn ohne Abweichung zum Angebot bestellt wird, entsteht mit der Bestellung ein rechtswirksamer Vertrag. Ist der Bestellung kein Angebot vorausgegangen oder ist die Bestellung abweichend vom Angebot, entsteht ein rechtswirksamer Vertrag erst durch Zustimmung des Lieferanten. Das beschaffende Unternehmen sollte darauf achten, dass der ausgewählte Lieferant eine schriftliche *Auftragsbestätigung* sendet. Diese Bestätigung ist dem Inhalt nach zu prüfen, da als verbindlich immer die Bedingungen gelten, die zuletzt und unwidersprochen abgegeben worden sind.

Bei den Bestellungen bzw. rechtswirksamen Verträgen unterscheidet man zwischen verschiedenen Ausgestaltungen:

- Im *Kaufvertrag* ist die Lieferung bestimmter Sachen vereinbart (§§ 433 ff. BGB).
- Im *Werkvertrag* ist die Herstellung bestimmter Sachen vereinbart, wobei die Ausgangsstoffe von beiden Vertragspartnern gestellt werden können (§§ 631 ff. BGB).
- Im *Werklieferungsvertrag* ist die Herstellung bestimmter Sachen vereinbart, wobei die Ausgangsstoffe vom Lieferanten gestellt werden (§§ 651 ff. BGB).

Mit der *Bestellung* müssen folgende Vereinbarungen getroffen werden:

1. Beschaffenheit: Es gibt unterschiedliche Möglichkeiten, diesen Vertragspunkt abzusichern. Durch Verwendung von Zeichnungen, Stücklisten oder Angaben von Normen und Typen kann ein Zeichnungsteil näher beschrieben werden. Eine weitere Möglichkeit ist die Bereitstellung einer Probe durch den Lieferanten („Kauf nach Probe"), die nach Art und Güte das Material genau festlegt. Bei Abweichungen der Lieferung besitzt das beschaffende Unternehmen besondere Rechte gegen den Lieferanten. „Kauf zur Probe" bedeutet, dass ein fester Kauf einer kleinen Warenmenge getätigt wird, wobei der Preis pro Einheit dem entspricht, der beim Bezug einer großen Menge gefordert würde. Beim „Kauf auf Probe" behält sich das beschaffende Unternehmen das Recht vor, das Material innerhalb einer vereinbarten oder angemessenen Frist ohne weitere Verpflichtungen zurückzugeben. Wenn ganze Warenläger oder Konkursmassen gekauft/bestellt werden, geschieht dies meist nach „Kauf en bloc", bei dem die Zusicherung einer bestimmten Güte zu einem Pauschalpreis geschieht. Enthält die Bestellung keine Festlegung der Qualität der Ware, ist der Lieferant verpflichtet, eine Ware mittlerer Art und Güte zu liefern.
2. Menge: Die Menge kann auf unterschiedliche Weise festgelegt werden. Bei der „genauen Maßangabe" wird die Materialmenge genau angegeben (z. B.: 10 Packungen oder 5 kg). Dabei beinhaltet die Angabe *Bruttogewicht* das Gewicht des Materials inklusive Verpackung, *Nettogewicht* oder *Reingewicht* das Gewicht ohne Verpackung. Die Differenz zwischen Brutto- und Nettogewicht wird als *Tara* bezeichnet – also das Gewicht der Verpackung. Bei der „ungefähren Maßangabe" (auch: zirka) werden Abweichungen gezielt vereinbart, also z. B. +/– 2,5 %. Bei leicht verdunstenden oder Feuchtigkeit annehmenden Materialien ist es zweckmäßig, dass der Lieferant eine Menge am Ablieferungsort garantiert. Geht aus dem Kaufvertrag nicht hervor, welches Gewicht dem Preis einer Sendung zu Grunde liegt, gelten Branchenbedingungen oder Handelsbräuche.
3. Verpackung: Die Kosten einer Verkaufs- oder Aufmachungsverpackung sind üblicherweise im Preis enthalten. Die Kosten für Versand oder Schutzverpackung werden gesondert ausgewiesen, wobei folgende Möglichkeiten in Betracht kommen: Die Verpackung wird als Extraposten in der Rechnung aufgeführt; der Lieferant fordert die frachtfreie Rücksendung der Verpackung und erstattet den dafür berechneten Betrag teilweise oder ganz zurück; die Verpackung wird dem beschaffenden Unternehmen leihweise gegen Miete oder Pfand überlassen. Die Vereinbarung *Brutto für Netto* sagt aus, dass die Verpackung als Bestandteil des Materials mitgewogen und mitberechnet wird. In Fällen, in denen der Kostenträger der Verpackung nicht benannt ist, gilt der Handelsbrauch.
4. Erfüllungszeit: Mit der Erfüllungszeit wird der Zeitpunkt angegeben, zu dem der Lieferant das bestellte Material zu übergeben hat. Sind keine Angaben vorhanden, kann der Lieferant sofort liefern bzw. das beschaffende Unternehmen sofortige Lieferung verlangen. Es ist daher zweckmäßig, die Erfüllungszeit vertraglich festzulegen: Bei *Promptgeschäften* wird vereinbart, dass die Lieferung innerhalb kurzer Frist zu erfolgen hat.

Bei *Lieferungsgeschäften* wird eine spätere Erfüllungszeit vereinbart – möglich sind Abruf- und Rahmenverträge.

5. Erfüllungsort: Der Erfüllungsort definiert den Ort, an dem die Übergabe des Materials zu erfolgen hat. Hintergrund ist, dass am Erfüllungsort das bestellte Material, die Menge und Beschaffenheit aufzuweisen hat, die vertraglich festgelegt sind. Am Erfüllungsort geht die Ware vertraglich vom Lieferanten auf das beschaffende Unternehmen über. Dabei ist der *Gesetzliche Erfüllungsort* der Ort, an dem der Lieferant des Materials seinen Wohn- und Geschäftssitz hat. Der *Vertragliche Erfüllungsort* ist der Ort, der zwischen den beiden Vertragspartnern in Angebot und Bestellung fixiert ist.

6. Preis: Der Preis kann im Vertrag genau festgelegt werden (*Fester Preis*) oder kann sich im Zeitverlauf ändern (*Fester Ausgangspreis*), wobei das Ausmaß der Änderung nicht willkürlich ist – es wird ein Basispreis festgelegt, der Grundlage für die endgültige Preisfestsetzung ist, die mit Hilfe von Indices vorgenommen wird. Die Angabe *Tagespreis* ist für das beschaffende Unternehmen nicht unproblematisch, daher sollte Einigung erzielt werden, wie dieser zu ermitteln ist.

7. Zahlungsbedingungen: Zu den Zahlungsbedingungen gehören: Zahlungsort, Zahlungszeitpunkt und Rabatt. Sollte kein *Zahlungsort* angegeben sein, gilt der Geschäftssitz des Schuldners. Beim *Zahlungszeitpunkt* wird unterschieden nach Zahlung vor Lieferung (Anzahlung oder Vorauszahlung), Zahlung gegen Lieferung (Barkauf) und Zahlung nach Lieferung (Zielkauf oder Kreditkauf).

8. Lieferbedingungen: Unter dem Stichwort Lieferbedingungen werden Regelungen zusammengefasst, die aber im Wesentlichen mit dem Transport des Materials zusammenhängen. Es wird u. a. beschrieben, wer die Kosten der Lieferung trägt und welches Transportmittel zu benutzen ist. In der Praxis haben sich standardisierte Lieferbedingungen, auch Incoterms genannt, durchgesetzt. Incoterms sind von der International Chamber of Commerce (ICC) veröffentliche Regelungen für den nationalen und internationalen Warenverkehr. Diese Regelungen und Kürzel formulieren unmissverständlich die Rechte und Pflichten des Lieferanten und Abnehmers. Aktuell existieren elf Incoterms, die in Abb. 2.16 dargestellt sind [41].

Ein Teil dieser Vereinbarungen ist häufig in Form von *Geschäftsbedingungen* erfasst, die Einkaufsbedingungen und Verkaufsbedingungen regeln können. Die Geschäftsbedingungen gelten in ihren Grundzügen oft einheitlich für eine ganze Branche und sind von den entsprechenden Verbänden erarbeitet worden.

In der Praxis entstehen Vertragsformen, die über die Ausfüllung der geschilderten Vertragspunkte hinausgehen. Im Allgemeinen werden solche Individualverträge dann geschlossen, wenn die Lieferbeziehung zwischen Lieferant und Kunde längerfristig geplant ist.

In *Rahmenverträgen* werden Kauf- und Verkaufsbedingungen für eine festgelegte Zeitspanne definiert. Häufig werden auch Preise für die Zeitdauer oder bis zur Abnahme einer Gesamtmenge festgeschrieben, jedoch ist der Rahmenvertrag im Regelfall nicht an die Abnahme bestimmter Mengen gebunden. Als Vorteil des Rahmenvertrages ist zu

Abb. 2.16 Incoterms [16]

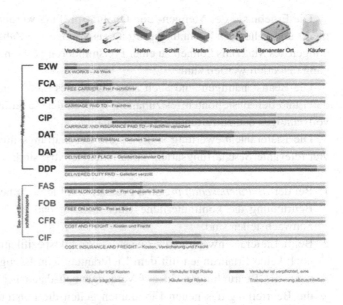

sehen, dass während der Vertragsdauer keine Änderungen der vereinbarten Konditionen (Termine, Preise) eintreten können, wodurch eine besonders sichere Grundlage für die Beschaffungsplanung sichergestellt wird. Gegen Rahmenverträge kann die Tatsache sprechen, dass der für die Vertragsdauer eintretende Wettbewerbsverzicht Preisnachteile nach sich ziehen kann (z. B. Rohstoffe: kurzfristige Überschüsse im Markt können zu erheblichen Preisrückgängen führen).

Im Gegensatz zum Rahmenvertrag wird beim *Kauf auf Abruf* stets die Abnahme einer Mindest- und Höchstmenge für einen festgelegten Vertragszeitraum festgeschrieben. Der Einkäufer behält sich häufig das Recht vor, Liefertermine später festzulegen, d. h. die Waren abzurufen. Es handelt sich also um eine feste Bestellung, bei der nur noch der Zeitpunkt der Ausführung offensteht. Der Vorteil dieser Vertragsart liegt in der Versorgungssicherung, der Möglichkeit, einen Mengenrabatt auszunutzen und die Lagerhaltungskosten zu minimieren. Besonders bedeutsam ist bei dieser Variante die Möglichkeit, die Kosten für Verwaltung und Abwicklung erheblich zu reduzieren, da die einzelnen (regelmäßigen) Abrufe EDV-gestützt abgewickelt werden können. Als besondere Variante des *Kaufs auf Abruf* kommen auch sog. *Sukzessivlieferungsverträge* häufig im Bereich der Just-In-Time-Belieferung zum Einsatz. Hier werden neben den Mengen auch Termine (meist stündlich oder auch täglich) festgelegt.

Lieferung und Kontrolle

Wenn das Material, z. B. am Wareneingang des beschaffenden Unternehmens, angeliefert wird, schließt sich der Informationskreislauf über den Liefervollzug. Nach einer Lieferscheinkontrolle, Mengen- und Qualitätsprüfung muss die bestellende Instanz im Unternehmen (zumeist: Einkauf) über den Wareneingang unterrichtet werden.

Die Ergebnisse der Mengen- und Qualitätsprüfung werden auf dem Lieferschein vermerkt und gelten der Rechnungsprüfung als Vorlage, die Zahlung freizugeben. Beanstandungen des Materials können zu einer Preisminderung führen, die mit dem Rechnungseingang diskutiert werden kann.

Die Beanstandungen sind auch zum Zweck des Lieferantenaudits in der Lieferantendatei und den Bestelldaten festzuhalten, um von der Zuverlässigkeit des Lieferanten ein vollständiges und zutreffendes Bild zu erhalten.

Die Lieferantenbewertung sollte an die Beschaffungssituation angepasst sein, wobei vier relevante Beschaffungsarten/-situationen denkbar sind:

1. Bei der *Routinebeschaffung* sind Produkt und Lieferant bekannt, so dass die Ziele der Beurteilung die kontinuierliche Überwachung und das rechtzeitige Aufdecken von Schwachstellen sind.
2. Beim Lieferantenwechsel ist zwar die Produktspezifikation bekannt, es liegen aber noch keine Erfahrungen mit dem Lieferanten beim Bezug des Produkts vor. Folglich kann die Beurteilung nicht auf Vergangenheitsdaten beruhen. Als Bezugspunkt für die Beurteilung des neuen Lieferanten gelten die Leistungsdaten des/der bisherigen Lieferanten.
3. Beim *Sortimentswechsel* wird das Sortiment um ein Teil oder eine Komponente erweitert – dafür steht auch ein bereits bekannter Lieferant zur Verfügung. Die Bewertung des Lieferanten aus der Vergangenheit liegt zwar vor, kann aber nicht ohne weiteres auf das neue Produkt übertragen werden, so dass die Lieferantenbeurteilung die Aufgabe hat, das Potenzial des Lieferanten abzuschätzen.
4. Bei der *Neuprodukteinführung* bestehen die größten Informationsdefizite – weder hinsichtlich des Produktes noch hinsichtlich des Lieferanten liegen Erfahrungswerte oder Bezugswerte vor. Der Grad der Unsicherheit für die Lieferantenwahl ist hier sehr hoch.

Die Ziele der Lieferantenbewertung lassen sich wie folgt zusammenfassen:

- objektive Aussagen über Lieferantenzuverlässigkeit,
- Verfügbarkeit von Lieferanteninformationen,
- Entscheidungsvorbereitung für Lieferantenauswahl,
- Erkennen von KANBAN- bzw. Just-In-Time-fähigen Lieferanten,
- Vorbereitung von Lieferantenförderungsmaßnahmen,
- Vorbereitung von Lieferantenauszeichnungen,
- Verhandlungsinstrument zur Abwehr von Preiserhöhungen,
- sicherer und schnellerer Neuanlauf,
- Verkürzung der Warendurchlaufzeit.

Als Berechnungsmethode für die Lieferantenbewertung kommt in der Praxis am häufigsten die Nutzwertanalyse in Betracht. Mögliche Kriterien sind:

- Preis: Konditionen, Festpreisgarantie, Weitergabe von Preisvorteilen u. a.
- Qualität: Prüfungsumfang (Stichprobe vs. 100 %), Kooperationsfähigkeit für erhöhte Produktqualität u. a.
- Logistik: Einhaltung von Terminen und Mengen u. a.
- Technik: Innovationsfähigkeit, Einhaltung technischer Vorgaben u. a.

2.2.3.3 IT-Systeme im Einkauf zur Unterstützung des operativen Prozesses

In der Beschaffung werden verschiedene IT-Systeme eingesetzt, von denen die Wesentlichsten vorgestellt werden sollen.

Materialmanagement-Systeme

Materialmanagement-Systeme, z. B. SAP R/3 Materials Management (MM), sind in jedem produzierenden Unternehmen anzutreffen. Diese Systeme unterstützen eine Vielzahl von Prozessen , z. B.:

- Anfrage (z. B. Preisanfrage bei Lieferant),
- Anforderung (z. B. Bedarfsanforderung, BANF an Einkauf),
- Bestellung (z. B. Bestellerzeugung und Versand per FAX),
- Kontraktmanagement (z. B. Anlage von Kontrakt bei sich wiederholenden Bestellungen),
- Lagerbewirtschaftung (z. B. Wareneingang, Warenaus- gang, Umlagerung),
- Bestandsmanagement (z. B. automatische Wiederbeschaffung),
- Inventur (z. B. Bestandskorrektur durch Verfall),
- Analysen (z. B. Bestandsverläufe, Lieferantenumsätze).

Diese Systeme lassen sich an die jeweiligen Bedürfnisse des Unternehmens anpassen und können so z. B. die lokale Lagerstruktur abbilden, wie auch die Einkaufsstruktur des jeweiligen Standortes („wer darf Einkaufen" etc.).

Innerhalb der o. g. Prozesse kommt den sog. Stammdaten (Lieferanten- und Materialstammdaten) eine besondere Bedeutung zu. Um eine hohe Prozesseffizienz zu erreichen, ist es unabdingbar, dass diese Stammdaten fehlerfrei im System angelegt werden. Jeder Fehler, z. B. falsche Materialbezeichnung im Stammsatz, führt zu Fehlern und nicht notwendigen Abstimmungsaufwänden zwischen Kunden und Lieferant.

Dieses Problem greifen e-Katalog-Systeme auf: Hier stammen die Stammdaten über Artikel und Lieferant vom Lieferanten selber (siehe Abschn. „Elektronisches Katalog-System") und müssen nicht vom Kunden im Materialmanagement-System per manueller Eingabe erfasst werden.

Elektronisches Katalog-System

Elektronische Katalog-Systeme (auch: e-Katalog, e-Procurement Systeme) werden verwendet, um geringe Verwaltungskosten im Einkauf zu erlangen und um die verbesserte Nutzung „zentraler" Verträge sicherzustellen.

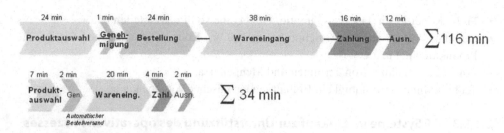

Abb. 2.17 Beispiel einer Prozessanalyse aus einem deutschen Konzern

Auf die geringeren Verwaltungskosten geht Abb. 2.17 ein: Hier erkennt man, dass der Bereich Einkauf (Bestellung) und Rechnungswesen (Zahlung) am erheblichsten von dem System profitiert. Die Arbeit des Einkaufs wird hier verlagert auf den strategischen Teil: Das Verhandeln der Konditionen und das Standardisieren von Produkten in den Lokationen. Das Rechnungswesen profitiert von dem Gutschriftsverfahren: Hier sendet der Lieferant keine Rechnung mehr an den Kunden, sondern der Kunde erstellt im Namen des Lieferanten eine Gutschrift und sendet diese an den Lieferanten.

Das elektronische Katalogsystem funktioniert wie folgt:

Einspielen der Kataloge: Die Lieferanten erstellen einen Katalog ihrer Produkte (z. B. in Excel) mit Beschreibung, Produktnummer, Preis, Warengruppe. Diese Datei wird beim Kunden in das e-Katalog System eingelesen. Der Einkäufer beim Kunden überprüft in einer sog. „Staging-Area" die Preise auf Korrektheit und das Angebot auf Vollständigkeit. Nach eingehender Prüfung und ggf. Korrekturschleife werden die Daten in das Katalogsystem eingelesen und für die eingestellten User freigeschaltet.

Durchführung einer Bestellung: Der User loggt sich in das e-Katalog System ein, welches i. d. R. im Intranet des Kunden zur Verfügung gestellt wird. Heutzutage werden allerdings auch browser-gestützte Anwendungen, bei denen die Daten entweder auf einem eigenen Server oder auf dem Server des Softwareanbieters (software as a service) liegen, angeboten. In einer Suchmaske wählt er über die Produktbeschreibung oder die Lieferantennummer das gewünschte Produkt aus. Zur Kontierung hinterlegt er seine Kostenstelle oder eine Projektnummer. Nach Zusammenstellung aller Produkte und Abschluss der Bestellung erzeugt das System aus dem Warenkorb Bestellungen. Hier werden nun die Produkte aus den gleichen Lieferantenkatalogen zu einer Bestellung gebündelt und anschließend elektronisch, meist per E-Mail, übermittelt.

Lieferung: Der Lieferant erhält die Bestellung und muss innerhalb der vereinbarten Lieferzeit, z. B. 24 Stunden, die Waren liefern. Dazu überträgt er die Kundenbestellung in einen Kundenauftrag, prüft diesen (Bonität) und gibt diesen dann an sein Warenwirtschaftssystem, z. B. im Logistikzentrum weiter. Im Logistikzentrum wird der Kundenauftrag kommissioniert und schließlich versandfertig gemacht und geliefert. Der Kunde nimmt die Ware entgegen und bestätigt im elektronischen Katalogsystem den Warenein-gang, der dann eine Gutschrift an den Lieferanten auslöst (→ Gutschriftsverfahren).

Ursprünglich wurden diese Katalogsysteme Ende der 90er/Anfang 2000 im Bereich der Nichtproduktionsmaterialien, wie z. B. Büroartikel, Werkzeuge, Kleinteile aufgebaut. Es wurden zunächst Teile beschafft, die in dem Unternehmen nicht auf Lager gehalten werden. Mittlerweile existieren Lösungen im Markt, die deutlich über diese Funktionali-tät hinausgehen und den gesamten Bereich der Nicht-Produktionsmaterialien umfassen, also auch lagergeführte Teile, wie Ersatzteile, Dienstleistungen und nicht-katalogisierbare Teile. Dabei wird das Ziel verfolgt, den Einkauf immer weiter von reiner administrativer Tätigkeit zu entlasten und dadurch Zeit zu schaffen für wertschöpfende Tätigkeiten, wie das Abschließen von Rahmenabkommen mit Standardzahlungsbedingungen und Preisen, wie auch die Überwachung von sog. „Maverick-Buying", also dem Einkauf an den Ein-kaufskonditionen bei den Standardlieferanten vorbei.

2.3 Konzeptbausteine des Beschaffungsmanagements

Aus den Eingangs aufgezeigten zentralen Gestaltungsfeldern der Beschaffungslogistik leiten sich folgende Basiskonzepte ab. Sie bilden die Basis zur systematischen Ausgestal-tung der Gestaltungsfelder.

2.3.1 Materialgruppenmanagement

Materialgruppenmanagement (MGM) ist ein Instrument zur zielgerichteten Gliederung der Beschaffungsobjekte in Materialgruppen, um daran jeweils spezifische Gestaltungs-, Lenkungs- und Entwicklungsmaßnahmen in der Beschaffung abzuleiten. Grundsätzlich zielt das Materialgruppenmanagement darauf ab, die mit der Vielzahl der Beschaffungs-objekte verbundene Komplexität zu reduzieren, indem die Beschaffungsobjekte nach bestimmten Kriterien in unterschiedlichen Kategorien gruppiert werden. Auf diese Weise können Spezialisierungsvorteile durch eine differenzierte Behandlung der Materialgrup-pen, als auch Synergieeffekte, vornehmlich Bündelungs- und Standardisierungseffekte, innerhalb der homogenen Materialgruppen erschlossen werden. Die Materialgruppen erhöhen die Transparenz über spezifische Anforderungen und die wesentlichen Treiber der Materialkosten. Dies kann genutzt werden bei der Gestaltung der Organisation, indem nach dem Objektprinzip (Objekt = Materialgruppe), verantwortliche Personen, i.d.R. interdisziplinäre Teams, für eine Materialgruppe definiert werden. Diese verantworten alle zur Materialgruppe zugehörigen Aktivitäten und die zu deren Umsetzung notwendi-gen Prozesse. Eine solche Spezialisierung gewährleistet eine umfassende technische und beschaffungsmarktbezogene Kompetenz. Im Bereich der Logistik können den Material-gruppen unterschiedliche Beschaffungskanäle zugeordnet werden.

Auch Lenkungsaktivitäten werden unterstützt, wie die Entwicklung individueller Beschaffungsstrategien für jede Materialgruppe auf Basis einer Portfolioanalyse.

Angesichts der Vielzahl zu beschaffender Teile ist ein häufig genutzter Ansatz zur Gliederung von Materialgruppen die ABC-Analyse. Ziel ist es Schwerpunkte zu setzen und die Beschaffungsaktivitäten auf Materialgruppen zu konzentrieren, die aufgrund ihrer Wertigkeit und Bedeutung für das gesamte Unternehmen einer besonderen Behandlung im Beschaffungsprozess erfordern. Die ABC-Analyse ist dabei ein wichtiges Mittel der Bedarfsanalyse. Üblicherweise werden Anzahl und Wert der beschafften Materialdispositionen gegenübergestellt.

Nach dem Auswerten der ABC-Analyse sind geeignete Maßnahmen umzusetzen:

A-Teile sind besonders sorgfältig und intensiv zu betreuen:

- durch Markt-, Preis- und Kostenstrukturanalysen,
- durch gründliche Bestellvorbereitung,
- durch aufwendige, genaue Bestellterminrechnung.

Bei C-Teilen ist darauf zu achten, dass die Bestellabwicklung „schlank" ist, da häufig viele Bestellvorgänge mit geringem Verbrauchswert ausgelöst werden.

Die Ergebnisse der ABC-Analyse werden in einer Lorenz-Kurve dargestellt (M.C. Lorenz hat bereits 1905 erstmals mit Hilfe ähnlicher Kurven die Unterschiede in der Einkommensverteilung dargestellt). Empirische Untersuchungen haben für verschiedene Branchen charakteristische Kurven ergeben (Abb. 2.18). Dabei fällt auf, dass diese Kurven umso flacher verlaufen, je näher das Unternehmen in der Beschaffungskette dem Konsumenten ist. Dafür gibt es Gründe: Ist das Lager ausschließlich auf den Konsumenten

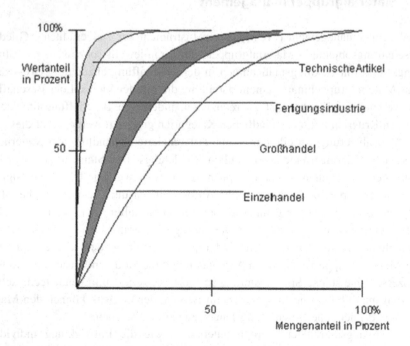

Abb. 2.18 Lorenzkurven für verschiedene Branchen

ausgerichtet (Einzelhandel), so wird man sich auf die stark zufallsbedingte Nachfrage der Verbraucher durch ein breites Angebotsspektrum einstellen müssen. (Das ECR-Konzept, s. Abschnitt Handelslogistik in diesem Buch, versucht diesen Effekt durch ein verbessertes Prognosesystem zu verringern).

Die XYZ-Analyse wird im Anschluss an die ABC- Analyse durchgeführt. Sie untersucht die Einordnung der zu beschaffenden Sachgüter nach Vorhersagegenauigkeit:

- X-Teile: Verbrauch ist konstant = hohe Vorhersagegenauigkeit (Schwankung des monatlichen Verbrauchs < 20 %),
- Y-Teile: Verbrauch ist schwankend, unterliegt Trends, zeigt Saisonverhalten = mittlere Vorhersagegenauigkeit (Schwankung des monatlichen Verbrauchs zwischen 20 % und 50 %),
- Z-Teile: Verbrauch ist unregelmäßig = niedrige Vorhersagegenauigkeit (Schwankung des monatlichen Verbrauchs > 50 %).

Durch Kombination der ABC- und XYZ-Analyse lassen sich dann weitere Beschaffungsstrategien ableiten, wie z. B. welche Teile für die Beschaffung nach dem Just-In-Time-Konzept in Frage kommen.

2.3.2 Lieferantenmanagement

Das Lieferantenmanagement beschäftigt sich mit der systematischen Steuerung aller Phasen einer möglichen Lieferantenbeziehung von der Lieferantenvorauswahl über die Lieferantenanalyse, Lieferantenauswahl, Lieferantenbewertung und -controlling bis hin zur Lieferantenentwicklung oder Beendigung eines Lieferantenverhältnisses (s. Abb. 2.19)

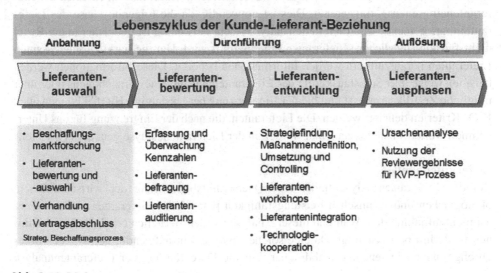

Abb. 2.19 Lieferantenmanagement

Ziele des Lieferantenmanagement

Das Ziel des Lieferantenmanagements ist die Bereitstellung einer einheitlichen Methodik zur Analyse potenzieller und bestehender Lieferanten um auf der Basis der daraus entstehenden Ergebnisse strategische Entscheidungen zu treffen.

Operative Ziele

Auf operativer Ebene steht die Schaffung einer transparenten Lieferantenbasis im Vordergrund. Durch diese Basis ist eine objektive Vergleichbarkeit möglich. Dies kann sowohl zu einer Erhöhung der Lieferantenleistung als auch zu einer Senkung der Beschaffungskosten führen. Durch die Fokussierung auf wenige, dafür effektivere und effizientere Lieferanten sind auch Bündelungspotenziale vorhanden, wodurch die Beschaffungskosten weiter gesenkt werden können.

Strategische Ziele

Auf strategischer Ebene hingegen ist das Hauptziel die Definition geeigneter Beschaffungsstrategien, Verringerung von Abhängigkeiten und Versorgungsschwierigkeiten und die Erhöhung der Beschaffungsqualität. Dies erfolgt mittel- und langfristig durch eine Verbesserung der Lieferantenbasis.

Lieferantenvorauswahl

Zu Beginn des Lieferantenmanagements steht die Lieferantenvorauswahl, die sich aus der Lieferantenidentifikation und der anschließenden Lieferanteneingrenzung zusammensetzt. Während der Lieferantenidentifikation werden entweder unter den aktuellen Lieferanten oder auf den aktuellen Beschaffungsmärkten nach möglichen Lieferanten für ein Produkt oder eine Dienstleistung gesucht. Können hier keine potenziellen Lieferanten gefunden werden, muss unter Umständen der Beschaffungsmarkt ausgedehnt werden. Nachdem mögliche Lieferanten gefunden wurden, werden diese im Anschluss im Rahmen der Lieferanteneingrenzung eingegrenzt. Dies ist notwendig, da die folgende Phase des Lieferantenmanagements – die Lieferantenanalyse – sehr aufwendig ist und daher in der Regel nicht für alle (möglichen) Lieferanten durchgeführt wird. Um die wirklich interessanten Lieferanten herauszufiltern werden Informationen benötigt. Diese Informationen werden beispielsweise über Selbstauskünfte der Lieferanten anhand eines Fragebogens oder über mögliche Zertifikate erfasst und bei der Eingrenzung berücksichtigt. Hierbei können auch K.O.-Kriterien definiert werden. Die Lieferanten, die nach der Eingrenzung für das Unternehmen weiterhin interessant sind, werden in der Lieferantenanalyse genauer betrachtet.

Lieferantenanalyse

Bei der Lieferantenanalyse findet eine Querschnittsbetrachtung der wirtschaftlichen, ökologischen und technischen Leistungsfähigkeit potenzieller Lieferanten in Form einer Momentaufnahme statt. Während dieser Analyse werden zusätzlich erhaltene Informationen weiterhin berücksichtigt. Da eine solche Analyse sehr aufwendig ist, ist eine vorher durchgeführte Eingrenzung unabdingbar. Für die Durchführung der Lieferantenanalyse existieren zahlreiche Instrumente. Dabei ist das Ziel der Lieferantenanalyse die Schaffung einer Transparenz hinsichtlich der zur Verfügung stehenden Lieferanten in den Bereichen Wirtschaftlichkeit, Bonität und Finanzkraft, Versorgungssicherheit (Logistik), Entwicklungskompetenz und Qualitätsmanagement und Prozess- und Produktions-Know-how. Im Anschluss an die Lieferantenanalyse erfolgt auf der Basis der gewonnenen Daten, die Lieferantenauswahl.

Lieferantenauswahl

Die Lieferantenauswahl hat sowohl einen strategischen als auch einen operativen Charakter. Die strategische Sicht berücksichtigt hauptsächlich die Erfolgspotenziale der Lieferanten wohingegen bei der operativen Sicht konkrete Aufträge im Fokus stehen. Abhängig von dem gewählten Auswahlverfahren darf das entstandene Ranking nicht alleinige Basis für die Auswahlentscheidung sein. Sollten beispielsweise nur quantitative Kriterien abgeprüft worden sein, sollten bei der späteren Auswahl auch die qualitativen Kriterien mitberücksichtigt werden.

Lieferantenbewertung

In der Phase der Lieferantenbewertung soll die vergangene, die aktuelle und die zukünftige Leistungsfähigkeit der Lieferanten systematisch gemessen und ausgewertet werden. Hierzu gibt es zahlreiche Instrumente, die in der Praxis angewendet werden. Bei der Durchführung der Lieferantenbewertung ist zu beachten, dass auch zahlreiche Kosten, wie zum Beispiel Fehlerverhütungskosten und Prüfkosten bei der Erhebung der notwendigen Daten anfallen. Diese müssen durch die reduzierten Fehlerkosten mindestens gedeckt werden, da sich die Lieferantenbewertung ansonsten finanziell nicht rentiert. Allerdings sind die Kosten nicht der einzige zu beachtende Faktor. Neben diesem sollte auch der strategische Nutzen eines gut aufgestellten Lieferanten in Bezug auf Leistungsfähigkeit und Lieferleistung berücksichtigt werden.

Die Kriterien für eine Lieferantenbewertung werden in der Regel in Haupt- und Subkriterien unterteilt. Beispiele für Hauptkriterien sind Mengenleistung, Qualitätsleistung, Logistikleistung, Entgeltleistung, Serviceleistung, Informations- und Kommunikationsleistung, Innovationsleistung und Umweltleistung. Aufgrund des sehr hohen Aufwands werden diese meistens allerdings nicht alle analysiert. Stattdessen wählt ein Unternehmen einzelne aus. (Einen Überblick über die zu beachtenden Größen bei den jeweiligen Kriterien findet sich bei Glantschnig, E.: S. 97 ff.) Diese Kriterien variieren je nach Art des Lieferanten und des zu beziehenden Produktes. Die Instrumente zur Bewertung der Lieferanten lassen sich grob in die drei Kategorien quantitative Verfahren, qualitative Verfahren und Fuzzy-Techniken untergliedern. Hierbei basieren quantitative Verfahren auf metrisch skalierten Daten, die auf mathematischer Basis eine für das Unternehmen optimale Entscheidung ermöglichen. Zu den quantitativen Verfahren zählen u. a. die Bilanzanalyse, die Preis-Entscheidungsanalyse und das Kennzahlenverfahren. Die qualitativen Verfahren bieten eine Übersicht über die möglichen Einflüsse auf die Ziele, können allerdings keine exakt berechneten Ergebnisse vorweisen. Beispiele für qualitative Verfahren sind numerische Verfahren, die über Punkteverteilungen funktionieren, wie z. B. die Nutzwert-methode, klassifizierende Verfahren, die mit Hilfe von Portfolio-Methoden erstellt werden und repräsentierende Verfahren wie beispielsweise Profiltechniken oder Sterndiagramme. Die Fuzzy-Techniken sind eine Kombination aus quantitativen und qualitativen Verfahren, da aus beiden Bereichen Aspekte kombiniert werden mit dem Ziel eine objektivere, nach-vollziehbarere Entscheidungsfindung zu ermöglichen.

Lieferantenbewertungen sind sowohl für das Unternehmen hilfreich, da es sich auf Basis der Ergebnisse für die passendsten Lieferanten entscheiden kann, als auch für die bewerteten Lieferanten, da diese ihre Position im Vergleich zum Wettbewerb erfahren und auf dieser Basis auf die Schwächen reagieren bzw. Kosten senken können.

Lieferantencontrolling

Während der Lieferantenbeziehung ist ein Lieferantencontrolling notwendig. Hierbei findet eine kontinuierliche Überwachung der Leistungsfähigkeit eines Lieferanten statt. Ziel dieser Überwachung ist das Aufdecken möglicher Defizite beim Lieferanten und die Entwicklung und Einführung entsprechender Gegenmaßnahmen. Ein umfassendes Liefe-rantencontrolling ist sehr aufwendig. Daher sollte sich ein Unternehmen auch in diesem Bereich nur auf bestimmte Lieferanten konzentrieren. Diese Entscheidung findet während einer Lieferantenstrukturanalyse statt.

2.3.3   Lieferantenstrukturanalyse

Die Lieferantenstrukturanalyse beschreibt die Verteilung der Lieferanten auf Lieferanten-klassen. Die Einteilung erfolgt zum Beispiel anhand der Leistungsfähigkeit oder anhand des Einkaufsanteils.

Sollten während des Lieferantencontrollings Mängel bei einem der Lieferanten aufgedeckt werden, gibt es mehrere mögliche Vorgehensweisen zur Steuerung einer Lieferantenbeziehung.

2.3.3.1   Steuerung der Lieferantenbeziehung

Lieferantenentwicklung

Eine mögliche Vorgehensweise zur Steuerung der Lieferantenbeziehung ist die Lieferan-tenentwicklung. Hierbei wird versucht das Leistungsniveau eines Lieferanten (beispiels-weise durch Workshops oder Know-how-Übertragung) zu steigern.

Bei der Lieferantenentwicklung kann zwischen der aktiven und der passiven Lieferan-tenentwicklung unterschieden werden, wobei letztere auch als Lieferantenselbstentwick-lung bezeichnet wird.

Bei der aktiven Lieferantenentwicklung unterstützt das Unternehmen seinen Lieferanten aktiv. Es werden gemeinsame Aktivitäten und Maßnahmen geplant und umgesetzt. Da diese Form der Lieferantenentwicklung einen hohen Zeit- und Kostenaufwand für das Unternehmen bedeutet, wird eine solche aktive Lieferantenentwicklung in der Regel nur bei Lieferanten mit einer sehr hohen strategischen Bedeutung für die eigenen Produkte durchgeführt. Mögliche Maßnahmen im Rahmen dieser aktiven Lieferantenentwicklung können dabei z. B. Schulungen des Lieferanten durch das eigene Unternehmen oder gemeinsam durchgeführte Workshops zur Transferierung des eigenen Know-hows auf den Lieferanten sein.

Die Lieferantenselbstentwicklung wird dagegen eher für Unternehmen mit einer geringeren strategischen Bedeutung angewandt. In diesem Fall werden dem Lieferanten durch das Unternehmen bestimmte Ziele vorgegeben, die es zu erreichen gilt. Darüber hinaus wird dem Unternehmen zumeist auch das benötigte Wissen zur Verfügung gestellt. Es bleibt nun aber dem Lieferanten überlassen eigene Maßnahmen für die Zielerreichung zu definieren und umzusetzen. Das Unternehmen übernimmt dabei lediglich die Rolle des Beobachters hinsichtlich der Realisierung der vorgegebenen Ziele [38].

Lieferantenausphasung
Sollte die Lieferantenentwicklung fehlschlagen oder generell kein Potenzial beim Lieferanten erkennbar sein, so ist der letzte Ausweg eine Ausphasung, das heißt das Unternehmen trennt sich von dem Lieferanten.

2.3.3.2 Kooperationsmanagement
Beschaffungskooperationen gewinnen in der Praxis immer mehr an Bedeutung, da sie für große Unternehmen eine kostengünstigere Beschaffung von benötigten Produkten ermöglichen und sie dadurch einen Wettbewerbsvorteil gegenüber kleinen und mittelständischen Unternehmen erzielen können. Unter einer Kooperation wird die über einen mittleren bis längerfristigen Zeitraum stattfindende Zusammenarbeit mindestens zweier rechtlich unabhängigen und wirtschaftlich selbstständigen Unternehmen verstanden. Unterschieden wird dabei zwischen horizontalen und vertikalen Beschaffungskooperationen. Bei horizontalen Beschaffungskooperationen arbeiten Unternehmen der gleichen oder ähnlicher Fertigungsstufen im Bereich der Beschaffung zusammen wohingegen vertikale Kooperationen zwischen Unternehmen unterschiedlicher Wertschöpfungsstufen gebildet werden, z. B. zwischen einem Unternehmen und einem seiner Zulieferer.

Beschaffungslogistik verbindet ein Unternehmen mit seinen Lieferanten und vereinigt dabei die Distributionslogistik des Lieferanten mit der Produktionslogistik des eigenen Betriebes. Die Hauptaufgabe liegt in der Versorgung des Unternehmens mit benötigten Gütern und Dienstleistungen um eine reibungslose Produktion und Leistungserstellung sicherzustellen. Die Beschaffungslogistik ist daher, neben dem Einkauf, der Beschaffung und der Materialwirtschaft ein Teil der Unternehmensversorgung. Hierbei fokussieren sich die Beschaffungslogistik und die Materialwirtschaft auf die physische Verfügbarkeit der benötigten Produkte und Dienstleistungen, wohingegen der Einkauf und die Beschaffung für die rechtliche Verfügbarkeit zuständig sind. Zwei Dimensionen sind bei Kooperationen in der Beschaffungslogistik von besonderer Relevanz. Auf der einen Seite die beteiligten Partner (verladene Industrie sowie Logistikdienstleister) auf der anderen Seite die Kooperationsrichtung. Je nach beteiligten Partnern handelt es sich entweder um eine horizontale oder vertikale Kooperation.

- Bei einer Horizontalen Kooperation befinden sich beide Partner auf derselben Stufe. Demnach können solche Kooperationen nur zwischen verladener Industrie/Handels-unternehmen oder Logistikdienstleistern auf gleicher Wertschöpfungsstufe entstehen.
- Bei vertikalen Kooperationen finden Wertschöpfungsstufen übergreifende Kooperationen zu einem Lieferanten oder Logistikdienstleister statt.

Auf die beiden Kooperationsformen wird im späteren Verlauf des Abschnitts noch jeweils näher eingegangen. Voraussetzung für die Bildung einer solchen Kooperation ist ein ökonomischer Vorteil für die beteiligten Unternehmen im Vergleich zum normalen Szenario. Diese Vorteile werden als Kooperationsrente bezeichnet. Die Kooperationsrente hat je nach Kooperationsart unterschiedliche Ausprägungen. Bei der horizontalen Kooperation entsteht die Kooperationsrente aufgrund der Nutzung von Größenvorteilen (Economies of Scale). Diese Größenvorteile lassen sich auf zwei Arten und Weisen realisieren. Auf der einen Seite durch eine optimierte Nutzung der vorhandenen Kapazitäten, auf der anderen Seite durch eine gemeinsame Nutzung von Transporteinrichtungen und von Informations- und Kommunikationseinrichtungen. Eine weitere Möglichkeit der Nutzung von Größenvorteilen ist der gemeinsame Einkauf von Logistikdienstleistungen. Diese lassen sich in drei Bereiche aufgliedern:

- Einkauf von Transportleistungen
- Einkauf von Lagerleistungen
- Einkauf von Informationsverarbeitungsleistungen

Der Hauptgrund für horizontale Kooperationen in der Beschaffungslogistik liegt in der Realisierung von Mengenrabatten aufgrund der Inanspruchnahme größerer Volumina in einem oder mehrerer der zuvor genannten Bereiche. Dieser Effekt wird auch „Supply Economies of Scale" genannt. Mögliche Formen der Kooperationen in der Beschaffungslogistik sind in dem folgenden Abb. 2.20 dargestellt und sollen im Folgenden näher erläutert werden.

Vertikale Kooperationen in der Beschaffungslogistik
In der Beschaffungslogistik existieren grundsätzlich drei Formen der vertikalen Kooperation. Dies sind die

- Industrielle Abnehmer-Zulieferer-Kooperationen
- Stufenübergreifende Logistikdienstleistungskooperationen
- Logistik-Outsourcing.

Bei den *industriellen Abnehmer-Zulieferer-Kooperationen* handelt es sich um Kooperationen zwischen den Produktionsunternehmen und ihren Lieferanten. Der Fokus liegt bei diesen Kooperationen auf einer Optimierung der Logistik und findet besonders in der Automobilbranche weite Anwendung. Diese Optimierung findet in einer Reihe von

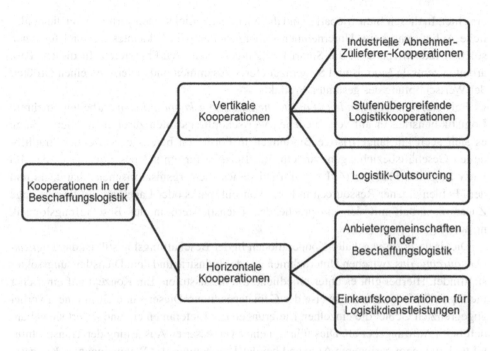

Abb. 2.20 Kooperationsformen in der Beschaffungslogistik

Teilkonzepten statt. Ein großer Teilbereich ist das Supplier Relationship Management (SRM), bei dem es um eine Form des integrierten Lieferantenmanagement geht. (Vgl. auch Abschn. 2.3.2) Das Ziel ist eine langfristige Geschäftsbeziehung mit den Lieferanten. Dieses Ziel wird beispielsweise durch wechselseitigen Vertrauensaufbau, kooperative Entwicklungsaktivitäten und Lieferantenentwicklung realisiert. Ein solches Konzept wird zum Beispiel von BMW zur langfristigen Bindung ihrer strategischen Lieferanten angewandt.

Ein weiterer Bestandteil ist eine Modular Sourcing oder System Sourcing-Strategie, bei der möglichst vollständige Module bzw. Systeme beschafft werden. Hierdurch wird die Anzahl der Beschaffungsobjekte stark verringert. Dies führt auch zu einer verringerten Leistungstiefe des abnehmenden Unternehmens wobei Zulieferleistungen aufgrund der erhöhten Abhängigkeit strategisch bedeutsamer werden.

Häufig werden solche Kooperation durch Just in Time Konzepte (s.a. Abschn. 2.4.3) ergänzt. Hierbei handelt es sich um eine beschaffungslogistische Strategie, bei der die Güter genau dann beim Abnehmer angeliefert werden, wenn diese dort auch weiterverarbeitet werden. Dies führt zwar zu sehr niedrigen Beständen, macht allerdings aufgrund des hohen Abstimmungsaufwands, insbesondere über gemeinsame Planungs- und Auftragsabwicklungssysteme, eine Kooperation unabdingbar. Die niedrigen Bestände können darüber hinaus zu Produktionsengpässen führen, sollte eine geplante Lieferung nicht pünktlich geliefert werden. Um dieses Risiko zu reduzieren werden häufig Industrieparks errichtet. In diesen Industrieparks sind die wichtigsten Lieferanten vertreten um die pünktliche Anlieferung beim Unternehmen sicherzustellen. Ein bekanntes Beispiel für einen solchen Industriepark ist die Smart-Fertigung in Hambach/Frankreich. In diesem Park arbeiten zentrale Modul- und Systemzulieferer zusammen und generieren einen Großteil der Wertschöpfung des gesamten Produkts.

Bei *stufenübergreifenden Logistikdienstleistungskooperationen* arbeiten mehrere Logistikdienstleister auf verschiedenen Wertschöpfungsstufen zusammen. Hierbei kann es sich auch um längerfristige Bindungen in Form von bereits existierenden, traditionellen Geschäftsbeziehungen handeln. Ein Beispiel für ein solches Konzept ist das 4th Party Logistics Provider (4PL). Aufgrund seines eher organisatorischen Charakters und dem Fehlen eigener Ressourcen in Form von Fuhrparks oder Lagerhäusern ist eine enge Zusammenarbeit mit den entsprechenden Dienstleistern in der Beschaffungslogistik notwendig.

Die dritte Form vertikaler Kooperationen in der Beschaffungslogistik ist das *Logistik-Outsourcing*, das zwischen Unternehmen aus der Industrie und dem Dienstleistungssektor stattfindet. Hierbei gibt es unterschiedliche Intensitätsstufen. Ein Konzept auf einer eher niedrigen Stufe ist beispielsweise der Gebietsspediteur. Dieser sammelt in einem vorher abgegrenzten Gebiet die einzelnen Lieferungen der Lieferanten ein und liefert sie gebündelt beim Auftraggeber ab. Dies führt zu einer verbesserten Auslastung der Transportmittel und zu einem geringeren Aufwand bei der Bearbeitung des Wareneingangs. Kooperationspartner sind auf der einen Seite der Auftraggeber, also das Industrieunternehmen, auf der anderen Seite der Gebietsspediteur und teilweise auch die Zulieferer. Übernimmt der Gebietsspediteur hingegen das Management eines Beschaffungslagers, in dem die Wareneingänge gebündelt und konsolidiert werden, bezeichnet man dieses Lager als externes Beschaffungslager. Hierbei sind die Grenzen zur horizontalen Kooperation, auf die im Abschn. 2.3.3.2 näher eingegangen wird, häufig fließend, da bei einem solchen Lager eine horizontale Zusammenarbeit der Lieferanten notwendig ist. Die intensivste Form des Logistik-Outsourcings ist die Kontraktlogistik. Hierbei wird die gesamte Logistik von komplexen Leistungsbündeln langfristig von einem Logistikdienstleister abgewickelt. Ein Beispiel für die Anwendung der Kontraktlogistik ist der KarstadtQuelle Konzern. Die Deutsche Post/DHL übernimmt für den Konzern die Warenhauslogistik und den Bereich Groß- und Stückgutlogistik. Das Vertragsvolumen dieser Kooperation beläuft sich dabei auf ca. 500 Millionen Euro jährlich [18].

Vor- und Nachteile vertikaler Kooperationen Folglich bieten Vertikale Kooperationen unter anderem die folgenden Vorteile. Sie können Unternehmen bei der Optimierung der Logistik unterstützen. Sie können dazu dienen strategisch wichtige Lieferanten langfristig zu binden oder fehlende eigene Ressourcen auszugleichen. Darüber hinaus unterstützen sie ein Unternehmen eine Modular oder System Sourcing-Strategie umzusetzen.

Neben diesen zahlreichen Vorteilen gibt es allerdings auch zu berücksichtigende Nachteile. Dies gilt vor allem für die steigende Abhängigkeit der Unternehmen von ihren Lieferanten durch langfristige Verträge.

Horizontale Kooperationen in der Beschaffungslogistik

Anders als die vertikalen Kooperationen lassen sich die horizontalen Kooperationen in der Beschaffungslogistik nur in zwei Formen zusammenfassen. Auf der einen Seite die Anbietergemeinschaften in der Beschaffungslogistik und auf der anderen Seite die Einkaufskooperationen für Logistikdienstleistungen.

Unter *Anbietergemeinschaften in der Beschaffungslogistik* werden horizontale Kooperationen von Logistikdienstleistern, mit dem Ziel der Industrie ein umfassendes Leistungsangebot zur Verfügung stellen zu können, verstanden. Beispiele hierfür sind Sammelladegemeinschaften, Korrespondenzbeziehungen im Sammelgutverkehr, Abfertigungsgemeinschaften und Begegnungsverkehre, Zusammenarbeit bei der Logistikberatung oder abwechselnde Disposition bei City-Logistik-Systemen. Der Unterschied zu den Konzepten der vertikalen Kooperationen wie zum Beispiel 4PL besteht darin, dass bei den Anbietergemeinschaften die beteiligten Dienstleister gleichberechtigt sind, wohingegen bei 4PL der Tierhöchste Lieferant die Kooperation lenkt.

Bei *Einkaufskooperationen für Logistikdienstleistungen* schließen sich mehrere Unternehmen der verladenen Industrie zusammen um aufgrund des gebündelten Logistikbedarfs Größenvorteile besser nutzen zu können. Diese Form der Kooperation findet in der deutschen Industrie bisher noch sehr wenig Anwendung, wohingegen im englischsprachigen Bereich horizontale Kooperationen weiter verbreitet sind.

In Baden-Württemberg wurde eine Studie mit dem Namen „Einkaufskooperationen mittelständischer Unternehmen in Baden-Württemberg" zur Ermittlung der Vorteilhaftigkeit von Einkaufskooperation durchgeführt. Sie umfasste eine Kooperation von 13 Partnern, die insgesamt nur einen sehr kleinen Teil am Transportvolumen (~ 23 Mio. € von insgesamt ~ 150 Mrd. € deutschlandweit) hatten. Allerdings war schon hier das durchschnittliche Preisniveau 11 % niedriger, als das Preisniveau, das die Partner vor der Kooperation gezahlt hatten [18].

Vor- und Nachteile horizontaler Kooperationen Zu nennende Vorteile sind günstigere Einkaufspreise aufgrund der economies of scale, Erhöhung des kumulierten Einkäufer Know-hows, Produktstandardisierungen und Benchmarking mit dem anderen Unternehmen. Neben diesen Vorteilen existieren allerdings auch Nachteile, die insbesondere bei Kooperationen mit Konkurrenten zu beachten sind. Dies sind beispielsweise der Verlust von Einkaufs-Know-how, Verlust des direkten Lieferantenkontakts und das Offenlegen von Betriebsgeheimnissen.

Im Folgenden werden die unterschiedlichen Phasen, die bei einem Entscheidungsprozess für oder gegen eine Kooperationen durchlaufen werden, vorgestellt.

Vorgehensweise:

1. Schritt: Bildung von Zielen

 Zu Beginn des Prozesses muss sich das Unternehmen seiner angepeilten Ziele bewusst werden. Mögliche Ziele, über die sich zu Beginn Klarheit verschafft werden muss und die durch Beschaffungskooperationen verfolgt werden können sind Gewinnziele, finanzwirtschaftliche Ziele, Machtziele, Sicherungsziele oder soziale Ziele. Häufig werden mehrere dieser Zielgruppen zeitgleich verfolgt. Dies kann allerdings zu Zielkonflikten führen, bei denen die Geschäftsleitung Entscheidungen treffen muss.

2. Schritt: Bildung strategischer Beschaffungseinheiten
Nachdem die angestrebten Ziele formuliert wurden, werden im nächsten Schritt die möglichen Beschaffungsobjekte geclustert, um im Anschluss eine Entscheidung in Bezug auf Make or Buy, horizontale Kooperation oder vertikale Kooperation treffen zu können. Zu berücksichtigende Kriterien für die Bildung von strategischen Beschaffungseinheiten sind eine ähnliche Art der Leistungserstellung, ähnliche Beschaffungsmärkte und ein ähnliches Beschaffungsrisiko.

3. Schritt: Abschätzung von Kosten und Nutzen
Im Anschluss an die Bildung der strategischen Beschaffungseinheiten werden die Kosten und der Nutzen einer Überprüfung abgeschätzt. Hierbei sollten alle Materialgruppen – sowohl Kernbereiche als auch Nebenbereiche - berücksichtigt werden, mit Ausnahme derer, bei denen schon im Vorhinein eine Unwirtschaftlichkeit erkennbar ist. Die erste Schätzung kann noch relativ grob in die Größenordnungen niedrig, mittel, hoch stattfinden.

4. Schritt: Aufstellung eines Kosten/Nutzen-Portfolios
Die im dritten Schritt geschätzten Ergebnisse werden im Anschluss in ein Kosten-Nutzen Portfolio eingetragen. Dieses Portfolio stellt die Kosten der einzelnen Vorgehensweisen dem für das Unternehmen entstehenden Nutzen gegenüber.

5. Schritt: Entwicklung eines Kriterienkatalogs
Aufbauend auf das Portfolio werden im Folgenden Kriterien für die Entscheidungsfindung aufgestellt. Diese haben einen direkten Bezug zu den Unternehmenszielen und sind daher individuell anzupassen. Mögliche Kriterien sind zum Beispiel die Produktionskosten, Qualität, Lieferkosten, Arbeitsplatzsicherung, Know-how-Sicherung oder Risiken wie Investitionsrisiken, Wechselkursrisiken und politische Risiken.

6. Schritt: Entwicklung eines Scoring-Modells
Basierend auf den im 5. Schritt ausgewählten Kriterien sollten KO-Kriterien für die einzelnen Möglichkeiten definiert werden. Die übrigen Kriterien werden nach ihrer Bedeutsamkeit für das Unternehmen gewichtet. In dieses Modell werden für die unterschiedlichen Alternativen – Make, Buy, horizontale und vertikale Kooperation – die geschätzten Zielerreichungsgrade auf einer Skala von beispielsweise 1 (gar nicht) bis 6 (vollständig) eingetragen. Diese Werte werden mit der Gewichtung multipliziert und für die jeweilige Alternative für jede einzelne Beschaffungseinheit addiert.

7. Schritt: Auswertung des Scoring-Modells
Die im sechsten Schritt ermittelten Summen dienen als Indikator für die potenziell lohnenswertesten Alternativen. Die Beschaffungseinheiten mit den höchsten Punkten im Bereich der horizontalen und vertikalen Kooperation werden ausgewählt.

8. Schritt: (Inter-)Nationale Kooperation
Sollte sich für eine Kooperation entschieden worden sein, so liegt der nächste Schritt in einer Abwägung zwischen nationalen und internationalen Kooperationen.

9. Schritt: Erstellung eines Maßnahmenkataloges
Um die Kooperation zu realisieren ist die Erstellung eines umfangreichen Maßnahmenkataloges notwendig. Dieser beinhaltet allerdings auch eine umfangreiche Abwägung
der einzelnen Vor- und Nachteile der unterschiedlichen Kooperationsarten. Darüber
hinaus hängt die Realisierung sehr stark von der gewählten Art der Kooperation ab. Die
Vor- und Nachteile wurden bei der Betrachtung der unterschiedlichen Kooperationsarten schon näher betrachtet [11].

Auswahl der Kooperationspartner
Bei der Auswahl des/der Kooperationspartner, insbesondere bei ausländischen Koopera-
tionspartnern, sind eine Vielzahl an Kriterien zu beachten. Diese hängen sehr stark von
den Unternehmenszielen, aber auch von den Zielmärkten ab. Zu beachtende Kriterien sind
hierbei beispielsweise Wechselkurse, Wirtschaftspolitik, politische und soziale Stabilität,
Lohnhöhe, Arbeitsqualität, Transportrisiken oder Transfer-Know-how [11].

2.4 Logistikmanagement

Im Rahmen des Logistikmanagement steht der Kontext der Definition der Beschaffungs-
kanäle die Gestaltung der Material- und Informationsflüsse vom Lieferanten bis zur
Bereitstellung der Beschaffungsobjekte am Bedarfsort im Vordergrund.
   Gestaltungsfelder sind:

* Beschaffungsseitiges Transport- und Lagerkonzept
* Informationsflussgestaltung

2.4.1 Beschaffungsarten- Beschaffungskanäle aus Prozesssicht

Grundsätzlich gibt es zwei Möglichkeiten, die Materialbereitstellung sicherzustellen:
Bedarfsdeckung ohne Vorratshaltung bzw. mit Vorratshaltung. Bei ersterer ist zu unterscheiden, ob die Beschaffung unmittelbar durch das Auftreten des Bedarfs ausgelöst oder
eine weitgehende Synchronisation von Verbrauchsrhythmus und Bereitstellungsrhythmus
durch zweckentsprechende Lieferverträge erreicht wird.
   Es lassen sich drei Versorgungskonzepte ableiten:

1. Einzelbeschaffung im Bedarfsfall,
2. Vorratsbeschaffung,
3. Fertigungssynchrone Beschaffung (Just-In-Time/JIT).

Zu (1): Bei diesem Prinzip wird die Beschaffung erst zu dem Zeitpunkt ausgelöst, zu
dem ein mit einem konkreten Auftrag verbundener Bedarf vorliegt. Daraus ergibt sich,

Vorteile	Nachteile
• geringe Lagerhaltungskosten • keine Kapitalbindungskosten • kein Lagerrisiko	• Risiko der Verspätung oder Nichtlieferung des Materials • Risiko der Lieferung quantitativer oder qualitativer Fehlmengen

Abb. 2.21 Vor- und Nachteile der Einzelbeschaffung im Bedarfsfall

dass kein Lagerrisiko entsteht, das Kapital nicht gebunden wird und die Zins-/Lagerkosten nicht ins Gewicht fallen. Problematisch bei der Einzelbeschaffung ist die Terminierung, da sie zwei Risiken unterliegt: Risiko der verspäteten oder Nichtlieferung des Materials, Risiko der Lieferung quantitativer oder qualitativer Fehlmengen. In beiden Fällen besteht die Gefahr, dass die Lieferbereitschaft nicht mehr gewährleistet ist.

Zur Anwendung kommt dieses Prinzip bei auftragsorientierter Einzel- oder Kleinserienfertigung (z. B. bei Anlagenbau, Schwermaschinenbau). Dabei kann sich die Einzelbeschaffung auf bestimmte Teile beziehen, die nur für einen Kundenauftrag Verwendung finden. Vielseitig verwertbare Normteile werden auch in diesen Fällen nicht einzeln beschafft (s. Abb. 2.21).

Zu (2): Die Beschaffung auf Vorrat mit zwangsläufiger Lagerhaltung macht die Materialbeschaffung vom Auftragseingang und Fertigungsablauf zumindest kurzfristig unabhängig. Bei Anwendung dieses Bereitstellungsprinzips werden die Materialien im eigenen Betrieb „zur Verfügung" gehalten. Bei Bedarf können sie sofort vom Lager abgerufen werden. Damit wird dem Risiko verminderter Lieferbereitschaft weitgehend Rechnung getragen. Einen groben Prozessablauf der Vorratsstrategie zeigt Abb. 2.22.

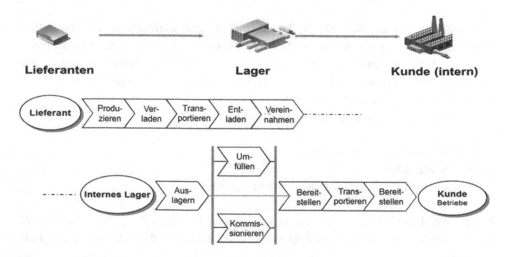

Abb. 2.22 Beschaffungskanal nach der Vorratsstrategie

Vorteile	Nachteile
• Hohe Lieferbereitschaft	• Hohe Bestandskosten
• Spekulative Bestände können aufgebaut werden	• Laufende Bestandsüberwachung notwendig
• Preisvorteile wie z.B. Mengenrabatte können ausgenutzt werden	• Hohe Kapitalbindungskosten
• Hohe Abnahmemengen (Skaleneffekte)	• Hohe Prozesskosten
• Entkopplung Auftragseingang und Materialbeschaffung	• Hohes Lagerrisiko (Verderb, Schwund)
• Versorgungsstörungen und -engpässe können vermieden werden	• Hohe Anforderungen an die Materialbedarfsplanung
• Hohe Fehlmengenkosten können vermieden werden	
• Global Sourcing möglich	

Abb. 2.23 Vor- und Nachteile der Vorratsbeschaffung in Anlehnung an [33, 165 f.]

Die Vorratsbeschaffung ist i. d. R. mit dem Bezug größerer Mengen verbunden und stellt die größten Anforderungen an die Materialbedarfsplanung, da der Verbrauch der Fertigung sich völlig arhythmisch verhalten kann. Auch sind an die Bestandsüberwachung besonders hohe Anforderungen zu stellen. Die Vor- und Nachteile der Vorratsbeschaffung können auch dem Abb. 2.23 entnommen werden.

Bei der Umsetzung der Vorratsstrategie sind verschiedene Ausprägungsvarianten zu unterscheiden. Die Gestaltungsfelder zur Ableitung dieser Varianten liegen im Bereich der Prozessstruktur, der Struktur des logistischen Netzwerkes und der Funktions-/Verantwortungszuordnung auf die am Beschaffungskanal beteiligten Partner.

Hiernach ergeben sich folgende Varianten:

• Mehrstufige Lösungen → 2.5 Strukturen- Anzahl Lagerstufen
• Lager als Umschlagpunkt → Cross Docking s. Abschnitt Handelslogistik in diesem Buch
• Outsourcing des Beschaffungskanals oder Teilen davon an Logistikdienstleister

Zuordnungsvarianten gemäß Portfolio in Abb. 2.24

Im Folgenden wird das Konzept Vendor Managed Inventory näher beleuchtet, daran wird auch exemplarisch veranschaulicht, wie die unterschiedlichen Beschaffungsarten zur Ausgestaltung der Beschaffungskanäle orientiert an unterschiedlichen Materialgruppen ausgewählt werden können.

Abb. 2.24 Aufgaben Zuordnungsvarianten

2.4.2 Vendor Managed Inventory

Organisatorische Varianten bei der Vorratsbeschaffung ergeben sich aus der Zuordnung der Bestands- und Dispositionsverantwortung sowie des Eigentumsübergangs. Das traditionelle Modell, *Customer Managed Inventory* (CMI), zeichnet sich durch eine Vorratshaltung aus, bei der die Verantwortung für den Bestand und die Disposition beim Abnehmer selbst liegt. Bei der modernen Variante, dem *Vendor Managed Inventory* (VMI), wird die Bestands- und Dispositionsverantwortung auf den Lieferanten übertragen. Beim *Konsignationslager* bleiben die Bestände zusätzlich im Eigentum des Lieferanten, d. h. eine Bezahlung seitens des Abnehmers findet erst nach Entnahme der Ware statt.

2.4.2.1 Ausgangssituation

Betrachtet man den gegenwärtigen Zustand der Zusammenarbeit entlang der Wertschöpfungskette, so werden Prognose- und Bedarfsveränderungen oft zu spät erkannt. Gelegenheiten am Markt werden verpasst und/oder Ressourcen nicht bedarfsgerecht eingesetzt, weil entlang der Supply Chain die Bedarfsprognosen bzw. die Bedarfsplanungen an sich nicht zeitnah zwischen Herstellern, Lieferanten und Kunden synchronisiert sind. Damit einher geht der sog. Bullwhip-Effekt, bei dem sich ausgehend vom Endkunden in Richtung der vorgelagerten Stufen der Wertschöpfungskette eine immer höhere Nachfragevariabilität und damit die Notwendigkeit steigender Sicherheitsbestände ergibt. Ein Lösungsansatz zur Reduzierung des Bullwhip-Effektes ist das Vendor Managed Inventory (VMI). VMI bezeichnet die lieferantengesteuerte Bestandsführung. Ziel ist es, die Wertschöpfungskette optimal aufeinander abzustimmen, um eine schnelle, sichere und kostengünstige Reaktion auf Bedarfsveränderungen zu ermöglichen. Damit verbunden sind folgende Unterziele:

- Senkung der Nachfrageunsicherheit entlang der Wertschöpfungskette, durch Transparenz der Informationen und damit Dämpfung des Bullwhip-Effektes,
- schnelle Reaktion auf Bedarfsänderungen,

- Erhöhung des Servicegrades,
- Erhöhung der Effizienz der wertschöpfenden Prozesse durch Verschlankung der Prozesse und ein gesamtoptimiertes Bestandsmanagement,
- Senkung der Transaktionskosten.

2.4.2.2 VMI-Konzeptbausteine

Aus strategischer Sicht ist VMI ein Ansatz, der einen wichtigen Beitrag zur Differenzierung gegenüber Wettbewerbern leisten kann. Dabei können zwei Perspektiven eingenommen werden. Zum einen die Sicht in Richtung der Kunden mit den Fragen: Welchen Zusatznutzen können wir unseren Kunden durch VMI bereitstellen und/oder welches Einsparungspotenzial lässt sich erschließen? Zum anderen die Sicht in Richtung der Lieferanten mit den Fragen: Welche Potenziale lassen sich erschließen, wie können strategisch wichtige Lieferanten enger angebunden werden?

Wesentliche Bausteine des VMI-Konzeptes zeigt Abb. 2.25. Generell lässt sich feststellen, dass VMI ein Ansatz zur Umsetzung von Kooperationsstrategien ist. Dabei streben Unternehmen gemeinsam mit anderen die Umsetzung strategischer Zielsetzungen an. Ein Vorteil von Kooperationsstrategien ist die Einstellung von Synergieeffekten bei geeigneter Partnerauswahl, die Zeit-, Risiko-, Kosten- und Ressourcenvorteile mit sich bringen, ohne dass einseitige Abhängigkeitsverhältnisse entstehen. Bei der Auswahl der Partner ist darauf zu achten, dass die Partner einen gegenseitigen Nutzen aus der Kooperation erzielen. Dies ist die notwendige Motivationsbasis für eine langfristige Partnerschaft. Bei der Anwendung von Kooperationsstrategien sind auch mögliche Nachteile zu bedenken, die im Wesentlichen im Verlust an Flexibilität im Handeln durch langwierige

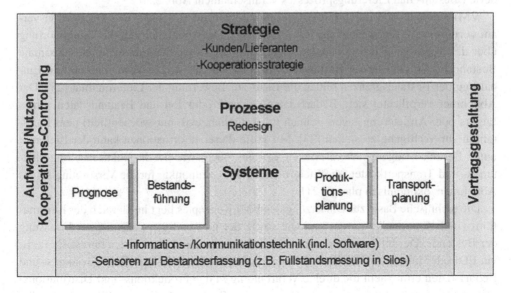

Abb. 2.25 Bausteine des VMI-Konzeptes

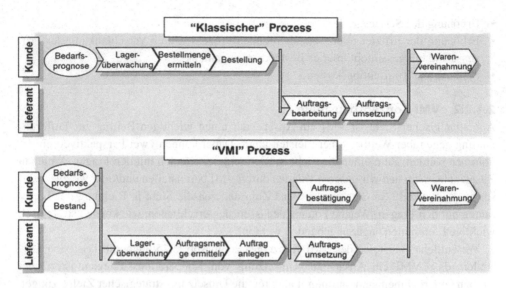

Abb. 2.26 Klassischer versus VMI Bestellablauf

Koordinationsprozesse sowie die Offenlegung bestimmter betriebsinterner Informationen an den Partner liegen. Es bleibt festzuhalten, dass Kooperation zwischen den beteiligten Partnern eine zentrale Voraussetzung zur erfolgreichen Durchführung von VMI ist. Gleichwohl zeigt die Praxis, dass kleine und mittlere Unternehmen den Weg zum VMI erst „motiviert" durch große Partner in der Supply Chain finden.

VMI erfordert ein Redesign der bestehenden Prozesse. Den groben Ablauf des veränderten Bestell- und Lieferungsprozesses veranschaulicht Abb. 2.26.

VMI zeichnet sich durch ein Lagerstufenmodell mit Bestands- und Dispositionsverantwortung beim Lieferanten aus [15, 17, 23, 45]. Der Abnehmer gibt die Verantwortung über den Versorgungsprozess an den Lieferanten ab. Es werden minimale und maximale Bestandshöhen oder besser Bestandsreichweiten vereinbart. Die Verfügbarkeit und Einhaltung der Bestandsgrenzen bilden die Basis zur Bewertung der Lieferqualität [23]. Der Abnehmer verpflichtet sich, Bedarfsdaten seiner Produktion und Bestandsdaten seines Lagers oder Anlieferungslagers zeitnah (z. B. täglich, evtl. nur wöchentlich) dem Lieferanten zur Verfügung zu stellen [23]. Mit Hilfe dieser Informationen kann der Lieferant unter Berücksichtigung der relevanten Kostengrößen, wie der Produktions-, Lagerhaltungs- und Transportkosten, die Liefermengen und -zeitpunkte für die Versorgung seines Abnehmers ökonomisch planen [21].

Die technische Basis zur Umsetzung des VMI Konzeptes liegt im Bereich der Informations- und Kommunikationstechnologie sowie der notwendigen Sensorik zur Erfassung der Bestände. Der Informationsaustausch wird über eine elektronische Schnittstelle (z. B. via EDI oder Internet) geschaffen. Der standardisierte Datenaustausch von Bestands- und Bedarfsdaten ermöglicht die direkte Verarbeitung in den Produktions- und Distributionsplanungssystemen des Lieferanten. Die mit den Systemen erzielbare Planungsgüte hat einen wesentlichen Einfluss auf die Einsparungsmöglichkeiten im Bereich der Produktion und des Transports. Die Erfahrungen im SCM4you Projekt zeigen, dass gerade die Umsetzung von Potenzialen in der Produktion in vielen Fällen auf Grund mangelnder Systemunterstützung schwer zu realisieren sind.

Der in Abb. 2.25 aufgezeigte Baustein Aufwand/Nutzen und Kooperations-Controlling repräsentiert die ökonomische Sicht auf das VMI-Konzept. Sie zieht sich im Sinne einer Querschnittsfunktion durch alle Bausteine von der Planung und Anbahnung bis zum Betrieb einer VMI- Lösung.

Der Baustein Vertragsgestaltung stellt ebenfalls eine Querschnittsfunktion dar (vgl. Abb. 2.25). Er repräsentiert alle Regeln und Vereinbarungen der Zusammenarbeit in Bezug auf folgende Aspekte [29]:

- Bezeichnung der Kooperation,
- Zielsystem,
- Zeitplan,
- Beitrags- und Zahlungsregelung,
- Organisationsregelung,
- Ergebnisregelung,
- Vertrauensregelung,
- Auflösungsregelung,
- Konfliktregelung,
- Vertragsanpassung.

2.4.2.3 Chancen und Risiken von VMI

VMI kann beiden Partnern signifikante Vorteile eröffnen [45]. So können durch die Zentralisierung der Bestände in der logistischen Kette und die zeitnahe Informationsbereitstellung Lagerbestände deutlich reduziert und gleichzeitig die Materialverfügbarkeit erhöht werden [15, 23].

Die Übernahme der Bestands- und Dispositionsverantwortung durch den Lieferanten reduziert beim Abnehmer den administrativen Aufwand der Bestellabwicklung sowie die ressourcenintensive Überwachung der erforderlichen Materialverfügbarkeit. Die eingesparten Ressourcen kann der Abnehmer verstärkt für versorgungskritische Materialien nutzen.

Die zeitnahe Informationsweitergabe der Bedarfe an den Lieferanten erlaubt eine Reduzierung der Sicherheitsbestände beim Lieferanten bei gleichzeitiger Erhöhung des Lieferservicegrades. Die Planungsaktivitäten im Produktionsbereich und Distributionsbereich des Lieferanten verlaufen zum Vorteil beider nun ruhiger und berechenbarer [15, 23]. Die Materialverfügbarkeit steigt. Die genannten Vorteile führen zu einer deutlichen Reduzierung des Bullwhip-Effektes und senken somit die Gesamtkosten der Supply Chain [17]. Den Vorteilen stehen auch Risiken gegenüber, so steigt tendenziell die Abhängigkeit des Abnehmers, weil die Dispositionsentscheidungen auf den Lieferanten übertragen werden und internes Know-how abgebaut wird. Es ist stets zu beachten, dass eine Winwin-Situation entsteht. Die Effizienzbewertung der Aufgabenverlagerung muss daher aus

übergreifender Sicht vorgenommen werden. Andernfalls kann die Optimierung bei einem
Partner eine Verschlechterung im Gesamtsystem bewirken. Zudem sei auf grundsätzliche
Risiken von Kooperationen hingewiesen, dazu ausführlich [7].

2.4.2.4 Vorgehensweise

Zu Beginn erfolgt eine Potenzialanalyse zur systematischen Analyse der Ausgangssitua-
tion. Das generelle Vorgehen gliedert sich in folgende Phasen:

Erhebungsphase:
Aufnahme von Daten, Prozessen, Schnittstellen, Informationen, Medien und IT-Umfeld,
Problemen/Klagen und Funktionen in Form von Interviews, Beobachtungen, vorhandenen
Leitfäden/Dokumentationen, Kennzahlen.

Systematisierung:
Darstellung und Systematisierung der Datenbasis. Ein Ansatz zur Systematisierung
im Rahmen des SCM-Kompasses stellt das SCOR-Modell dar (SCOR: Supply Chain
Operation Reference, weltweit anerkanntes und erprobtes Modell zur Analyse von
Wertschöpfungsketten).

Analyse:
Analyse der Erhebungsergebnisse mit Engpassdarstellung und Ursachenanalyse sowie
deren Auswirkungen auf Lieferanten und Kunden.

Entwicklung:
Priorisierung und Bewertung der Engpassfaktoren und Entwicklung von Lösungsvor-
schlägen. Empfehlung für eine zielführende weitere Vorgehensweise zur Überwindung
der Kernprobleme. Es entsteht eine sog. Projektlandkarte: die Orientierungsgrundlage für
das weitere Vorgehen.

Die spezifische Ausprägung der Potenzialanalyse zum Thema VMI wird im Folgenden
erläutert.

Erhebungsphase Die Erhebungsphase des SCM-Kompasses beginnt stets im Zentrum des
Unternehmens und geht von hier aus gezielt auf die vor- und nachgelagerten Partner in der
Supply Chain über. Die bisherigen Projekte in kleinen und mittleren Unternehmen zeigen,
dass es i. d. R. notwendig ist, vor einer Vernetzung nach Außen die prozessorientierte
Ausrichtung im Innern zu bewerkstelligen. Hierzu wird zunächst der Kunde-Kunde-Pro-
zess mit der zur Prozessdurchführung notwendigen IT-Landschaft erhoben. Die Güte des
Prozesses ist anhand der logistischen Kernziele zu bestimmen; zur Vorgehensweise ausführlich [7]. Auf dieser Grundlage setzt der VMI-Kompass auf. Zunächst gilt es, die Materialien und Partner (Kunden/Lieferanten) zu identifizieren, für die durch VMI ein großes
Einsparungspotenzial zu erwarten ist. Dazu haben sich folgende Schritte bewährt [8]:

- Identifikation der wichtigsten Materialien mit Hilfe einer ABC-Analyse,
- Erfassung der Bedarfsvariabilität anhand einer XYZ-Analyse,
- Kombination der ABC- mit der XYZ-Analyse und Einordnung in ein Schema zur Bestimmung der Beschaffungs- oder Vertriebsform,
- Bestimmung der Lagerumschlagshäufigkeit der Materialien,
- Bestimmung des geleisteten Lieferservices des Lieferanten (Lieferantensicht) bzw. des eigenen Unternehmens (Kundensicht).

Ein beispielhaftes Ergebnis zeigt Abb. 2.27. Auf der x-Achse werden die kumulierten Werte der ABC-Analyse aufgeführt, während die Werte der y-Achse die Klassifizierung gemäß der XYZ-Analyse aufzeigen. Die Größe der Kreise gibt Auskunft über die abgewickelte Menge des Materials im Betrachtungszeitraum (verarbeitete Menge in der Lieferantensicht bzw. produzierte Menge in der Kundensicht).

Neben den aufgezeigten Eigenschaften der Materialien (ABC/XYZ) ist zur Selektion geeigneter VMI-Materialien der derzeitig erreichte Lieferservicegrad von großer Bedeutung. Dieser setzt sich aus den Dimensionen Lieferzeit, Liefertreue, Lieferzuverlässigkeit, Lieferungsbeschaffenheit und Lieferflexibilität zusammen. In Richtung der Lieferanten erlaubt die Untersuchung des Lieferservicegrades eine Einschätzung des Risikos, welches mit einer Verlagerung der Bestandsverantwortung an den Lieferanten verbunden ist. Generell lassen sich eine Potenzialabschätzung und eine Detailanalyse der Einflussgrößen auf den Lieferservice ableiten, über die eine Klassifikation der VMI-Materialien

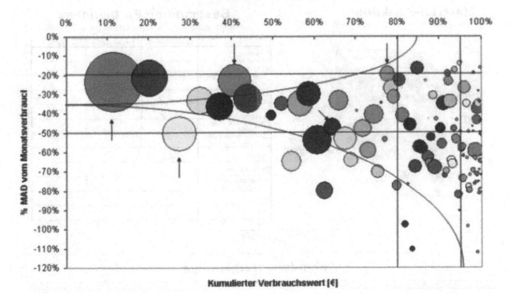

Abb. 2.27 Beispiel ABC/XYZ-Analyse auf der Lieferantenseite [8]

möglich ist. Die praktische Anwendung in den SCM4you Projekten zeigt, dass in vielen Unternehmen noch nicht alle Dimensionen des Servicegrades Gegenstand des Logistik-Controllings sind. Daher wurde in den Projekten häufig die Liefertreue, d. h. die Abweichung des tatsächlichen Liefertermins vom zugesagten Liefertermin, als Bewertungskriterium gewählt.

2.4.2.5 Systematisierung

Die Ergebnisse der Erhebungsphase werden mit Hilfe von Portfolioanalysen systematisiert, um aus der Vielzahl der Materialien und potenziellen Partnern die mit dem größten Potenzial herauszufiltern (Abb. 2.28). Im Einzelnen werden folgende Schritte durchlaufen [8]:

- Identifikation geeigneter VMI-Materialien anhand des VMI-Portfolios,
- Zuordnung der Materialien zu den jeweiligen SC-Partnern,
- Bestimmung des Lieferprogramms der Lieferanten (Lieferantensicht),
- Bestimmung des eigenen Lieferprogramms für Kunden (Kundensicht),
- Bestimmung eines Partnerindexes für Kunden und Lieferanten,
- Zusammenfassung der Ergebnisse aus der Material- und Lieferantenanalyse,
- Festlegung einer Anbindungsreihenfolge (Priorisierung der Kunden/Lieferanten und Materialien nach dem zu erwartenden Potenzial).

Die Selektion der potenziellen VMI-Materialien erfolgt durch Zuordnung der Materialien in den „VMI-Würfel", der folgende Dimensionen aufweist:

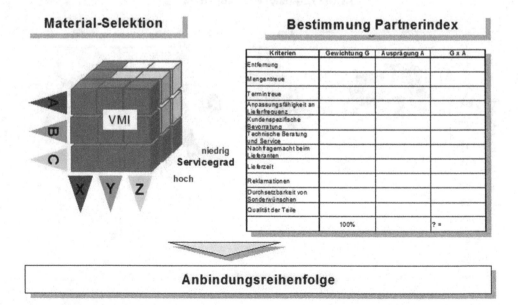

Abb. 2.28 Selektions- und Priorisierungsprozess

- Einteilung der Produkte nach ihrer Wertigkeit (ABC),
- die Verbrauchsstruktur (XYZ) und
- den Lieferservicegrad.

Dieser Selektionsschritt allein ist jedoch nicht hinreichend, vielmehr müssen die zu den Materialien gehörenden Partner (Lieferanten bzw. Kunden) auf deren Eignung für das VMI-Konzept untersucht werden. Hierzu kommen unternehmensspezifisch konfigurierbare Scoring-Verfahren zum Einsatz, welche die Berechnung eines Partnerindexes erlauben. Der Partnerindex ist eine dimensionslose Kennzahl, über die eine Bewertung des VMI-Potenzials eines Partners erfolgt. Über die Kombination der Teile und der Partnersicht erfolgt die Gesamtbewertung und Priorisierung der Partner im Sinne einer Anbindungsreihenfolge.

2.4.2.6 Analysephase

Entsprechend der abgeleiteten Anbindungspriorität erfolgt die Kontaktaufnahme mit möglichen Partnern. Eine schrittweise Umsetzung der Anbindungsreihenfolge unter Nutzung von Pilotprojekten hat sich bewährt. Es erfolgt die Analyse der gemeinsamen Prozesse, die Bestimmung der Restrukturierungsnotwendigkeiten, die Bestimmung der Einsparungspotenziale sowie der strategischen Vorteile, die mit der Umsetzung des VMI-Konzeptes verbunden sind. Es werden die voraussichtlichen Investitionen abgeschätzt und dem Nutzen gegenübergestellt.

Im Ergebnis wird für die untersuchten VMI-Partnerschaften eine Handlungsempfehlung für das weitere Vorgehen abgeleitet. Diese umfasst auch eine erneute Klassifikation der Umsetzungsrelevanz (für den Ablauf s.a. Abb. 2.29).

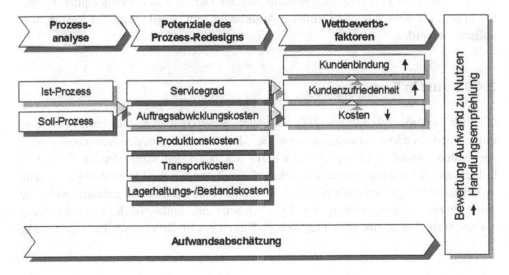

Abb. 2.29 Analyse von Aufwand und Nutzen

2.4.2.7 Entwicklung

In dieser Phase werden für die VMI-Partnerschaften mit hoher Umsetzungsrelevanz die weiteren Schritte geplant und in Form von Handlungsfeldern zusammengefasst. Wichtige Stoßrichtungen hierbei sind:

- die Optimierung von Prozessen,
- die Entwicklung der Rahmenbedingungen der Kooperation inkl. der Vertragsgestaltung und
- der Einsatz geeigneter Informationssysteme.

Mögliche Handlungsfelder in den aufgezeigten Stoßrichtungen sind:

- Strategieentwicklung,
- Prozessgestaltung,
- Leistungsmessung,
- Technologiegestaltung,
- Strukturentwicklung,
- Umsetzung der Kooperation,
- Definition klarer Verantwortlichkeiten,
- Erstellen rollierender Forecasts,
- Controlling anhand definierter Kennzahlen.

Die Empfehlungen für eine zielführende weitere Vorgehensweise zur Umsetzung des VMI Konzeptes münden in einer „Projektlandkarte". Diese zeigt mögliche Handlungsfelder zur Zielerreichung bzw. Abstellung von Schwachstellen auf. Die Projektlandkarte verdeutlicht die Vernetzung der einzelnen Handlungsfelder. Daraus wird ein Projektplan abgeleitet, in dem die notwendigen Schritte zur Ausarbeitung im Detail bis hin zur Realisierung aufgezeigt werden.

2.4.3 Just in Time

Die Just in Time Beschaffung (JIT) oder auch bedarfssynchrone Beschaffung ist eine immer bedeutendere Beschaffungsstrategie, die vor allem in der Automobilbranche Anwendung findet. Ursprünglich stammt JIT aus Japan und wurde dort vom Automobilhersteller Toyota maßgeblich entwickelt. Bei JIT werden die Materialien genau dann in richtiger Menge und zum richtigen Zeitpunkt vom Lieferanten geliefert, wenn sie zur Weiterverarbeitung benötigt werden. Dies setzt eine umfangreiche Logistikplanung voraus. Weiterhin ist eine hohe Prognostizierbarkeit des Bedarfs notwendig, da auf starke

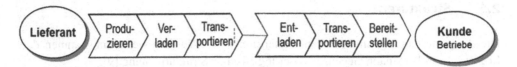

Abb. 2.30 Beschaffungskanal nach JIT Prinzip

Schwankungen schwieriger kurzfristig reagiert werden kann. Um einen passenden JIT-Lieferanten auszuwählen sind folgende Kriterien unabdingbar: Zuverlässigkeit, (Stabilität)/Solvenz, Langfristverträge, strategische Zusammenarbeit.

Einen groben Prozessablauf der Just in Time Strategie zeigt Abb. 2.30.

Chancen und Risiken von JIT

Just in Time bietet, ebenso wie VMI zahlreiche Chancen und Risiken für ein Unternehmen. Als Chancen sind die Reduktion des Lagerbestandes und die daraus folgende geringere Kapitalbindung, bessere Preise auf dem Markt aufgrund der Economies of Scale und eine Verkürzung der Durchlaufzeiten zu nennen. Risiken hingegen sind ein sehr hoher Planungs- und Organisationsaufwand, eine in der Regel langfristige Bindung an und die Abhängigkeit von dem jeweiligen Lieferanten. Darüber hinaus ist ein kleiner Lagerplatz auch weiterhin von Nöten. Dies gilt, da bei Unzuverlässigkeit des Lieferanten auch das Image des eigenen Unternehmens aufgrund der Nichteinhaltung von Fristen leiden kann. Um vereinzelte Lieferausfälle abzufangen, ist daher häufig ein kleines Lager mit den wichtigsten Teilen empfehlenswert (s. Abb. 2.31).

Vorteile	Nachteile
• Kosten der Kapitalbindung und Lagerung entfallen	• Erhöhte Anfälligkeit gegen Störungen im Materialnachschub
• bisherige Lagerflächen können alternativ genutzt werden	• Das Halten von Sicherheitsbestände und -zeiten wird notwendig
• Durchlaufzeiten werden verringert	
• die Produktivität wird gesteigert	

Abb. 2.31 Vor- und Nachteile der einsatzsynchronen Beschaffung (JIT) [13]

2.5   Strukturen

Die Ausgestaltung der strukturellen Dimension ist gemäß dem Gestaltungsrahmen der Logistik nach Beckmann Gegenstand der logistischen Strukturplanung [9].

2.5.1   Beschaffungskanäle aus struktureller Sicht

Die räumlichen Strukturen der Beschaffungskanäle werden bestimmt durch die notwendigen Elemente zur Umsetzung des Materialflusses zwischen Lieferant und Kunden sowie deren Vernetzung. Sie können als Netzwerk modelliert werden. Typische Elemente (Knoten des Netzwerks) sind Lieferanten, Lager, Umschlagpunkte und Güterverkehrszentren. Die logistische Netzwerkstruktur weist eine vertikale und eine horizontale Dimension auf. In der vertikalen Dimension werden die unterschiedlichen Lagerstufen die entlang des Materialflusses innerhalb eines Beschaffungskanals durchflossen werden abgebildet. Abb. 2.32 veranschaulicht diese Dimension mit den Lagerstufen im Fluss vom Lieferanten zum Bedarfsträger (Kunden). Hierbei sind ggf. je Materialgruppe (s. a. Abschn. 2.3.1) unterschiedliche Formen der Ausgestaltungen der Beschaffungskanäle notwendig.

Die horizontale Dimension kennzeichnet die Anzahl der Lager einer Stufe, dies ist in Abb. 2.33 am Beispiel eines Unternehmens mit mehreren Werksstandorten dargestellt. Hier ist zu untersuchen, ob die Lagerstufen zentral oder dezentral verteilt werden. Durch die Wahl des Lieferanten ist deren geographischer Standort definiert. Zusammen mit dem bzw. den Standorten des Kunden sind die Eckpunkte der Beschaffungskanäle definiert. Räumliche Strukturen stehen in unmittelbarer Wechselwirkung mit der Prozessstruktur, die wiederum durch die Beschaffungsart bestimmt wird (vgl. Abschn. 2.4.1). Damit verbunden ist die Frage, ob zur Entkopplung des Lieferanten vom Kunden ein Lager bzw. eine Lagerstruktur notwendig ist oder nicht (s. Abb. 2.32). Ist ein Lager notwendig ergeben sich folgende Gestaltungsfelder [9] bezogen auf die Knoten des Netzwerks:

- Anzahl der Lagerstufen
- Zentralisierungsgrad der Funktionen
- Definition der Lagerstandorte
- Funktionszuordnung zu den Standorten/beteiligten Partnern

Anzahl der Lagerstufen

Wie Abb. 2.32 veranschaulicht, ist ein Gestaltungsparameter der strukturellen Ausgestaltung der Beschaffungskanäle die Anzahl der Lagerstufen. Kann keine verbrauchssynchrone Belieferung realisiert werden, sind geeignete Lagerstufen zu definieren. Diese entkoppeln den Materialfluss zwischen Lieferant und Kunde. In diesem Gestaltungsfeld muss unter Berücksichtigung der Bedarfs- und Beschaffungsobjekt-Charakteristika sowie der Lieferantenstruktur entschieden werden, wie viele Lagerstufen der Beschaffungskanal enthalten soll, um das beim Kunden geforderte Lieferserviceniveau wirtschaftlich

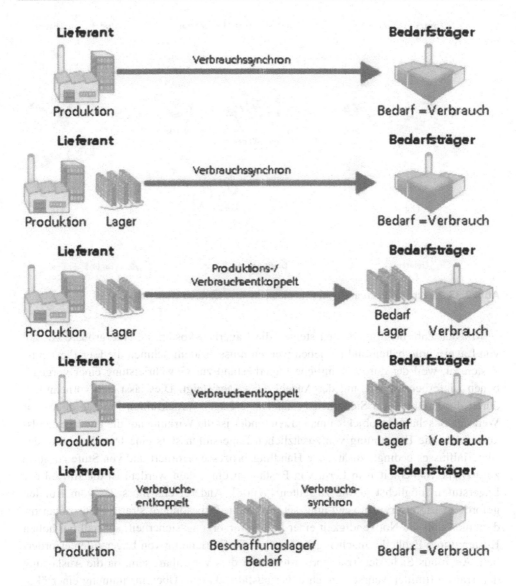

Abb. 2.32 Beschaffungsstrukturen

verwirklichen zu können. Relevante Merkmale des Bedarfs sind vornehmlich dessen absolute Höhe sowie dessen Kontinuität (Vgl. XYZ Analyse). Bezüglich der Beschaffungsobjekte sind der Wert (vgl. ABC Analyse nach Einkaufsvolumen), die physische Beschaffenheit (Abmessungen, Gewicht, Sperrigkeit etc.), die Lagerfähigkeit (z. B. Verderblichkeit, Preisstabilität etc.) und der Grad der Standardisierung der Ladeeinheit von Bedeutung Hinsichtlich der Lieferantenstruktur geht es um die Anzahl, die Größe und die geographische Verteilung der Lieferanten [9].

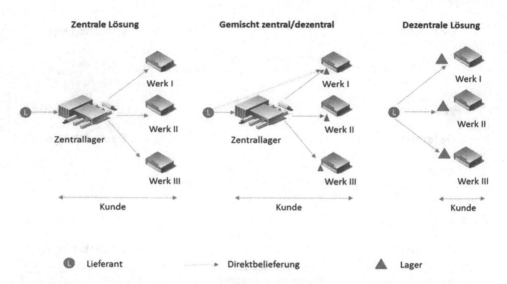

Abb. 2.33 Lager-Varianten in einem Unternehmen mit mehreren Werksstandorten

Mit der Zahl der Lagerstufen steigen die Lagerhauskosten, da eine größere Anzahl von Lagern unterhalten und betrieben werden muss. Zudem nehmen die Lagerbestandskosten zu, weil der durchschnittliche Lagerbestand zur Gewährleistung einer vorgegebenen Lieferbereitschaft, mit der Anzahl der Lager steigt. Dies lässt sich vornehmlich durch die Haltung von Sicherheitsbeständen je Lager zurückführen [36]. Je höher der Wert der Beschaffungsobjekte umso gravierender ist die Wirkung auf die Lagerbestandskosten. Da die Einrichtung von zusätzlichen Lagerstufen stets eine Unterbrechung des Materialflusses bedingt, zusätzliche Handlingsprozesse erfordert und von Stufe zu Stufe zusätzliche Sicherheiten in Form von Beständen eingeplant werden, ist die Anzahl der Lagerstufen möglichst gering zu halten [Wil08]. Andererseits muss das vom Kunden geforderte Lieferserviceniveau umgesetzt werden. Insbesondere straffe Lieferzeitanforderungen und die Notwendigkeit einer hohen Versorgungssicherheit, speziell bei hohen Kosten durch Fehlteile, machen ggf. dennoch die Einrichtung von Lagerstufen erforderlich. Auch aus Sicht der Transportkosten kann dies vorteilhaft sein, da die Auslastung der Transportmittel wahrscheinlich höher ausfällt, da eine Übereinstimmung einer ökonomischen Transportmenge und der Bedarfsmenge beim Kunden selten gegeben ist. Die dann notwendige Ausgleichsfunktion wird von einer Lagerstufe übernommen [Wil08]. Die durch die Transportoptimierung notwendige Zwischenpufferung der Beschaffungsobjekte ergibt sich in erster Linie aus der geographischen Entfernung zwischen Lieferant und Kunden und erst in zweiter Linie aus der Lagersituation beim Kunden. Der Lagerort kann dabei sowohl beim Lieferanten als auch beim Kunden liegen [Wil08]. Ein Beschaffungslager hat den Vorteil, dass die näher am Kunden gelegene Lagerstufe zunächst mit großen Transporteinheiten zu einem niedrigen Transportkostensatz versorgt werden kann.

Während der höhere Transportkostensatz für die kleineren Transporteinheiten zur verbrauchssynchronen Belieferung lediglich für die kürzeren Auslieferungsentfernungen zum Kunden anfällt [36].

2.5.2 Unternehmen mit Werksstandorten

Zentralisierungsgrad der Lagerstufen

In vielen Unternehmen stellt sich die Situation auf der Seite der Bedarfsträger (internen Kunden) komplexer dar, als in Abb. 2.32 aufgezeigt wird. Dies gilt insbesondere für Unternehmen mit mehreren Werksstandorten, aber auch bei weitläufigen Werksgeländen mit weit verteilten internen Kunden. Hier stellt sich die Frage, ob die Funktion einer Lagerstufe über ein Zentrallager oder mehrere dezentrale Lager an den Werksstandorten realisiert werden soll. Ggf. sogar eine gemischte Lösung notwendig ist mit zwei Lagerstufen, Zentrallager mit dezentralen Werkslagern. Wesentliche entscheidungsrelevante Merkmale und deren Ausprägung für dieses Gestaltungsfeld zeigt Abb. 2.34.

Entscheidungs-kriterium	Argument für zentrales System	Argument für dezentrales System
Lieferzeit	ausreichende Lieferzeiten	schnellste Belieferung, Abholkundschaft
Produktionsstätten/Lieferanten	eine „Quelle"	viele „Quellen"
Kundenstruktur	wenige Großkunden bzw. homogene Kundenstruktur	viele Kleinkunden bzw. inhomogene Kundenstruktur
Sortiment	breites Sortiment	schmales Sortiment
Wert der Produkte	teure Produkte	billige Produkte
Umschlagshäufigkeit	geringe Umschlagshäufigkeit	hohe Umschlagshäufigkeit
Regionale Besonderheiten	wenig regionale Besonderheiten	viele regionale Besonderheiten

Abb. 2.34 Entscheidungskriterien Zentrallager vs. dezentrale Lager [Wil08]

Definition der Standorte

In diesem Gestaltungsfeld ist ggf. die Frage zu klären, an welchen Standorten sich die Knoten des Netzwerks, z. B. Werke, die Lagerstufen, Logistikzentren, Umschlagpunkte, Auslieferstellen und Bereitstellpuffer befinden sollen.

Auf der Basis der festgelegten Stufen für die Warenverteilung sind eine Reihe weiterer Entscheidungen zu treffen. Dabei geht es um die Anzahl, Größe, Standorte und Einzugsgebiete der auszuwählenden Läger. Auch diese Entscheidungen sind eng miteinander verzahnt: So ist die Standortwahl unter anderem davon abhängig, auf wie vielen Stufen Läger zu errichten sind; andererseits determiniert die Zahl der Läger pro Stufe ihr jeweiliges Einzugsgebiet. Neben der Umsetzung der über den vom Kunden geforderten Servicegrad definierten logistischen Leistungsanforderungen spielen bei der optimalen Allokation der Knoten des Netzwerks insbesondere Kostenaspekte eine Rolle. Über die Wahl der Lieferanten durch die Kunden sind die Eckpunkte des Netzwerks vom Standort her i.d.R. definiert. Zur Vorgehensweise bei der Standortplanung sei auf den Abschnitt Betriebliche Standortplanung in diesem Buch verwiesen.

Funktionszuordnung zu den Standorten/beteiligten Partnern

In diesem Gestaltungsfeld geht es um die Frage der richtigen Zuordnung der Aufgaben, Funktionen und Bestände auf die am Beschaffungskanal beteiligten Partner (2.1.3 Rollen in der Beschaffungskette) und damit auch auf die den Partnern zugeordneten Knoten des Netzwerks Werke, Lager, Logistikzentren und Umschlagpunkte [9]. Die organisatorische Zuordnung der Elemente zu den beteiligten Partnern hat einen bedeutenden Einfluss auf die Struktur des Beschaffungskanals. Hierbei sind neben den Kunden und Lieferanten, Beschaffungsmittler (Händler) und Logistikdienstleister als Wesentliche zu nennen. Sowohl Beschaffungsmittler als auch Logistikdienstleister haben die Aufgabe Transaktionen durch die Beschaffungskanäle zu bündeln. So bietet sich die Einbindung eines Beschaffungsmittlers mit breitem Sortiment immer dann an, wenn eine Vielzahl von Kleinbestellungen für unterschiedlichste Teile erforderlich ist. Insbesondere kleinere Mengen können vielfach beim Beschaffungsmittler günstiger bezogen werden als beim Hersteller, der nicht selten Mindestabnahmemengen oder Mindermengenzuschläge verlangt. Auch beim Global Sourcing kann die Marktkenntnis eines Beschaffungsmittlers über die internationalen Angebotsverhältnisse bei der Abwicklung der internationalen Transaktionen und über die möglichen Skaleneffekte genutzt werden.

Beim Logistikdienstleister steht die Bündelung von Transportströmen im Vordergrund. Die Bündelung einer Vielzahl von Einzelsendungen senkt die Transportkosten, vermeidet Engpässe im Wareneingang des Abnehmerbetriebes, vereinfacht die Terminsteuerung, entschärft gleichzeitig die Verkehrsproblematik und reduziert Umweltbelastungen. In diesem Gestaltungsfeld gilt es auch die Entscheidung über die Errichtung eigener oder die Nutzung fremder Lager (Lagerhäuser, Speditionen) zu fällen. Diese Entscheidung wird vor allem durch Kostenaspekte, Flexibilitäts- und Zuverlässigkeitsüberlegungen und die verfügbaren finanziellen Mittel bestimmt. Von besonderer Bedeutung ist die Flexibilität bzw. Veränderbarkeit einmal getroffener Entscheidungen über Standorte, Lagerzahl und -größe. Der Nachfrageverlauf der Produkte (z. B. Auftreten von Diskontinuitäten, saisonale Schwankungen) sowie die Verfügbarkeit externer Lagerkapazitäten bilden weitere Entscheidungsparameter [31].

Neben der Bestimmung der Höhe und der Zuordnung der Lagerbestände zu den Lagerstufen ist die Festlegung der Verantwortung für die Bestände in einem Beschaffungskanal Gegenstand dieses Gestaltungsfeldes. Ein wesentliches Konzept, in dem sich die Entscheidung über die Festlegung der Bestandverantwortung widerspiegelt ist das Konsignationslager. Hierbei handelt es sich um ein Lager des Kunden oder bei Fremdnutzung um das Lager eines Logistikdienstleister in der Nähe des Kunden, in dem der Lieferant Ware bereitstellt. Der Kunde hat Verfügungsgewalt über die Bestände; die Fakturierung erfolgt bei Entnahme von Teilen durch den Kunden. In das Konsignationslager können mehrere Lieferanten ihre Teile für den Hersteller einlagern. Bei Einsatz eines Logistikdienstleisters versichert (je nach vertraglicher Konstellation) dieser die eingelagerten Waren gegen Diebstahl etc. Der Lieferant muss sicherstellen, dass ein Mindestbestand im Konsignationslager ständig verfügbar ist. Die notwendige Materialnachschubdisposition kann auch von dem Logistikdienstleister übernommen werden. Mit der Einrichtung von *Konsignationslagern* können Lieferant und Hersteller gleichzeitig Vorteile erreichen:

* für Hersteller: Es wird nur einmal im Monat die Entnahme in Form einer Bestellung gemeldet; dadurch Arbeitsersparnis im Einkauf/Beschaffung,
* für Hersteller: Es wird eine maximale Versorgungssicherheit erreicht (Ware ist vor Ort),
* für Lieferant: Frachtvorteil durch Sammelladungen,
* für Lieferant: Planungsvorteil durch fertigungsgerechte Losgrößen,
* für Lieferant: Vorsprung gegenüber Konkurrenz durch feste Bindung.

Bei der Linienfertigung, insbesondere bei der Automobilbranche, muss der Lieferant bzw. der Dienstleister die Teile nicht außerhalb der Fertigungsanlagen anliefern, sondern kann sie auch an die „Linie" bringen und hier auch direkt verbauen. Dieser Vorgang nennt sich „Konfektionierung" und bezeichnet die Übernahme von Fertigungsprozessen beim Hersteller vor Ort durch den Lieferanten oder Logistikdienstleister.

In Bezug auf die Kanten des Netzwerks gilt es nachfolgende Gestaltungsfelder zu bearbeiten:

* Transportmittel und -wege
* Speditionskonzepte

Gestaltungsfeld Transportmittel und -wege

Die Knoten des Netzwerks werden über Transporte miteinander in Beziehung gesetzt. In diesem Gestaltungsfeld sind dazu die notwendigen Transportmittel und -wege festzulegen. Hierbei sind neben Kostenaspekten, die Leistungsanforderungen der Kunden (z. B.

Bedarfsmenge, Bedarfskontinuität, Servicezeiten) und die spezifischen Besonderheiten der Beschaffungsobjekte sowie der zum Transport eingesetzten Ladungsträger (z. B. Sperrigkeit, Wert, Empfindlichkeit) zu beachten. Die jeweiligen Gegebenheiten werden zur Vorselektion möglicher Transportalternativen genutzt, wobei zu beachten ist, dass diese Entscheidung in Wechselwirkung mit der Wahl der Umschlagpunkte steht. Wird z. B. eine Transportrelation per Luftfracht bedient, sind Flughäfen als Knoten des Netzwerks erforderlich. Bei der Vorentscheidung sind die folgenden Kriterien zu berücksichtigen (in Erweiterung zu [39]):

Kundenanforderungen

- Bedarfsmenge
- Kontinuität des Bedarfs
- Anforderungen an die logistische Leistung

Kostenkriterien

- Transportkosten
- Kostenauswirkungen in anderen Bereichen der Logistikkette

Leistungskriterien

- Transportzeit
- Transportfrequenz
- Eignung der Transportvariante in technischer Hinsicht
- Vernetzungsfähigkeit
- Elastizität und Flexibilität der Transportvariante
- Anfangs- und Endpunkte der Transportvariante (z. B. Flughafen, Kundenstandort)
- Zuverlässigkeit des Transportes
- Nebenleistungen der Transportvariante (z. B. Leergutrücknahme)

Die Vorentscheidung über den Einsatz von Transportmitteln kann zumeist über den Abgleich mit Musskriterien, wie maximale Transportdauer oder Flexibilitätsanforderungen sowie einem groben Verfahrensvergleich, im dem die Kosten der verschiedenen Transportmittel in Abhängigkeit von der Versandmenge untersucht wird, getroffen werden. Im Detail ist die Ausplanung der Transportsysteme gemäß dem Gestaltungsrahmen der Logistik Gegenstand der Systemplanung [9].

Gestaltungsfeld Speditionskonzepte

Zur Einbindung logistischer Dienstleister haben sich Grundstrukturen entwickelt, die die Widersprüche zwischen flexibler, kostengünstiger produktionssynchroner Belieferung und potenziellen Transportkostensteigerungen sowie Verkehrsproblemen durch wachsendes Aufkommen auflösen [Wil08] :

- Errichtung von Montageeinheiten des Lieferanten in der Nähe des Abnehmers („Zulieferparks"),
- Einsatz von Ringspediteuren,
- Einsatz von lieferantenorientierten Gebietsspediteuren,
- Einrichtung von multimodalen Umschlagpunkten (Güterverkehrszentren).

Alternative Speditionskonzepte [Wil08]

Ein wesentlicher Einflussfaktor auf die Art der Ausprägung ist die notwendige Versorgungssicherheit. Hierbei ist grundsätzlich davon auszugehen, dass diese bei der produktionssynchronen Beschaffung am höchsten ist. Entsprechend ist bei Zulieferunternehmen in weiter räumlicher Entfernung vom Abnehmerbetrieb, insbesondere bei denen, die großvolumige Teile oder kundenspezifische Systemkomponenten produktionssynchron zuliefern, zu überprüfen, ob kleine *Montageeinheiten im unmittelbaren Einzugsbereich des Abnehmerwerkes* sich als wirtschaftlich sinnvoll erweisen.

Das *Gebietsspediteurkonzept* soll die Bündelung möglichst vieler Einzelsendungen erzielen. Es bietet sich an, wenn die Lieferantenstruktur durch räumliche Konzentrationen überregionaler Lieferanten von Einbauteilen gekennzeichnet ist. Orientiert an den Konzentrationspunkten werden Regionen definiert, innerhalb derer die Standorte der Lieferanten in ein Linienverkehrskonzept eines Spediteurs eingebunden werden. Auf diese Weise werden die Waren einer größeren Anzahl von Lieferanten in definierten Zeitperioden zu Sammelladungen zusammengefasst und als Komplettladung zu entsprechend niedrigeren Frachttarifen zum Abnehmer transportiert. Je nach räumlicher Entfernung, verkehrstechnischer Anbindung und Transportvolumen ist es sinnvoll, die Sammelladungen auf Sonderzügen der Bahn zusammenzufassen.

Das *Ringspediteurkonzept* ist gekennzeichnet durch Sammeltransportrouten, die eine Zusammenstellung von LKW-Zügen mit einer überschaubaren Zahl von Lieferanten erlauben. Die Anzahl der Lieferanten eines Speditionsrings ist dabei abhängig von den jeweiligen Liefermengen und der Entfernung der Lieferanten untereinander. Neben der Transportzeit sind pro Anlaufstation der Rundreise ein Zeitfenster für den Beladungsvorgang und eventuelle Wartezeiten zu berücksichtigen.

Güterverkehrszentren stellen eine räumliche Zusammenfassung von verkehrsbezogenen und transportergänzenden Dienstleistungsbetrieben dar und übernehmen eine Koordinations- und Umschlagsfunktion der verschiedenen Güterverkehrsströme. Sie bilden somit eine Schnittstelle zwischen verschiedenen Verkehrsträgern wie Straße, Schiene, Wasserstraßen oder Luft. Neben einer Transportwegeoptimierung, unter Nutzung des optimalen Verkehrsträgers, ermöglichen Güterverkehrszentren durch Kombination von Distributions- und Rücknahmetransporten die Vermeidung von zusätzlichen Transporten. So können Leerfahrten vermieden werden. Abnehmerbetriebe und Logistikdienstleister können als Nutzer von Güterverkehrszentren herkömmliche Transportstrukturen durch Flächen- und Knotenpunktverkehre ersetzen und gleichzeitig die Einsatzbedingungen der massenleistungsfähigen Bahn verbessern.

Die aufgezeigten Konzepte schließen sich gegenseitig nicht aus, sondern lassen sich zu einem optimierten Materialversorgungssystem kombinieren.

Technische Kommunikationsstruktur
Der reibungslose Ablauf von Materialversorgungskonzepten stellt besondere Voraussetzungen an die eingesetzte Informations- und Kommunikationsstruktur.

1. Vorausgeplante Abholungen hinsichtlich Menge und Termin, sowie Anlieferung beim Abnehmer in vorgegebenen Zeitfenstern.
2. Zentrale Planung der Abholsystematik mit einer lokalen Steuerung und Kontrolle durch Logistikdienstleister.

Entsprechend sind effiziente Informationsflussstrukturen eine entscheidende Basis zur Planung, Steuerung und Koordination des physischen Materialstroms zwischen Lieferant und Abnehmer. Ziel ist es, die Voraussetzungen dafür zu schaffen, dass allen an der logistischen Kette beteiligten Parteien die zur Durchführung der Materialbewegungen benötigten Informationen in der gewünschten Form, zum richtigen Zeitpunkt und an der richtigen Stelle zur Verfügung gestellt werden. Hierzu findet zwischen Abnehmern, Lieferanten und Logistikdienstleistern eine Informationsübermittlung statt. (Weitere Ausführungen zu diesem Thema finden sich auch in dem Abschnitt Informations- und Planungssysteme in der Logistik in diesem Buch.)

2.5.3 Aufbauorganisation

Bei der Eingliederung der Beschaffung in die Gesamtorganisation lässt sich eine zentrale und eine dezentrale Eingliederung unterscheiden. Bei der zentralen Eingliederung werden die Aufgaben der Beschaffung von einer einzelnen Organisationseinheit übernommen, während bei der dezentralen Eingliederung diese von mehreren Organisationseinheiten wahrgenommen werden. Eine Kombination aus Zentralisierung und Dezentralisierung ist möglich.

Die Art der organisatorischen Eingliederung hängt von vielen Faktoren ab:

• Unternehmensgröße,
• Anzahl räumlich getrennter Werke,
• Entfernung der Werke zueinander,
• Grad der Übereinstimmung der Produktionsprogramme,
• Notwendige Materialarten und -mengen.

Eine zentrale Beschaffung bringt vor allem für Klein- und Mittelständische Betriebe Vorteile:

- gute Kontrollmöglichkeit der Beschaffungstätigkeit,
- gute Ausnutzung von Mengenrabatten möglich,
- Chancen der Normung und Typisierung der zugekauften Materialien,
- bessere Disposition der Lagerbestände.

Eine örtliche und/oder sachliche Dezentralisation der Beschaffungswirtschaft kann günstig sein:

- bei Einzelfertigung, wenn Materialien differieren und selten bestellt werden,
- die Beschaffung kann nur von Spezialisten vorgenommen werden,
- wenn die geographische Lage z. B. Länderkenntnisse erfordert,
- wenn Vorratshaltung der Materialien auf Grund der Beschaffenheit nicht möglich ist – daher sind Entscheidungen dezentral zu fällen.

In der Praxis haben sich in Abhängigkeit der Unternehmensgröße und -ausrichtung verschiedene Aufbauorganisationen herausgebildet, von denen einige beispielhaft abgebildet sind (Abb. 2.35, 2.36, 2.37 und 2.38).

Die Schaffung ergebnisverantwortlicher Unternehmensbereiche (auch: Profit-Center) ist bei vielen großen Konzernen deutlich erkennbar. Dabei findet auch eine Dezentralisierung des Einkaufs statt, wodurch jedoch die vorhandene Nachfragemacht des gesamten Unternehmens geschwächt wird. Um diesem Effekt entgegenwirken zu können, sind neue

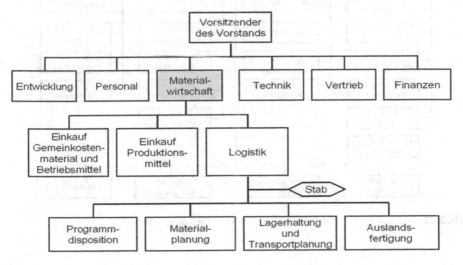

Abb. 2.35 Aufbauorganisation eines typischen Unternehmens mit Vorstandsebene

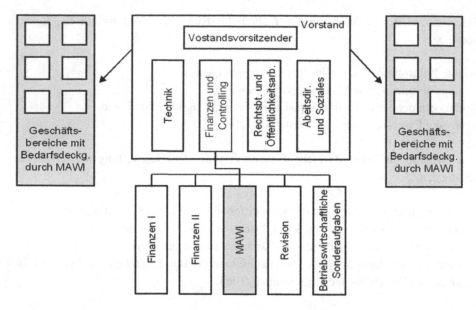

Abb. 2.36 Aufbauorganisation eines Konzerns

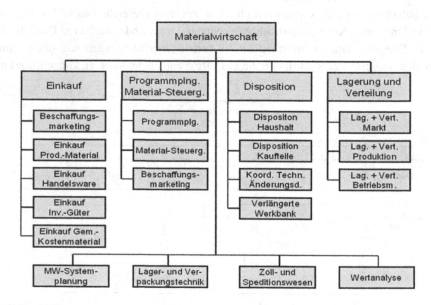

Abb. 2.37 Aufbauorganisation eines Maschinenbau-Unternehmens

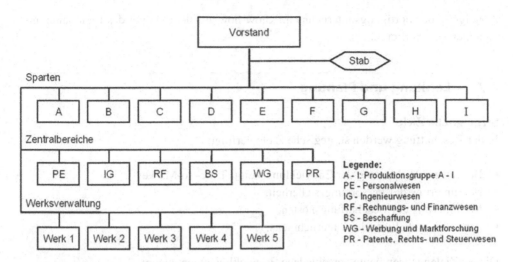

Abb. 2.38 Aufbauorganisation eines chemischen Unternehmens

Koordinationsinstrumente gefragt, mit denen die Marktposition als Nachfrager gestärkt wird.

Das „Lead-User"-Konzept ist als Antwort der Beschaffungslogistik auf die Dezentralisierung von Funktionsbereichen zu sehen: Der jeweils größte Bedarfsträger in einem Unternehmen oder Unternehmensverbund übernimmt die Federführung in der Beschaffung und kann z. B. die Rahmenverträge für alle Bedarfsträger abschließen. Besonders ausgeprägt sind diese Strukturen bei großen Handelsorganisationen.

2.6 Trends in der Beschaffung

Die für die Beschaffung maßgeblichen Entwicklungen sind: Globalisierung des Beschaffungsmarktes, Standardisierungsbestrebungen von Teilen und Modulen, Verantwortungsverlagerung auf Lieferanten, Konkurrenzkampf und Preisdruck.

Als ein weiterer Trend kann das Outsourcen von Einkaufsaktivitäten genannt werden. Spezielle Dienstleister bieten in Zukunft an, den günstigsten und zuverlässigsten Lieferanten auszuwählen und geben dafür vertragliche und finanzielle Garantien. Zu den Tätigkeiten solcher „virtuellen Einkaufsabteilungen" zählen Beschaffungsmarktforschung, Lieferantenauswahl, -bewertung, Ausschreibungsverfahren etc. Ein mögliches Zukunftsszenario wäre: Ein Unternehmen übermittelt die technischen Spezifikationen des zu beschaffenden Produkts an den Dienstleister. Dieser wählt innerhalb einer bestimmten Zeit den für den konkreten Anwendungsfall besten Lieferanten aus. Als Chance des Konzepts kann die Möglichkeit von deutlichen Einsparungen bei den Fertigungsunternehmen genannt werden (durch Synergieeffekte bei den Einkaufs-Dienstleistern), als Risiko die

Abneigung der Fertigungsunternehmen, Know-how auf dem Gebiet des Lieferantenmanagements zu verlieren.

2.7   Lenkung und Planung

Strategische Ziele
In der Beschaffung werden strategische Ziele verfolgt:

- Beitrag zur Verkürzung der Entwicklungszeit („Time- to-Market"),
- Maximierung der Versorgungssicherheit,
- Minimierung der Beschaffungskosten,
- Autonomieerhaltung des Unternehmens.

Diesen Zielen stehen heute verschiedene Entwicklungen entgegen:

- Mit der Reduzierung der Lieferantenzahl wird das Ziel verfolgt, die Komplexität im Einkauf (Handelsfirmen haben bis zu 20.000 Lieferanten) zu verringern. Ferner führt das Qualifizieren von Lieferanten zu strategischen Lieferanten, die in Entwicklungsprozesse miteinbezogen werden, zu einer Verminderung der Anzahl der Lieferanten.
- Die Reduzierung der Variantenvielfalt hat zum Ziel, Kosten einzusparen, da Mengeneffekte in der Produktion des Lieferanten ausgenutzt werden können (z. B. hat ein Hersteller von PKW-Startermaschinen festgestellt, dass die von einem Kunden spezifizierten 40 Typen unter technisch-funktionellen Gesichtspunkten auf 5 Varianten reduziert werden können). Diese Strategie ist auch unter den Begriffen „Modulbauweise" oder „Plattformstrategie" bekannt.

Die heute geforderte (und ermöglichte) kurze Entwicklungszeit ist notwendig, um am Weltmarkt bestehen zu können. Der häufige Modellwechsel (z. B. bei Autos) hat sich als wirkungsvolles Verkaufsinstrument bewährt – je schneller ein Produkt veraltet ist, umso schneller folgt der Neukauf (die ökologischen Nachteile bleiben leider zurück). Zudem kommt es für den Hersteller darauf an, das Innovationspotenzial von Zulieferern zu erkennen, und ggf. exklusiv zu nutzen.

- Die Lieferanten können dann eine hohe Versorgungssicherheit gewährleisten, wenn ihre eigene Produktionsplanung eine hohe Planungssicherheit beinhaltet. Dies kann dadurch erreicht werden, dass zum einen langfristige Planungen mit einem 1-Jahres-Horizont durchgeführt werden und ein Frozen-Point (auch: Frozen-Zone) eingeführt wird, ab dem keine Änderung der Bedarfsmenge und -zeit mehr möglich ist. Dieser Trend setzt sich bereits bei den Automobilzulieferern durch, deren direkte Lieferanten (Systemlieferanten) bereits 1 Jahr vor Lieferung erste Mengenprognosen erhalten, einige sogar bis zu 3 Jahren, wenn der Automobilhersteller den Aufbau zusätzlicher

Produktionsstätten beim Lieferanten fordert. Zögerlich setzt sich dieser Trend in anderen Branchen durch, da die strategisch bedeutsamen prognostizierten Abverkaufszahlen nur ungern ausgetauscht werden.

2.8 Ressourcen der Beschaffung

2.8.1 Lager - Gestaltungsfeld Lagereinrichtung

Man unterscheidet im Bereich der Beschaffung Werkslager, Logistikzentren, Vertragslager und Konsignationslager (s.a. Tab. 2.4 oder s. Abschnitt Distributionslogistik in diesem Buch).

Bei nicht-verbrauchssynchroner Beschaffung werden die Produkte der Lieferanten in Werkslagern vorgehalten. Dies betrifft vor allem B- und C-Teile mit eher geringem Eigenwert.

Im Zuge hoher Produktkomplexität und hoher Variantenvielfalt ist die Zulieferbranche zunehmend veranlasst, werksnahe Standorte zu finden. Als Alternative zu einem Fertigungsstandort sind sog. Systemzentren (oder auch Logistikzentren) verbreitet. Der Begriff „Systemzentrum" ist abgeleitet von Systemhersteller.

Interessant sind Konsignations- und/oder Vertragslager in all den Fällen, wo eine Anlieferung nach Just-In-Time- Prinzipien zunächst nicht in Frage kommt. (Vgl. auch Abschn. 2.5.2)

Das mit dem Lager verbundene Gestaltungsfeld Lagereinrichtung wird in Abschnitt Lagerplanung in diesem Buch behandelt.

Bestand
Im Gestaltungsfeld Lagerbestände ist zunächst zu bestimmen, ob alle Produkte in allen Lägern bevorratet (vollständige Lagerhaltung) oder bestimmte Produkte nur in ausgewählten Lägern bereitgehalten werden sollen (selektive Lagerhaltung). Zur Fundierung dieser

Tab. 2.4 Lager für die Beschaffung

Lagertypen	Beschreibung
Werkslager	in unmittelbarer Nähe der davor liegenden Fertigungseinrichtung gelegen
Logistikzentrum	Lager in der Nähe vom Kunden meistens von Logistikdienstleistern betriebenes Lager häufig mandantenfähig
Konsignations-lager	Lager beim Kunden Fakturierung erst bei Verbrauch/Entnahme durch den Kunden Zulieferer reguliert Bestände Zulieferer trägt Kosten
Vertragslager	wie Konsignationslager, aber: Kunde trägt Lagerkosten

Entscheidung ist eine Kenntnis der mengen- und wertmäßigen Umsatzstruktur bzw. des Nachfrageverlaufs unabdingbar. Unter Berücksichtigung der angestrebten Lieferbereitschaft kann dann über die Verteilung der Produkte auf einzelne Läger entschieden werden. So könnte es bspw. für eine Sortimentsbrauerei sinnvoll sein, die Lagerung einzelner Biersorten, wie Pils oder Kölsch, an regionale Verbrauchsgewohnheiten anzupassen und z. B. Kölsch nur in Lägern im Rheinland zu bevorraten.

2.8.2 Transportsysteme

Das Gestaltungsfeld Transportsysteme ist ein Teilgebiet der logistischen Systemplanung, welches in Abschnitt Planung logistischer Systeme in diesem Buch ausführlich behandelt wird.

2.8.3 Ladungsträger

Zunehmende zwischenbetriebliche Arbeitsteilung durch eine Fertigungstiefenreduktion führt dazu, dass Materialien und Teile in Behältern und Verpackungen in hoher Frequenz zwischen den jeweiligen Abnehmer- und Lieferantenbetrieben transportiert werden. Ein wichtiges Verbesserungspotenzial bei der Ausgestaltung der Abnehmer-Lieferanten-Beziehung ist deshalb die gemeinsame Ausgestaltung einer Behältersystematik. Zielsetzung ist die gemeinsame Standardisierung des Materialflusses zwischen Lieferant und Abnehmer [Wil08]. Das daraus resultierende Gestaltungsfeld Ladungsträger ist ein Teilgebiet der logistischen Systemplanung. Eine detaillierte Beschreibung findet sich in Abschnitt Planung logistischer Systeme in diesem Buch.

2.8.4 Identifikationstechnik

Für die richtige Lieferung zur richtigen Zeit in der richtigen Menge am richtigen Ort ist der Datenträger bzw. der Warenanhänger von besonderer Bedeutung. Eine Vielzahl von Datenträgern bei Lieferungen verursacht bei näherer Betrachtung Schwierigkeiten bei deren Abwicklung. Für den Anwender stellt sich bei dieser zu bewältigenden Flut an Informationsträgern die Frage, welcher Datenträger zu welchem Zeitpunkt relevant ist. Um dies zu verhindern, kann das Konzept der durchgängigen Kennzeichnung angewandt werden. In der Automobilbranche hat sich der Einsatz von standardisierten Warenanhängern nach VDA-Norm (VDA = Verband der Automobilindustrie) weitgehend durchgesetzt, in anderen Branchen existieren ähnliche Normen.

Trotzdem halten Unternehmen an ihrer einmal eingeführten internen Bezettelung fest, so dass nach wie vor Mehrfachbezettelungen in der Praxis auftreten: Der Teilezulieferer verwendet eine interne Bezettelung, die erst für den Transport durch einen VDA-Anhänger ersetzt wird. Dieser wird anschließend vom weiterverarbeitenden Unternehmen wieder durch ein internes Etikett ersetzt. Dadurch ist an jeder Schnittstelle immer wieder eine Neubezettelung vorzunehmen.

2.8.5 Elektronischer Datenaustausch

Durch die enge unternehmensübergreifende Verknüpfung der Produktionsprozesse und die Internationalisierung der Unternehmen und Märkte ist die effiziente Kommunikation zu einem der wichtigsten wirtschaftlichen Faktoren geworden. Der Materialfluss bleibt zwar notwendige Grundlage der industriellen Wertschöpfung, der Kern der Wertschöpfung verlagert sich aber auf die den Materialfluss steuernden und die Wertschöpfung bestimmenden Kommunikationsketten.

Zur Unterstützung der Kommunikationsfähigkeit in den Business-to-Business-Bereichen zwischen Lieferanten, Herstellern und Logistikdienstleistern haben sich verschiedene Normen entwickelt. Die ersten sog. Standards sind aus Firmenkooperationen in verschiedenen Branchen entstanden, die über Berufs- und Industrieverbände organisiert worden sind. Dazu zählen die VDA-Normen in der Automobilindustrie, die SWIFT-Normen im Finanzdienstleistungssektor u. a.

Um einen branchenübergreifenden „neutralen" Standard zu schaffen, haben die United Nations (UN), die Europäische Kommission (EU) und die Standardisierungsbehörde ISO die Norm ISO 9735 erstellt, die auch unter dem Namen EDIFACT (Electronic Data Interchange for Administration, Commerce and Transport) bekannt ist. Auf Grund der Komplexität und Vielschichtigkeit dieser Norm haben sich erneut meist branchenspezifische Detaillierungen ergeben, z. B. ODETTE in der Automobilindustrie (Organization for Data Exchange by Teletransmission in Europe) oder CEFIC (Conseil Européen des Fédération de l'Industrie Chemique) in der chemischen Industrie.

2.8.6 Internet

Die Internettechnologie hat auch im Bereich der Beschaffungslogistik Einzug gehalten. Sie eignet sich hier insbesondere für die Bereiche Beschaffungsmarktforschung und Beschaffungsmarketing. Dabei können verschiedene Module in einer solchen Software-Applikation unterschieden werden:

1. Unter *Warengruppenmanagement* versteht man in diesem Zusammenhang die Abbildung der zu beschaffenden Materialien in elektronischen Katalogen, die über das Internet verfügbar sind. Sie enthalten Materialbeschreibungen, Bestellhinweise, Zugänge zu anderen Lieferquellen, Preisvereinbarungen, Wunschlieferanten u. a. Mit Codes und

Schlüsseln können Beschaffungsobjekte für eine anstehende Ausschreibung entsprechend sortiert und aufbereitet werden.

2. Mit Hilfe des *Lieferantenmanagements* als Bestandteil von Internetlösungen in der Beschaffungslogistik können alle Informationen über neue und alte Lieferanten dokumentiert werden. Dazu zählen allgemeine Informationen, Leistungswerte der Lieferanten, Zuverlässigkeit u. a. Bewertungsgrößen, die im Rahmen einer zukünftigen Lieferantenauswahl von Bedeutung sind.

3. Im Bereich der *Ablaufsteuerung* sind durch Einsatz spezieller Intranetlösungen Einsparmöglichkeiten denkbar. So können Online-Bestellungen automatisiert in Abhängigkeit des Einkaufswerts (> 1000 EURO muss Abteilungsleiter abzeichnen, usw.) weitergeleitet werden. Auch eine Online-Überwachung des Beschaffungsvorgangs ist denkbar, bis zur automatisierten Rechnungsstellung beim Wareneingang.

Grundsätzlich sind aber nicht alle Beschaffungsobjekte gleichzeitig für das sog. Electronic Procurement geeignet. Folgende Kriterien können als grundsätzliche Abgrenzungsmerkmale von Electronic Procurement dienen:

* niedriger Klärungsbedarf,
* hohe digitale Umsetzbarkeit der Leistung,
* hoher Standardisierungsgrad,
* hohes Transaktionsvolumen.

2.9 C-Teile-Management

2.9.1 Hintergrund

Wer A sagt, muss auch C sagen. Diese Paraphrasierung des bekannten Spruches beschreibt ein wesentliches Kennzeichen der Teilelogistik. Einem verborgenen Gesetz gehorchend werden in der überwiegenden Zahl der Fälle ca. 80 % der Artikel einen Wertanteil von ca. 20 % haben. Ebenso gilt, dass 80 % der Beschaffungsvorgänge nur 20 % des gesamten Beschaffungsvolumens abdecken. In Anbetracht der Tatsache, dass C-Teile sich nicht oder nur sehr schwer eliminieren lassen, kann die Maxime für den Umgang mit C-Teilen also nur lauten: Reduziere den Aufwand für C-Teile!

Aus prozessorientierter Sicht ergibt sich der Aufwand für die gesamte Prozesskette zur Bereitstellung von C-Teilen aus der Multiplikation der Anzahl der Prozessdurchführungen mit den Kosten des Einkaufsprozesses. Soll also der Aufwand reduziert werden, müssen entweder die Anzahl der Prozessdurchführungen verringert oder die Prozesse selbst kostengünstiger gestaltet werden. Sämtliche Maßnahmen zur Aufwandsreduzierung lassen sich auf diese prinzipiellen Vorgehensweisen zurückführen [28].

2.9.2   Identifikation von C-Teilen

Während die ABC-Analyse die Verbrauchsanteile der Materialien bestimmt, um damit Wesentliches und Unwesentliches zu trennen und so das Hauptaugenmerk auf einen Ausschnitt des gesamten Teilespektrums richtet, versucht die XYZ-Analyse die Teile hinsichtlich ihrer Vorhersagegenauigkeit zu klassifizieren (s.a. Abb. 2.27) [4].

X-Teile sind dabei solche, die eine hohe Vorhersagegenauigkeit besitzen, weil sie einem gleichmäßigen Verbrauch unterliegen. Bei Y-Teilen ist der Verbrauch durch Schwankungen geprägt, die saisonaler oder trendmäßiger Natur sein können. Für sie gilt eine mittlere Vorhersagegenauigkeit. Z-Teile zeichnen sich durch eine niedrige Vorhersagegenauigkeit aus. Ihr Verbrauch unterliegt Schwankungen, die keiner Regelmäßigkeit gehorchen. Die Verbrauchsschwankungen können z. B. anhand der Standardabweichung festgemacht werden. Typische Ergebnisse der XYZ-Analyse zeichnen sich durch einen hohen Anteil (> 70 %) von X-Teilen aus. Kombiniert man nun die ABC- und die XYZ-Analyse, ergeben sich im Hinblick auf die C-Teile insgesamt drei Gruppen: CX-Teile mit niedrigem Verbrauchswert und hoher Vorhersagegenauigkeit, CY- Teile mit niedrigem Verbrauchswert und mittlerer Vorhersagegenauigkeit und CZ-Teile mit niedrigem Verbrauchswert und niedriger Vorhersagegenauigkeit. Für jede Gruppe sollte eine geeignete Strategie festgelegt werden.

2.9.3   Prozesse der C-Teilebeschaffung

Prinzipiell durchlaufen die C-Artikel die gleichen Prozesse wie A-Artikel. (s. Abb. 2.39) Welches sind die Kostentreiber der Prozesse und wie sind sie vernetzt?

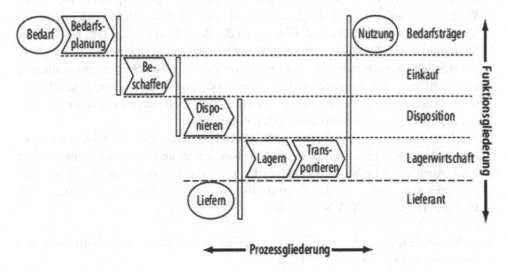

Abb. 2.39 Prozesskette für C-Teile

- Einkauf,
- Beschaffung,
- Disposition,
- Lagerung,
- Transport,
- Bereitstellung,
- Rechnungswesen.

2.9.4 Serviceerwartungen für C-Teile

Leider schränkt die ausschließliche Betrachtung von C-Teilen die unterschiedlichen Bedarfsarten nicht soweit ein, dass eine allgemeingültige Strategie alle Probleme der C-Teilebeschaffung bewältigen könnte. Vielmehr müssen – wie so oft in der Logistik – die genauen Verhältnisse im Unternehmen und insbesondere die Bedarfsstrukturen berücksichtigt werden. Ein wichtiges

Kriterium sind hierbei die Serviceerwartungen der Bedarfsträger, die festlegen, in welcher Geschwindigkeit die Beschaffungskette den jeweiligen Bedarf befriedigen muss. Gerade bei C-Artikeln ergeben sich unterschiedliche Serviceerwartungen, die v. a. durch sehr unterschiedliche Bedarfsarten entstehen. Die erforderlichen Durchlaufzeiten reichen von einer augenblicklichen Bereitstellung, wie sie z. B. für Kleinteile von Montagebändern erforderlich sein kann, d. h. mit Bestand vor Ort, bis zu einer Bereitstellung innerhalb von 2 bis 3 Tagen [37]. Diese Bedarfe mit geringeren Anforderungen an den Lieferservice entstehen v. a. durch die folgenden zwei Gegebenheiten:

- durch Handläger, bei denen eine geringe Stückzahl vieler unterschiedlicher Artikel ein sehr heterogenes Artikelspektrum mit großer Reichweite ergibt. Typisch ist hierfür der Werkzeugbedarf in Instandhaltungswerkstätten, wo z. B. 2 bis 3 Bohrer einer bestimmten Klasse bereits den Jahresbedarf decken, oder der Büromaterialbedarf, bei dem der Schreibtisch das „Handlager" darstellt. Diese Vorräte sind nicht bestandsgeführt, d. h. die Bestände werden nicht über ein System überwacht, erlauben aber eine bestimmte Lieferzeit, wenn ein „Meldebestand" (z. B. nur noch ein Bohrer vorrätig) unterschritten wird. Diese Bedarfe können dann direkt von einem Lieferanten bestellt werden und müssen nicht bestandsgeführt zusätzlich gelagert werden.
- durch sporadische Bedarfe durch z. B. Kleinreparaturen, die einen Materialbedarf haben, der möglicherweise nur einmal jährlich auftritt und ansonsten nicht benötigt wird. Auch diese Bedarfsart ist typisch für Instandhaltungswerkstätten, die Kleinreparaturen vornehmen. Hier hat die Instandsetzung eine niedrige Priorität, so dass die Durchführung auf die Teile warten kann.

Je nach erforderlichem Lieferservice lassen sich die Prozessketten zur Bereitstellung von C-Teilen unterschiedlich gut optimieren.

2.9.5 Strukturen der Prozessketten zur Bereitstellung von C-Teilen

Neben den Serviceerwartungen, die eine Differenzierung des Begriffs C-Teilelogistik erforderlich machen, sind es die Unternehmensstrukturen, genauer: die Aufbauorganisation, das Layout und die Kommunikationsstruktur, die berücksichtigt werden müssen. Will man die logistischen Prozessketten kundenorientiert aufbauen, so muss man zunächst überprüfen, welche Ausprägung die C-Teilebedarfe bezogen auf diese Strukturen annehmen. Das heißt, für welche Abteilungen und an welchem Ort die Bedarfe entstehen und welche Möglichkeiten bestehen, die Bedarfsmeldungen zu bündeln und weiterzuleiten. In einem Extrem können die Materialbedarfe an definierten Orten und definierter Organisationseinheit entstehen, z. B. an Montagelinien, an denen immer die gleichen durchsatzschwachen Materialien wie Schrauben, Splinte oder Muttern gebraucht werden.

Andererseits können sich Materialbedarfe sowohl räumlich als auch organisatorisch über das ganze Unternehmen verteilen und an dem Bedarfsort einen vollkommen unbedeutenden Bestellaufwand von 3 bis 10 Bestellungen in der Woche verursachen, der sich im Einkauf oder in der Lagerwirtschaft jedoch zu einem erheblichen Logistikaufwand aufsummiert. Hier ergibt sich dann ein sehr heterogener Materialfluss mit Objekten, die vom Büro- und Sanitärbedarf über Leuchten und Lampen oder Rasenmäher bis hin zu Montageeinrichtungen oder Werkzeugen nahezu jeden beliebigen Artikel beinhalten können. Aufgabe der Kommunikationssysteme ist es, diese Bedarfe zu bündeln und an die Beschaffung weiterzuleiten. Je nach Vernetzung des Unternehmens kann diese Informationsweiterleitung manuell, also in Papierform, systemgestützt mit Batch-Läufen, oder online erfolgen. Weiterhin können C-Artikel bereits in den Stücklisten für Produkte abgebildet sein und somit durch die Produktionsplanungs- und Steuerungssysteme durch die logistische Prozesskette geleitet werden oder erst bei Bedarf in ein System eingegeben werden. Mit anderen Worten: C-Artikel sind nicht gleich C-Artikel, es gilt entsprechend der Bedarfsstruktur eine optimierte Prozesskette zu entwickeln, die alle Anforderungen der Bedarfsträger und die Strukturausprägungen optimal unterstützt.

2.9.6 Lenkungsregeln zur Bereitstellung von C-Artikeln

In diesem strukturellen Umfeld gilt es, Prozessketten zu entwickeln, die für die jeweiligen Anforderungen eine optimierte Bereitstellung der Materialien gewährleisten. Entsprechend der eingangs genannten Strategie müssen hierfür insbesondere die Prozessdurchführungen, also die Kostentreiber der Prozesse, reduziert werden. Berücksichtigt man die oben definierten Prozesse, kann dies durch die folgenden drei Methoden erfolgen:

1. die Verringerung der Lieferantenanzahl für C-Artikel,
2. das Sammeln und batchweise Weiterleiten von Bestellungen bzw. die lagerlose Beschaffung,
3. der weitestmögliche Standardisierung der Artikel über die Geschäftsbereiche mit dem Ziel die Artikelanzahl zu reduzieren.

Die Verringerung der Anzahl der Lieferanten führt zu einer Reduzierung der Prozessdurchführungen, da der Lieferant in die Lage versetzt wird, mehr Positionen zu einer Einheit zusammenzufassen. Die Kostentreiber der Prozesskette enthalten dann jeweils eine größere Anzahl an Positionen und der Aufwand pro Position sinkt. Der Lieferant erhält einen Auftrag der mehr Positionen umfasst, liefert mehr Positionen aus und stellt mehr Positionen in Rechnung. Diese Bündelungseffekte treten sowohl bei Lieferanten auf als auch bei den im Unternehmen verbleibenden Prozessen.

Je nach erforderlichem Lieferservice sollten die von dem Lieferanten durchgeführten Prozesse so nah wie möglich an den Bedarfsort verlegt werden. Muss z. B. eine große Zahl von Kleinteilen in unmittelbarer Nähe von Werkstätten oder Montagebändern sofort verfügbar sein, ist zu prüfen, ob der Lieferant direkt das Auffüllen von bereitgestellten Behältern am Bedarfsort im Kanban-Prinzip übernehmen kann. Der Handhabungsaufwand für diese Kleinteile wird somit komplett in die Hände eines Dienstleisters gegeben. Ist die sofortige Bereitstellung der Artikel nicht erforderlich, kann auf eine permanente Bereitstellung der Materialien am Verbrauchsort verzichtet werden. Somit kann der Bündelungseffekt durch die Lieferantenreduzierung auch nur zu Beginn der Prozesskette greifen. In diesem Fall sind es v. a. Prozesse im Einkauf wie die Lieferantenauswahl und die Rechnungsprüfung, in denen mehrere Positionen auf einen Vorgang gebündelt werden können. Die Grenzen der Lieferantenreduzierung treten insbesondere bei heterogen strukturierten Unternehmen mit unterschiedlichen Geschäftsbereichen auf, da hier viele Spezialbedarfe entstehen, die sich nicht ohne Weiteres auf wenige Lieferanten zusammenlegen lassen.

Eine batchweise Abwicklung der Prozesskette bietet sich für Bedarfe an, die nicht unmittelbar befriedigt werden müssen. Die Bedarfe müssen nicht im eigenen Unternehmen gelagert werden, sondern können bei Bedarf von den Lieferanten bezogen werden. Dabei ist jedoch zu beachten, dass die Lagerung von Materialien zu einer Reduktion der Prozessdurchführungen zu Beginn der Prozesskette führt, da die Bestellmenge bei Lagerartikeln i. d. R. ein Vielfaches der Menge ist, die an die Bedarfsträger einzeln weitergegeben wird. Daher ist die Anzahl der Wareneingänge niedriger als die Anzahl der Warenausgänge. Werden nun die entsprechenden Artikel nicht mehr gelagert, sondern über eine Direktbeschaffung bezogen, kommt es zu einer Erhöhung der Prozessdurchführungen zu Beginn der Prozesskette (Bestellungen im Einkauf, Wareneingänge, Transporte der Lieferanten).

Ziel einer lagerlosen Abwicklung muss es daher sein, durch die Gestaltung der Prozesskette die Zunahme der Prozessdurchführungen so weit wie möglich an das Ende der Prozesskette zu legen. Dies wird ermöglicht durch:

- das Sammeln von Bedarfen auf der Abteilungs- oder Teamebene, indem die Bestellungen nur in zyklischen Abständen eingegeben oder freigegeben und weitergeleitet werden,
- das Sammeln von Bedarfen an einer zentralen Stelle, wo die Bedarfe positionsweise aufgelöst sowie auf die einzelnen Lieferanten geschlüsselt werden und in zyklischen Abständen an die Lieferanten weitergeleitet werden,
- das Sammeln der Bedarfe durch den Lieferanten, dem in einem vereinbarten Rahmen die Möglichkeit gegeben wird, seine eigenen Kommissionier- und Transportprozesse

zu optimieren und die bestellten Artikel in festen Perioden oder nach Mindestliefer-zeiten anzuliefern.

Die niedrigen Materialbestellungen pro Artikel und pro Mitarbeiter einer Abteilung führen dazu, dass ein Mitarbeiter relativ selten Materialbestellungen durchführt und einen bestimmten Artikel noch erheblich seltener bestellt. Es ergeben sich deshalb besondere Schwierigkeiten bei der Identifikation der Materialien, da diese auf Basis relativ abstrakter Beschreibungen oder mittels meist unbekannter Materialnummern erfolgen muss, die den Mitarbeitern meist nicht geläufig sind und nicht der Umgangssprache der Monteure ent-sprechen. Zwar bieten viele Betriebssoftwarelösungen hier sog. Matchcodes an, in denen mittels Eingrenzung der Artikel durch Warengruppen und Klartexteingabe der suchende Bedarfsträger geführt wird, dennoch ist diese Prozedur relativ zeitaufwendig und daher kostenintensiv. Prozesskostenanalysen für unterschiedliche Unternehmen haben gezeigt, dass genau dieser Prozess der kostenintensivste in der gesamten Prozesskette der lager-losen Abwicklung ist.

Es stellt sich daher die Frage, ob jeder Bedarfsträger einzeln die Bedarfseingabe in das System vollziehen sollte oder die Bedarfe erst gesammelt werden, um dann von einer Person schneller und effizienter eingegeben zu werden. Allein durch diesen Batchprozess wird noch nicht erreicht, dass gleiche Positionen oder Positionen gleicher Warengrup-pen abteilungsübergreifend synchronisiert und gleichzeitig an den Lieferanten gesandt werden. Um dies zu erreichen, besteht die Möglichkeit, die Bedarfe zentral noch einmal zu sammeln oder aber die Bedarfe unternehmensweit durch die Vorgabe fester Bestell-termine (z. B. zweimal pro Woche) abzugleichen. Ein Beispiel ist die Anlieferung von Lieferanten immer nur an bestimmten Tagen, auf die sich die Bedarfsträger einstellen und dementsprechend ihre Bestellung nach den Anlieferungen richten können.

2.9.7 Material mit vergebener Materialnummer

Werden die Materialien mit einer bestimmten Regelmäßigkeit bestellt (ca. vier- bis fünfmal jährlich) lohnt sich die Identifikation der Artikel mit einer Materialnummer. Hierfür kommen zwei Varianten in Frage.

- Die erste Möglichkeit ist die Verwendung eigener Materialnummern in dem Lagerver-waltungssystem. Die Materialien werden hierbei wie Lagermaterialien behandelt, mit dem Unterschied, dass der Sollbestand im Lagerverwaltungssystem auf Null gesetzt wird. Werden diese Materialien bestellt, wird beim nächsten Dispositionslauf ein Fehl-bestand registriert und eine Bestellung beim Einkauf ausgelöst. Im weiteren Verlauf werden die Bestellungen dann wie die der Lagermaterialien auch behandelt. Dies hat den Nachteil, dass ohne Sondervereinbarungen meist recht lange Lieferzeiten in Kauf genommen werden müssen.
- Die zweite Möglichkeit ist die Verwendung von Katalogen der Hersteller oder C-Arti-kellieferanten. Diese Lieferanten stellen den Kunden Materialkataloge zur Verfügung,

aus denen die Mitarbeiter die gewünschten Materialien auswählen und über eine Verknüpfung der technischen Kommunikationssysteme direkt an die Lieferanten bzw.
Hersteller übermitteln. Ein großer Teil der C-Artikel wird somit bei lediglich einem
Lieferanten platziert. Verbunden ist diese Art der Abwicklung meist mit sog. Purchasing-Card Systemen, in denen die Abwicklung der Rechnungsstellung ebenfalls beim
Lieferanten zusammengefasst wird, der dann nicht mehr Einzelrechnungen versendet,
sondern – wie bei den gängigen Kreditkarten – die Abrechnungen monatlich sammelt
und verschickt. Auch hier beruhen die für Kunden erzielbaren Einsparungseffekte auf
der Möglichkeit, verschiedene Positionen zusammenzufassen.

2.9.8 Material ohne Materialnummern

Bestimmte Materialien werden so selten benötigt, dass eine Identifizierung der Materialien in einem eigenen Katalog nicht sinnvoll ist. In diesem Fall müssen die Bedarfsträger ihren Bedarf formulieren und an den Einkauf weiterleiten. Gerade für solche Bedarfe
tritt das Problem zutage, schriftlich exakt zu definieren, welches Material oder welche
Dienstleistung benötigt wird. Die Folge ist, dass es zu häufigen Rückfragen bezüglich
der Bedarfe zwischen Einkauf und Bedarfsträgern kommt. Der Einkauf muss meist tele-
fonisch die jeweiligen Bedarfsträger erreichen, die Angaben überprüfen und in seinen
eigenen Sprachgebrauch übersetzen. Für die einzelnen Bedarfsträger sind diese Rückfragen eine eher seltene Erscheinung und von geringer Bedeutung, im Einkauf summieren
sich die Zeiten für die Rückfrage jedoch auf und führen somit zu einer deutlichen Erhöhung von Kosten und Durchlaufzeiten. Um den Aufwand für Rückfragen einzuschränken
und die Durchlaufzeit für die Bestellungen zu reduzieren, ist daher die Prozesskette so zu
lenken, dass Rückfragen möglichst vermieden werden. Dies kann nur erfolgen, in dem der
Bedarfsträger dazu gebracht wird, eine möglichst exakte und standardisierte Beschreibung
seiner Bedarfe zu wählen.

2.9.9 Dezentrale Beschaffung

Die dezentrale Beschaffung beinhaltet die bedarfsweise Versorgung einzelner (dezentraler) Bedarfsträger mit Materialien auf dem Markt. Hierfür werden die nicht im eigenen
Lager vorrätigen Bedarfe gesammelt und durch eigene Mitarbeiter bei in der Nähe liegenden Lieferanten beschafft. Oft kann die Fahrt zu den Baustellen mit einer solchen
Versorgungsfahrt kombiniert werden, sodass der entstehende Zeitaufwand für den Trans-
portprozess minimiert werden kann, oder der spontane, an den Baustellen entstehende
Bedarf bei einem in der Nähe der Baustelle liegenden Lieferanten befriedigt werden kann.
Allerdings ist bei dieser Form der Materialversorgung zu berücksichtigen, dass auch hier
nur Lieferanten angefahren werden, mit denen Rahmenverträge geschlossen wurden, da
sonst im Einkauf und in der Rechnungsprüfung erhebliche Kosten entstehen können.
Einige Unternehmen bieten an, eine Purchasing-Card [35] auch für die Dezentrale

Beschaffung einzusetzen und somit den nachfolgenden Aufwand für die Rechnungsstellung zu minimieren.

2.9.10 Der Materialfluss bei der lagerlosen Beschaffung

Prinzipiell stellt sich bei der Direktbeschaffung die Frage, ob der Lieferant die Ware direkt an den Bedarfspunkt bringt (z. B. in die Büros bei Bürobedarfen) oder an eine zentrale Stelle. Für letztere Variante kann dann differenziert werden, ob der Bedarfsträger die Ware an der zentralen Stelle abholt oder ob ein Bringdienst eingerichtet wird, welcher die Waren im Unternehmen verteilt.

Eine direkte Belieferung der Bedarfsträger durch Lieferanten sollte nur dann erfolgen, wenn möglichst große Teile des Produktspektrums auf wenige Lieferanten verdichtet werden können. Zum einen bietet dies erhebliche Kostenvorteile für den Lieferanten, der mehrere Positionen gleichzeitig ausliefern kann, zum anderen kann die Zahl der externen Personen, die sich im Unternehmen bewegen, in einem überschaubaren Rahmen gehalten werden.

Ein interner Bringdienst für bestellte Materialien kann dann sinnvoll sein, wenn ausreichend viele Positionen zu einem Transport zusammengefasst werden können. Die Einsparungen, die sich hierdurch bei den Bedarfsträgern ergeben, sollten allerdings daraufhin überprüft werden, ob sie tatsächlich zu einer erhöhten Wertschöpfung beitragen. Zumeist verteilen sich die Bedarfe auf sehr viele verschiedene Personen, welche jeweils nur wenige Minuten ihrer Arbeitszeit einsparen. Inwieweit diese Zeiten dann tatsächlich für andere Tätigkeiten genutzt werden, ist gerade bei Bürobedarfen zu hinterfragen.

2.9.11 Standardisieren

Für Teile, die von unterschiedlichen Organisationseinheiten und an unterschiedlichen Orten benötigt werden, muss eine Standardisierung der Teile und der zu beziehenden Katalogartikel erfolgen.

Ausweis exklusiver C-Teile
In regelmäßigen Abständen (etwa alle 2 oder 3 Jahre) sollte das Teilespektrum daraufhin untersucht werden, ob sich unnötige Komplexität oder Vielfalt eingeschlichen hat. Gute Dienste hierbei leistet die Analyse exklusiver C-Teile. Unter einem exklusiven C-Teil soll ein Teil verstanden werden, das in genau ein Endprodukt eingeht. Die Voraussetzungen für diese Analyse sind gering, da nur die Stücklisteninformationen für alle Endprodukte vorliegen müssen – eine Anforderung, die in der überwiegenden Anzahl der Fälle erfüllt ist. Zur Durchführung der Analyse wird eine Stücklistenauflösung derart durchgeführt, dass zu jedem Produkt seine Teile als Blätter des Strukturbaums ausgewiesen werden. Eine Gruppierung über die Teile, die kombiniert ist mit der Anzahl der Vorkommen des Teils, gibt dann Auskunft über exklusive Teile. Dies sind genau die Teile, die nur einmal vorkommen.

Die Anzahl exklusiver Teile sollte möglichst gering sein, da damit immer erhöhter Aufwand einhergeht und zwar sowohl hinsichtlich Einkauf und Beschaffung als auch Lagerung. Bei sehr vielen exklusiven Teilen ist zu prüfen, ob die Teile durch andere ersetzt werden können. Hier spielt ein höherer Einkaufspreis des ersetzenden Teils nicht die ausschlaggebende Rolle, da mit erheblichen Einsparungen in Einkauf und Beschaffung zu rechnen ist. Aufschluss darüber gibt die mit Kosten bewertete Prozesskette für diese Teile. Ist der Ersatz durch ein äquivalentes Teil nicht möglich, sollte insbesondere bei Produkten mit mehreren exklusiven Teilen untersucht werden, ob es eingedenk der Kosten- und Marketingaspekte sinnvoll bzw. möglich ist, das Produkt aus dem Produktionsprogramm zu nehmen. Die Erfahrung aus derartigen Analysen zeigt, dass die Produkte mit vielen exklusiven Teilen nur einen geringen Anteil am Umsatz haben.

Literatur

1. Arnold, U.: Beschaffungsmanagement. Stuttgart: Schäffer-Poeschel 1995
2. Arnold, U.: Beschaffungsmanagement. Stuttgart: Schäffer-Poeschel 1995
3. Arnolds, H., Heege, F., Tussing, W.: Materialwirtschaft und Einkauf. 10. Aufl. Wiesbaden: Gabler 1995
4. Arnolds, H., Heege, F., Tussing, W.: Materialwirtschaft und Einkauf. Wiesbaden: Gabler 1996
5. Arnold, U., Essig, M.: Sourcing-Konzepte als Grundelemente der Beschaffungsstrategie. Wirtschaft- wissenschaftliches Studium (WiSt) 29 (2000) 3, 122–128
6. Arnold, B.: Strategische Lieferantenintegration. Wiesbaden: Springer Fachmedien 2004
7. Beckmann, H.: Supply Chain Management: Strategien und Entwicklungstendenzen in Spitzenunternehmen. Berlin/Heidelberg/New York: Springer 2004
8. Beckmann, H., Braun, M., Wolf, J.: SCM-Kompass – VMI, Projektbericht SCM4you. Mönchengladbach 2005
9. Beckmann, H.: Prozessorientiertes Supply Chain Engineering Strategien, Konzepte und Methoden zur modellbasierten Gestaltung: Springer Verlag 2012
10. Beckmann, H.: Grundkurs Beschaffungsmanagement: Prozesse, Methoden und Instrumente T: Springer Vieweg 2015
11. Beschaffung aktuell: Make-or-Buy und Internationale Arbeitsteilung – Beschaffungskooperation als Mittel zur Stärkung der Marktposition. Beschaffung aktuell. Heft 18, 32-39, 1999
12. Bichler, K.: Beschaffungs- und Lagerwirtschaft. 7. Aufl. Wiesbaden: Gabler 1997
13. Bichler, K., et al. 2010. Beschaffungs-und Lagerwirtschaft: Praxisorientierte Darstellung der Grundlagen, Technologien und Verfahren. 9., aktualisierte und überarbeitete Auflage. Wiesbaden : Gabler Verlag, 2010.
14. Busch, H.F.: Materialmanagement in Theorie und Praxis. Lage: Edition Haberbeck 1984
15. Christopher, M.: Logistics and Supply Chain Management, Strategies for Reducing Cost and Improving Service. 2. Aufl. London: Financial Times 1998
16. DHL: Die neuen Incoterms 2010. DHL Freight 2010. https://www.dhl.de/de/logistik/kundenbereich/downloads.html. Zugegriffen: 21.August 2014
17. Disney, S.M., Towill, D.R.: The effect of vendor managed inventory (VMI) dynamics on the Bullwhip Effect in supply chains. Int. J. Production economics 85 (2003), 199–215
18. Eßig, M.: Kooperationen in der Beschaffungslogistik. In: Arnold, D., et al. (Hrsg.) Handbuch Logistik, 3., neu bearbeitete Auflage. S. 990-996. Springer, Heidelberg 2008
19. Hartmann, H.: Materialwirtschaft. 7. Aufl. Gernsbach: Deutscher Betriebswirte-Verlag 1997
20. Heß, G., Supply-Strategien in Einkauf und Beschaffung, 2. Auflage. Gabler Verlag Wiesbaden 2010

21. Holmström, J., Främling K., Kaipia R., Saranen J.: Collaborative planning forecasting and replenishment: new solutions needed for mass collaboration. Int. J. Supply Chain Management 7 (2002), 136–145

22. Horvàth u. Partner (Hrsg.): Balanced Scorecard umsetzen. 3. Aufl. Stuttgart: Schäfer Poeschel 2004

23. Kaipia, R., Holmström, J., Tanskanen K.: VMI: What are you losing if you let your customer place orders? Production Planning & Control 13 (2002), 17–25

24. Klöpper, H.-J.: Logistikorientiertes strategisches Management: Erfolgspotenziale im Wettbewerb. Köln: Verlag TÜV Rheinland, 1991

25. Koppelmann, U.: Beschaffungsmarketing. 2. Aufl. Köln: Springer 1995

26. Koppelmann, U.: Beschaffungsmarketing. 4. Aufl. Berlin/Heidelberg/New York: Springer 2004

27. Kraljic, P.: Purchasing most become Supply Management. Harvard Business Review (1983) 9/10, 109–117

28. Kuhn, A., Markert, D., Wolf, P.: C-Teile-Logistik, Planungsdienste und Potenziale. Tag.-Bd. Management Circle. Wiesbaden 1998

29. Kuhn, A., Hellingrath H.: Supply Chain Management Optimierte Zusammenarbeit in der Wertschöpfungskette. Berlin/Heidelberg/New York: Springer 2002

30. Large, Rudolf. 2009. Strategisches Beschaffungsmanagement: Eine praxisorientierte Einführung: Mit Fallstudien. 4. Auflage. Wiesbaden : Gabler Verlag, 2009.

31. Meffert, H., Burmann, C., Kirchgeorg, M.: Marketing, Grundlagen marktorientierter Unternehmensführung Konzepte - Instrumente – Praxisbeispiele, 10. Aufl. Springer Gabler 2008

32. Melzer-Ridinger, R.: Materialwirtschaft und Einkauf. Bd. 1, 4. Aufl. München u. a.: Oldenburg 2004

33. Melzer-Ridinger: Materialwirtschaft und Einkauf. 4. Aufl. München: Oldenbourg 2008

34. Oeldorf, G., Olfert, K.: Materialwirtschaft. 8. Aufl. Ludwigshafen: Friedrich Kiehl GmbH 1998

35. Orths, H.: Purchasing-Card-Systeme. Tag.-Bd. Management Circle. Wiesbaden 1998

36. Pfohl, H.-C.: Logistikmanagement – Konzeption und Funktionen, 2. Aufl. Berlin Heidelberg. Springer-Verlag 2004

37. Reck, M.: Referenzprozessketten in der Materialwirtschaft von Versorgungsunternehmen. Vortragsunterlagen 2. Euroforum Fachkongress Strategisches Beschaffungsmanagement in Versorgungsunternehmen. Düsseldorf (2000) 2

38. Schmidt, M.: Lieferantenentwicklung 2014. http://www.lieferanten-management.com/lieferantenmanagement/der-prozess/lieferantenentwicklung/. Zugegriffen: 09.Oktober 2014

39. Specht, G., Fritz, W.: Distributionsmanagement,. Kohlhammer 2005

40. Valentini, G., Zavanella, L.: The consignment stock of inventories: industrial case and performance analysis. Int. J. Production Economics, 81/82 (2003), 215–224

41. Weis, H.C.: Marketing. 10. Aufl. Ludwigshafen: Friedrich Kiehl GmbH 1997

42. Wildemann, H.: Das Just-In-Time Konzept. 2. Aufl. München: GFMT 1990

43. Wildemann, H.: Logistik Prozessmanagement. München: GFT-Verlag 1997

44. Wildemann, H.: Einkaufspotentialanalyse-Programme zur partnerschaftlichen Erschließung von Rationalisierungspotentialen. München: TCW Transfer- Centrum 2000

45. Williams, M.K.: Making Consignment- and Vendor Managed Inventory Work for You. APICS – The Educational Society for Resource Management (2000), 211–213

Richtlinie

VDA 4915: Verband der Automobilindustrie: Daten-Fern-Übertragung von Feinabrufen. 2. Ausg. Frankfurt: VDA e. V. 1996

VDI 2700: VDI-Gesellschaft Fördertechnik Materialfluss Logistik (Hrsg.): Ladungssicherung auf Straßenfahr- zeugen. Frankfurt 2004

Produktionslogistik

Hermann Lödding

Die folgenden Ausführungen zum Betrieb der Produktion gliedern sich in drei Abschnitte: Zunächst wird mit der Produktionslogistik auf die Frage eingegangen, wie Unternehmen die Materialversorgung der Produktion organisieren können (Abschn. 3.1). Die eigentliche Produktionssteuerung ist dann Gegenstand von Abschn. 3.2. Er behandelt die Frage, wie Unternehmen einen Produktionsplan trotz Störungen umsetzen können und welche Aufgaben sie dazu erfüllen müssen. Schließlich stellt Abschn. 3.3 mit der Just-in-Time-Produktion ein umfassendes Konzept für den Betrieb von Großserienproduktionen vor, das in der Literatur wie in der Praxis seit vielen Jahren ein besonders großes Interesse findet.

Die Ausführungen zielen darauf ab, eine Einführung in die wichtigsten Aufgaben und Abläufe der Produktionslogistik zu geben. Sie kann daher weder die Breite noch die Tiefe des Fachgebiets auch nur annähernd vollständig abbilden. Um eine einheitliche Darstellung zu gewährleisten, orientieren sich die Abschnitte zur Fertigungssteuerung und zur Just-in-time-Produktion dabei eng am gleichfalls im Springer-Verlag erschienenen Buch „Verfahren der Fertigungssteuerung" [7].

3.1 Produktionslogistik

Die Produktionslogistik bildet zusammen mit der Beschaffungslogistik (vgl. Kap. 2) und der Distributionslogistik (vgl. Abschn. II.4.5) einen wichtigen Teil der Unternehmenslogistik. Betrachtungsgegenstand ist im Folgenden der Materialfluss innerhalb einer Fabrik

H. Lödding (✉)
Technische Universität Hamburg-Harburg, Denickestraße 17, 21073 Hamburg, Deutschland
e-mail: loedding@tuhh.de

und seine Organisation. Die Literatur ordnet dem Begriff der Produktionslogistik häufig weitere Aufgabenfelder zu (vgl. [20]), z. B. die Layoutplanung (vgl. Abschn. II.2.5) und die gesamte Produktionsplanung und -steuerung (vgl. Abschn. II.3.4 und Abschn. 3.2), die hier an anderen Stellen des Handbuchs Logistik behandelt werden.

Aufgabe und Zielsetzung

Die Produktionslogistik ist dafür zuständig, die Fertigung und Montage mit den erforderlichen Materialien zu versorgen. Dafür ist es erforderlich, die benötigten Materialien aus dem Lager zu entnehmen, mit dem Transportmittel aufzunehmen und in die Bereitstellungsläger der Produktion zu bringen. Für die Koordination der Materialflüsse sind Informationsflüsse erforderlich, insbesondere Transportaufträge. Neben den Materialien ist die Produktionslogistik auch für den Transport von anderen Transportgütern wie z. B. von Verpackungen und Produktionsabfällen verantwortlich.

Die Produktionslogistik ist insbesondere bei komplexen Produkten, die aus vielen unterschiedlichen Einzelteilen und Baugruppen bestehen, eine herausfordernde Aufgabe. Wichtigstes Ziel ist die rechtzeitige Anlieferung, um hohe Folgekosten in der Produktion zu vermeiden. Andererseits verursacht die Produktionslogistik zum Teil hohe Personalkosten und erfordert hohe Investitionen in die Transport- und Lagerinfrastruktur. Die wesentlichen Ziele werden nachfolgend erläutert:

1) *Rechtzeitigkeit der Anlieferung:* Die Bedeutung der Rechtzeitigkeit wird insbesondere in der Montage deutlich: Trifft nur ein kleiner Teil des Materials verspätet ein, kann die Montage nicht wie geplant beginnen, so dass häufig hohe Folgekosten (z. B. durch Bandstillstand oder Konventionalstrafen) entstehen. Auch eine zu frühe Bereitstellung ist jedoch mit zum Teil schwerwiegenden Nachteilen verbunden: Insbesondere nimmt die vom Material belegte Fläche proportional mit dem Bereitstellungsvorlauf zu. Dies ist aus mindestens vier Gründen nachteilig: Erstens erhöht sich der Flächenbedarf für die Produktion mit entsprechenden Kosten. Zweitens wird es schwieriger, die Materialien auf engem Raum und damit günstig für die Produktionsmitarbeiter anzuordnen, so dass häufig längere Greif- und zum Teil sogar Gehwege entstehen. Ein wesentlicher Grund für Just-in-Time-Anlieferungen innerhalb der Produktion liegt daher in der Möglichkeit, die Arbeitsplätze der Montagemitarbeiter ergonomisch gestalten zu können. Drittens erhöht sich mit dem Bestand auch der Suchaufwand, was sich insbesondere in der Montage von Unikaten sehr nachteilig auf die Produktivität auswirken kann. Schließlich steigt die Gefahr von unbeabsichtigten Reihenfolgevertauschungen mit negativen Auswirkungen auf die Termintreue.

Die rechtzeitige Anlieferung wird in der Praxis durch Abweichungen von der Produktionsplanung erschwert: Weicht der tatsächliche Produktionszeitpunkt vom geplanten Produktionszeitpunkt ab, z. B. durch einen Rückstand oder eine geänderte Bearbeitungsreihenfolge, ist es in der Regel nicht sinnvoll, die Materialien zum geplanten Zeitpunkt anzuliefern. Entsprechend sollte sich die Materialversorgung an den tatsächlichen Produktionsabläufen orientieren. Um einen kurzen Bereitstellungsvorlauf erreichen zu können, ist eine hohe Transportfrequenz erforderlich, die kurze Versorgungsrhythmen ermöglicht, aber auch erhöhte Kosten und Unfallrisiken verursachen kann.

2) *Kosten für die Materialbereitstellung:* Insbesondere in der Großserienproduktion großer und komplexer Produkte sind die Aufwände für die Materialbereitstellung in der Produktion häufig sehr hoch, was sich zum einen in der Anzahl der Mitarbeiter in der Produktionslogistik ausdrückt, zum Teil aber auch in hohen Kosten für die Transportmittel und die Lager- und Transportinfrastruktur.

Weil die Transportkosten mit der Anzahl der Transporte steigen, führt eine hohe Transportfrequenz zu höheren Transportkosten. Um diesen Zielkonflikt zu entschärfen, bündeln viele Unternehmen die unterschiedlichen Transporte und führen sog. Routenzüge ein, bei denen ein Mitarbeiter ein Zugfahrzeug mit mehreren Anhängern steuert, die mit vielen unterschiedlichen Materialien beladen sind.

3) *Arbeitssicherheit:* Mit der Anzahl der Transporte steigt auch das Unfallrisiko in der Fabrik. Die Transportbündelung und der Einsatz von Routenzügen verringern den Verkehr in der Produktion und senken damit auch das Unfallrisiko. Darüber hinaus ist darauf zu achten, Geh- und Fahrwege weitestmöglich zu trennen.

Materialflusssteuerung
In den meisten Fabriken entfällt der Großteil der Transporte auf die folgenden fünf Kategorien:

1. *Materialien, Halbfabrikate und Erzeugnisse:* Wichtigstes Transportgut in einer Fabrik sind die Materialien, welche die Fertigung zu Halbfabrikaten verarbeitet und die Montage zu Erzeugnissen zusammenfügt.
2. *Verpackungen und Transporthilfsmittel:* Die Materialien und Werkstücke befinden sich in der Regel in Ein- oder Mehrwegverpackungen, die nach dem Aufbrauch zu entsorgen bzw. zum Lieferanten zurückzubringen sind. Gleiches gilt für Paletten oder für andere Transporthilfsmittel.
3. *Betriebsstoffe:* Viele Maschinen benötigen Betriebsstoffe wie Schmier- oder Kühlmittel, die vom Lagerort zu den Maschinen zu bringen sind.
4. *Werkzeuge:* Zum Teil lagern Unternehmen die Werkzeuge nicht direkt an der Maschine, was zusätzliche Transporte erzeugt.
5. *Produktionsabfälle:* Schließlich entstehen in der Produktion Abfälle wie Späne oder verunreinigte Betriebsstoffe, deren Entsorgung als Sondermüll häufig besonders problematisch ist.

a) Einstufige Fertigung

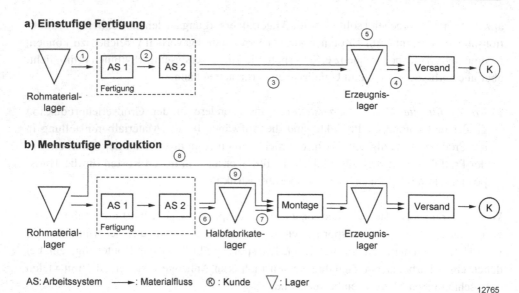

Abb. 3.1 Materialflüsse in produzierenden Unternehmen

Abb. 3.1 zeigt den typischen Materialfluss in produzierenden Unternehmen:

In einer einstufigen Fertigung (Abb. 3.1a) liefert der Lieferant bzw. Spediteur die Rohmaterialien in ein Lager, in seltenen Fällen auch direkt in das Bereitstellungslager der Produktion. Entsprechend treten die folgenden Transportflüsse auf:

1) *Vom Rohmateriallager zur Fertigung:* In der einstufigen Einzel- und Kleinserienfertigung ist es üblich, das gesamte Rohmaterial für einen Auftrag bereitzustellen und zum Start-Arbeitssystem zu bringen. Im einfachsten Fall lagern Unternehmen dazu das Rohmaterial in unmittelbarer Nähe zum Startarbeitsplatz (z. B. Zuschnitt, Sägerei), so dass der Transportaufwand minimiert wird. In der Großserienfertigung stellen vielen Unternehmen das erforderliche Rohmaterial in kleineren Transportlosen bereit. Die Materialbereitstellung findet in der Regel mit der Auftragsfreigabe statt.

2) *Von Arbeitssystem zu Arbeitssystem:* Nach der Fertigstellung eines Arbeitsvorgangs ist das Fertigungslos zum nächsten Arbeitssystem zu transportieren. In der Einzel- und Kleinserienfertigung ist es wiederum üblich, das gesamte Los zu transportieren, während in der Großserienfertigung große Produktionslose häufig in kleinere Transportlose aufgeteilt werden bis hin zur Transportlosgröße 1 in Fertigungsinseln (sog. One-Piece-Flow). Im Idealfall gelingt es Unternehmen, die Arbeitssysteme dem Materialfluss entsprechend aufzustellen, so dass die Entfernungen gering sind. In diesem Fall übernehmen häufig die Produktionsmitarbeiter den Transport zum nächsten Arbeitssystem.

Die Übergabe eines Auftrags am Zielort ist sehr wichtig, um Suchzeiten und unbeabsichtigte Vertauschungen der Bearbeitungsreihenfolge zu vermeiden. Dazu ist der Auftrag zunächst an einen definierten Ort zu bringen, der – falls die Bereitstellungsfläche nicht sehr übersichtlich ist – auf einer Auftragsbegleitkarte zu vermerken ist. Anschließend ist die Auftragsbegleitkarte in der richtigen Reihenfolge, also meist nach dem Plan-Termin, in eine Reihenfolgebox einzuordnen (vgl. Lödding et al. 2014). Dieses Vorgehen hat den Vorteil, dass der Mitarbeiter am Arbeitssystem schnell den dringendsten Auftrag erkennen und finden kann, so dass weder lange Suchzeiten noch unbeabsichtigte Reihenfolgevertauschungen entstehen. Das Vorgehen kann wie beschrieben mit einer Karte oder alternativ mit geeigneten IT-Werkzeugen umgesetzt werden.

3) *Von der Fertigung in das Erzeugnislager:* In einer Lagerfertigung (engl. Make-to-Stock) wird das Erzeugnis zum Erzeugnislager gebracht und dort eingelagert. Auf einen Kundenauftrag hin gefertigte Erzeugnisse werden dagegen nur in Ausnahmefällen eingelagert, wenn nämlich die Fertigung einen Auftrag deutlich zu früh fertigstellt.

4) *Vom Erzeugnislager zum Versand:* Sobald ein Kunde ein lagerhaltiges Teil anfordert, ist dieses auszulagern und zum Versand zu transportieren, der sich möglichst nahe zum Lager befinden sollte.

5) *Von der Fertigung zum Versand:* In einer Auftragsfertigung transportieren Unternehmen die Aufträge nach ihrer Fertigstellung in der Regel direkt zum Versand. Hier ist es besonders wichtig, die Aufträge übersichtlich anzuordnen, weil sich Terminabweichungen im Versand in aller Regel direkt auf die Liefertreue zum Kunden auswirken. Aus dem gleichen Grund sollte der Versand ausreichend flexibel sein, um auch schwankende Versandmengen bewältigen zu können.

In der mehrstufigen Produktion treten zusätzlich die folgenden Transportflüsse auf:

6) *Von der Fertigung zum Halbfabrikatelager:* Viele Unternehmen entkoppeln die Fertigung mit einem Halbfabrikatelager von der Montage. Dies hat zum einen den Vorteil, die Lieferzeit zum Kunden auf die Montagedurchlaufzeit und den Versand begrenzen zu können. Zum anderen hilft es, die Montage vor verspäteten Zulieferungen aus der Fertigung zu schützen und die Anzahl der Fehlteile zu reduzieren. Drittens vereinfacht es die Verwendung unterschiedlicher Losgrößen in der Fertigung und Montage. Es ist in der Regel vorteilhaft, das Halbfabrikatelager in der Nähe der Montage zu platzieren, um die Transportwege zu verkürzen. Im besten Fall gelingt es, die Fertigung direkt an die Montage zu koppeln und auf ein separates Halbfabrikatelager zu verzichten.

7), 8) und 9) *Transportflüsse in die Montage:* Die Transportflüsse in die Montage sind besonders wichtig, weil die Montage häufig eine Vielzahl von Komponenten zu einem Erzeugnis zusammensetzt und daher besonders viele Transporte erforderlich sind, die häufig einen Großteil aller Transporte in der Fabrik ausmachen. Die Montage kann einerseits aus einem Rohmaterial- oder Halbfabrikatelager bedient werden; es ist jedoch auch möglich, die Montage direkt aus der Teilefertigung oder sogar von einem Lieferanten zu beliefern. Entsprechend sind diese Transporte besonders sorgfältig zu planen. Häufig bietet es sich an, die Transporte zu bündeln, um den Transportaufwand zu reduzieren. Für die Großserienmontage von Standardkomponenten beschreibt Abschn. 3.3 dazu den Einsatz von Transportkanbans und Routenzügen. Die Montage kundenspezifischer Komponenten kann ebenfalls über Routenzüge gebündelt werden, die Transportaufträge sind dann jedoch anhand von Stücklisten und dem Montageplan zu erzeugen.

Aus Sicht der Montage lassen sich die folgenden Varianten der Materialbereitstellung unterscheiden, die in der Praxis zum Teil parallel zum Einsatz kommen (vgl. [9]):

1. *Bereitstellung unterschiedlicher Varianten am Montagearbeitsplatz:* Bei überschaubarer Variantenzahl und Bauteilgröße ist es häufig möglich, die Komponenten im Bereitstelllager der Montage in Durchlaufregalen zur Verfügung zu stellen. Dies ist häufig eine besonders effiziente Form der Materialversorgung, weil stets volle Behälter an die Montage geliefert werden und die Materialversorgung über Transportkanbans einfach gesteuert werden kann.
2. *Produktion und Anlieferung in der Montagereihenfolge/Just-in-Sequence:* Insbesondere werksinterne Vormontagen liefern Baugruppen häufig in der Reihenfolge an, welche die Montage benötigt. Dies hat den Vorteil, dass auch größere Baugruppen in ergonomisch günstiger Form für die Montage bereitgestellt werden können. Dazu ist es erforderlich, die Information über die Montagereihenfolge mit dem entsprechenden Vorlauf weiterzugeben (vgl. Abschn. 3.3 für ein Beispiel).
3. *Auftragsbezogene Kommissionierung und Anlieferung:* Nicht selten können Unternehmen keine der beiden Varianten umsetzen, weil zum einen die Variantenvielfalt zu groß ist, um die Materialien direkt am Montagearbeitsplatz bereitzustellen und weil die Lieferanten zum anderen zu weit entfernt sind, um in der Montagereihenfolge zu liefern. In diesem Fall können Unternehmen den Aufwand, die Materialien für einen Montageauftrag zu kommissionieren, häufig nicht vermeiden.

Erzeugung von Transportaufträgen

Damit ein Transport durchgeführt wird, benötigt man einen – nicht immer explizit formulierten – Transportauftrag. Dieser enthält den Start- und Zielort des Transports sowie Angaben über das Transportgut. Es gibt verschiedene Möglichkeiten, Transportaufträge zu erzeugen:

1. *Mit Transportkanbans:* Für Materialien, für die ein festes Bereitstellungslager in der Produktion vorgesehen ist, bietet es sich an, die Transportaufträge mit Transportkanbans zu erzeugen. Dazu enthält jeder Behälter einen Kanban, auf dem das Transportgut, die Transportmenge, der Verbrauchsort und der Lagerort im Rohmateriallager

angegeben sind. Entnimmt nun der Produktionsmitarbeiter das erste Teil aus dem Behälter, legt er den Transportkanban in einem Kanbanbriefkasten ab und autorisiert damit den Transport eines neuen Behälters aus dem Rohmateriallager in das Bereitstellungslager der Produktion. Die Produktionslogistiker leeren die Kanbanbriefkästen regelmäßig und liefern die Materialien entsprechend den Transportkanbans nach. Die detaillierten Abläufe sind in Abschn. 3.3 beschrieben.

2. *Mit der Auftragsfreigabe:* In der Auftragsfertigung oder Auftragsmontage erzeugen viele Unternehmen die Transportaufträge mit der Auftragsfreigabe. Dazu bestimmen sie aus dem Arbeitsplan bzw. der Stückliste die benötigten Materialien und die erforderlichen Mengen für einen Auftrag und prüfen die Materialverfügbarkeit. Kann der Auftrag freigegeben werden, erzeugen sie die erforderlichen Transport- und Kommissionieraufträge.

3. *Mit der Fertigstellung eines Arbeitsvorgangs oder Auftrags:* Stellt ein Mitarbeiter einen Arbeitsvorgang oder Auftrag fertig, muss der Auftrag zum nächsten Arbeitssystem bzw. zum Versand oder in ein Lager transportiert werden. Die Information über das nächste Arbeitssystem ist im Arbeitsplan enthalten. Viele Unternehmen drucken den Auftragsdurchlauf als Teil der Auftragsbegleitpapiere aus. Zum einen ist es möglich, einen formellen Transportauftrag mit der Fertigmeldung eines Auftrags im Betriebsdatenerfassungssystem automatisch zu erzeugen. In der Praxis ist es manchmal einfacher, hierauf zu verzichten und den Transportbedarf anders zu signalisieren, z. B. mit Transportflaggen oder -signalen, die am Auftrag angebracht werden. Befindet sich das Folge-Arbeitssystem in unmittelbarer Nähe und ist der Auftrag leicht zu transportieren, kann der Produktionsmitarbeiter den Auftrag selbst zum nächsten Arbeitssystem bringen.

4. *Weitere Transportaufträge:* Mit der *Auslagerung von Rohmaterialien, Halbfabrikaten oder Erzeugnissen* entsteht immer ein Transportbedarf, wenn das ausgelagerte Gut nicht direkt am Lager benötigt wird. Weitere Transportaufträge ergeben sich für Verpackungen und Transporthilfsmittel, für Betriebsstoffe und Werkzeuge sowie für Produktionsabfälle.

3.2 Fertigungssteuerung

Der Produktionsalltag ist von einer Vielzahl von Störungen geprägt: Mitarbeiter werden krank, Maschinen fallen aus und Lieferanten halten zugesagte Termine nicht ein. Aufgabe der Fertigungssteuerung ist es, die Produktionsplanung trotz dieser Störungen umzusetzen [19].

Dazu stehen der Fertigungssteuerung drei Aufgaben zur Verfügung: die Auftragsfreigabe, die Kapazitätssteuerung und die Reihenfolgebildung. Das Modell der Fertigungssteuerung beschreibt, wie diese Aufgaben über die Stellgrößen Ist-Zugang, Ist-Abgang und Ist-Reihenfolge die Regelgrößen beeinflussen, welche ihrerseits auf die logistischen Zielgrößen wirken (vgl. Abschn. II.3.4 Abb. 3.2).

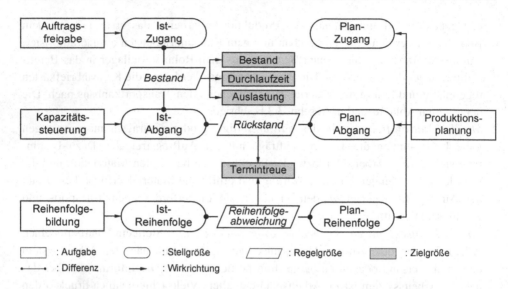

Abb. 3.2 Ein Modell der Fertigungssteuerung [7]

Es gibt drei Regelgrößen der Fertigungssteuerung:

1. Der Bestand ergibt sich als Differenz von Ist-Zugang und Ist-Abgang und wirkt – wie von den Produktionskennlinien beschrieben (vgl. Abschn. II.3.4) – auf die Auslastung der Arbeitssysteme und auf die mittlere Durchlaufzeit der Aufträge. Zudem ist der Bestand selbst logistische Zielgröße.
2. Der Rückstand ergibt sich als Differenz von Plan- und Ist-Abgang [12]. Bleibt der Ist-Abgang hinter dem Plan-Abgang zurück, entsteht folglich ein Rückstand, so dass sich die Aufträge im Mittel verspäten und die Termintreue der Fertigung sinkt.
3. Die Reihenfolgeabweichung beschreibt die Differenz von geplanter und tatsächlicher Reihenfolge. Wird z. B. ein Auftrag für die Bearbeitung ausgewählt, obwohl zwei dringendere Aufträge noch nicht bearbeitet wurden, entsteht eine Reihenfolgeabweichung von -2 Aufträgen für den priorisierten Auftrag, während die zwei überholten Aufträge eine Reihenfolgeabweichung von je + 1 Auftrag erfahren (vgl. [4] bzw. [6] für eine detaillierte Darstellung). Reihenfolgeabweichungen bewirken eine Streuung der Terminabweichung und reduzieren so die Termintreue der Fertigung.

Grundlage des Modells der Fertigungssteuerung ist das am Institut für Fabrikanlagen und Logistik der Universität Hannover entwickelte Trichtermodell (vgl. dazu ausführlich [10]). Die Zusammenhänge zwischen den Stell-, Regel- und Zielgrößen sind mathematisch beschrieben (vgl. Abschn. II.3.4). Für die Unternehmenspraxis hat dies den Vorteil, dass sich die Wirksamkeit von Maßnahmen vorab einschätzen lässt.

Im Folgenden werden die grundlegenden Aufgaben der Fertigungssteuerung mit einigen wichtigen Verfahren erläutert.

Auftragsfreigabe

Die Auftragsfreigabe bestimmt den Zeitpunkt, ab dem die Fertigung einen Auftrag bearbeiten darf und löst in der Regel die Bereitstellung des Materials aus. Sie legt damit den Ist-Zugang zur Fertigung fest und beeinflusst den Bestand und die Auslastung der Fertigung sowie die Durchlaufzeit der Aufträge (vgl. [7]).

Klassen von Auftragsfreigaben: In Abhängigkeit vom Kriterium der Auftragsfreigabe lassen sich drei unterschiedliche Klassen von Auftragsfreigabeverfahren bilden:

1. *Sofortige Auftragsfreigabe:* In diesem Fall gibt die Fertigungssteuerung die Aufträge direkt mit ihrer Erzeugung und damit ohne weiteres Entscheidungskriterium frei. Üblich ist die sofortige Auftragsfreigabe häufig in der Großserienfertigung, in der Aufträge mit Produktionskanbans erzeugt werden und die Materialien direkt vor ihrer Verwendung aus dem Bereitstelllager entnommen werden. In der Auftragsfertigung ist die sofortige Auftragsfreigabe dagegen mit erheblichen Nachteilen verbunden: Sie ist nicht in der Lage, Bestand, Durchlaufzeit und Auslastung der Fertigung zu beeinflussen und kann auch nicht zwischen dringlichen und nicht dringlichen Aufträge unterscheiden. Beide Auftragsklassen konkurrieren daher um die knappen Ressourcen der Fertigung, der Bestand ist häufig unnötig hoch, und es entstehen lange und meist auch stark streuende Durchlaufzeiten, die sich nachteilig auf die Termintreue der Fertigung auswirken. Entsprechend ist die sofortige Auftragsfreigabe für die Auftragsfertigung in der Regel ungeeignet.

2. *Auftragsfreigabe nach Plan-Starttermin:* Die Auftragsfreigabe nach Plan-Starttermin gibt einen Auftrag frei, sobald dessen Plan-Starttermin erreicht ist. Sie zielt damit darauf ab, die Produktionsplanung möglichst exakt umzusetzen. Besonders vorteilhaft ist, dass sie von den Unternehmen sehr einfach umgesetzt werden kann. Allerdings ist die Auftragsfreigabe nach Termin auch mit Nachteilen verbunden: i) Sie gibt die Aufträge auch nach Termin frei, wenn in der Fertigung hohe Rückstände entstanden sind. In diesem Fall steigt der Bestand über den Planwert an und die Durchlaufzeiten verlängern sich entsprechend. Wegen des höheren Bestands steigt auch die Gefahr von Reihenfolgeabweichungen. ii) Verspätet sich das Material für einen oder mehrere Aufträge, bleibt der Zugang hinter dem Planwert zurück und der Bestand in der Fertigung sinkt. Dadurch entsteht die Gefahr von Materialflussabrissen und Auslastungsverlusten, obwohl ggf. noch Aufträge auf die Freigabe warten, deren Plan-Starttermin jedoch noch nicht erreicht ist. Die Auftragsfreigabe nach Termin eignet sich daher insbesondere, wenn sowohl der Zugang als auch der Abgang der Fertigung gut geplant werden können.

3. *Bestandsregelnde Auftragsfreigabe:* Die Bestandsregelnde Auftragsfreigabe gibt einen Auftrag frei, wenn der Bestand der Fertigung oder eines Arbeitssystems eine definierte Bestandsgrenze unterschreitet. Solange die Bestandsgrenze erreicht ist und noch Aufträge auf die Freigabe warten, gibt die Fertigungssteuerung immer dann einen Auftrag frei, wenn die Fertigung einen Auftrag fertig gestellt hat. Damit koppelt die bestandsregelnde Auftragsfreigabe den Zugang an den Abgang der Fertigung. Der Plan-Starttermin

selbst verliert damit an Bedeutung für die Auftragsfreigabe. Es ist jedoch in der Regel sinnvoll, einen Vorgriffshorizont zu definieren, der den Zeitraum begrenzt, innerhalb dessen die Fertigungssteuerung Aufträge vorzeitig freigeben darf. So können Unternehmen verhindern, dass Aufträge weit vor dem geplanten Starttermin freigegeben und fertiggestellt werden. Eine bestandsregelnde Auftragsfreigabe hat viele Vorteile: Sie ist robust gegenüber fehldimensionierten Plan-Beständen und gegenüber Verspätungen im Auftragszugang. Mit der Bestandsgrenze bietet sie eine einfache Möglichkeit, um die mittlere Durchlaufzeit der Aufträge zu steuern. Sie schützt die Fertigung bei Rückständen vor einem Bestandsaufbau und ermöglicht es, Aufträge vorzeitig freizugeben, wenn die Fertigung temporär einen höheren Abgang erreicht als geplant [3, 7]. Beispiele der bestandsregelnde Auftragsfreigabe sind die Conwip-Steuerung und die Engpass-Steuerung [7, 17]. Eine Sonderform der Bestandsregelnden Auftragsfreigabe ist die Auftragsfreigabe mit arbeitssystemspezifischem Belastungsabgleich (vgl. [7]).

Weiterhin lässt sich die Auftragsfreigabe nach dem Detaillierungsgrad und der Auslösungslogik klassifizieren:

1. *Detaillierungsgrad:* Bei einem niedrigen Detaillierungsgrad gibt die Fertigungssteuerung den gesamten Auftrag frei, bei einem hohen Detaillierungsgrad jeden einzelnen Arbeitsvorgang. In der Praxis üblich ist es, den gesamten Auftrag freizugeben. Dies ist zum einen einfacher umzusetzen, weil z. B. die Anzahl der Verfahrensparameter für die Auftragsfreigabe wesentlich niedriger ist. Zum anderen vermeidet die zentrale Auftragsfreigabe auch die Gefahr einer Blockade von Arbeitssystemen, die bei einer dezentralen Auftragsfreigabe zum Problem werden kann. Vorteil der dezentralen Auftragsfreigabe ist, dass sie es ermöglicht, die Mitarbeiter der Fertigung stärker in die Fertigungssteuerung einzubinden und sie die einzelnen Arbeitssysteme wesentlich präziser als eine zentrale Auftragsfreigabe regeln kann. Beispiele für die dezentrale Auftragsfreigabe sind die Polca-Steuerung [18] sowie die Dezentrale Bestandsorientierte Fertigungsregelung [5].

2. *Auslösungslogik:* Unternehmen können Aufträge entweder periodisch oder nach bestimmten Ereignissen freigeben [1]. Die *periodische Auftragsfreigabe* entscheidet zu im Voraus fest bestimmten Zeitpunkten über der Freigabe neuer Aufträge, z. B. zu Beginn eines Tages oder einer Schicht. Sie gibt dann in der Regel mehrere Aufträge gleichzeitig frei, was zu einer stoßweisen Belastung der Fertigung und zu Bestandsschwankungen führt, die umso größer sind, je länger die Freigabeperiode ist. Vorteil der periodischen Auftragsfreigabe ist, dass Unternehmen sie besonders einfach umsetzen können. Die *ereignisorientierte Auftragsfreigabe* entscheidet nach Eintritt bestimmter Ereignisse über die Freigabe von Aufträgen. Dadurch vermeidet sie die Bestandsschwankungen der periodischen Auftragsfreigabe. Wichtigstes Ereignis, um über die Freigabe eines Auftrags zu entscheiden, ist das Unterschreiten einer Bestandsgrenze, in aller Regel durch die Fertigstellung eines Auftrags oder Arbeitsvorgangs. Darüber hinaus ist die Auftragsfreigabe bei der Erzeugung eines Auftrags, beim Erreichen des

Plan-Starttermins (bzw. des Vorgriffshorizonts) und bei Änderungen von Verfahrens-parametern (vor allem der Bestandsgrenzen) zu prüfen. Unternehmen müssen die Ereignisse, die zur Auftragsfreigabe führen können, zeitnah erfassen, was den Aufwand für die Auftragsfreigabe im Vergleich zur periodischen Auftragsfreigabe häufig erhöht.

Im Folgenden werden zwei für die Unternehmenspraxis besonders wichtige Freigabever-fahren beschrieben: Die Auftragsfreigabe nach Termin und die Conwip-Steuerung.

Auftragsfreigabe nach Termin: Die Auftragsfreigabe nach Termin ist besonders einfach umzusetzen und wird damit vor allem in der Auftragsfertigung von vielen Unternehmen genutzt. Sie gibt einen Auftrag frei, wenn dessen Plan-Starttermin erreicht oder überschrit-ten ist und das erforderliche Material vorhanden ist. Das Verfahren setzt damit eine Pro-duktionsplanung voraus, die aus den Kundenaufträgen Fertigungsaufträge mit Plan-Start-terminen erzeugt (vgl. Abb. 3.3).

Diese Anforderungen erfüllen die meisten gängigen Planungssysteme. Wenn Plan-Starttermine vorliegen, kann das Verfahren auch in der Lagerfertigung oder einer Misch-fertigung mit Lager- und Kundenaufträgen eingesetzt werden.

Wichtigstes Steuerungsinstrument ist eine Liste mit den freizugebenden Aufträgen, die nach dem Plan-Starttermin geordnet ist. An Tag acht würde das Unternehmen im Beispiel von Abb. 3.3 die Aufträge 8 und 10 freigeben. Das Verfahren gibt damit in der Regel zu Tagesbeginn mehrere Aufträge gleichzeitig frei und führt so zu einer stoßweisen Freigabe von Aufträgen. Wie beschrieben ist das Verfahren nicht in der Lage, auf Plan-Abweichun-gen im Zugang (verspätete Lieferungen) oder im Abgang der Fertigung (Rückstände) zu reagieren.

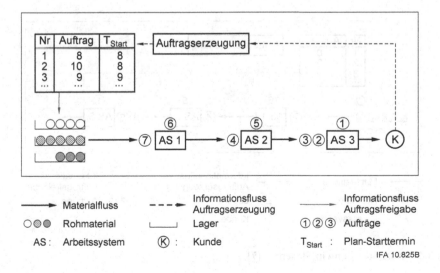

Abb. 3.3 Prinzip der Auftragsfreigabe nach Termin [7]

Auftragsfreigabe mit CONWIP: Die maßgeblich von Spearman und Hopp [17] geprägte Conwip-Steuerung ist das einfachste bestandsregelnde Auftragsfreigabeverfahren. Die Abkürzung Conwip steht für Constant Work in Process und erklärt bereits die Grundidee des Verfahrens, einen konstanten Umlaufbestand in der Fertigung einzustellen. Das Verfahren wird gedanklich häufig mit Fertigungslinien in Verbindung gebracht; es eignet sich grundsätzlich jedoch auch für die Auftragsfreigabe komplexerer Materialflüsse. Die Conwip-Steuerung gibt einen Auftrag frei, sobald der Bestand die Bestandsgrenze unterschreitet (vgl. Abb. 3.4 für eine Prinzipdarstellung). Freigegeben wird der Auftrag mit der höchsten Priorität aus der Liste freizugebender Aufträge. Diese enthält alle noch freizugebenden Aufträge, deren Plan-Starttermin innerhalb eines definierten Vorgriffshorizonts liegt.

Misst man den Bestand in Anzahl Aufträgen, können Unternehmen das Verfahren sehr einfach mit Hilfe von Conwip-Karten umsetzen. Die Anzahl der Conwip-Karten entspricht dann der Bestandsgrenze und dem geplanten Bestand in der Fertigung. Jedem Auftrag in der Fertigung wird mit der Freigabe eine Conwip-Karte zugeordnet, die bis zur Fertigstellung mit dem Auftrag verbunden bleibt. Stellt die Fertigung einen Auftrag fertig, wird eine Conwip-Karte frei und löst die Freigabe des dringendsten Auftrags aus der Liste freizugebender Aufträge aus (vgl. Abb. 3.4).

Die Conwip-Steuerung hat sich vielfach in der Praxis bewährt und ist ein wirksames Mittel, um den Umlaufbestand und die mittlere Auftragsdurchlaufzeit zu regeln. In komplexen Materialflüssen ist die mittlere Leistung bei einem vorgegebenen Bestand in Simulationsversuchen jedoch nicht so hoch wie bei einer Auftragsfreigabe mit arbeitssystemspezifischem Belastungsabgleich. Das Verfahren setzt daher voraus, dass das Unternehmen in der Produktionsplanung die Belastung und die Kapazitäten der Fertigung aufeinander abgleicht.

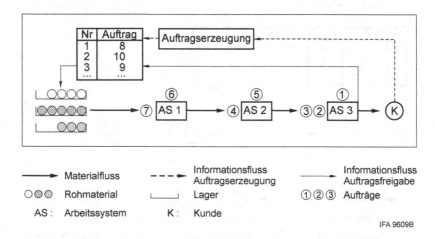

Abb. 3.4 Prinzip der Conwip-Steuerung [7]

Kapazitätssteuerung

Die Kapazitätssteuerung bestimmt kurzfristig über den Einsatz der Kapazitätsflexibilität und entscheidet damit sowohl über den Einsatz von Überstunden oder Wochenendarbeit als auch über verkürzte Arbeitszeiten. Über den Ist-Abgang wirkt die Kapazitätssteuerung auf den Rückstand und damit auf die Termintreue der Fertigung. Wesentliche wirtschaftliche Zielsetzung ist darüber hinaus der effiziente Einsatz der Kapazitätsflexibilität.

Viele Unternehmen unterschätzen die Bedeutung einer Kapazitätssteuerung und nehmen dafür gravierende Nachteile in Kauf, wie z. B. verspätet fertiggestellte Aufträge und die Bindung von Fach- und Führungskräften im täglichen Krisenmanagement.

Kriterien der Kapazitätssteuerung: Die Kapazität am Kundenbedarf auszurichten ist die Grundaufgabe der Kapazitätsplanung und -steuerung: Ist die Kapazität höher als erforderlich, entstehen Produktivitätsverluste. Im umgekehrten Fall, wenn die Kapazität kleiner ist als erforderlich, drohen Umsatzverluste oder zumindest lange Lieferzeiten oder verspätete Lieferungen. Die meisten Unternehmen nutzen die Kapazitätsplanung, um die Kapazität mit einem Planungsvorlauf am Kundenbedarf auszurichten und die Kapazitätssteuerung, um Abweichungen und Störungen von der Planung zu kompensieren. Mit diesem Verständnis orientiert sich die Kapazitätssteuerung an den Vorgaben der Produktionsplanung, so dass sich die folgenden Kriterien für die Kapazitätssteuerung ergeben:

1. *Rückstand:* Eine Rückstandsregelung erhöht die Kapazitäten, wenn der Ist-Abgang hinter den Plan-Abgang zurückfällt (Rückstand > 0) und senkt die Kapazitäten, wenn der Ist-Abgang den Plan-Abgang überschreitet (Rückstand < 0) [12]. Ziel der Rückstandsregelung ist es damit, die Termin- und Mengenvorgaben der Produktion auch bei Störungen möglichst genau umzusetzen. Um ein allzu häufiges Eingreifen der Rückstandsregelung zu vermeiden, ist es möglich, Grenzrückstände zu definieren, bei deren Über- bzw. Unterschreitung die Kapazitätssteuerung einsetzt.
2. *Abweichung von der Plan-Kapazität:* Die Planorientierte Kapazitätssteuerung erhöht die Ist-Kapazität, wenn sie hinter die Plan-Kapazität zurückfällt [7]. Ein typisches Beispiel wäre ein Meister, der Überstunden anordnet oder einen Springer einsetzt, wenn ein Mitarbeiter krank wird oder eine Maschine ausfällt. Vorteil dieser Logik ist, dass sie bereits reagiert, bevor ein Rückstand entsteht.

In der Lagerfertigung ist der Lagerbestand direkt an den Kundenbedarf gekoppelt, so dass sich insbesondere für die Großserienfertigung ein drittes Kriterium für die Kapazitätssteuerung ergibt:

3. *Lagerbestand:* Die Bestandsregelnde Kapazitätssteuerung erhöht die Kapazität, wenn der Lagerbestand eine Untergrenze unterschreitet und reduziert die Kapazität, wenn er eine Obergrenze überschreitet. Ziel ist es, den Lagerbestand so in einem definierten Bestandsbereich zu regeln. Dieser soll es einerseits erlauben, die Kundennachfrage

zuverlässig aus dem Lager zu bedienen und andererseits die Lagerbestände nicht über das dazu erforderliche Maß zu steigern [8].

Neben dem Grundsatz, die Kapazitätssteuerung am Plan-Abgang oder am Kundenbedarf auszurichten, ist ein weiterer Grundsatz der Kapazitätssteuerung zu beachten:

> Die Kapazitätssteuerung sollte das Engpassprinzip berücksichtigen, nach dem der Engpass der Fertigung die Ausbringung der Fertigung bestimmt [7].

Dieser Grundsatz zielt auf die Wirtschaftlichkeit und Wirksamkeit von Kapazitätserhöhungen ab: Stimmt die Fertigungssteuerung die Kapazitätserhöhung nicht an allen Arbeitssystemen auf die mögliche Kapazitätserhöhung am Durchsatzengpass ab, wird der Zweck der Kapazitätserhöhung verfehlt. Ist die Maximalkapazität am Durchsatzengpass bereits erreicht, ist eine Erhöhung der Kapazität an den anderen Arbeitssystemen nicht sinnvoll: Zum einen verfehlt sie die beabsichtigte Wirkung, weil sich die Ausbringung der Fertigung nicht erhöht. Zum anderen führt sie an Arbeitssystemen vor dem Engpass zu Bestandserhöhungen und erhöht an Arbeitssystemen nach dem Engpass die Gefahr von Materialflussabrissen. Die Leistungsmaximierende Kapazitätssteuerung (vgl. [7] ist ein Verfahren zur Kapazitätssteuerung, das diese Mechanismen berücksichtigt und sich für Zeiträume eignet, in denen Unternehmen an ihrer Kapazitätsgrenze arbeiten.

Ein ausreichendes Maß an Kapazitätsflexibilität ist die Voraussetzung für eine wirksame Kapazitätssteuerung. Eine Fertigung ist flexibel, wenn sie die Kapazitäten schnell, kostengünstig und in möglichst großem Ausmaß verändern kann (vgl. [7] sowie für eine umfassendere Darstellung [15]).

Kapazitätshüllkurven tragen die Zusatzkapazität über der Reaktionszeit auf (Abb. 3.5, [2]). Im Beispiel kann die Fertigungssteuerung die Kapazität des Arbeitssystems mit einer Reaktionszeit von fünf Tagen um 4 Std/BKT erhöhen. Unterhalb der Abszisse ist

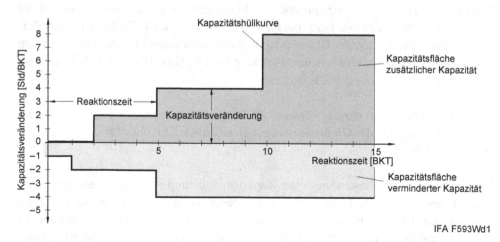

IFA F593Wd1

Abb. 3.5 Kapazitätshüllkurven nach Breithaupt [7]

in gleicher Weise dargestellt, welche Möglichkeiten das Unternehmen hat, die Kapazität zu reduzieren.

Besonders wichtige Formen der Flexibilität sind die Arbeitszeitflexibilität (z. B. Arbeitszeitkonten, Überstunden, Sonderschichten) und die Mehrfachqualifizierung von Mitarbeitern.

Die Rückstandsregelung: Das mit Abstand wichtigste Verfahren zur Kapazitätssteuerung ist die Rückstandsregelung. Diese misst den Rückstand der Fertigung und löst eine Kapazitätsanpassung aus, falls der Rückstand ein Toleranzfenster verlässt, das von einem unteren und einem oberen Grenzrückstand definiert wird.

Abb. 3.6 verdeutlicht das Vorgehen im Detail: Der obere Bildteil zeigt den zeitlichen Verlauf des kumulierten Plan- und Ist-Abgangs im Durchlaufdiagramm, der mittlere Bildteil stellt den Rückstand als Differenz von Plan- und Ist-Abgang in vergrößertem Maßstab dar, und im unteren Bildteil ist der Kapazitätsverlauf dargestellt, der sich aus der Rückstandsregelung ergibt.

Zum Zeitpunkt T_0 überschreitet der Rückstand den oberen Grenzrückstand, so dass die Fertigungssteuerung eine Kapazitätserhöhung veranlasst, die nach Ablauf einer Reaktionszeit zum Zeitpunkt T_1 wirksam wird. Als Folge der Kapazitätserhöhung sinkt der Rückstand, so dass die Kapazitätserhöhung zum Zeitpunkt T_2 wieder ausgesetzt werden kann. Zusätzlich ist im mittleren Bildteil als graue Linie der Rückstandsverlauf dargestellt, der sich ohne Kapazitätserhöhung ergeben hätte.

Für die Dauer und Höhe der Kapazitätsanpassung gilt eine einfache Regel: Das Produkt aus Dauer und Höhe der Kapazitätsanpassung sollte dem Rückstand entsprechen, so dass gilt [7]:

$$\Delta KAP \cdot Z_{Einsatz} = RS \hspace{4cm} \text{Gl. 1}$$

mit ΔKAP Kapazitätsanpassung [Std/Tag]

       $Z_{Einsatz}$ Dauer der Kapazitätsanpassung [Tag]

       RS Rückstand [Std]

Reihenfolgebildung

Die Reihenfolge*planung* legt die Plan-Reihenfolge fest, in der die Aufträge am Arbeitssystem bearbeitet werden sollen. Die im Folgenden betrachtete Reihenfolge*bildung* bestimmt dagegen die tatsächliche Ist-Reihenfolge der Auftragsbearbeitung. Dazu wählt der Werker am Arbeitssystem den nächsten zu bearbeitenden Auftrag aus der Warteschlange aus.

Weicht die Ist-Reihenfolge von der Plan-Reihenfolge ab, entsteht eine Reihenfolgeabweichung, die zu einer reihenfolgebedingten Terminabweichung und damit zu einer geringeren Termintreue führt (vgl. Abb. 3.2).

Wichtigstes Kriterium für die Reihenfolgebildung ist daher in der Regel der Plan-Termin der Aufträge. Bei hohen und reihenfolgeabhängigen Rüstzeiten ist es dagegen

Abb. 3.6 Prinzip der
Rückstandsregelung [7]

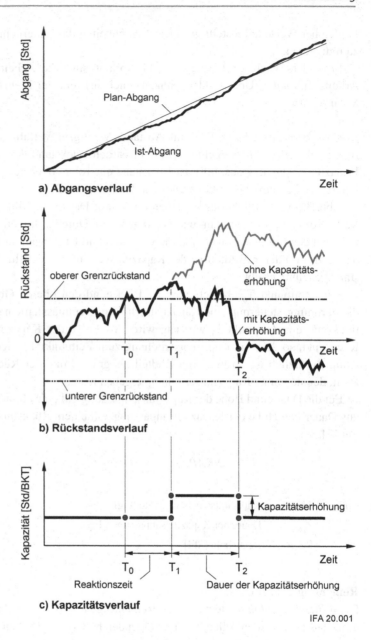

a) Abgangsverlauf

b) Rückstandsverlauf

c) Kapazitätsverlauf

IFA 20.001

Ziel, den Rüstaufwand durch eine geschickte Reihenfolgebildung zu minimieren. Dadurch entsteht jedoch ein Zielkonflikt mit der Termintreue, weil die Aufträge nicht mehr in der geplanten Reihenfolge abgearbeitet werden können. In der Lagerfertigung ist es möglich, die Reihenfolgebildung dazu zu nutzen, Aufträge für Erzeugnisse oder Komponenten zu beschleunigen, deren Lagerbestand besonders niedrig ist (vgl. dazu [14] bzw. [7]. Ziel ist es so, den Servicegrad des Lagers zu erhöhen.

Zwei besonders wichtige Reihenfolgeregeln sind die Reihenfolgebildung nach Termin und die First-in-First-out-Reihenfolgebildung.

Reihenfolgebildung nach Termin: Die Reihenfolgebildung nach Termin wählt aus der Warteschlange des Arbeitssystems den Auftrag mit dem frühesten Plan-Start- bzw. Plan-End-Termin aus. Diese Reihenfolgebildung eignet sich deswegen besonders gut dazu, die Termintreue zu unterstützen, weil sie in der Lage ist, Verspätungen im Auftragszugang im Auftragsdurchlauf aufzuholen. Sie empfiehlt sich daher im besonderen Maß für die Auftragsfertigung.

First-in-First-out-Reihenfolgebildung: Bei der Reihenfolgeregel „First-in-First-out" (FIFO) bearbeitet der Werker die Aufträge in der Reihenfolge ihres Zugangs zum Arbeitssystem. Die Reihenfolgebildung nach FIFO ist damit nicht in der Lage, einen verspäteten oder verfrühten Auftragszugang zu kompensieren. Sie eignet sich grundsätzlich auch nicht dazu, unterschiedliche Plan-Durchlaufzeiten, z. B. für Eilaufträge, umsetzen. Vielmehr erzwingt sie unabhängig von den geplanten Durchlaufzeiten und von den Terminabweichungen im Auftragszugang näherungsweise konstante Durchlaufzeiten an den Arbeitssystemen. Vorteil der FIFO-Reihenfolgebildung ist, dass sie besonders leicht umgesetzt und durch Hilfsmittel wie z. B. Durchlaufregale unterstützt werden kann. Dadurch kann sie helfen, die stark streuenden Durchlaufzeiten einer unsystematischen Reihenfolgebildung zu vermeiden.

Für die Unternehmenspraxis ist es wichtig, die gewählte Reihenfolgeregel konsequent umzusetzen. Praxisuntersuchungen zeigen, dass die Werker vielfach von der geplanten Reihenfolge abweichen [4]. Ein Teil der Reihenfolgeabweichungen erklärt sich aus fehlendem Material, mindestens ebenso bedeutsam sind in vielen Unternehmen jedoch vermeidbare Reihenfolge-Abweichungen. Entsprechend wichtig ist es, die geplante Reihenfolge übersichtlich darzustellen.

Abb. 3.7 zeigt, wie eine Reihenfolgebox die Reihenfolgebildung nach Termin unterstützen kann. Der Mitarbeiter, der einen Auftrag zu einem Arbeitsplatz transportiert, stellt den Auftrag auf der Bereitstellungsfläche ab und ordnet die zugehörige Auftragsbegleitkarte (Abb. 3.7b) nach dem Plan-Endtermin in die Reihenfolgebox ein (Abb. 3.7a). Der Mitarbeiter am Arbeitssystem kann die Aufträge in der Reihenfolgebox dann einfach von oben nach unten abarbeiten.

3.3 Just-in-Time-Produktion

Die Just-in-Time-Produktion ist das Herzstück des Toyota-Produktionssystems, das auch Jahrzehnte nach seiner Einführung noch durch seine Einfachheit und Effizienz beeindruckt. Es soll im Folgenden anhand von sechs Elementen beschrieben werden, die eine selbstregelnde Produktionssteuerung und Materialversorgung in der Großserienproduktion erlauben:

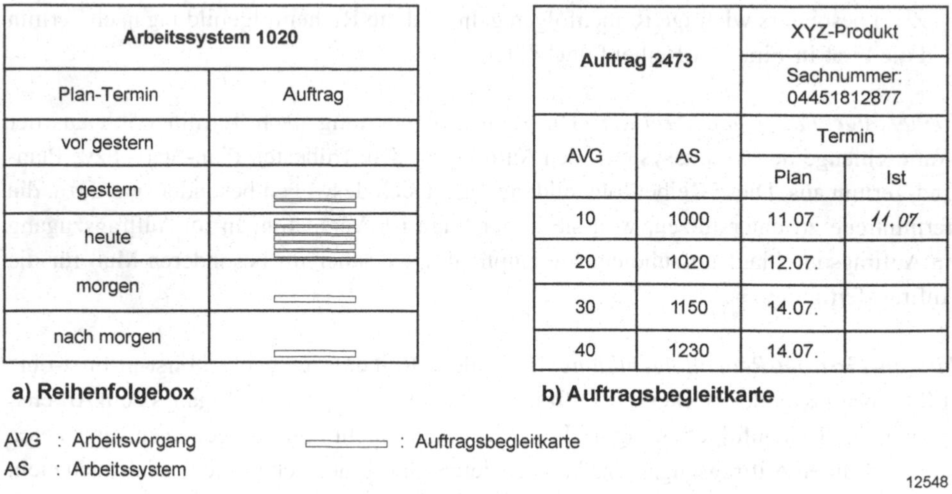

Arbeitssystem 1020

Plan-Termin	Auftrag
vor gestern	
gestern	▭
heute	▭
morgen	
	▭
nach morgen	
	▭

a) **Reihenfolgebox**

Auftrag 2473		XYZ-Produkt	
		Sachnummer: 04451812877	
AVG	AS	Termin	
		Plan	Ist
10	1000	11.07.	*11.07.*
20	1020	12.07.	
30	1150	14.07.	
40	1230	14.07.	

b) **Auftragsbegleitkarte**

AVG : Arbeitsvorgang   ▭ : Auftragsbegleitkarte
AS : Arbeitssystem

12548

Abb. 3.7 Reihenfolgebox für die Reihenfolgebildung nach Termin und Auftragsbegleitkarte [7]

- ein nivellierter Montageplan,
- aufeinander abgestimmte Plan-Produktionsmengen für die gesamte Wertschöpfungskette,
- eine kurzfristig wirkende Rückstandsregelung,
- Steuerung der Vormontagen und Fertigungen mit Produktionskanbans,
- Steuerung der Materialversorgung mit Transportkanbans,
- Materialanlieferung mit Routenzügen.

Nivellierter Montageplan: In der Just-in-Time-Produktion hat die Nivellierung die Aufgabe, die Produktion von den kurzfristigen Schwankungen der Endkundennachfrage zu entkoppeln und ihr einen sehr gleichmäßigen Bedarf vorzugeben. Voraussetzung hierfür ist ein Fertigwarenlager, das die Schwankungen der Montage abfängt. Die dadurch mögliche gleichmäßige Einplanung der Varianten in der Montage

- verringert die erforderlichen Halbfabrikat-Bestände in der Produktion,
- ermöglicht eine gleichmäßige Auslastung der Mitarbeiter, Maschinen und Transportmittel und
- schafft geeignete Rahmenbedingungen für den Einsatz der Kanban-Steuerung in vorgelagerten Wertschöpfungsstufen und für eine kurzzyklische Materialversorgung mit Routenzügen.

Zur Verstetigung des Bedarfs gibt der Montageplan zum einen sehr kleine Lose vor (im Idealfall: Losgröße 1), um eine Nachfrageverzerrung durch Losbildung zu vermeiden. Zum anderen ordnet er die Varianten in einem gleichbleibenden Muster an, so dass (nahezu) konstante zeitliche Abstände zwischen der Auflage der Varianten entstehen. Abb. 3.8 zeigt

Abb. 3.8 Nivellierungsmuster und
Montageplan bei gleicher Auflage-
häufigkeit und unterschiedlicher
Produktionsmenge [7]

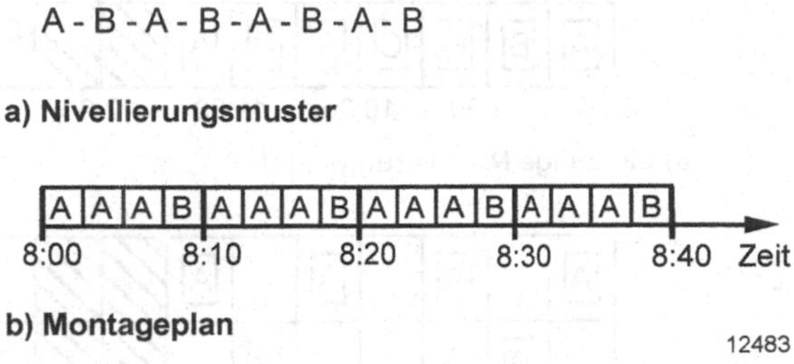

A - B - A - B - A - B - A - B

a) Nivellierungsmuster

b) Montageplan

12483

das Nivellierungsmuster und den resultierenden nivellierten Montageplan für den einfachen Fall von zwei Varianten.

Insbesondere, wenn Lose gebildet werden, nutzen viele Unternehmen eine Nivellierungstafel (im japanisch geprägtem Fachjargon: Heijunka-Tafel), um die Plan-Reihenfolge übersichtlich darzustellen (Abb. 3.9). Dazu bilden sie das Nivellierungsmuster mit Karten über der Zeit ab. Zum Teil sind für die häufig produzierten Varianten eigene Zeilen vorgesehen (Abb. 3.9b).

Entfernen die Mitarbeiter die Kanbans mit der Fertigstellung (oder mit der Auflage) eines Loses aus der Nivellierungstafel, lässt sich die Einhaltung des Nivellierungsmusters vergleichsweise einfach überwachen: Ein Vergleich des Produktionsfortschritts mit der aktuellen Uhrzeit zeigt an, ob sich die Produktionslinie im Rückstand befindet (Abb. 3.9c). Sind vereinzelt Karten in der Nivellierungstafel stecken geblieben, weist dies auf Reihenfolgeabweichungen hin (Abb. 3.9d).

Eine Besonderheit der Just-in-Time-Produktion ist, dass sie Informationen über die genaue Produktionsreihenfolge ausschließlich an die Endmontage gibt [11]. Alle weiteren Wertschöpfungsstufen werden über Kanbans gesteuert, so dass man auch von der Endmontage als Schrittmacherprozess spricht [13, 16].

Aufeinander abgestimmte Plan-Produktionsmengen: Die Just-in-Time-Produktion gibt die Plan-Produktionsmengen für die gesamte Wertschöpfungskette so vor, dass sie genau auf die Menge der zu montierenden Erzeugnisse abgestimmt ist. Hierbei wird das in der Stückliste dokumentierte Mengenverhältnis berücksichtigt. Vorteil dieses Vorgehens ist, dass die Plan-Bestände in den einzelnen Abschnitten der Wertschöpfungskette stets konstant sind, weil der Plan-Abgang und Plan-Zugang (der dem Plan-Abgang des vorherigen Abschnitts entspricht) stets gleich hoch sind.

Als Beispiel zeigt Abb. 3.10 die Planung für einen Ausschnitt aus der Wertschöpfungskette in der Automobilindustrie mit einer Plan-Produktionsmenge von 480 Stück in der Endmontage und einem Mengenverhältnis von 1 (d. h. je Erzeugnis wird eine Baugruppe benötigt). In diesem Fall ergibt sich der Zugang zum Supermarkt aus der Plan-Produktionsmenge der Vormontage und der Abgang aus dem Supermarkt aus der Plan-Produktionsmenge der Endmontage. Beide sind gleich, so dass der Plan-Bestand im Supermarkt und (in allen anderen Abschnitten der Wertschöpfungskette) über der Zeit konstant bleibt.

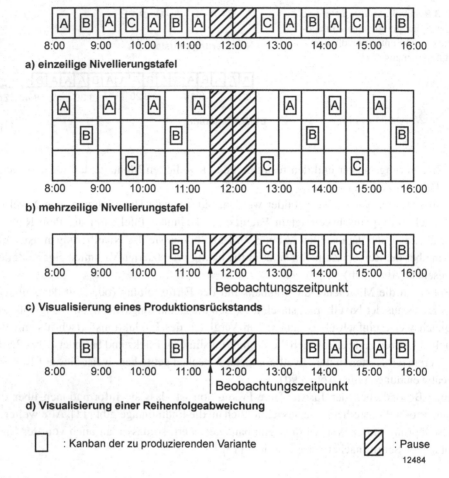

Abb. 3.9 Nivellierungstafel [7]

Ein sehr wichtiger Aspekt für das Verständnis der Planung ist, dass sich die Plan-Produktionsmengen nicht auf einzelne Varianten beziehen, sondern stets auf die Gesamtmengen über alle Varianten. In der Praxis teilt sich der Zugang wie der Bestand und der Abgang daher häufig auf mehrere Varianten auf.

Rückstandsregelung: Störungen in der Fertigung oder Montage führen dazu, dass der Plan-Abgang verfehlt wird und Rückstände entstehen. Im *nachfolgenden* Supermarkt sinkt dadurch der Bestand unter den Planwert. In der Praxis übersteuern viele Unternehmen in einer solchen Situation die Kanban-Steuerung und priorisieren die Variante, die der Verbraucher nach dem Supermarkt am dringendsten benötigt, was das Vertrauen der Mitarbeiter in die Kanban-Steuerung nachhaltig beeinträchtigen kann. Im *vorgelagerten*

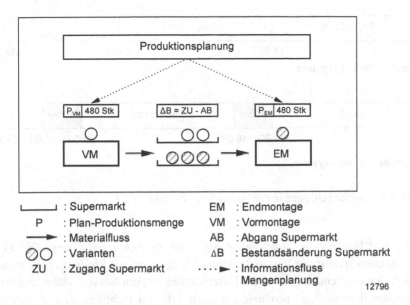

Abb. 3.10 Abgestimmte Plan-Produktionsmengen in der Wertschöpfungskette

Supermarkt bleibt die Entnahme hinter der Planung zurück, so dass der Bestand über den Planwert steigt. Dadurch sind mehr Kanbans als geplant im Lager gebunden, so dass ggf. keine freien Kanbans am vorgelagerten Arbeitssystem vorhanden sind und die Nachfertigung einer Variante erlauben. Stoppt die Fertigungssteuerung in einer solchen Situation das Arbeitssystem, erleidet es Produktivitätsverluste, und nicht selten werden die Mitarbeiter hierfür die Kanban-Steuerung verantwortlich machen. Lässt es die Produktion weiter fertigen, baut es weitere Bestände auf, übersteuert die Kanban-Regeln und höhlt die Akzeptanz des Verfahrens aus. Der Ausweg aus dem Dilemma ist es, Produktionsrückstände so schnell wie möglich aufzuholen. Dazu benötigen Unternehmen eine hohe Kapazitätsflexibilität. Im Idealfall entkoppeln sie die Schichten zeitlich (vgl. Abb. 3.11), so dass die Mitarbeiter direkt nach dem regulären Schichtende Rückstände nachfertigen können.

Gelingt dies, erreichen die Abgänge und der Gesamtbestand nach jeder Schicht ihren Planwert und die Versorgung des Kunden mit Erzeugnissen ist ebenso gesichert wie die der Arbeitssysteme mit freien Produktionskanbans.

Im Verbund aus abgestimmten Plan-Produktionsmengen und einer kurzfristig wirksamen Rückstandsregelung erreicht die Just-in-Time-Produktion eine wirksame *Gesamt-Bestandsregelung*: Die Produktionsplanung gibt konstante Plan-Bestände vor; die Rückstandsregelung sorgt dafür, dass diese auch bei Störungen im Produktionsprozess weitestgehend eingehalten werden. Wie bei den Plan-Produktionsmengen ist zu berücksichtigen, dass es sich um Gesamt-Bestände handelt, die sich in der Regel auf mehrere Varianten aufteilen.

Abb. 3.11 Entkoppelte Schichten in der Just-in-Time-Produktion [7]

Steuerung der Vormontagen und Fertigungen mit Produktionskanbans: Die Just-in-Time-Produktion steuert die Vormontage und Fertigungen mit Produktionskanbans. Im Bild von T. Ohno durchdringen sie das Unternehmen wie ein Nervensystem und bringen Informationen darüber, was produziert werden soll, zur richtigen Zeit an den richtigen Ort [11]. Dazu ist jedem Behälter im Supermarkt ein Produktionskanban zugeordnet. Dieser wird bei der Entnahme des Behälters aus dem Supermarkt frei und in die Kanban-Tafel des erzeugenden Arbeitssystems eingeordnet, wo er die Nachfertigung der Variante autorisiert. Das erzeugende Arbeitssystem fertigt die unterschiedlichen Varianten in der Reihenfolge nach, welche die Produktionskanbans in der Kanban-Tafel vorgeben.

Die Just-in-Time-Produktion steuert über die von den Produktionskanbans vorgegebene Reihenfolge den Variantenmix im Supermarkt. Auf die Höhe des Gesamtbestands haben die Produktionskanbans in der Just-in-Time-Produktion dagegen keinen Einfluss. Dieser wird allein über die Plan-Produktionsmengen und die Rückstandsregelung bestimmt. Aus mehreren Gründen ist der erforderliche Gesamtbestand in der Praxis der Just-in-Time-Produktion sehr gering: Erstens ermöglichen es kurze Rüstzeiten und kurze Transportrhythmen, in sehr kleinen Losen zu produzieren und anzuliefern (geringer Losbestand). Zweitens führt das gleichmäßige Nivellierungsmuster zu einem sehr gleichmäßigen Bedarfsverlauf für die einzelnen Varianten (geringer Sicherheitsbestand für Bedarfsratenschwankungen). Und drittens verhindert eine Rückstandsregelung und die Einhaltung der vorgegebenen Reihenfolge größere Terminabweichungen (geringer Sicherheitsbestand für Terminabweichungen).

Vormontagen, die Baugruppen reihenfolgegerecht in Losgröße 1 an die Endmontage liefern, erhalten die Reihenfolgeinformation in der Regel mit geringem zeitlichen Vorlauf direkt von der Endmontage (vgl. Abb. 3.12). Beträgt der Vorlauf des Endmontagebands zur Vormontage drei Takte, gibt Station 3 zu Taktbeginn die Reihenfolgeinformation für Station 6 an die Vormontage. Dieses System hat den Vorteil, die tatsächliche Montagereihenfolge zu übermitteln, so dass Abweichungen vom Montageplan nicht zur Lieferung falscher Baugruppen führen [11].

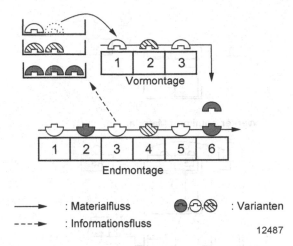

Abb. 3.12 Reihenfolgebildung in der Just-in-Time-Produktion

Steuerung der Materialversorgung mit Transportkanbans und *Materialanlieferung mit Routenzügen:* Im Bereitstellungslager an der Endmontage ist jedem Behälter ein Transportkanban zugeordnet. Dieser wird bei der Entnahme des ersten Teils (Schritt 1 in Abb. 3.13a) aus dem Behälter entnommen und in einen Kanban-Briefkasten gelegt (Schritt 2). Der Fahrer des zyklisch verkehrenden Routenzugs bringt das zuvor bestellte Material (Schritt 1 in Abb. 3.13b) und sammelt das Leergut und die Transportkanbans ein (Schritte 2 und 3). In der Praxis sorgt eine Haltemarkierung dafür, dass die Materialübergabe möglich ist, ohne große Distanzen zu überbrücken. Im Idealfall rutscht das Material direkt vom Routenzug in die entsprechenden Bahnen des Bereitstellungslagers.

Der Fahrer hält am Ende seiner Rundfahrt vor dem Rohmateriallager an und gibt die Kanbans in einen Kanbansorter (Schritt 1 in Abb. 3.13c). Der Kanbansorter bringt die Kanbans in die Reihenfolge, in der ein Kommissionierer den Routenzug beladen wird (Schritt 2). Der Fahrer übernimmt in der Zwischenzeit das fertig beladene Fahrzeug und fährt das Material an die Verbrauchsorte in der Produktion aus (Schritt 3). Der Kommissionierer entlädt das nicht benötigte Leergut und gibt es in den Behälterkreislauf zurück (Schritt 4).

Anschließend nimmt der Kommissionierer die sortierten Kanbans aus dem Kanbansorter (Schritt 1 in Abb. 3.13d) und fährt den Routenzug in die Kommissioniergasse (Schritt 2). Dort belädt er den Routenzug mit dem angeforderten Material, wozu er das Material entsprechend den Kanbans aus dem Rohmateriallager entnimmt und auf dem Routenzug platziert (Schritt 3). Wiederum sind die Lagerbahnen im Rohmateriallager so angeordnet, dass eine einfache Beladung des Routenzugs möglich ist.

Auch die Materialversorgung profitiert vom Nivellierungsmuster der Endmontage: Aufgrund der gleichmäßigen Einplanung der Erzeugnisvarianten gleichen sich auch die transportierten Materialien in jedem Transportzyklus. Dies ist die Voraussetzung dafür, die Behälteranordnung im Rohmateriallager, auf dem Routenzug und im Bereitstellungslager aufeinander abzustimmen und zu optimieren.

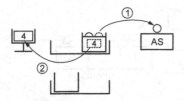

a) Werker entnimmt Material

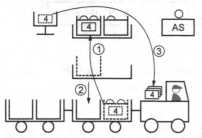

b) Fahrer bringt zuvor bestelltes Material

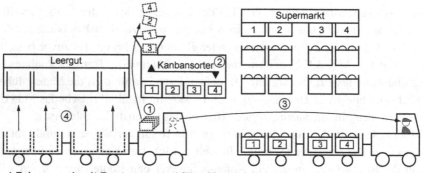

c) Fahrer wechselt Routenzug und fährt Material aus

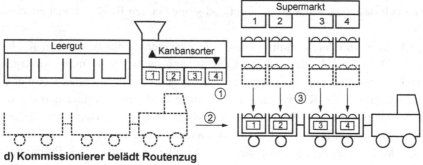

d) Kommissionierer belädt Routenzug

AS   : Arbeitssystem

12521

Abb. 3.13 Funktionsweise der Materialversorgung mit Routenzug und Transportkanbans [7]

Fazit

Es wird deutlich, wie die einzelnen Elemente der Just-in-Time-Produktion sich einander bedingen. Dies erklärt auch, warum es vielen Unternehmen so schwer fällt, das Konzept einzuführen. In der Praxis scheitern viele Unternehmen an der mangelnden Kapazitätsflexibilität, an zu hohen Rüstzeiten und an einem mangelnden Verständnis des Gesamtsystems.

Literatur

1. Bergamaschi, D. et al.: Order review and release strategies in a job shop environment. A review and a classification. Int. J. Prod. Res. 35 (2), S. 399-420 (1997)
2. Breithaupt, J.-W.: Rückstandsorientierte Produktionsregelung von Fertigungsbereichen. Grundlagen und Anwendung. VDI-Fortschritt-Berichte, Reihe 2, Nr. 571, VDI-Verlag, Düsseldorf (2001)
3. Hopp, W. J.; Spearman, M. L.: Factory Physics. McGraw-Hill/Irwin, Chicago (2008)
4. Kuyumcu, A.: Modellierung der Termintreue in der Produktion. Dissertation, TU Hamburg-Harburg, Hamburg (2013)
5. Lödding, H.: Dezentrale Bestandsorientierte Fertigungsregelung. VDI-Fortschritt-Berichte, Reihe 2, Nr. 587, VDI-Verlag, Düsseldorf (2001)
6. Lödding, H.; Nyhuis, P.; Schmidt, M.; Kuyumcu, A.: Modelling Lateness and Schedule Reliability. How companies can produce on time. Production Planning & Control, Volume 25, Issue 1, pp. 59-72 (2014)
7. Lödding, H.: Verfahren der Fertigungssteuerung. Springer, Berlin Heidelberg (2016)
8. Lohmann, S.: Bestandsregelnde Kapazitätssteuerung. Fraunhofer Verlag, Magdeburg (2010)
9. Nyhuis, P. et al.: Materialbereitstellung in der Montage. In: Lotter, B.; Wiendahl, H.-P. (Hrsg.): Montage in der industriellen Produktion. Springer, Berlin Heidelberg (2006)
10. Nyhuis, P.; Wiendahl, H.-P.: Logistische Kennlinien. Grundlagen, Werkzeuge und Anwendungen. Springer, Berlin Heidelberg (2012)
11. Ohno, T.: Das Toyota-Produktions-System. Campus Verlag, Frankfurt a. M. (1993)
12. Petermann, D.: Modellbasierte Produktionsregelung. Dissertation, Universität Hannover, veröffentlicht in: Fortschr.-Berichte VDI, Reihe 20, Nr. 193, VDI Verlag, Düsseldorf (1996)
13. Rother, M.: Sehen lernen. Mit Wertstromdesign die Wertschöpfung erhöhen und Verschwendung beseitigen. Lean Management Institut, Mühlheim a. d. Ruhr (2006)
14. Schönsleben, P.: Corma: Capacity Oriented Materials Management. Proceedings of the APICS World Symposium in Auckland, Australasian Production and Inventory Control, pp. 160-164 (1995)
15. Sethi, A.K.; Sethi, S.P.: Flexibility in manufacturing. A survey. Int. J. Flex. Manuf. System. 2(4), S. 289-328 (1990)
16. Smalley, A.: Produktionssysteme glätten. Anleitung zur Lean Production nach dem Pull-Prinzip – angepasst an die Kundennachfrage. Lean Management Institut, Mühlheim a. d. Ruhr (2005)
17. Spearman, M. L.; Woodruff, D. L.; Hopp, W. J.: CONWIP: a pull alternative to Kanban. International Journal of Production Research, 28, 5, S. 879-894 (1990)
18. Suri, R.: Quick Response Manufacturing. A Companywide Approach to Reducing Lead Times. Productivity Press, Portland (1998)
19. Wiendahl, H.-P.: Fertigungsregelung. Logistische Beherrschung von Fertigungsabläufen auf Basis des Trichtermodells. Hanser, München Wien (1997)
20. Wildemann, H.: Logistik im Prozessmanagement. TCW Transfer-Centrum-Verlag GmbH, München (2010)

Distributionslogistik

4

Bernd Rall

4.1 Grundlagen der Distributionslogistik

4.1.1 Die Rolle der Distributionslogistik im Supply Chain Management

Nach Beschaffungs- und Produktionslogistik wird die Distributionslogistik meist als drittes Prozessglied der unternehmensinternen Lieferkette aufgeführt – so auch in diesem Buch. Wie in diesem Abschnitt noch ausgeführt werden wird, entspricht diese Reihenfolge zwar dem Materialfluss, jedoch sollte im planerischen Denkansatz genau die umgekehrte Sequenz eingehalten werden, nämlich beginnend bei der Distributionslogistik, die auf den Kunden und seine spezifischen Bedürfnisse hin ausgerichtet ist. Im Sinne eines „Pull-Prinzips" werden diese Anforderungen dann in die Produktions- und Beschaffungslogistik des Unternehmens übertragen. Aus diesem Blickwinkel wird klar, dass die Distributionslogistik nicht einfach das „letzte Glied" im Lieferprozess ist, sondern die essentielle Schnittstelle zum Kunden, die einen wesentlichen Beitrag zur Kundenzufriedenheit erbringt und wichtige Impulse zur Weiterentwicklung der Lieferbeziehung setzt. In diesem Sinn kann die Distributionslogistik gleichermaßen als logistische und vertriebliche Funktion betrachtet werden.

In jeder Supply Chain interagieren die beteiligten Unternehmen der verschiedenen Lieferstufen (z. B. OEM, Tier1, Tier2) miteinander, wobei der Informationsfluss der Bedarfsträger (z. B. Bestellungen, Lieferpläne) stets entgegengesetzt zum Materialfluss verläuft. Die enge Verzahnung der Distributionslogistik des liefernden Unternehmens mit den Beschaffungsprozessen des Abnehmers wird sehr anschaulich im Supply Chain Operations Reference Model (SCOR) dargestellt. In Abb. 4.1 ist dies visualisiert.

B. Rall (✉)
Duale Hochschule Baden-Württemberg Stuttgart, Jägerstraße 56, 70174 Stuttgart, Deutschland
e-mail: rall@dhbw-stuttgart.de

© Springer-Verlag GmbH Deutschland, ein Teil von Springer Nature 2019
K. Furmans, C. Kilger (Hrsg.), *Betrieb von Logistiksystemen*, Fachwissen Logistik,
https://doi.org/10.1007/978-3-662-57943-5_4

133

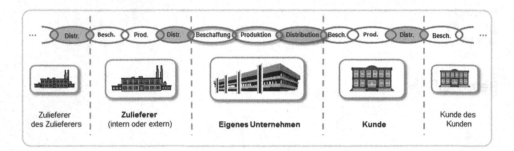

Abb. 4.1 Prozesse entlang der Supply Chain. (In Anlehnung an SCOR, siehe [1])

Erfolg oder Misserfolg von neuen Logistikkonzepten, insbesondere mit vertikaler oder horizontaler Kooperation sowie mit hohem Grad an informationstechnischer Integration innerhalb der Lieferkette, werden zumeist an der Schnittstelle zwischen Distributionslogistik des Lieferanten und Beschaffungspolitik des Abnehmers entschieden. In wettbewerbsintensiven Märkten für Konsumgüter entscheidet oftmals „die letzte Meile zum Kunden" über den wirtschaftlichen Erfolg einer Vertriebsmaßnahme. Dies zeigt, dass man der Distributionslogistik durchaus eine strategische Bedeutung für das Unternehmen zusprechen darf.

4.1.2 Aufgaben der Distributionslogistik

Die *Kernaufgabe der Distributionslogistik* ist die mengen- und termingerechte Bereitstellung der produzierten Güter gemäß der mit den Abnehmern vereinbarten Lieferprozesse. Dazu ist es nötig, dass systemimmanente Asynchronitäten zwischen der Abnehmerseite und der Produktions- bzw. Lieferseite ausgeglichen werden. In Abb. 4.2 sind die fünf Dimensionen der Ausgleichsfunktion schematisch dargestellt. Auf diese Ausgleichsfunktionen soll im Folgenden näher eingegangen werden, vgl. [2].

4.1.2.1 Sortimentsausgleich

Im B2C-Geschäft erwarten Kunden ein großes Verkaufssortiment des Händlers, damit der Einkauf komfortabel ist (sog. one-stop-shopping) und ausreichend Alternativen für einen Vergleich von Preis und Qualität vorhanden sind. Auf der Beschaffungsseite kann diese Sortimentsbreite und -tiefe hingegen nicht von einem einzigen, sondern nur durch eine Vielzahl von Lieferanten dargestellt werden. Dieser Sortimentsausgleich ist Aufgabe der Distributionslogistik.

4.1.2.2 Mengenausgleich

Die Abnahmemengen von Einzelhändlern und Endverbrauchern sind in der Regel deutlich kleiner als die Losgrößen der Hersteller, die auf Massenproduktion ausgerichtet sind. Es

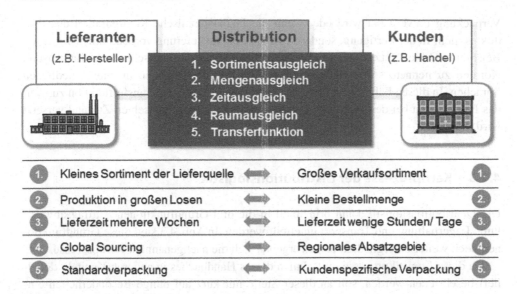

Abb. 4.2 Ausgleichsfunktionen der Distributionslogistik

ist Aufgabe der Distributionslogistik, diese Mengendifferenz durch entsprechende Lager-
und Kommissionierprozesse auszugleichen.

4.1.2.3 Zeitausgleich

Kunden möchten die Waren meist schneller als sie vom Hersteller produziert werden
können, manchmal wird sogar sofortige Lieferbereitschaft erwartet. Im Gegensatz dazu
beträgt die Produktions- und Lieferzeit vom Hersteller nicht selten mehrere Wochen oder
Monate. In diesen Fällen ist es unumgänglich, die Kundenbelieferung von der Produktion
zu entkoppeln und diese Zeitspanne mit Hilfe von Lagerbeständen zu überbrücken – eine
klassische Aufgabe der Distributionslogistik.

4.1.2.4 Raumausgleich

In Zeiten der Globalisierung sind Unternehmen nicht mehr nur regional vertreten, sondern
auf den Weltmärkten aktiv. Dies gilt sowohl für die Absatzmärkte als auch für die Beschaffungsmärkte (Global Sourcing). Es ist Aufgabe der Distributionslogistik, den Kunden in
allen relevanten Regionen das dafür passende, von den Kunden gewünschte Sortiment
bereitzustellen – und zwar gleichermaßen für lokal, regional und global beschaffte Waren.

4.1.2.5 Transferfunktion

Neben der Überbrückung von mengenmäßigen, zeitlichen und räumlichen Asynchronitäten zwischen der Hersteller- und Abnehmerseite werden im Rahmen der Distributionslogistik in geringem Umfang auch Veränderungen am Produkt vorgenommen, z. B. wenn
die Ware im Distributionslager von der Standardverpackung in eine kundenspezifische

Verpackung umverpackt wird oder wenn die länderspezifische Konfiguration des Produktes nicht in der Fertigung, sondern erst bei der Auslieferung vorgenommen wird. Als
Beispiel sind hier Netzstecker bzw. Adapter/Ladegeräte für unterschiedliche Länder und
Normen zu nennen, sowie Bedienungsanleitungen oder Etiketten in unterschiedlichen
Sprachen. In diesen Fällen kommt der Distributionslogistik eine Transferfunktion zu, weil
das Produkt erst bei der Auslieferung in den vom Kunden gewünschten Zustand versetzt
wird.

4.1.3 Kernprozesse der Distributionslogistik

Die Distributionslogistik kann prinzipiell in die drei Grundfunktionen Auftragsabwicklung, Lagerhaltung und Transport unterteilt werden. In Abb. 4.3 sind diese Grundfunktionen noch weiter untergliedert, und es ergeben sich die nachgenannten Kernprozesse.

Da diese Logistikprozesse im Rahmen dieses Handbuches in anderen Kapiteln detailliert beschrieben werden, soll an dieser Stelle nur kurz auf einige Besonderheiten eingegangen werden, die *speziell für den Betrieb* von Systemen der Distributionslogistik
relevant sind.

Die vollständige und korrekte *Erfassung des Kundenauftrags* entsprechend der Liefer-
vereinbarungen ist essentiell für alle nachfolgenden Prozesse sowie die Erbringung und
Messung der Kundenzufriedenheit. Was auf den ersten Blick recht simpel klingt, kann in
der Praxis sehr kompliziert sein, wenn das Leistungsangebot, der sogenannte Lieferservice,
nicht klar definiert ist oder wenn spezifische Vereinbarungen der Vertriebsmitarbeiter mit
einem Kunden einer standardisierten Abwicklung entgegenstehen. Wird beispielsweise als

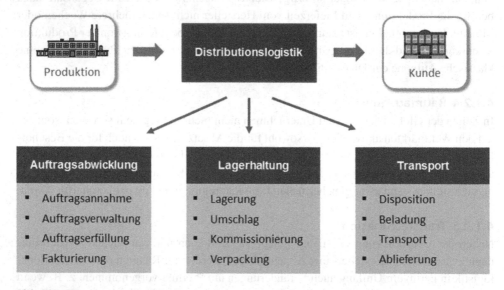

Abb. 4.3 Kernprozesse der Distributionslogistik, in Anlehnung an [3]

Kundenwunschtermin die Eingabe „sofort" akzeptiert und im System ohne Berücksichtigung der internen Prozess- und Lieferzeiten erfasst, so wird die Liefererfüllung unweigerlich mit dem Ergebnis „zu spät geliefert" gemessen – obwohl der Kunde durchaus mit dem Ergebnis zufrieden war. Im Unterschied dazu sind bei einer komplett automatisierten, rein elektronischen Bestellung durch die Kunden, z. B. im E-Commerce, die Wahlmöglichkeiten klar vorgegeben und alle Bearbeitungs- und Lieferzeiten sind in den Lieferzusagen berücksichtigt, so dass Unklarheiten bei der Auftragserfassung vermieden werden. Durch diese Standardisierung des Lieferservice werden zwar die Prozesssicherheit und Messbarkeit verbessert, jedoch wird sie vom Kunden manchmal als ein Mangel an individueller Lieferflexibilität wahrgenommen.

Die *Lagerhaltung* in der Distribution unterscheidet sich vom Prinzip her nicht von den analogen Lagerprozessen in der Beschaffungs- oder Produktionslogistik. Jedoch sind die zeitlichen Anforderungen in der Distribution in der Regel höher und die Planbarkeit der Auslieferungen geringer. Während sich in Beschaffungs- und Produktionslägern die Nachfrage recht homogen über den Tag verteilt, weist die Tagesganglinie in Distributionslägern oft große Schwankungen auf, z. B. weil Handelskunden ihre Bedarfe über den Tag kumulieren und erst nachmittags, kurz vor dem Zeitpunkt der letzten Bestellannahme für eine Auslieferung am Folgetag, eine Sammelbestellung platzieren.

Kommissionierung, Versand, Ladungssicherung und Transport sind klassische Bestandteile der Distributionslogistik. Diesen Themen sind an anderer Stelle in diesem Handbuch eigene Kapitel beigemessen worden, daher sollen sie hier nicht weiter kommentiert werden.

Der Kernprozess der Verpackung spielt in der Distributionslogistik eine sehr bedeutende Rolle, denn neben der Kommissionierung werden hier noch viele kunden- oder auftragsspezifische Dienstleistungen erbracht, z. B. Konfektionierung oder Etikettierung von Artikeln, kundenspezifische Umverpackungen, Beistellung mehrerer Aufträge in einer Sendung u.v.m. Die Verpackung erfüllt neben der Lager- und Transportfunktion noch weitere Funktionen zum Schutz, zur Identifikation, zum Vertrieb und zur Verwendung des Produkts, siehe Kap. Verpackungs- und Verladetechnik. Die Frage, ob man sich für eine Mehrweg- oder Einwegverpackung entscheidet, hat große Auswirkungen auf die Distributionslogistik und wird meist in Zusammenarbeit mit dem Kunden oder dem Produktmanagement entschieden.

4.1.4 Leistungs- und Qualitätskriterien der Distributionslogistik

Die Qualität der Distributionslogistik setzt sich zusammen aus den drei Bereichen der Leistungserstellung:

- Qualität der Disposition (Planung der Lagerbestände und Transportmittel),
- Qualität der Lieferung (physische Abwicklung im Lager und beim Transport),
- Qualität des Kundenservice (Bereitstellung von Informationen und Dienstleistungen).

Sie enthält neben quantifizierbaren Größen (z. B. Liefertermintreue) auch nicht quantifizierbare Größen, z. B. die Flexibilität, bei der Lieferung auf spezielle Kundenwünsche einzugehen, oder die Zufriedenheit bei der Abwicklung von Reklamationen oder technischen Beratungen im Kundenservice.

Nachfolgend werden die wichtigsten Gütekriterien zur Messung der Leistung und Qualität der Distributionslogistik aufgeführt:

- Lieferservice und Lieferzeit
- Liefertreue und Lieferqualität (z. B. Zustand, Menge, Termin)
- Logistikkosten der Distribution (z. B. Lager, Transport)
- Bestandskosten (z. B. kalkulatorische Kosten für Lagerbestände im Distributionslager)
- Lieferflexibilität (z. B. kundenspezifische Anlieferzeiten)
- Kundeninformation (z. B. Sendungsverfolgung)

Im Rahmen dieses Handbuches werden die o.g. Kennwerte ausführlich im Kap. Logistik-Benchmarking beschrieben, daher soll an dieser Stelle nur kurz auf einige Besonderheiten eingegangen werden, die speziell für den Betrieb von Systemen der Distributionslogistik relevant sind.

Die zentrale Größe zur Beschreibung des Anspruchsniveaus und der Qualität in der Distributionslogistik ist der sog. *Lieferservice*. Der Lieferservice beschreibt die mit den Kunden vereinbarten Lieferzeiten sowie die Lieferqualität in Bezug auf die Einhaltung von Terminzusagen (Liefertreue) und Übereinstimmung von bestellter und gelieferter Ware (Mengen- und Zustandsqualität). Die Vereinbarung von Lieferzeiten wird in Abb. 4.4 exemplarisch dargestellt: bei der Kategorie „Same Day" erfolgt bei Auftragseingang bis 12.00 Uhr die Auslieferung noch am gleichen Tag vor 20.00 Uhr, bei der Kategorie „Overnight" erfolgt die Lieferung über Nacht bis 8.00 Uhr in einen vereinbarten Übergabepunkt, bei der Kategorie „Next Day" wird die Sendung erst während des Folgetages ausgeliefert, der Normalversand dauert zwei Tage.

Zur Messung der *Liefertreue* benutzt man die beiden Kennzahlen

- Warenverfügbarkeit
- Liefererfüllung

Lieferservice	Auftragseingang bis	Tag x		Tag x+1		Tag x+2		Auslieferung bis	Lieferquote
Normal	Tag x 20.00 Uhr			▓▓▓▓		▓▓▓		Tag x+2 16.00 Uhr	98%
Next Day	Tag x 18.00 Uhr			▓▓▓				Tag x+1 16.00 Uhr	95%
Overnight	Tag x 16.00 Uhr		▓▓					Tag x+1 8.00 Uhr	95%
Same Day	Tag x 12.00 Uhr	▓▓						Tag x 20.00 Uhr	90%

Abb. 4.4 Beispiel zur Festlegung des Lieferservice

Mit der *Warenverfügbarkeit* (engl. fill rate) wird zum Zeitpunkt, als der Auftrag vom Kunden platziert wurde, gemessen, in wieviel Prozent der Fälle ausreichend Bestand im Lager verfügbar war, um die Nachfrage zu befriedigen.

Die *Liefererfüllung* gibt an, in wieviel Prozent der Fälle die Ware tatsächlich termin- und mengengerecht zum Kunden geliefert wurde. Idealerweise wird dieser Wert eingehend beim Kunden gemessen, aufgrund der Arbeitsteilung zwischen Lieferant, Spediteur und Kunde jedoch oft nur am Messpunkt des jeweiligen Verantwortungsbereiches, z. B. abgehend im Distributionslager des Lieferanten.

Für die Zufriedenheit des Kunden zählt letztlich nur der Wert der Liefererfüllung, gemessen zum vereinbarten Kundenwunschtermin. Im Unterschied dazu sind aus Sicht des Lieferanten alle beiden Kennwerte von Interesse: die Warenverfügbarkeit ist eine Messgröße für die Qualität der Disposition, während die Differenz zwischen Warenverfügbarkeit und Liefererfüllung ein Maß für die Güte – oder genauer gesagt für die Defizite – in der physischen Leistungserstellung (Distributionslager und Transport) ist.

Als Basis für beide Kennwerte kann entweder die Anzahl der Aufträge oder die Anzahl der einzelnen Auftragspositionen benutzt werden. Letztere hat mehr Aussagekraft, da ein Auftrag mit vielen Einzelpositionen in der Regel auch mehr Bedeutung für Umsatz und Ertrag hat als ein kleiner Auftrag mit wenigen Positionen. Eine Berechnung allein auf Basis der Auftragsanzahl würde nun große und kleine Aufträge gleich behandeln und zu anderen Ergebnissen führen.

Es gibt keine allgemeingültige Definition der Liefererfüllung, sondern eine Vielzahl von unternehmensspezifischen Berechnungsvorschriften. In der betrieblichen Praxis hat sich jedoch folgende Formel bewährt:

$$LE = \frac{\textit{Anzahl der termingerecht und vollständig ausgelieferten Auftragspositionen pro Zeitintervall}}{\textit{Gesamtanzahl der im Zeitintervall fälligen Auftragspositionen}}$$

In der o.g. Berechnungsformel der Liefererfüllung (LE) wird jede Auftragsposition gleich gewichtet, nämlich mit „1", falls sie termingerecht und vollständig geliefert wurde oder mit „0", wenn dies nicht der Fall war. Die verkaufte Menge bleibt dabei also unberücksichtigt. Sofern nur eine Teilmenge ausgeliefert wurde (z. B. 100 Stück bestellt, 80 Stück geliefert) und die fehlende Menge erst zu einem späteren Zeitpunkt separat ausgeliefert werden kann, wird die fällige Auftragsposition trotzdem mit „0" bewertet, da die Teillieferung schließlich nicht exakt dem Kundenauftrag entspricht. Diese Wertung mag auf den ersten Blick sehr streng erscheinen, doch ist sie dadurch begründet, dass jede Abweichung vom Kundenwunsch, und mag sie noch so gering sein, schließlich negativ auf die Kundenzufriedenheit wirkt. Außerdem entsteht im Falle einer Teillieferung sowohl für die Liefer- als auch für die Abnehmerseite ein ungewollter Mehraufwand in der Auftragsabwicklung, weil aus der einen Auftragsposition aufgrund der nicht ausreichend vorhandenen Ware nun zwei separate Lieferpositionen abgewickelt werden müssen (sog. Auftrags-Splitting).

Abhängig von der jeweiligen Liefervereinbarung kann sogar vorgeschrieben sein, dass gesamte Aufträge oder einzelne Auftragspositionen erst dann ausgeliefert werden dürfen, wenn sie vollständig sind. In diesem Fall bildet also die o.g. Berechnungsformel der Liefererfüllung exakt den mit dem Kunden vereinbarten Lieferservice ab und ist eine adäquate Messgröße für dessen Zufriedenheit.

Im Gegensatz dazu gibt es aber auch Fälle, in denen es überhaupt nicht darauf ankommt, dass jede einzelne Lieferung in Menge und Termin exakt der Bestellung entspricht. Dies ist z. B. dann der Fall, wenn ein industrieller Kunde regelmäßig Ware bei seinem Lieferanten bestellt und lediglich die kumulierten Liefermengen pro Woche oder pro Monat bilanziert. In diesem Fall wäre die o.g. Berechnungsformel nicht angemessen, weil zu streng, und würde die Kundenerwartungen nicht adäquat widerspiegeln. In solchen Fällen ist es sinnvoller, die Messung der Liefererfüllung nicht auf die einzelne Auftragsposition zu beziehen, sondern auf die abgelieferte Stückzahl. Im o.g. Beispiel (100 Stück bestellt, davon wurden 80 geliefert) wäre die Liefererfüllung dementsprechend nicht 0 %, sondern würde sich zu 80 % berechnen. Bei stabilen Kunden-Lieferanten-Beziehungen mit kollaborativem Prinzip, z. B. Kanban, Rahmenvertrag mit Lieferabruf oder VMI (vendor managed inventory), müssen darüber hinaus zur korrekten Messung der Liefererfüllung noch die vereinbarten Toleranzen bzgl. Menge und Termin berücksichtigt werden.

Die Messung der Liefererfüllung kann täglich, wöchentlich oder monatlich durchgeführt werden. Wichtig ist jedoch, dass ein verspätet oder unvollständig ausgelieferter Auftrag bzw. Auftragsposition nur einmal, zum Zeitpunkt der Fälligkeit, gemessen wird. In dieser Messgröße bleiben also kumulierte Rückstände und die Zeitdauer der Verspätungen unberücksichtigt.

Daher empfiehlt es sich, neben der Liefererfüllung auch den wertmäßigen Betrag der fälligen, aber noch nicht ausgelieferten Aufträge bzw. Auftragspositionen zu messen. Dieser Wert, der sog. *Auslieferungs-Rückstand* (engl. Backlog) ist ein wichtiges Kriterium, wenn zum Ende eines Betrachtungszeitraums, z. B. eines Monats, die getätigten Umsätze berichtet werden. Da die im Rückstand befindlichen Auftragspositionen noch nicht fakturiert werden konnten, haben insbesondere die Verantwortlichen in Vertrieb und Rechnungswesen ein besonderes Augenmerk auf diese Größe.

4.1.5   Einflussgrößen für den Betrieb von Logistiksystemen in der Distribution

Die vom Kunden akzeptierte Lieferzeit und die zur Erreichung der geforderten Warenverfügbarkeit notwendigen Lagerbestände sind die zentralen wirtschaftlichen Bestimmungsgrößen für die Distributionsstruktur, z. B. einstufig (ex Zentrallager) oder mehrstufig (via Regionallager). Zugleich sind sie auch die bestimmenden Größen für den operativen Betrieb von Logistiksystemen in der Distribution. Das Dilemma, beide Größen miteinander in Einklang zu bringen, drückt sich sehr anschaulich in der sog. U-Problematik zwischen Frachtkosten und Bestandskosten aus [4], siehe Abb. 4.5: Möchte man die Frachtkosten

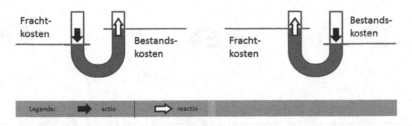

Abb. 4.5 U-Problematik zwischen Frachtkosten und Bestandskosten, in Anlehnung an [4]

für Transporte zu den Kunden reduzieren, so kann man dies dadurch erreichen, dass man viele Distributionslager möglichst nah bei den Kunden platziert. Mit einer erhöhten Anzahl an Lagerstandorten muss man allerdings die summarischen Lagerbestände ebenfalls erhöhen, wenn man keine Einbußen bei der Liefererfüllung riskieren möchte. Eine Einsparung bei den Frachtkosten zieht also eine Erhöhung der Lagerbestandskosten nach sich. Umgekehrt kann man durch Zentralisierung der Lagerbestände einen Vorteil bei den Lagerhaltungskosten erreichen, muss demgegenüber aber mit höheren Frachtkosten aufgrund der längeren Transportwege kalkulieren.

Selbst ohne Veränderung der Struktur wirkt die U-Problematik: Wenn man Frachtkosten einspart, indem man die Lieferfrequenz reduziert und mehrere Lieferungen in einer Sammellieferung bündelt, muss man zur zeitlichen Überbrückung der verlängerten Lieferintervalle im Gegenzug die Bestände erhöhen. Will man umgekehrt die Bestandskosten durch eine geringere Eindeckung reduzieren, so kann dies dazu führen, dass man vermehrt teure Sonderfahrten per Express durchführen muss, um Lieferengpässe zu überwinden, was wiederum die Frachtkosten erhöht.

Es ist die Herausforderung für die Distributionslogistik, im täglichen Betrieb möglichst nah am wirtschaftlichen Optimum zwischen Frachtkosten, Bestandskosten, Lieferzeiten und Kundenzufriedenheit zu arbeiten. Die Entscheidung wird letztlich auch von den Kundenanforderungen und vom Produkt beeinflusst: Tendenziell wird man bei hochwertigen Waren wie z. B. elektronischen Bauteilen, aufgrund der hohen kalkulatorischen Kosten für Lagerbestände lieber in höhere Frachtkosten investieren, während man bei geringwertigen Gütern, die möglichst schnell beim Kunden verfügbar sein sollen, den Anteil der Frachtkosten möglichst gering halten möchte und lieber in Lagerhaltungskosten investiert.

4.2 Distributionslogistik beginnt und endet beim Kunden

4.2.1 Order-to-Payment-S in der Supply Chain

Möchte man neben dem physischen Materialfluss auch den zugehörigen Informations- und Geldfluss berücksichtigen, ist es sinnvoll, den logistischen Distributionsprozess in drei chronologische Phasen einzuteilen: Auftragsannahme, Auftragserfüllung und

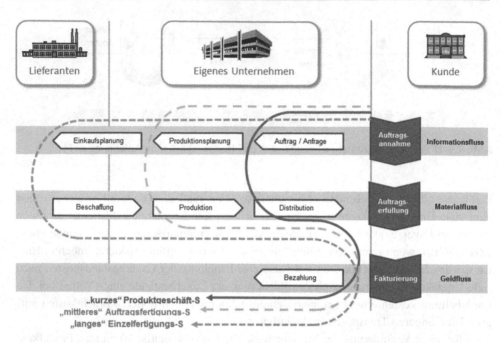

Abb. 4.6 Order-to-Payment-S in der Supply Chain, siehe [5]

Fakturierung. Zur Visualisierung kann man das sog. „Order-to-Payment-S" verwenden [5]. Dabei sind die drei Phasen auf drei Ebenen verteilt, siehe Abb. 4.6.

Der Distributionsprozess beginnt mit der *Auftragsannahme* sowie der internen Weitergabe an die Produktionsplanung und Beschaffungsplanung. Dort wird der für den Auftrag erforderliche Ressourcenbedarf mit den verfügbaren Kapazitäten abgeglichen und in einen Beschaffungs-, Produktions- und Lieferplan eingearbeitet. Bei Bedarf werden dazu auch Materialverfügbarkeiten von vorgelagerten Lieferanten abgefragt und miteinbezogen. Sofern die Prüfung der geplanten Mengen, Termine und Qualitäten alle Vorgaben des Kunden erfüllt, wird dem Kunden eine unveränderte Auftragsbestätigung übermittelt. Im Falle von Abweichungen zwischen Kundenanfrage und Lieferzusage müssen ggf. mehrere Rekursionsschleifen durchlaufen werden. Nach Abschluss aller Vorplanungen und Übereinstimmung von Kapazitäten und Kundenwunsch wird der Auftrag im System platziert und die Phase der Auftragsannahme ist abgeschlossen.

In der Phase der *Auftragserfüllung* wird nun der Kundenauftrag konkret in die Produktionsplanung eingelastet, und für die benötigten Materialien werden Bestellungen bei den internen und externen Lieferanten platziert. Waren die internen Kapazitätsplanungen und Materialverfügbarkeitszusagen während der Phase der Auftragsannahme ggf. noch unter Vorbehalt, so werden sie nun ganz konkret fixiert. Ergeben sich im Laufe der Auftragserfüllung etwaige Abweichungen mit Auswirkung auf den Liefertermin, sollte der Kunde möglichst automatisiert und ohne Verzug darüber informiert werden, um seinerseits diese Information in der Lieferkette weiterzuverarbeiten. Am Ende der Auftragserfüllungsphase, nachdem das Produkt hergestellt und verpackt wurde, wird im Versandbereich eine Lieferung erstellt und an den Kunden versandt. Entsprechend dem Fortschritt in der distributionslogistischen Kette (Produktion oder Kommissionierung, Verpackung und Versand, Transport) werden dem Kunden Informationen zum voraussichtlichen Liefertermin, sog. Lieferavise, übermittelt. Als Pflichtdokument für den warenbegleitenden Informationsfluss wird der Sendung stets ein Lieferschein beigefügt, anhand dessen alle Beteiligten die Lieferung eindeutig identifizieren können. Bei internationalen Transporten wird an dieser Stelle bereits die Verzollung angemeldet, und die benötigen Dokumente werden elektronisch erzeugt. Der Versender erhält vom Transporteur eine Rückmeldung, sobald die Sendung an den Kunden vertragsgemäß übergeben wurde. Dieser Ort der Verantwortungsübergabe, der sogenannte Gefahrenübergang, wird individuell im Kaufvertrag zwischen Lieferant und Abnehmer bzw. dem vereinbarten Rahmenvertrag oder den mitgeltenden Allgemeinen Geschäftsbedingungen (AGB) der Vertragspartner geregelt. Über sog. Incoterms (engl. International Commercial Terms) sind die diversen Möglichkeiten, an welchen der Haftungs- und Gefahrenübergang zwischen den Vertragspartnern erfolgt, geregelt.

In Abhängigkeit von den vereinbarten Zahlungs- und Lieferkonditionen beginnt nun die Phase der *Fakturierung*. Der Geldfluss verläuft in der Regel nicht parallel mit dem Materialfluss, sondern zeitlich vor- oder nachgelagert und in umgekehrter Flussrichtung. Er ist in der Grafik als eigene Ebene dargestellt. Die zeitliche Asynchronität zwischen Material- und Geldfluss begründet sich zum einen aus der Tatsache, dass man bei Ungewissheit über die Bonität des Kunden gerne die Zahlung vor der Lieferung abwickelt, sog. Vorauszahlung, oder im Falle einer guten Kunden-Lieferanten-Beziehung mit regelmäßigen Lieferungen die Faktura auch häufig für mehrere Lieferungen in einer monatlichen Sammelrechnung zusammenfasst, um beidseitig Aufwand im Rechnungswesen zu sparen. Zusätzlich sprechen organisatorische Gründe für die Trennung: Im Unternehmen sind in der Regel unterschiedliche Personen bzw. Abteilungen mit der Erstellung von Lieferung und Rechnung betraut. Noch klarer wird die Trennung, wenn nach einem Outsourcing der Lager- und Versandbetrieb durch einen externen Logistikdienstleister übernommen wurde. In diesem Fall ist der Logistikdienstleister zuständig für die Lagerbewirtschaftung und die Erstellung der Lieferdokumente im Warenausgang. Dem externen Unternehmen möchte man jedoch oft nicht die Preisstellung an die Kunden offenlegen und behält daher die Transparenz und Verantwortung für die Rechnungsabwicklung im eigenen Hause. Auch systemtechnisch kann diese Aufgabenteilung klar vollzogen werden, indem die Lieferscheine vom Lagerverwaltungssystem (LVS) des externen Dienstleisters gedruckt werden und die Rechnungen durch das Auftragsabwicklungssystem (ERP-System, Enterprise Ressource Planning) des Herstellers in der Vertriebs- oder Finanzabteilung. Zwischen beiden Systemen sollte eine automatisierte Schnittstelle für den schnellen und vollständigen Datenaustausch implementiert sein – speziell in der Phase der Auftragserfüllung ist dies essentiell, damit die Auftragsdaten schnell und fehlerfrei zum Logistikdienstleister übermittelt werden und rechtzeitig vor Auslieferung der Ware in jedem Fall noch das Kreditlimit des Kunden im Auftragsabwicklungssystem des Herstellers überprüft wird.

Die Prozesse in den ersten beiden Phasen bzw. Ebenen des „Order-to-Payment-S" werden in unterschiedlicher Tiefe durchlaufen, für die Bezahlung sind sie weitgehend einheitlich. Abhängig von Art und Umfang der mit dem Auftrag verbundenen Arbeitsaufgaben unterscheidet man nach [5]:

- „kurzes" Produktgeschäft-S
- „mittleres" Auftragsfertigungs-S
- „langes" Einzelfertigungs-S

Im klassischen Produktgeschäft wird die Ware in der Regel kundenanonym geplant und „auf Lager" produziert. Bei Auftragsannahme reicht bereits eine einfache Verfügbarkeitsprüfung der Lagerbestände aus, um dem Kunden eine verlässliche Lieferzusage geben zu können. Die Lieferung erfolgt ohne direkte Einbeziehung von Produktions- oder Beschaffungsaktivitäten. Daher ist für diesen Fall das zugehörige Order-to-Payment-S in der ersten und zweiten Ebene sehr kurz.

Bei Serienprodukten mit kundenspezifischer Ausprägung kann die Herstellung – zumindest der letzte Produktionsschritt – erst nach Vorliegen des konkreten Kundenauftrags gestartet werden. Als Folge vergrößert sich der Planungsumfang in Ebene eins und ebenso der Arbeitsumfang in Ebene zwei, d. h. das Order-to-Payment-S bei Auftragsfertigung verlängert sich dementsprechend.

Im Falle einer kundenspezifischen Einzelfertigung muss die gesamte Kaskade der Kapazitätsplanung in Produktion und Beschaffung durchlaufen werden, um dem Kunden in der Auftragsbestätigung eine belastbare Lieferzusage zu geben. Ebenso umfangreich ist die Phase der Auftragserfüllung, in der alle Tätigkeiten zur auftragsspezifischen Beschaffung der Komponenten und auftragsspezifischen Produktion ausgeführt werden müssen, bevor das Produkt ausgeliefert werden kann. Dementsprechend lang ist das Order-to-Payment-S bei Einzelfertigung.

An dieser Stelle soll nochmals auf die Methodik des Supply Chain Operations Reference Model (SCOR) verwiesen werden, die neben der Unterstützung bei Planungsaufgaben auch sehr hilfreich für das Verständnis der betrieblichen Abläufe ist [6].

Auf der Ebene 1 unterscheidet SCOR die fünf Prozesstypen „Plan, Source, Make, Deliver, Return" und auf Ebene 2 (Konfigurationsebene) werden diese Prozesstypen weiter in Prozesselemente untergliedert, insbesondere nach der Unterscheidung „Make to Stock" (MTS) und „Make to Order" (MTO) im Herstellungsprozess. SCOR wurde bereits ausführlich in Kap. Beschreibung logistischer Prozesse und Organisationsstrukturen vorgestellt. Auf die nochmalige Darstellung des SCOR-Bausteinkastens soll an dieser Stelle verzichtet werden. Jedoch ist es sinnvoll, auf diejenigen Prozesselemente näher einzugehen, die für die Distributionslogistik relevant sind: „Deliver" und „Deliver Return". In Abb. 4.7 sind alle Prozesselemente der Konfigurationsebene von SCOR dargestellt. Die beiden vorgenannten Elemente befinden sich im Bereich „Execution" und sind weiß hinterlegt.

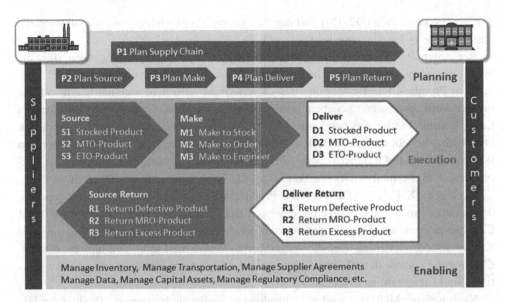

Abb. 4.7 Prozesselemente des SCOR-Baukastens (Konfigurationsebene), eigene Darstellung in Anlehnung an[1]

Die Prozesselemente für die Prozesstypen „Source", „Make" und „Deliver" werden gemäß der Unterscheidung im Herstellungsprozess gebildet und demnach in 3 Kategorien eingeteilt:

(1) Make to Stock (MTS)
(2) Make to Order (MTO)
(3) Engineer to Order (ETO)

Die Kategorie „MTS" entspricht dem oben genannten „kurzen Produktgeschäft-S", die Kategorie „MTO" entspricht dem „mittleren Auftragsfertigungs-S" und die Kategorie „ETO" dem „langen Einzelfertigungs-S". Zusammen mit dem Prozesstyp „Deliver" (D) werden aus den o.g. Kategorien die für die Distributionslogistik relevanten SCOR-Prozesselemente D1, D2, D3 gebildet:

(D1) Deliver Stocked Product
(D2) Deliver MTO Product
(D3) Deliver ETO Product

Im Prozess der Auftragsannahme unterscheiden sich die Kategorien (D2) und (D3) nur marginal, lediglich durch die Tiefe der internen Prüfung nach verfügbaren Ressourcen in Beschaffung, Fertigung und Entwicklung. Hingegen ist der Unterschied zwischen den Prozesskategorien (D2, D3) und der Kategorie (D1) gravierend und hat substantielle Unterschiede in der Auftragsannahme zur Folge.

Bei einem *D1-Prozess* (Deliver Stocked Product) wird davon ausgegangen, dass die Ware mit einer gewissen Wahrscheinlichkeit im Distributionslager vorrätig ist (ATP, Available to Promise). Die Bestätigung des Liefertermins wird dem Kunden bereits ad hoc bei der Auftragsannahme gegeben, oder zumindest nachdem die Warenverfügbarkeit im Lager geprüft wurde, dies wird mit *ATP-Prüfung* bezeichnet. Die Herausforderung im D1-Prozess besteht darin, auf Basis von Vergangenheitswerten und Absatzprognosen den tatsächlichen Bedarf möglichst genau zu treffen und die relevanten Parameter in der Disposition, z. B. Bestandsreichweite und Mindestbestand, entsprechend zu setzen.

Bei einem *D2-Prozess* (Deliver MTO Product) wird dem Kunden eine Zusage gegeben, das bestellte Produkt innerhalb einer gewissen Zeit herstellen und liefern zu können (CTP, Capable to Promise). Die Herausforderung liegt hierbei in der schnellen Material- und Kapazitätsbedarfsprüfung über die vorgelagerten Stufen der Lieferkette hinweg, die sog. *CTP-Prüfung,* sowie der effektiven Steuerung der Lieferkette, um die zugesagten Produktions- und Liefertermine einzuhalten.

Nach welcher Maßgabe wird nun entschieden, ob für ein bestimmtes Produkt ein D1- oder D2-Prozess verfolgt wird? Aus Sicht des Herstellers wäre es wünschenswert, die Bestände an Fertigwaren möglichst niedrig zu halten und ausschließlich mit CTP-Zusagen zu arbeiten. Aus Sicht des Kunden ist es aber komfortabler, die Ware bei Bedarf sofort verfügbar zu haben und dies in ATP-Zusagen einzufordern. Letztlich gibt es zu dieser Frage keine eindeutige, analytische Lösung. Man nähert sich dem Problem in der Regel empirisch an, indem man zu beurteilen versucht, ob die Kunden bereit sind, auf ein bestimmtes Produkt so lange zu warten wie man für die Herstellung benötigt. Sollte diese Lieferzeit nicht wettbewerbsfähig sein, muss man auf kundenanonyme Vorproduktion und Bestandshaltung gemäß „Make to Stock" umstellen. In Abb. 4.8 sind diese Zusammenhänge und Bestimmungsgrößen für eine Lieferkette bestehend aus Kunde, Regionallager, Zentrallager und Produktion visualisiert. (Hinweis: Abweichend von der Gestaltungskonvention bei den übrigen Grafiken in diesem Kapitel wurde nun die Kundenseite im Bild links platziert und die Zulieferseite im Bild rechts. Dies soll in diesem Fall explizit darauf hinweisen, dass die Entscheidung für MTO/MTS und CTP/ATP nicht von den Bedürfnissen der Produktion abgeleitet wird, sondern originär von den Anforderungen der Kunden determiniert wird.)

Bei gängigen, universellen und wettbewerbsintensiven Produkten (sog. Commodities) erwarten die Kunden in der Regel, dass sie sofort lieferbar sind (ATP). Aufgrund des hohen Absatzes kann der Bedarf recht gut prognostiziert werden, und der D1-Prozess ist mit vertretbaren Bestandsrisiken gut umsetzbar. Entsprechend dem Lagerabgang in den kundennahen Regionallägern wird nachdisponiert und der Lagerbestand von der jeweils vorgelagerten Lieferstufe aufgefüllt.

Je individueller die Produkte sind und je komplexer deren Herstellung und Beschaffung, umso eher sind Kunden bereit, eine gewisse Lieferzeit zu akzeptieren (CTP). Der auftragsspezifische D2-Prozess kann sich dabei über eine oder mehrere Lieferstufen erstrecken. Die physische Lieferung wird in diesem Fall ebenfalls über alle Lagerstufen

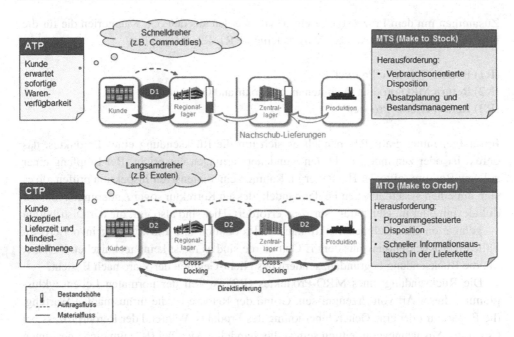

Abb. 4.8 Determinanten zur Festlegung MTO und MTS in der Distributionslogistik

hinweg abgewickelt. Um wertvolle Zeit zu sparen, kann ein Cross-Docking praktiziert werden oder die Ware wird gleich direkt zum Kunden gesandt. Beim Cross-Docking wird die Ware in den Distributionslägern der Zwischenstufen nicht aufwändig ein- und ausgelagert, sondern unmittelbar auf der Rampe umgeschlagen.

In Handelsbetrieben ist MTS die vorherrschende Methodik, in klassischen Industriebetrieben, speziell bei Investitionsgütern, dominieren MTO-Prozesse. In der betrieblichen Praxis trifft man auf beide Varianten, und sie sind parallel im Einsatz. Die Festlegung, welches Produktspektrum nach MTO und welches Sortiment nach MTS geplant wird, bleibt eine wirtschaftliche Entscheidung der jeweiligen Materialdisponenten und Produktionsplaner.

Im SCOR-Baukasten sind neben den bereits erwähnten Prozesselementen für den linearen Lieferprozess (vom Hersteller zum Nutzer) noch die Prozesselemente für die umgekehrte Richtung relevant, also die Rücksendung der Waren vom Kunden zurück zum Hersteller bzw. Händler. Die beiden Prozesstypen „Source Return" und „Deliver Return" repräsentieren die sog. Reverse Logistik, auch Redistribution, retrograde Distribution oder Rückführungslogistik genannt. Sie werden unterschieden nach dem Anlass, der die Retoure begründet hat:

(1) Defektes Produkt (bzw. es erfüllt nicht die Kundenanforderungen)
(2) Produkt zur Wiederaufarbeitung
(3) Überschüssige Ware

Zusammen mit dem Prozesstyp „Return" (R) werden aus den o.g. Kategorien die für die Distributionslogistik relevanten Prozesselemente R1, R2, R3 gebildet:

(R1) Return Defective Product
(R2) Return MRO product (Maintenance, Repair and Overhaul)
(R3) Return Excess Product

Im erstgenannten Fall (R1) handelt es sich um die Rücksendung eines Produktes, das defekt ist oder zumindest nicht den Kundenerwartungen entspricht. Bei Empfang einer solchen Retoure sollte der Hersteller im Rahmen einer intensiven Inspektion prüfen, ob es sich um einen systematischen Fehler handelt, dessen Korrektur sogar Änderungen im Produktdesign oder im Herstellungsprozess erfordert. Hier sind also ggf. die der Distribution vorgelagerten Unternehmensfunktionen der Produktion und Entwicklung involviert. Im Falle einer Rücksendung aus dem E-Commerce sind es meist keine technischen Defekte, die die Rücksendung begründen, sondern das Nicht-Gefallen der Ware nach Besicht.

Die Rücksendung eines MRO-Produktes (R2) ist Teil der normalen Lebenszyklusplanung dieser Art von Erzeugnissen. Grund der Retoure ist die turnusmäßige Wartung, die Reparatur oder eine Generalüberholung des Produkts. Während der Retourprozess bei (R1) eine Ausnahmeverarbeitung sein sollte, handelt es sich bei (R2) um einen geplanten Standardprozess im Rahmen der Kreislaufwirtschaft. Auf diesen Aspekt und die zunehmende Bedeutung der Reverse Logistik wird in Abschn. 3.5 Stufe 5 (nach 2020): Circular Economy noch detailliert eingegangen.

Das Prozesselement (R3) repräsentiert die geplante, aber im Kern ungewollte Rückführung eines Produktes aus dispositiven Gründen, z. B. vom Regionallager zurück ins Zentrallager, um Überbestände zu reduzieren oder Rücknahme von Kommissionsware nach Abschluss einer saisonalen Verkaufsaktion. Bei Empfang einer solchen Retoure könnte der Hersteller das Produkt ohne aufwändige Inspektion wieder einlagern, in der Regel wird jedoch anhand des Produktionsdatums oder der Bestandshistorie überprüft, ob das Erzeugnis noch lagerfähig ist oder eventuell bereits technische bedingte Höchstlagerzeiten (z. B. wegen Altern von Kunststoff oder Verharzen von Fetten) überschritten sind. Außerdem wird anhand der Verkaufshistorie überprüft, ob für das Produkt noch adäquate Marktchancen existieren oder ob eine Verschrottung oder Abverkauf „in Bausch und Bogen" (d. h. Ramschverkauf ohne Qualitätszusage) letztlich wirtschaftlicher ist als die Wiedereinlagerung.

Ohne auf weitere Details von SCOR einzugehen, belassen wir es an dieser Stelle bei der pauschalen Aussage, dass mit den dargestellten SCOR-Prozesselementen die Distributionslogistik für alle möglichen Anwendungsfälle beschrieben, analysiert und geplant werden kann.

Wie bereits aus der Überschrift dieses Abschnittes hervorgeht, beginnt und endet die Distributionslogistik stets beim Kunden – und zwar im doppelten Sinn: Die Aussage gilt einerseits für die chronologische Abfolge des Bestell- und Lieferprozesses, gemäß der Ausführungen zum Order-to-Payment-S, aber sie gilt auch darüber hinaus für die strukturelle und operative Gestaltung von Logistiksystemen in der Distribution. Denn meist sind es die spezifischen Kundenanforderungen, die als Reaktion eine Prozessänderung in der Distributionslogistik nach sich ziehen. Um diese Aussage zu untermauern, werden nachfolgend die Charakteristika der Distributionslogistik für unterschiedliche Kundengruppen dargestellt, d. h. konkret für Industriekunden, Handelskunden und Endverbraucher.

4.2.2 Distributionslogistik für industrielle Kunden

Industriekunden verlassen sich auf die zuverlässige und kostengünstige Belieferung durch ihre Lieferanten, die meist sehr eng in den Produktionstakt und die zugehörigen Planungsprozesse integriert sind. Hierbei ist im Lieferservice die *Pünktlichkeit* meist wichtiger als die Schnelligkeit. Der gute Informationsaustausch über rollierende Liefer- und Produktionspläne ermöglicht in der Distribution des Lieferanten in den meisten Fällen eine CTP-Methodik. Ein Bedarf nach sofortiger Warenverfügbarkeit (ATP) ist eher unüblich. Die Kunden-Lieferanten-Beziehung für strategisch wichtige Teile (d. h. Teile mit großer Wertigkeit und hohem Versorgungsrisiko) ist im Sinne des Supplier Relationship Managements oftmals auf langfristige partnerschaftliche Zusammenarbeit ausgerichtet. Daher besteht die Herausforderung in der operativen Distribution vor allem darin, dem Industriekunden *spezifische Logistikdienstleistungen* im Supply Chain Management anzubieten:

- Im Falle von hochwertigen Produkten mit regelmäßigem Verbrauch (sog. AX-Klassifizierung) kann dies z. B. die produktionssynchrone Anlieferung (JIT, Just in Time) mit montagegerechter, typspezifischer Vorsortierung (JIS, Just in Sequence) sein.
- Im Falle von geringwertigen C-Artikeln, bei denen sich aus Sicht des Industriekunden keine aufwändige Planung lohnt, kann der Lieferant z. B. die Disposition dieser Teile komplett übernehmen und in Form eines Kanban-Systems oder VMI (Vendor Managed Inventory) organisieren.
- Im Fall von hochwertigen Produkten mit sporadischem Verbrauch (sog. AZ-Klassifizierung) hat der Lieferant die Aufgabe, das Produkt auf Basis von Lieferplänen (mit rollierender Fixierung von Produktionsmengen) pünktlich zu liefern. Kurzfristige Änderungen von Terminen und Abrufmengen des Kunden erschweren diese Aufgabe – in seiner Anpassungsfähigkeit auf solche Planabweichungen zeigt sich die Güte eines Lieferanten.
- Die Transportlogistik für industrielle Kunden ist in der Regel sehr linear ausgerichtet: eng fokussiert auf wenige Relationen mit klaren Punkt-zu-Punkt-Verbindungen. Oder sie ist nicht Bestandteil der Distributionslogistik des Lieferanten, weil Gebietsspediteure des Kunden die Aufgabe übernehmen, die Ware von mehreren Lieferanten aus einem Gebiet einzusammeln und gebündelt zum Zielort zu transportieren.

Diese Auflistung sollte nur beispielhaft das Wesen und Aufgabe der Distributionslogistik für industrielle Kunden verdeutlichen, erhebt aber keinen Anspruch auf Vollständigkeit.

Es sollte klar geworden sein, dass es hier mehr auf kooperative Zusammenarbeit ankommt als auf den reinen Lieferservice im engeren Sinne der klassischen Distributionslogistik.

4.2.3 Distributionslogistik für Handelskunden

Die logistischen Anforderungen für Handelskunden unterliegen oft saisonalen Einflüssen oder sind von Bedarfsschwankungen aufgrund vertrieblicher Sonderaktionen geprägt. Die Warenverfügbarkeit am „Point of Sales" (POS) wird üblicherweise mit Lagerbeständen in der Distributionslogistik abgesichert, daher findet man hier sehr oft MTS-Prozesse vor. Die Liefererfüllung ist ein verkaufsentscheidendes Kriterium und harte ATP-Vorgaben werden meist sehr genau überwacht – sowohl zwischen Hersteller und Abnehmer als auch zwischen den einzelnen Handelsstufen. Die logistische Herausforderung besteht bei der mehrstufigen Distribution in der optimalen Allokation der Bestände in der Lieferkette sowie dem Aufbau von kooperativen Strukturen in der horizontalen und vertikalen Distribution.

Durch die eigenständige Bestands- und Beschaffungsplanung der Beteiligten und jeweils lokal optimale Losgrößenbildung können sich die Bestellmengen entlang der Lieferkette aufschaukeln, so dass es zu dem sog. „Peitscheneffekt" (engl. Bullwhip Effect) kommen kann, siehe [7]. Dem kann durch fokussierte Kommunikation von Abverkaufs- und Bedarfsmengen über die Handelsstufen hinweg und Unterstützung durch geeignete, integrative Planungssysteme entgegengewirkt werden.

Die Transportlogistik ist ein ganz wesentlicher Bestandteil der Distribution an Handelskunden, weil hier – anders als bei Industriekunden – die flächige Verteilung zum Endverbraucher im Mittelpunkt steht. Mittels horizontaler Kooperationen können Bündelungseffekte durch gemeinsame Nutzung von Ressourcen erzielt werden, z. B. in Form von Umschlagpunkten (Cross-Docking Terminal) oder Konzepten zur City-Logistik und Güterverkehrszentren, siehe Kap. „Transportlogistik".

Seit Mitte der 90er Jahre hat sich die oben beschriebene klassische Rollenverteilung zwischen Lieferanten und Abnehmer jedoch dahingehend verändert, dass auch in der Handelslogistik zunehmend auf partnerschaftliche Zusammenarbeit entlang der Logistikkette anstatt auf Konfrontation und Engpassmanagement zwischen den Handelspartnern gesetzt wird.

Im Kap. Handelslogistik dieses Handbuches wird ausführlich auf die Handelslogistik eingegangen, daher soll an dieser Stelle auf weitere Details verzichtet werden.

4.2.4 Distributionslogistik für Endverbraucher

Sieht man von saisonalen Effekten und Absatzsprüngen aufgrund von Verkaufsförderungsmaßnahmen ab, so verläuft die Direktlieferung an Endverbraucher in Summe „gleichmäßiger" als die Distribution über mehrere Handelsstufen hinweg, da hierbei nicht die negativen dynamischen Effekte aus der Bündelung von Bestellungen auftreten (z. B. Peitscheneffekt, Phantombestellungen zur Sicherung von Kapazitäten bei Engpässen, Verzerrungen der Absatzplanung aufgrund von Mindestbestellmengen oder Sammelbestellungen). In diesem Fall werden „Ausreißer" im Bestellverhalten einzelner Akteure durch die Vielzahl der Marktteilnehmer, die sich „durchschnittlich" verhalten, in der Summe geglättet. Sofern die Endverbraucher ihre Bestellungen unabhängig voneinander platzieren, kann ein derartiges Umfeld systemtheoretisch sehr gut mit Markov-Prozessen abgebildet werden, was die Anwendung analytischer Planungsmethoden vereinfacht, siehe Kap. Bedientheoretische Modellierung logistischer Systeme.

MTS ist die vorherrschende Planungsmethodik, da die Endkunden, insbesondere im E-Commerce, die sofortige oder zumindest zeitnahe Warenverfügbarkeit einfordern. Daher liegt das Hauptaugenmerk der Distributionslogistik an Endverbraucher in der optimalen Disposition der Lagerbestände in der Supply Chain sowie der kosteneffizienten Kundenbelieferung „in der Fläche". Insbesondere die Transportkosten für die sog. „letzte Meile" zum Endverbraucher entscheiden über die Wirtschaftlichkeit, da sie mit sehr hohem Personalaufwand in der Zustellung verbunden sind.

Im Zuge der Digitalisierung und des E-Commerce wurden die technischen und logistischen Standards, die früher nur im B2B-Geschäft mit Großkunden Anwendung fanden, nach kurzer Zeit auch auf den B2C-Bereich übertragen. So werden z. B. die Online-Sendungsverfolgung (Tracking & Tracing) oder die Auswahl des gewünschten Anliefer-Zeitfensters via Internet-Portal nicht mehr als kundenfreundliche Zusatzdienstleistung angesehen, sondern gehören mittlerweile zum normalen Standard in der Distributionslogistik. Mit der Zunahme des elektronischen Handels gegenüber dem stationären Handel veränderten sich in gleicher Weise auch die Verhältnisse im Sendungsaufkommen. Der Anteil an konventionellem Stückgut nimmt kontinuierlich ab, zugunsten von Kurier-, Express- und Paketsendungen (KEP-Dienste) mit Gewichten kleiner als 30 kg.

Angesichts der Vielzahl von Anbietern und Absatzkanälen, bei oftmals vergleichbaren Produkten, wird neben den Produkteigenschaften zunehmend die Logistik am „Point of Sales" zur wichtigen Determinante der Kaufentscheidung. Unter diesem Wettbewerbsdruck erhöhen sich sukzessive die Anforderungen an den Lieferservice. Während eine Auslieferung „Next Day" in den meisten Fällen durchaus akzeptabel und ausreichend ist, wird heute bereits versucht, sich mit einer „Same Day"-Option gegenüber dem Wettbewerb zu differenzieren. Diese Tendenz, vor allem im elektronischen Handel, führt in der Konsequenz dazu, dass sich die Lieferfrequenz und das gesamte Transportaufkommen im B2C-Geschäft gegenüber dem Status Quo nochmals nach oben verändern werden.

Mit zunehmender Atomisierung der Sendungsgrößen und Erhöhung der Lieferfrequenz geht unwillkürlich eine Zunahme des dadurch induzierten Straßengüterverkehrs einher. Die Verkehrsdichte auf dem Straßennetz wird zusehends zum Engpass in der Distributionslogistik. Bereits heute ist es ein großes Problem, ausreichende Logistikflächen für Distributionslager und Umschlagspunkte in der Nähe von Ballungszentren zu finden. Intelligente Lösungen zur City-Logistik sind gefragt, siehe Kap. Kombinierter Verkehr.

Ein weiteres Phänomen ist charakteristisch für die Distribution an Endverbraucher, speziell im E-Commerce: Die Retourenquote ist viel höher als bei der Distribution an Industrie- oder Handelskunden. Im sog. „Fashion"-Bereich (Schuhe, Kleider, etc.) ist es üblich, dass bis zu 80 % der Waren vom Kunden wieder zurückgesendet werden. Dies hat natürlich gravierende Auswirkungen auf Prozesse und Systeme in der Distributionslogistik:

- Die Verarbeitung von Retouren wird vom Ausnahme- zum Standardprozess. Die Abläufe der Reverse Logistik sind analog zur klassischen Produktions- und Distributionslogistik zu planen und zu strukturieren.
- Die traditionell unidirektional organisierten Lager- und Kommissioniersysteme müssen nun bidirektional ausgelegt werden, d. h. die rückgesendete Ware muss geprüft und dann wieder in den Kreislauf des Distributionslagers einsortiert werden. Anstelle einer klassischen Rücklagerung in das Fertigwarenlager wird die retournierte Ware oft in umfangreichen Sortierspeichern zwischengelagert und im Falle von schnelldrehenden Artikeln nach kurzer Zeit an den nächsten Kunden verkauft.

Diese Auflistung sollte nur beispielhaft das Wesen und Aufgabe der Distributionslogistik für Endverbraucher verdeutlichen, erhebt aber keinen Anspruch auf Vollständigkeit. Es sollte klar geworden sein, dass sie sich in Struktur und Ablauf deutlich von der linear orientierten Distributionslogistik an industrielle Kunden unterscheidet.

4.3 Fünf Evolutionsstufen der Distributionslogistik

In diesem Abschnitt soll eine abschließende Zusammenfassung der historischen Entwicklung der Distributionslogistik in den zurückliegenden 50 Jahren sowie ein Ausblick auf die zukünftigen Entwicklungen in den nächsten 20 Jahren gegeben werden. Die Wechsel erfolgen dabei kontinuierlich und nicht homogen, d. h. innovative Unternehmen können durchaus 5–10 Jahre vor dem Wettbewerb und den „Nachzüglern" die nächste Evolutionsstufe erreichen. Die Evolutionsstufen umspannen im Mittel rund eine Dekade, d. h. Stufe 1 deckt die 80er Jahre ab, Stufe 2 die 90er Jahre, Stufe 3 den Zeitraum von 2000–2010, usw.

Da die Entwicklungen im operativen Betrieb von Logistiksystemen stets eng verknüpft sind mit der Entwicklung der sie unterstützenden Software-Systeme, soll dieser Zweiklang auch in der nachfolgenden Darstellung beibehalten werden. Als Referenz wurde dabei das Unternehmen „SAP" (SAP SE mit Sitz in Walldorf) gewählt, dessen Entwicklung sowohl zeitlich als auch inhaltlich sehr gut zu dem gewählten Ausschnitt passt.

4.3.1 Stufe 1 (vor 1990): Individuelle Prozesse und proprietäre Systeme

Stand in der Mitte des letzten Jahrhunderts vorwiegend die Produktionstechnik im Vordergrund der Maßnahmen zur Produktivitätssteigerung, so rückte in den 60er und 70er

Jahren immer mehr die Distributionslogistik in den Fokus, weil sich viele Märkte vom Verkäufer- zum Käufermarkt entwickelten. Basierend auf den Systemen in der Produktion wurden unternehmensspezifische Prozesse und Systeme nun auch in der Distribution entwickelt. Die Hersteller waren in der Regel für die Distribution ihrer Produkte selbst verantwortlich, sie investierten in die unterschiedlichsten Arten von automatisierter Lager- und Kommissioniertechnik und verfügten nicht selten über eigene Lkw-Flotten in der Transportlogistik. Im Zuge der Computerisierung entstanden daraus in vielen Fällen komplexe, proprietäre Informationssysteme, die individuell für die unternehmensspezifischen Prozesse zugeschnitten waren. Ziel war es, alle wesentlichen Bereiche des Unternehmens mit einem zentralen IT-System abzudecken, darunter auch die gesamte Distribution. Diese Architektur bietet zwar Vorteile hinsichtlich der Datenintegrität, ist aber schwer zu handhaben, wenn sich das Unternehmen dynamisch verändert, z. B. in Richtung zu neuen Märkten oder neuen Geschäftsfeldern. Die Bedeutung der für Informationstechnologie (IT) zuständigen Abteilungen in Großbetrieben nahm in gleichem Maße zu wie die prozesstechnische Abhängigkeit von derselben.

Diese Situation prägte auch die Gründung der SAP im Jahr 1972 mit der Idee, eine allgemeine Standardanwendungssoftware für die Echtzeitverarbeitung von Unternehmensdaten anzubieten. So wurde in den 80er Jahren die Software R/2 entwickelt, die alle wesentlichen betriebswirtschaftlichen Unternehmensfunktionen, z. B. Finanzbuchhaltung, Einkauf, Rechnungsprüfung, Bestandsführung, Auftragsabwicklung sowie Produktionsplanung und –steuerung auf einer einzigen Plattform, einem zentralen Mainframe-Rechner, integrierte. Der Grundstein für den Unternehmenserfolg der SAP AG war mit R/2 gelegt, aber der weltweite Durchbruch am Markt erfolgte erst in der nächsten Phase, im Zuge der Standardisierung von Unternehmensprozessen und Globalisierung der Unternehmensaktivitäten, vgl. [8].

4.3.2 Stufe 2 (1990–2000): Standardisierung und Globalisierung

Die 90er Jahre waren geprägt von einem dynamischen Wachstum, das von der Gründung des europäischen Binnenmarktes sowie der zunehmenden Globalisierung der Absatz- und Beschaffungsmärkte und der politischen Öffnung von neuen Märkten in Osteuropa und Asien getrieben wurde. Dieses Wachstum konnte zu wirtschaftlichen Skaleneffekten in der Distributionslogistik genutzt werden, indem Lager- und Transportvolumen gebündelt wurden. Aufgrund der Vereinfachung der grenzüberschreitenden Verkehre entstanden nun vermehrt länderübergreifende Zentrallagerstrukturen anstelle diverser kleiner Regionalläger. So wurden z. B. im Kfz-Ersatzteilgeschäft der Robert Bosch GmbH zwischen 1998 und 2000 die Anzahl der Lagerstandorte in Westeuropa von vormals 15 auf 6 reduziert: durch die Bündelung der Bestände in den verbleibenden „Poollager-Standorten" wurde die Liefererfüllung signifikant gesteigert und die Lagerkosten reduziert, die gesteigerten Frachtkosten der Kundenbelieferung wurden durch Einsparungen in der Grobverteilung (vom Zentrallager an die Regionalläger) und reduzierten Dispositionsaufwand kompensiert, so dass in Summe erhebliche Effizienzgewinne realisiert werden konnten. In Indien unterhielt Bosch in dieser Zeit sogar mehr als 20 Regionalläger zur Belieferung der Handelskunden (vorwiegend aus steuerlichen Gründen, weil grenzüberschreitende Lieferungen zwischen den Bundesstaaten mit einer Abgabe belegt wurden). Aus vertrieblichen und logistischen Gründen hätten bereits 5 Distributionsläger ausgereicht, um den geforderten Lieferservice landesweit zu erbringen.

Mit der Konsolidierung der Lagerstrukturen auf regionaler Ebene und dem Ausbau der Strukturen auf globaler Ebene nutzten viele Unternehmen die Gelegenheit, ihre komplexen Logistikprozesse zu vereinfachen und die Ladungsträger und Lagersysteme zu vereinheitlichen. In dieser Phase entschieden sich viele Hersteller zum Outsourcing der Distributionslogistik, weil der Betrieb der Distributionsläger und die Transportlogistik nicht als Kerngeschäft angesehen wurde. Darüber hinaus konnten die auf diese Tätigkeiten spezialisierten Logistikdienstleister zusätzliche Bündelungseffekte erwirtschaften, wenn Sie Lagerstrukturen parallel für mehrere Kunden nutzten und Synergien bei der spezifischen Software-Entwicklung hatten, z. B. für effiziente Warehouse Management Systeme (WMS) oder standardisierte Zoll- und Transportabwicklung. Lediglich die Schnittstelle zu den jeweiligen Prozessen und Host-Systemen der Kunden musste von den Logistikdienstleistern noch individuell angepasst werden. In dieser Phase leistete der Trend zum Outsourcing noch zusätzlich einen Beitrag zur Standardisierung von Abläufen und Systemen in der Distributionslogistik.

In Großunternehmen wurden im Zuge der Globalisierung auch oft die ablauf- und aufbauorganisatorischen Verantwortlichkeiten innerhalb des Unternehmens umverteilt, z. B. in Form einer Vertikalisierung. Dabei wird die Unternehmenssparte (vertikal) weltweit verantwortlich für die Steuerung des operativen Geschäfts und die regionale Organisation (horizontal) nimmt lediglich die steuerrechtliche Repräsentanz, die Abwicklung von Rechtsgeschäften und die disziplinarische Personalverantwortung wahr. Auch diese Entwicklung erzeugte starken Veränderungsdruck in Richtung zu länderübergreifend einheitlichen Prozessen und Systemen in der Distributionslogistik.

Im Jahr 1991 präsentierte die SAP erste Anwendungen des Systems R/3, das mit seinem Client/Server-Konzept den Betrieb auf Rechnern unterschiedlicher Hersteller ermöglichte und dadurch neue Anwendungsmöglichkeiten im Bereich der Niederlassungen und Tochtergesellschaften von Konzernen sowie bei mittelständischen Unternehmen eröffnete. R/3 war modular aufgebaut und integrierte Prozesse in Unternehmen und über Unternehmensgrenzen hinweg. Es war damit in idealer Weise geeignet, die o.g. Entwicklung zum Logistik-Outsourcing, Standardisierung, Globalisierung und Vertikalisierung zu unterstützen. SAP gelang mit R/3 der weltweite Durchbruch, in dieser Phase konnte SAP zahlreiche Großkunden gewinnen, z. B. Daimler, GM, Bosch, Coca-Cola u.v.m. [8].

4.3.3 Stufe 3 (2000–2010): Vertikale und horizontale Kooperation

Die Zeit nach der Jahrtausendwende stand unter dem Zeichen der Effizienzgewinne durch vertikale und horizontale Kooperation in der Supply Chain. Bereits während der 90er Jahre wurde erkannt, dass die größten Rationalisierungspotenziale in der Distribution – neben der Standardisierung von Prozessen und Systemen – insbesondere in der unternehmensübergreifenden Zusammenarbeit entlang der Lieferkette liegen. Unter dem Dachkonzept des „*Efficient Consumer Response*" (ECR) wurden Ansätze entwickelt, um die unproduktiven Reibungsverluste an den Schnittstellen zwischen Industrie und Handel abzubauen und den effektiven Kundennutzen für alle Beteiligten in den Vordergrund zu stellen. Im Rahmen dieses Kapitels wird es in der zeitlichen Abfolge trotzdem als separate, dritte Stufe aufgeführt, weil sich die Implementierung der vorgestellten Konzepte über einen sehr langen Zeitraum, im Grunde genommen bis in die heutige Zeit hinein, hingezogen hat und immer noch nicht abgeschlossen ist.

Die Umsetzung des ECR-Konzepts umfasst sowohl marketingorientierte Maßnahmen (Demand Side), als auch logistische Maßnahmen zur Verbesserung der Lieferkette (*Supply Side*). Letztere sind für das Thema dieses Kapitels relevant und sollen nun kurz vorgestellt werden [9]:

- Unter dem Titel „*Efficient Unit Loads*" (EUL) werden alle Aktivitäten zusammengefasst, die dazu dienen, die Vielzahl unterschiedlicher Ladungsträger im Markt zu reduzieren und durch standardisierte Ladungsträger Synergien beim Umschlagen und Transportieren der Waren zu erschließen. Allgemein wird heute das sog. ISO-Modul mit den Abmessungen 600 × 400 mm als Standard akzeptiert. Sofern die Primär- und Sekundärverpackungen der Güter sowie die in der Distribution verwendeten Ladungsträger (z. B. Palette, Tray, Kleinladungsträger, Gitterbox) diesen Abmessungen oder einem damit kompatiblen Rastermaß entsprechen, können die Transportkapazitäten optimal ausgenutzt werden.
- Die Aktivitäten rund um das sog. „*Efficient Replenishent*" (ER) haben das Ziel, den Informationsfluss entlang der Lieferkette zu verbessern, um zeitnah zum Verbrauch eine schnelle Nachdisposition der Waren auszulösen und die Bestände auf allen Lagerstufen optimal zu allokieren. So werden die Abverkäufe an Endkunden z. B. mit Hilfe von Scannerkassen, am Point of Sales (POS) automatisch erfasst und mittels einheitlicher Standards zum elektronischen Datenaustausch (EDI) den vorgelagerten Partnern in der Supply Chain übermittelt, so dass sie eine konsistente und transparente Basis für ihre Disposition erhalten. Oftmals reicht die Zusammenarbeit und das gegenseitige Vertrauen sogar so weit, dass die Lagerbestände des Kunden von dem Lieferanten disponiert werden (Vendor managed inventory, VMI).

Die Prinzipien des ECR und die Lösungsansätze auf der „Supply Side" und der „Demand Side" wurden kurz vor der Jahrtausendwende von der Voluntary Interindustry Commerce Standards (VICS) Association in ein konsistentes Gesamtkonzept zur integrativen Planung überführt, dem sog. „Collaborative Planning, Forecasting and Replenishment" (CPFR). Dabei werden im Rahmen einer engen Zusammenarbeit (Collaboration) zwischen Handel und Hersteller, basierend auf den Absatzdaten am POS, grundsätzliche Rahmenbedingungen zur effizienten Logistikabwicklung sowie gemeinsame Wirtschaftspläne erstellt

(Planning), die dann in eine gemeinsame Absatzplanung und Disposition (Forecasting) überführt werden, woraus schließlich im letzten Schritt abgestimmte Aufträge zur Auffüllung der Distributionslager (Replenishment) generiert werden. Dieser Zyklus wird rollierend durchlaufen und die Bedarfsprognosen werden anhand von Abweichungsanalysen permanent aktualisiert. Dadurch wird es möglich, Out-of-Stock-Situationen am POS weitgehend zu vermeiden und gleichzeitig die Produktions- und Lagerkapazitäten auf allen Stufen der Supply Chain bestmöglich zu nutzen.

Die Gründung des SAP-Portals und der Plattform mySAP.com, die E-Commerce-Lösungen mit den bestehenden ERP-Anwendungen auf der Grundlage von Webtechnologie verband, markierte im Jahr 2000 für SAP den Einstieg in die elektronischen Marktplätze und Unternehmensportale, die eine hilfreiche Basis für vertikale Kooperationen im Sinne des CPFR sowie für horizontale Kooperationen zur kosteneffizienten Transportlogistik sind. Im Jahr 2004 kam SAP NetWeaver als Integrations- und Applikationsplattform für die diversen Akteure in der Supply Chain auf den Markt. Allerdings wurde das Marktsegment zur Koordination der unternehmensübergreifenden Beschaffungslogistik zur damaligen Zeit von anderen Wettbewerbern besser bedient (z. B. Ariba). Auch verfügte SAP noch nicht über die In-Memory-Technologie für die extrem schnelle Berechnung optimaler Planungsszenarien über mehrere Stufen der Lieferkette hinweg, sog. APS-Systeme (Advanced Planning Systems), wie sie zu dieser Zeit z. B. von Icon-SCM oder Manugistics (später JDA Software Group) angeboten wurden. Durch Akquisition von einigen der vorgenannten Unternehmen hat SAP später diese Defizite korrigiert. Die In-Memory-Technologie hat SAP im Jahr 2011 zusammen mit der SAP-HANA-Plattform eingeführt.

4.3.4 Stufe 4 (2010–2020): Digitalisierung und Individualisierung

Nach anfänglicher Euphorie über den E-Commerce (vor dem Jahr 2000) und einer Phase der Ernüchterung (nach dem Platzen der New Economy Blase) konnten sich die darauf ausgerichteten Unternehmen in den darauffolgenden Jahren stabilisieren und der elektronische Handel (B2C) wuchs kontinuierlich – mit den bereits genannten Nachteilen, die mit der Direktbelieferung an Endverbraucher verbunden sind: Atomisierung der Sendungsgrößen, Zunahme von Retouren, gesteigertes Transportaufkommen, etc. Der holistische Verbund aus Logistikkompetenz, IT-Kompetenz und elektronischem Marktplatz war der entscheidende Faktor für den Erfolg der Marktführer im E-Commerce, z. B. Amazon.

Die nächste Evolutionsstufe der Distributionslogistik (nach 2010) wurde von der zunehmenden Digitalisierung geprägt, das „Internet of Things" (IoT), Technologien der Künstlichen Intelligenz (KI) und „Big Data" Analysen sowie insbesondere die extreme Zunahme von mobilen Diensten eröffneten völlig neue Perspektiven für die operative Steuerung der Distribution. Supply Chain Management wird zum Supply Chain *Event* Management, wenn in Echtzeit alle relevanten Logistikdaten gesammelt, übermittelt und analysiert werden, um damit die Lieferkette möglichst zeitnah und optimal zu steuern, siehe Kap. Supply Chain Event Management.

Die allgegenwärtige Verfügbarkeit von internetbasierten, mobilen Diensten im Cloud-Computing ermöglicht in Verbindung mit sozialen Netzwerken neue Formen der kooperativen Logistik, z. B. Organisation von Transporten im Rahmen der Sharing Economy. Fahrzeugflotten im inner- und außerbetrieblichen Transport können autonom durch sog. „Schwarm-Software" gesteuert werden.

Im Zuge der Digitalisierung (Stichwort: Industrie 4.0) wird sich in den nächsten Jahren die Produktionslandschaft dahingehend verändern, dass individuelle Produkte mit den Methoden und der Effizienz der automatisierten Massenfertigung hergestellt werden können, z. B. mittels additiver Fertigung (3D-Druck). Dadurch wird sich der Anteil der kundenanonymen MTS-Prozesse zugunsten der auftragsspezifischen MTO-Methodik verschieben, was gemäß der Ausführungen in den Vorkapiteln natürlich direkt auf die Distributionslogistik durchschlagen wird.

Durch zahlreiche Akquisitionen hat sich SAP in den letzten Jahren strategisch in diesem Zukunftsfeld positioniert: 2010 wurde das kalifornische Unternehmen Sybase übernommen, das auf mobile Datennutzung spezialisiert ist. 2012 wurde Ariba übernommen, der Marktführer von Cloud-basierten Netzwerken für unternehmensverbindende Beschaffungslösungen. Seit 2011 ist mit SAP-HANA die In-Memory-Technologie verfügbar und bietet damit Lösungen zum Supply Chain Event Management und zur simultanen Logistikplanung und –steuerung an. Das Wachstum der SAP wird heute vorwiegend von Anwendungen rund um SAP-HANA und cloudbasierten Diensten im Rahmen des IoT (Internet of Things) getragen. Ziel ist das „Live Business", wo auf Basis von Echtzeitdaten alternative Szenarien simuliert und Management-Entscheidungen unterstützt werden.

4.3.5 Stufe 5 (nach 2020): Circular Economy

Es ist schwer vorhersehbar, wie die Zukunft genau aussehen wird. Nach der Digitalisierung könnte die Kreislaufwirtschaft, engl. „Circular Economy", der nächste Megatrend werden, der die Distributionslogistik und mithin die gesamte Wirtschaft radikal verändern kann. Insbesondere rohstoffarme, aber konsumstarke Länder wie z. B. Deutschland oder Japan, würden von der Ressourceneffizienz der Kreislaufwirtschaft profitieren – im Sinne des „Urban Mining" wird der städtische Raum sozusagen zur Rohstoffquelle. Aus Sicht der Distributionslogistik sind jedoch nicht die seit langem bekannten Ansätze zum Recycling interessant, sondern die Ansätze zur Wieder- und Weiterverwendung, die in der Abfallhierarchie eine Stufe über dem Recycling (stoffliche Verwertung) angesiedelt sind, weil hierbei das Produkt nicht zerstört wird, sondern in Form und Funktion erhalten bleibt. Das Prinzip der Wieder- und Weiterverwendung ist nicht neu – z. B. werden in der Automobil-, Maschinenbau- und Flugzeugindustrie seit vielen Jahrzehnten defekte Motoren oder Bauteile ausgebaut und mit industriellen Prozessen wieder instandgesetzt und anschließend als Ersatzteile wiederverwendet (sog. Remanufacturing). Der Grund, warum die Circular Economy in diesem Kapitel als neuer Megatrend – mit gravierenden Auswirkungen auf die Distributionslogistik – betrachtet wird, liegt in der neuen

Dimension, die die Kreislaufwirtschaft, zusammen mit den technischen Möglichkeiten der Digitalisierung und der heutigen Erkenntnis zu nachhaltigem Wirtschaften, in der Zukunft einnehmen wird.

Es beginnt bereits beim neuen Denkansatz: Bei modernen Geschäftsmodellen zur Wieder- oder Weiterverwendung wird die bisher übliche lineare, verbrauchsorientierte Denkweise (vom Hersteller, über den Handel zum Verbraucher) durch einen nutzungsorientierten Ansatz ersetzt, bei dem nicht mehr der Verkauf, sondern allein die *Nutzung* einer Ressource im wirtschaftlichen Fokus steht. Der Hersteller überlässt die Produkte gegen eine Gebühr dem Kunden zur Nutzung (sog. Product as a Service, PaaS) und nimmt sie nach dieser Zeit wieder zurück oder tauscht sie während der Nutzungszeit nach Bedarf aus. Während des Lebenszyklus wird das Erzeugnis ggf. mehrmals repariert oder generalüberholt und wechselt im Rahmen von Nutzungskaskaden mehrfach die Besitzer. Bei Geschäftsmodellen, die auf diesem Prinzip basieren, verschmelzen Distributions- und Beschaffungslogistik dahingehend, dass die vom Kunden rückgeführten Produkte nach einer Phase der Rekonditionierung (Aufarbeitung) wieder für die nächste Nutzungsperiode zur Verfügung stehen und Rücknahmen somit zur Produktivität der Supply Chain beitragen.

In einer Studie der Unternehmensberatung Accenture, siehe [10], wurde das Wachstumspotenzial durch Geschäftsmodelle, die das lineare Wirtschaftsmodell eliminieren, bis zum Jahr 2030 auf 4,5 Billionen US $ geschätzt, davon insbesondere

- 600 Mrd $ aufgrund der kollektiven Nutzung von Ressourcen (Sharing Economy)
- 900 Mrd $ aufgrund der Verlängerung von Produktlebenszyklen durch Reparatur, Aufarbeitung und Wiederverwendung

Die Logistik allein wird nicht der Schlüssel zur Kreislaufwirtschaft sein, doch es ist klar, dass sie ein wesentlicher Bestandteil der neuen zirkulären Geschäftsmodelle sein muss. Neben den o.g. Potenzialen kann die Distributionslogistik in der Kreislaufwirtschaft viel effizienter gestaltet werden als in der heutigen linearen Distribution. Der Hersteller hat nun ein größeres Zeitfenster zur Bedienung des Kunden zur Verfügung, da er bei PaaS ja selber die Wartungs- oder Tauschzyklen bei dem Kunden beeinflussen oder sogar steuern kann. Dies öffnet Synergien für Sammelfahrten in der Distribution. Bei geschickter Planung fallen außerdem weniger Leerfahrten an, zu Gunsten von mehr paarigen Verkehren aus der Kombination von Abholung und Versand. Es ist offensichtlich, dass es in der Zukunft noch viele Möglichkeiten zur Verbesserung und Weiterentwicklung der Distributionslogistik in der Kreislaufwirtschaft gibt.

Obwohl in diesem Kapitel als fünfte Evolutionsstufe dargestellt, können viele der genannten Entwicklungen bereits heute beobachtet werden und verlaufen quasi parallel zu der mit Stufe vier bezeichneten Phase der Digitalisierung. Mit Sicherheit wird es hier keinen scharfen Übergang geben. Insofern darf die zeitliche Eingrenzung auf die Zeit nach 2020 nicht zu strikt prognostisch ausgelegt werden. Sie ist aber aus didaktischen Gründen sinnvoll, um den disruptiven Denkansatz der Kreislaufwirtschaft zu betonen und gegen die heute vorherrschende lineare Wirtschaft und linear orientierte Distributionslogistik abzugrenzen.

An dieser Stelle soll nun nicht darüber spekuliert werden, welche Produkte und Entwicklungen die als Referenzunternehmen gewählte SAP in den zukünftigen Jahren prägen wird. Man kann jedoch davon ausgehen, dass SAP, die bereits 2008 ihren ersten Nachhaltigkeitsbericht veröffentlicht hat und an Themen in diesem Umfeld arbeitet, in der Zukunft auch zeitgemäße Lösungen für die speziellen Prozesse der Kreislaufwirtschaft anbieten wird.

Literatur

1. APICS Supply Chain Council (Hrsg.), Supply Chain Operations Reference Model, Chicago (2016). http://www.apics.org/sites/apics-supply-chain-council
2. Ihde, G. B.: Transport, Verkehr, Logistik. 3. Aufl., Vahlen, München (2001)
3. Filz, B.; Fuhrmann, R. u.a.: Kennzahlensysteme für die Distribution. TÜV Rheinland, Köln (1989)
4. Werner, H.: Supply Chain Management: Grundlagen, Strategien, Instrumente und Controlling. 5. Aufl., Springer Gabler Verlag, Wiesbaden (2013)
5. Klaus, P.: Die dritte Bedeutung der Logistik. In:Beiträge zur Evolution logistischen Denkens. Edition Logistik; Band 1, Deutscher Verkehrs-Verlag, Hamburg (2002)
6. Poluha, R.: Anwendung des SCOR-Modells zur Analyse der Supply Chain: Explorative empirische Untersuchung von Unternehmen aus Europa, Nordamerika und Asien, Reihe Wirtschaftsinformatik der Universität Köln, Bd. 50, 6. Aufl., Josef Eul Verlag, Köln (2014)
7. Simchi-Levi, D.; Kaminsky, P.; Simchi-Levi, E.: Designing and Managing the Supply Chain. Concepts, Strategies and Case Studies, Boston (2007)
8. SAP SE: Homepage. Unternehmensdarstellung und Geschichte der SAP. http://go.sap.com/corporate/de/company/history.html. Zugegriffen am 30.06.2016
9. Corsten, D.; Pötzl, J.: ECR - Efficient Consumer Response. Integration von Logistikketten, 2. Aufl., Carl Hanser Verlag, München (2002)
10. Lacy, P.; Rutqvist, J.; Buddemeier, P.: Wertschöpfung statt Verschwendung: Die Zukunft gehört der Kreislaufwirtschaft. Redline Verlag, München (2015)

Lagerprozesse

5

Helmut Wlcek

5.1 Grundlagen zu Lagerprozessen

5.1.1 Begriffsabgrenzung

In Wertschöpfungsketten sind die Materialflüsse meist nicht synchronisiert. Das bedeutet, dass an einer oder mehreren Stellen ein zeitlicher Versatz zwischen Zufluss von Material und dessen vollständigem Abfluss besteht. Dieser Versatz kann ungeplant entstehen, z. B. bei Auftreten einer Anlagenstörung. Das Unterbrechen des Materialflusses kann aber auch bewusst herbeigeführt werden und wirtschaftlich sinnvoll sein. Beispiele hierfür sind:

- Produkte werden in Losen gefertigt, um Rüstaufwendungen und den Produktionsausfall während Umrüstvorgängen zu reduzieren. Immer dann, wenn der vorgelagerte oder der nachfolgende Prozess nicht genau dieselbe Losgröße verarbeitet, entsteht Bestand.
- Bei Produkten mit saisonalem Absatz werden zur Investitionsvermeidung die Fertigungskapazitäten nicht auf die Bedarfsspitzen ausgelegt. In diesem Fall wird Ware vorproduziert.
- Es werden größere Mengen als unmittelbar benötigt eingekauft, wenn auf steigende Preise spekuliert wird.

H. Wlcek (✉)
Fakultät Betriebswirtschaft, Hochschule Esslingen, Flandernstraße 101, F2.416, 73732 Esslingen, Deutschland
e-mail: helmut.wlcek@hs-esslingen.de

- Ware, die in großer Distanz vom Absatzmarkt oder mit langer Bearbeitungsdauer gefertigt wird, wird vor Erhalt eines Auftrages vorausproduziert, um Kundenaufträge mit kurzer Lieferzeit erfüllen zu können.
- Zur Absicherung der Materialverfügbarkeit und Lieferfähigkeit werden bei unbekannten oder zeitlich nicht genau vorherzusagenden Materialzu- oder -abflüssen – z. B. wegen unzuverlässiger Lieferanten oder unsicherer Kundenbedarfe – bewusst Bestände vorgehalten.

Genauere Ausführungen dazu sind im Kap. Lagerbestandsmanagement zu finden.

Wann immer ein zeitlicher Versatz zwischen Zu- und Abfluss von Material auftritt, liegt das Material für den Zeitraum dazwischen. Nach der VDI Richtlinie 2411 ist Lagern jedes geplante Liegen von Arbeitsgegenständen im Materialfluss. Das Lagern wird auch als Lagerung bezeichnet.

Die Lagerung erfolgt in einem Raum, einem Gebäude oder einem Areal. Dieses wird als Lager bezeichnet. Lagerprozesse sind alle Aktivitäten, die in einem Lager ablaufen. Das Lagern selbst ist im engeren Sinne kein Prozess, da es nicht mit Aktivitäten verbunden ist.

Die Lagerprozesse koordinieren verschiedene Lagerobjekte, insbesondere die Lagereinheiten, die Lagertopologie, die Lageraufträge sowie die Lagerressourcen (vgl. Abb. 5.1).

Lagereinheiten bestehen aus Lagergütern und ggf. aus Ladungsträgern, z. B. Paletten, mit denen mehrere gleich- oder verschiedenartige Lagergüter zu einer Einheit zusammengefasst werden. Die Güter können als Einheit gemeinsam aufgenommen, transportiert und abgestellt werden.

Die Lagertopologie beschreibt die räumlichen Gegebenheiten eines Lagers. Dabei sind Lagerplätze, auf denen Lagergüter gelagert werden, und Übergabepuffer zu unterscheiden, an denen Ware kurzzeitig zwischen zwei Arbeitsgängen abgestellt wird. In Bearbeitungsflächen, z. B. dem Wareneingang, werden verschiedenartige Tätigkeiten an den Gütern durchgeführt. Weiterhin umfasst die Lagertopologie die Transportwege, auf denen Lagergut bewegt wird.

Lageraufträge lösen Lagerprozesse aus, die Lagergüter dem Lager zuführen, es im Lager bearbeiten oder aus dem Lager entfernen.

Die Lagerprozesse greifen auf die Lagerressourcen zu, insbes. Lagermitarbeiter, Betriebsmittel wie Flurförderzeuge, sowie Hilfsmittel, z. B. Material zur Ladungssicherung.

Lager-objekte	Lager-einheiten	Lagergüter	Ladungsträger		
	Lager-topologie	Lagerplätze	Übergabepuffer	Bearbeitungs-flächen	Transportwege
	Lager-aufträge				
	Lager-ressourcen	Lager-mitarbeiter	Betriebsmittel	Hilfsmittel	

Abb. 5.1 Lagerobjekte

5.1.2 Aufgaben der Lagerung

Lager erfüllen mehrere Aufgaben (vgl. [9], S. 50 ff): Das Aufbewahren der Lagergüter, also die Überbrückung der Zeit zwischen Zu- und Abfluss, ist nach obiger Definition die Hauptaufgabe der Lagerung. Wie beschrieben kann die Aufbewahrung zur Absicherung der Verfügbarkeit sowie zur Verkürzung der Lieferzeit für Folgestufen der Wertschöpfungskette beitragen.

Während der Aufbewahrung übernimmt die Lagerung auch eine Schutzaufgabe. Während der Lagerung soll ein Verschwinden des Lagerguts, z. B. durch Auslaufen oder Versickern von flüssigen Gütern oder die Entwendung durch unbefugten Zugriff, verhindert werden. Ebenso können Beschädigungen, übermäßige Verschmutzung oder ein Verderben durch Umwelteinflüsse wie Niederschlag oder Wärme verhindert werden. In umgekehrter Weise muss die Umwelt auch vor manchen Lagergütern geschützt werden. Dies gilt insbesondere bei Gefahrstoffen.

Weiterhin übernehmen Lager Schnittstellenaufgaben. Über sie werden Warenflüsse von und zu externen Partnern, wie Lieferanten oder Kunden abgewickelt.

In Lagern werden zumeist auch die Menge und Zusammensetzung der Lagergüter verändert. So kann in einem Lager die Menge des Abflusses vom Zufluss entkoppelt werden, d. h. Lagergut kann gebündelt oder einzeln im Lager vereinnahmt und in unterschiedlichen Mengen wieder bereitgestellt werden. Durch diese Anpassung können Güter verschiedener Lieferanten in veränderter Menge und Zusammensetzung an Kunden geliefert werden.

In zunehmendem Maße ist zu beobachten, dass in Lagern Aufgaben wahrgenommen werden, die nicht originär der Logistik zuzuordnen sind. Dazu zählt die Bearbeitung der Lagergüter. Das Spektrum derartiger Wertschöpfungstätigkeiten ist sehr weit und reicht von Etikettieren, Ver- oder Umpacken über Konfektionierungsarbeiten und Aufbereitung von retournierter Ware bis hin zu Montage und Umbau. Diese Wertschöpfungsaufgaben unterscheiden sich teilweise nicht von Fertigungsfunktionen. Auch Prozesse anderer Unternehmensfunktionen, z. B. die Qualitätskontrolle von Produkten oder die vertriebsseitige Bearbeitung von Retouren werden immer öfter in Lager verlegt. Diese Leistungen werden als Bearbeitungsprozesse bezeichnet.

5.1.3 Ziele von Lagerung und Lagerprozessen

Lager nehmen die vorgenannten Aufgaben in einem unterschiedlichen Umfang wahr. Das Ausmaß, in dem sie erforderlich sind, kann mittels eines Anforderungsprofils beschrieben werden. (vgl. [7], S. 614 ff).

- Sortimentsanforderungen beinhalten die Anzahl verschiedenartiger Lagergüter und deren Eigenschaften, wie z. B. Abmessungen, sowie ihre Anforderungen an die Lagergegebenheiten.
- Bestandsanforderungen enthalten die maximalen und durchschnittlichen Lagermengen

- Lagerdaueranforderungen geben die Dauer der Lagervorgänge an
- Auftragsanforderungen beschreiben die Art, den Umfang und die Zusammensetzung der Lageraufträge
- Durchsatzanforderungen geben an, welche Mengen und Volumen von Waren im Durchschnitt sowie unter Spitzenlast im Lager bearbeitet werden müssen. Dabei ist auch die verfügbare Durchlaufzeit von Eingang eines Auftrags bis zur Abarbeitung relevant.
- Qualitätsanforderungen beschreiben die Erwartungen an die korrekte und termingerechte Bearbeitung der Lageraufträge
- Transparenzanforderungen spezifizieren die Anforderungen an die Nachvollziehbarkeit der Material- und Informationsflüsse im Lager
- Flexibilitätsanforderungen bzgl. Anforderungsänderungen beschreiben die Möglichkeiten des Lagers, sich auf kurz- und langfristige Veränderung der Anforderungen einzustellen.

Ziel eines Lagers ist meist, die gestellten Anforderungen zu minimalen Kosten zu erfüllen. Dabei sind folgende Kosten zu berücksichtigen:

- Kosten für das Lager: Miete oder Abschreibungen und Kapitalverzinsung für den Lagerraum, das Gebäude oder das Areal inklusive aller Nebenkosten wie z. B. Energieverbrauch, Instandhaltung und Versicherungen
- Kosten für die Lagertechnik: Miete oder Abschreibungen und Kapitalverzinsung für immobile oder mobile technische Anlagen in den Lagern wie Lagerregale oder Fördertechnik inkl. aller Nebenkosten wie Energieverbrauch, Instandhaltung und Versicherungen
- Kosten für das Lagerpersonal
- Sonstige Kosten des Lagers, z. B. für Ladungsträger und Verpackungsmaterial, informationstechnische Einrichtungen, Abfallentsorgung

Die Kosten der Lagergüter – insbes. die Verzinsung des durch sie gebundenen Kapitals – stellen einen weiteren Kostenblock dar. Dieser kann ebenfalls den Lagerkosten zugeordnet werden. Es kann jedoch auch argumentiert werden, dass sie nicht den Lagerkosten sondern nur den Kosten der Materialdisposition zuzurechnen sind, da die Lagerung nicht ursächlich für die Bestandshaltung ist.

5.1.4 Überblick über Lagerprozesse

Die Lagerprozesse können in Planungsprozesse, Steuerungsprozesse, Ausführungsprozesse und Unterstützungsprozesse gegliedert werden. Eine generalisierte Beschreibung von Lagerprozessen bietet das Distribution Center Reference Model (vgl. [17]).

Ausführungsprozesse bewirken unmittelbar die Erfüllung der Lageraufgaben. Sie können in Kernprozesse, Schnittstellenprozesse, Anpassungsprozesse und Bearbeitungsprozesse sowie spezifische Prozesse untergliedert werden.

Als Kernprozesse werden diejenigen bezeichnet, die in der einfachsten Form von Lagern vorhanden sind. Diese Lager nehmen ausschließlich Lagereinheiten von einem Prozess am gleichen Standort entgegen, lagern diese und stellen sie unverändert in Menge und Zusammensetzung für einen Folgeprozess am Standort bereit. Die Kernprozesse sind die Einlagerung und die Auslagerung.

Schnittstellenprozesse sind der Warenein- und –ausgang. Sie erfüllen die Schnittstellenaufgaben des Lagers gegenüber der Außenwelt. Alle Waren, die von außen an das Lager geliefert werden bzw. nach außen verbracht werden, durchlaufen sie.

Anpassungsprozesse sind erforderlich, wenn die an das Lager übergebenen Güter in Menge und Zusammensetzung nicht dem entsprechen, was als Lagereinheit gelagert oder vom Lager an Folgeprozesse bereitgestellt werden soll. Zu den Schnittstellenprozessen gehören die Vereinzelung, die Kommissionierung und der Packprozess.

Mit Bearbeitungsprozessen erfolgt Wertschöpfung an den gelagerten Gütern.

Die genannten Prozesse werden im Abschn. 5.2.1 beschrieben. Abb. 5.2 stellt die Abhängigkeiten zwischen diesen Prozessen dar. Obwohl die Reihenfolge der Bearbeitung nicht eindeutig definiert ist, werden die Prozesse in der am häufigsten zu beobachtenden zeitlichen Abfolge erläutert.

In Abhängigkeit von Eigenschaften der Lagergüter oder von rechtlichen Rahmenbedingungen, wie z. B. bei Gefahrstoffen, sind besondere Auflagen bei den genannten Prozessen zu erfüllen bzw. zusätzliche Prozesse auszuführen. Dies wird unter spezifische Prozesse zusammengefasst und exemplarisch am Beispiel von Gefahrstofflagern sowie bei temperaturgeführten Lagern in Abschn. 5.2.2 behandelt.

Unterstützungsprozesse dienen der Aufgabenerfüllung nur indirekt, indem sie gesetzliche Auflagen erfüllen, Betriebsbereitschaft sicherstellen oder die Effizienz fördern. Einige Beispiele dafür werden in Abschn. 5.3 behandelt.

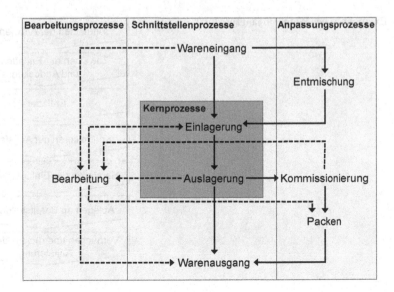

Abb. 5.2 Überblick und Klassifizierung der Lagerprozesse

Steuerungsprozesse stellen sicher, dass die Ausführungsprozesse effektiv und effizient ablaufen. Abschn. 5.4 stellt dar, welche Gestaltungsstrategien und Steuerungsmechanismen in Lagern verwendet werden können, um eine hohe Effizienz zu erreichen. Das Management von Lagerprozessen mittels des Lean Ansatzes wird in Abschn. 5.5 behandelt.

Die Lagerplanung kann verschiedene Aspekte umfassen, z. B. die Auswahl von geeigneten Standorten oder die Festlegung von Lagerlayout und technischer Ausstattung der Lager-, Förder- und Kommissioniertechnik. Auch laufende Planungsaufgaben wie z. B. Budget oder Personalkapazität stellen Lagerplanungsaufgaben dar. Die Lagerplanung wird im Folgenden nicht weiter behandelt. Die grundsätzliche Vorgehensweise der Lagerplanung wird im Kap. Lagerplanung behandelt. Lager-, Förder- und Kommissioniertechnik wird im Kap. Innerbetriebliche Logistiksysteme erläutert.

5.2 Ausführende Lagerprozesse

5.2.1 Allgemeine Lagerprozesse

5.2.1.1 Wareneingang

Der Wareneingangsprozess (vgl. Abb. 5.3) startet meist mit einer Anmeldung des Transportmittels, z. B. eines Lastkraftwagens, im Lager. Dabei erfolgt die Übergabe des Lieferscheins, der Art und Menge der angelieferten Güter benennt. Das Transportmittel bekommt eine Entladestelle zugewiesen und dockt dort an. In Lagern, bei denen die Entladestellen einen Engpass darstellen, kann über eine sog. Ladezeitensteuerung eine Abstimmung der Uhrzeit zur Entladung vereinbart werden. Anschließend erfolgt die Entladung des

Abb. 5.3 Exemplarischer Wareneingangsprozess

Transportmittels. Im Rahmen der Entladung werden die angelieferten Güter kontrolliert. Es ist gesetzlich geregelt, dass die empfangene Ware unverzüglich zumindest äußerlich auf Art, Vollständigkeit und sichtbare Beschädigungen zu überprüfen und ggf. zu reklamieren ist (vgl. HGB § 377). Anderenfalls gilt die im Lieferschein angegebene Menge als geliefert und schadensfrei. Bei einer erkennbaren Warenbeschädigung kann die Annahme der Ware verweigert werden, ansonsten ist der Warenempfang zu quittieren. Sofern die Güter bzw. Ladungsträger keine eindeutige Identifikation besitzen oder diese im Lager nicht verwendet werden kann, wird eine solche erstellt. Weiterhin ist die Einlagerfähigkeit zu prüfen und ggf. herzustellen. In physischer Hinsicht sind dazu z. B. lose Waren auf Ladungsträger zu packen, die Stabilität einer Palette zu kontrollieren und ggf. ein Umpalettiervorgang vorzunehmen oder – insbes. bei automatisierten Lagern – Überstände von Ware über den Ladungsträger zu beseitigen. Administrativ ist die Lagereinheit im System anzumelden, um später eine Lagerplatzzuweisung und -rückmeldung verarbeiten zu können. Abschließend erfolgt die Übergabe der Lagereinheit an den Folgeprozess, z. B. durch Abstellen in einem Übergabepuffer.

Eine Lieferrückmeldung, d. h. eine Meldung, dass die Ware im Lager angekommen und verfügbar ist, kann nach dem Wareneingang oder erst nach Abschluss der Einlagerung erfolgen.

5.2.1.2 Entmischung

Aus Gründen der Transportoptimierung werden häufig Kleinmengen von Gütern unterschiedlicher Art gemeinsam auf einem Ladungsträger, z. B. Mischpaletten, versendet. In den meisten Lagern werden jedoch nur sortenreine Lagereinheiten zugelassen. Dies hat den Vorteil, dass sich bei späterer Entnahme einzelner Produkte aus der Lagereinheit Suchaufwand vermeiden lässt. In diesem Fall werden die angelieferten gemischten Ladungsträger entmischt (vgl. Abb. 5.4). Dazu werden der zu entmischende Ladungsträger sowie leere Ladungsträger bereitgestellt. Die Ware wird vom zu entmischenden Ladungsträger abgenommen und artikelweise sortiert auf die leeren Ladungsträger abgelegt. Abschließend werden die sortenreinen Ladungsträger für den Folgeprozess, meist die Einlagerung, bereitgestellt.

Abb. 5.4 Exemplarischer Entmischprozess

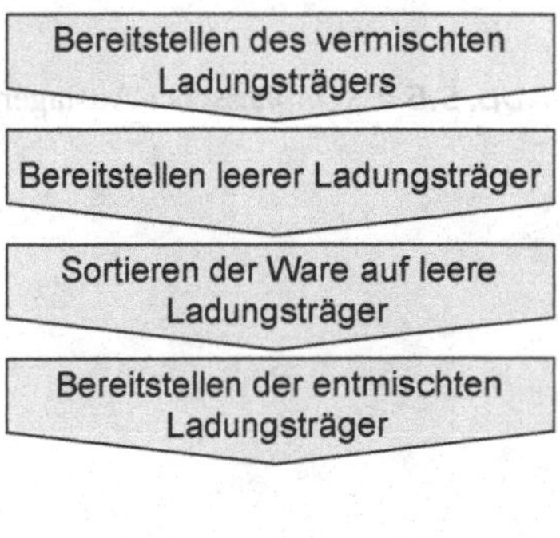

Bereitstellen des vermischten Ladungsträgers

Bereitstellen leerer Ladungsträger

Sortieren der Ware auf leere Ladungsträger

Bereitstellen der entmischten Ladungsträger

Abb. 5.5 Exemplarischer Einlagerprozess

5.2.1.3 Einlagerung

Bei der Einlagerung (vgl. Abb. 5.5) wird die Lagereinheit an einem definierten Ort, z. B. einem Übergabepuffer, identifiziert. Diese kann visuell oder mit technischer Unterstützung geschehen, die im Kap. Identifikationssysteme in der Logistik beschrieben ist. Für die Lagereinheit wird ein Lagerplatz ermittelt. Dies kann durch Auswahl eines beliebigen freien Platzes durch den einlagernden Mitarbeiter erfolgen. Alternativ kann der Lagerplatz explizit vorgegeben werden (siehe Abschn. 5.4.2). Nach Erreichen des Lagerplatzes wird die Lagereinheit dort abgelegt.

Im Rahmen der Bestandsführung werden in der Regel die Lagereinheiten mit ihren Artikelmengen und dem Lagerplatz festgehalten. Die Verbuchung kann analog zur Identifikation der Lagereinheit IT unterstützt mittels eines sog. Warehouse Management Systems (vgl. Kap. Warehouse-Management-Systeme) erfolgen. Eine konsequente Buchung aller Bestandsbewegungen im Lager führt zu einer hohen Transparenz und ermöglicht, Bestandsdifferenzen, also Abweichungen zwischen Soll- und Ist-Bestand, zu identifizieren und zu analysieren.

5.2.1.4 Auslagerung

Bei der Auslagerung (vgl. Abb. 5.6) wird die Ware von einem vorgegebenen Lagerplatz entnommen, zu einem Übergabepuffer transportiert und dort abgelegt. Analog zur

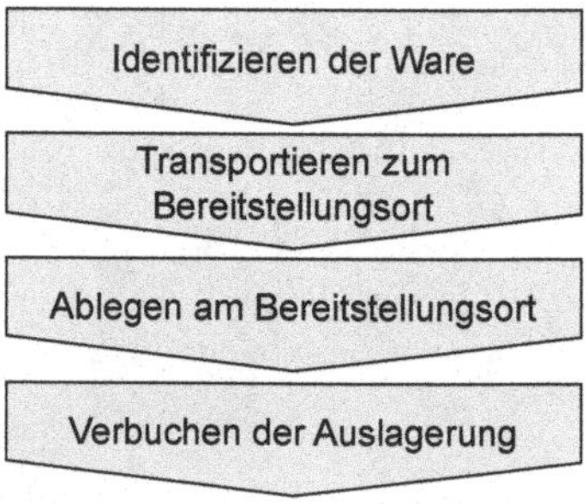

Abb. 5.6 Exemplarischer Auslagerprozess

| Identifizieren der Ware |
| Transportieren zum Bereitstellungsort |
| Ablegen am Bereitstellungsort |
| Verbuchen der Auslagerung |

Einlagerung ist die Identifikation der Ware zur Fehlervermeidung sinnvoll. Nach Transport der Ware zu einem Übergabepuffer ist die Bestandsführung zu aktualisieren.

5.2.1.5 Bearbeitung

Die Durchführung von Bearbeitungsprozessen in Lagern gewinnt immer mehr an Bedeutung. Dabei gibt es eine große Variantenvielfalt, z. B.

- logistiknahe Tätigkeiten
  - kundenspezifisches Labeln von Artikeln
  - Preisauszeichnung
  - Ver- oder Umpacken
  - Bänderung von Produktverpackungen zur Diebstahlssicherung
- Konfektionierungstätigkeiten
  - auftragsspezifische Zusammenstellung einzelner Komponenten zu einem Verkaufsprodukt
  - Aufbau und Bestückung von Verkaufsdisplays
- einfache Montagetätigkeiten, z. B.
  - Anbringen von Montageclips an einem Bauteil
  - Ersatz des Steckers eines Elektrogerätes durch eine landesspezifische Variante
- Retourenabwicklung, z. B. Überprüfung und ggf. Aufbereitung von Ware
- Durchführung von Qualitätskontrollen

Aufgrund der stark unterschiedlichen Ausprägung der Bearbeitungsvarianten kann kein Standardprozess dafür angegeben werden. Oft sind jedoch die in Abb. 5.7 dargestellten Elemente vorhanden.

Die Einbindung des Bearbeitungsprozesses in den Gesamtablauf im Lager variiert stark. Bei der Qualitätskontrolle wird meist eine Teilmenge der angelieferten Ware als Stichprobe entnommen und zur Kontrolle verbracht. Während der Kontrolle wird der Rest der Ware entweder in einem speziellen Puffer verwahrt oder eingelagert. In diesem

Abb. 5.7 Exemplarischer Bearbeitungsprozess

Ware bereitstellen

Rüsten

Durchführen der Bearbeitung

Überprüfen der Bearbeitung

Bereitstellen der Ware

Fall wird jedoch die Entnahme der Ware administrativ unterbunden. Nach Abschluss der Kontrolle wird die Stichprobe wieder zugelagert und die Entnahmesperrung aufgehoben. Ähnlich werden Retouren meist direkt vom Wareneingang zur Kontrolle und ggf. Aufarbeitung weitergegeben und nach deren Abschluss eingelagert.

Fertigungsnahe Bearbeitungsschritte können sowohl direkt nach Wareneingang, während der Lagerung oder zwischen Kommissionierung und Verpackung erfolgen. Zur Minimierung der Handlingsschritte ist es meist am sinnvollsten, die Bearbeitung gekoppelt an Wareneingang oder Verpackung durchzuführen. Bei kundenspezifischen Vorgängen ist die Kopplung an die Verpackung häufig vorzuziehen. In anderen Fällen können Bearbeitungsschritte auch als Füllaktivität in Zeiten mit geringer Auftragslast verwendet werden, um die Personalressourcen optimal auszulasten.

5.2.1.6 Kommissionierung

Die Weitergabe von Ware aus dem Lager erfolgt auf Anforderung der Kunden hin als Mischung kleinerer Mengen verschiedener Artikel. Den Vorgang, aus einer Gesamtmenge von Gütern Teilmengen aufgrund einer Anforderung zusammenzustellen, nennt man in Anlehnung an die VDI-Richtlinie 3590 Kommissionieren. Abb. 5.8 zeigt den Prozess im Überblick.

Zur Vorbereitung einer Kommissionierung ist sicherzustellen, dass eine ausreichende Menge der geforderten Güter in Bereitstellungseinheiten im Kommissionierbereich vorhanden ist. Falls dies nicht der Fall ist, wird Ware als Nachschub dorthin disponiert und es erfolgt eine Umlagerung. Weiterhin wird vorbereitend für jeden Kundenauftrag eine Auftragsablage bereitgestellt. Die Auftragsablage ist ein Ladungsträger, in dem alle im Rahmen des Kommissionierauftrags für einen Kundenauftrag gesammelten Güter

Abb. 5.8 Exemplarischer Kommissionierprozess

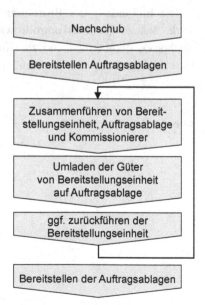

zusammengefasst werden. Sie kann z. B. aus einem Fach eines Kommissionierwagens bestehen, ein Kleinladungsträger oder eine Palette sein.

Die zentrale Aufgabe der Kommissionierung ist, die geforderte Ware aus den Bereitstellungseinheiten zu entnehmen und den Auftragsablagen zuzuführen. Um dies zu ermöglichen, müssen die Bereitstellungseinheit, die Auftragsablage sowie ein Kommissionierer, ein Lagermitarbeiter oder ein Kommissionierroboter, zusammengebracht werden. Meistens geht ein menschlicher Kommissionierer mit den Auftragsablagen zu den Kommissionierplätzen. Alternativen dazu werden in Abschn. 5.4.4 beschrieben. Sobald die Zusammenführung erfolgt ist, entnimmt der Kommissionierer die Ware und legt die geforderte Menge auf der Auftragsablage ab. Zur Absicherung der richtigen Zuordnung kann dabei eine Identifikation von Ware und Auftragsablage erfolgen.

Diese Abfolge aus Zusammenführung, Entnahme und Ablage wird für jede Position des Kommissionierauftrags, also jedem Artikel der einzelnen Kundenaufträge, wiederholt. Sobald alle Positionen abgearbeitet sind, erfolgt die Bereitstellung der Auftragsablagen an einem Übergabeort. Im Falle der mehrstufigen Kommissionierung (vgl. Abschn. 5.4.1) ist dies ein Konsolidierungspuffer, aus dem die zu einem Bereitstellungsauftrag gehörigen Auftragsablagen gesammelt entnommen werden, sobald alle bereitstehen. Danach erfolgt die Übergabe an einen Folgeprozess.

5.2.1.7 Verpackung

Der Folgeprozess des Kommissionierens ist häufig der Packprozess (vgl. Abb. 5.9). Sein Ziel ist es, die kommissionierten Waren zu einer Handlingseinheit, dem Packstück, für den Folgeprozess, i.d.R. den Warenausgang, zusammenzufassen. Zusätzlich sollen die Güter durch die Verpackung während des anschließenden Transportes vor Beschädigungen geschützt werden.

Abb. 5.9 Exemplarischer Packprozess

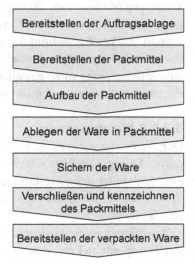

Bereitstellen der Auftragsablage

Bereitstellen der Packmittel

Aufbau der Packmittel

Ablegen der Ware in Packmittel

Sichern der Ware

Verschließen und kennzeichnen des Packmittels

Bereitstellen der verpackten Ware

Vorbereitend für den Packprozess ist die Bereitstellung von Verpackungsmaterialien sicherzustellen. Nach Bereitstellung der zu packenden Waren aus einem Bereitstellungpuffer erfolgt die Auswahl und das Aufstellen eines passenden Packmittels, z. B. eines Kartons, einer Palette oder eines anderen Ladungsträgers. Die geeignete Auswahl wird wesentlich von Masse und Volumen der Güter sowie von den Verpackungsvorschriften des Warenempfängers beeinflusst. Die Güter können dann auf bzw. in das Packmittel abgelegt werden. Dabei ist meist eine grobe Reihenfolge des Ablegens einzuhalten, z. B. so, dass schwere Artikel unten und leichte oben im Packmittel liegen. Die Positionierung der Güter kann mittels Packoptimierungsalgorithmen so bestimmt werden, dass eine hohe Packdichte erreicht wird.

Bei sensiblen Waren, insbes. aus druck- oder stoßempfindlichen Materialien wie Glas oder Blech, ist ggf. eine Umhüllung des Einzelartikels mit Papier, Kunststofffolien oder Kartonagen erforderlich. Auch Palettenzwischenlagen aus Wellpappe können als Sicherung zum Einsatz kommen. Nach Ablegen der letzten Güter und Kontrolle der Vollständigkeit ist es empfehlenswert, Hohlräume mit Polstermaterial zu füllen. Dazu sind Wellpapierpolster, Luftpolster oder Schaumstoffflocken gut geeignet, wobei insbes. letztere wegen des Entsorgungsaufwandes auf Empfängerseite nicht immer gerne gesehen sind.

Das Packstück wird danach verschlossen. Ggf. wird noch eine weitere Sicherung, z. B. durch Wickeln oder Bändern, vorgenommen. Es erfolgt eine Kennzeichnung des Packstücks, z. B. mit einem aufzuklebenden Label. Im Falle eines externen Versands der Ware kann ein Lieferschein an dem Packstück befestigt oder vor Verschließen in das Packstück gelegt werden. Abschließend wird das fertiggestellte Packstück an einen Folgeprozess übergeben, z. B. durch Abstellen in einen Versandpuffer.

Eine vertiefende Betrachtung des Packprozesses ist bei Weiblen (siehe [16], S. 33 ff.) zu finden.

Eine Sonderform des Kommissionier- und Packprozesses, bei dem beide Prozesse miteinander verschmelzen, ist der Pick-and-Pack Prozess. Als Auftragsablage der Kommissionierung werden dabei die Packmittel genutzt, die auch später zur Versendung verwendet werden. Zum effizienten Einsatz dieses Prozesses, der den Vorteil einer reduzierten Anzahl an Handlingsschritten bietet, ist es erforderlich, vorab die richtige Auswahl des Packmittels aufgrund der Artikelstammdaten zu treffen. Weiterhin ist die Reihenfolge der Kommissionierung so zu gestalten, dass die Artikel unmittelbar an die richtige Stelle im Packmittel platziert werden können.

5.2.1.8 Warenausgang

Der Warenausgang (vgl. Abb. 5.10) beginnt in der Regel mit der Disposition der Transporte. Analog zum Wareneingang kann die Terminierung der Abholung von Ware über eine Ladezeitensteuerung erfolgen. Bei Ankunft des Transportmittels ist ebenfalls eine Zuweisung eines Beladeortes vorzunehmen und das Transportmittel entsprechend zu positionieren.

Lagerintern ist die Auslagerung so zu steuern, dass die Waren zeitnah nach Ankunft auf das Transportmittel verladen werden können. Häufig wird die Ware dazu vor Ankunft des

Abb. 5.10 Exemplarischer Warenausgangsprozess

Disponieren des Transports

Anmelden und Andocken des Transportmittels

Beladen und Sichern der Ladung

Übergeben der Versandpapiere

Lieferung avisieren

Transportmittels in einen Versandbereitstellungspuffer in der Nähe des Beladeortes verbracht. Koordinativ aufwändiger, aber effizienter ist es, eine Verladung ohne Zwischenpufferung direkt auf das Transportmittel vorzunehmen. Zur Qualitätssicherung ist es sinnvoll, bei der Verladung Lagereinheit und Transportmittel bzw. Beladestelle zu identifizieren. Fehlverladungen können so vermieden werden. Nach Abschluss der Beladung ist eine Ladungssicherung vorzunehmen. Im Falle des Versands von Gefahrgut ggf. ist sicherzustellen, dass eine Kennzeichnung des Transportmittels erfolgt. Abschließend sind dem Transporteur erforderliche Versandpapiere zu übergeben sowie ggf. weitere Prozessbeteiligte wie Spediteur und Warenempfänger per Lieferavisierung über die Versendung zu informieren.

5.2.2 Lagerprozesse bei speziellen Lageranforderungen

5.2.2.1 Prozessanforderungen in Gefahrstofflagern

Gefahrstoffe werden im Chemikaliengesetz (ChemG) § 19 definiert als chemische Verbindungen, die explosionsgefährlich, brandfördernd oder entzündlich, giftig oder gesundheitsschädlich, ätzend, reizend, oder sensibilisierend, krebserzeugend, fortpflanzungsgefährdend, erbgutverändernd oder umweltgefährlich sind bzw. aus denen solche entstehen bzw. freigesetzt werden können. Durch die zahlreichen gesetzliche Regeln und Verordnungen, insbes. aus den Bereichen von Chemikalien-, Wasser-, Abfall-, Immissionsschutz-, Baurecht sowie Arbeits- und Brandschutz soll vor allem erreicht werden, Menschen und Umwelt vor stoffbedingten Schäden zu schützen. Viele der Gesetze beziehen sich auf bauliche Absicherungsmaßnahmen. Es gibt aber auch Lagerprozesse und –organisation betreffende Regelungen.

Ein Lagerbetreiber ist verpflichtet, ein Gefahrstoffverzeichnis zu führen. Diese muss mindestens Angaben zu der Bezeichnung enthalten, die Einstufung des Gefahrstoffs in Gefahrenklassen oder die gefährlichen Eigenschaften benennen sowie die Menge des Gefahrstoffs und die Bereiche auflisten, in denen mit dem Gefahrstoff umgegangen wird. Meist erfolgt dies mittels der Sicherheitsdatenblätter, die vom Hersteller zur Verfügung gestellt werden müssen. Dieses Verzeichnis ist regelmäßig zu aktualisieren und mindestens jährlich zu überprüfen. Weiterhin muss der Lagerbetreiber Gefährdungsbeurteilungen erstellen. Dazu wird ermittelt und dokumentiert, welche Gefahren für Mitarbeiter im Umgang mit den Gefahrstoffen entstehen und mit welchen Maßnahmen den Gefahren begegnet werden kann. Mitarbeiter, die mit Gefahrstoffen umgehen, sind regelmäßig entsprechend zu unterweisen. Alarmierungsverfahren, Fluchtwege sowie Flucht- und Rettungspläne müssen vorhanden sein. Erforderliche persönliche Schutzausstattung und Hygieneeinrichtungen sind den Mitarbeitern zur Verfügung zu stellen. Weiterhin werden grundsätzlich geordnete Lagerverhältnisse mit einer übersichtlichen und geordneten Lagerorganisation, ausreichender Beleuchtung und Belüftung vorausgesetzt.

Je nach Art der gelagerten Gefahrstoffe können zusätzliche Anforderungen vorhanden sein.

Insbes. bei hochexplosiven, hochgiftigen, krebserzeugenden oder erbgutverändernden Stoffen ist eine Beschränkung des Zugangs zum Lagerbereichs auf berechtigte Personen sicherzustellen. Bei anderen Gefahrstoffen, z. B. Aerosolen in Druckbehältern, ist sicherzustellen, dass die Lagertemperatur innerhalb einer vorgegebenen Bandbreite liegt.

Eine weitere besondere Prozessanforderung bei Gefahrstofflagern ist, dass bei der Lagerung Zusammenlagerungsverbote zu beachten sind. Es gilt das Grundprinzip, dass sich bei gemeinsamer Lagerung keine Erhöhung der Gefährdung durch die Gefahrstoffe ergeben darf. Es werden die Stufen der Separatlagerung, der Getrenntlagerung sowie der Zusammenlagerung unterschieden. Bei der Separatlagerung sind die Güter in verschiedenen Lagerabschnitten unterzubringen, bei Getrenntlagerung können die Güter im gleichen Lagerabschnitt gelagert werden, müssen aber durch nicht brennbare Barrieren getrennt werden. Bei der Zusammenlagerung bestehen keine Auflagen für die Auswahl der Lagerplätze.

Zur Vereinfachung der Prüfung von Zusammenlagerungsverboten werden Güter in Lagerklassen eingeteilt. Die technische Richtlinie TRGS 510 definiert dazu 13 Lagerklassen, für die in einer Matrix festgelegt ist, welche Arten der Zusammen- bzw. Getrenntlagerung für Güter der jeweiligen Klassen zulässig sind.

Bei der Verpackung für den Transport sind besondere Vorschriften und Kennzeichnungspflichten zu berücksichtigen. Im Falle eines Straßentransports ist im Warenausgang zu überprüfen, ob der Fahrer die Berechtigung zum Gefahrguttransport besitzt, die vorgeschriebene Schutzausrüstung mitführt und ggf. der Transport entsprechend dem Gefahrgutrecht gekennzeichnet ist. Weiterhin sind zusätzliche gefahrgutspezifische Transportdokumente bereitzustellen.

5.2.2.2 Prozessanforderungen in temperaturgeführten Lagern

Einige Lagergüter erfordern eine Temperierung während ihrer Verweilzeit im Lager und teilweise darüber hinaus. So schreibt z. B. die Verordnung über tiefgefrorene Lebensmittel (TLMV) eine geschlossene Tiefkühlkette vor, in der sich die Güter vom Zeitpunkt der Produktion bis zum Erwerb durch den Endverbraucher nie auf eine Temperatur mehr als -18 °C bzw. beim Transport und beim lokalen Handel auf -15 °C erwärmen. Die Lagerung erfolgt meist bei einer Umgebungstemperatur von -28 °C, sodass bei einem kurzen

Aufenthalt des Gutes in einer Umgebung mit höheren Temperaturen die Produkttemperatur noch unter dem Grenzwert bleibt.

Es ist offensichtlich, dass Kühllager hinsichtlich der technischen Ausstattung einige besondere Anforderungen besitzen, u. a. eine Kühlanlage. Aber auch prozessual gibt es Besonderheiten: Die Verordnung über tiefgefrorene Lebensmittel schreibt eine hochfrequente Temperaturmessung vor, die zu dokumentieren ist. Weiterhin ist bei der Planung und Steuerung des Personaleinsatzes der Gesundheitsschutz zu beachten. Die Mitarbeiter müssen adäquate Schutzkleidung nutzen. Selbst damit können sie nicht lange in Bereichen mit -18°C oder weniger arbeiten. Deshalb werden Arbeitsschritte, wie z. B. das Be- und Entladen von Fahrzeugen oder das Kommissionieren in Zonen mit höheren Temperaturen durchgeführt. Um einen unzulässigen Anstieg der Produkttemperatur zu vermeiden, müssen die Prozesse so koordiniert werden, dass die Ware nur kurz in diesen Zonen verweilt. So wird in der Regel die Auslagerung von zu verladender Ware erst dann angestoßen, wenn das abholende Transportmittel an der Verladerampe angedockt hat.

5.3 Unterstützungsprozesse

Neben den ausführenden Prozessen, die laufend ausgeführt werden, um die Lageraufgaben zu erfüllen, sind in Lagern auch unterstützende Prozesse erforderlich. Einige davon sind gesetzlich oder behördlich vorgeschrieben, andere zwingend zur Aufrechterhaltung der Betriebsbereitschaft erforderlich, manche dienen der Effizienz.

Gesetzlich vorgeschrieben ist nach § 240 HGB die mindestens jährliche Durchführung einer Inventur. Diese kann in verschiedenen Formen, insbes. als Stichtagsinventur zum Geschäftsjahresende, als permanente Inventur oder unter gewissen Voraussetzungen als Stichprobeninventur durchgeführt werden.

Auch Richtlinien zur Arbeitssicherheit oder Brandschutz sind zu erfüllen. Ist ein Lager eine selbstständige Rechtseinheit, so sind auch alle anderen für Unternehmen gültigen Rechtsauflagen, wie z. B. eine ordnungsmäßige Buchhaltung, zu erfüllen.

Eine zweite Kategorie von Verwaltungsprozessen bezweckt die Sicherstellung der Betriebsbereitschaft, insbes. die Verfügbarkeit und Funktionsfähigkeit der Lagerressourcen. Dazu zählen

- der Beschaffungsprozess für technisches Equipment wie Flurförderzeuge oder Betriebs- und Verbrauchsmaterial
- das Packmittelmanagement,
- der Wartungs- und Instandhaltungsprozess
- Prozesse rund um die Informationstechnologie und das Stammdatenmanagement
- das Personalmanagement.

Dem Personalmanagement kommt in vielen Lagern besonders hohe Bedeutung zu, da die Personalkosten meist den größten Kostenblock eines Lagers darstellen. Gleichzeitig gestaltet die schwankende Arbeitslast in einem Lager eine effiziente Auslastung der Personals schwierig. Das Personalmanagement leistet deshalb neben der Sicherstellung der Betriebsbereitschaft durch Vorhaltung einer ausreichenden Lagermannschaft auch einen Beitrag zu Effizienz, in dem der Arbeiterpool möglichst flexibel – sowohl hinsichtlich der zeitlichen Inanspruchnahme als auch des Arbeitsinhalts – einsetzbar ist.

Weitere Verwaltungsprozesse, die auf Lagereffizienz abzielen, sind z. B. Warenwirtschaft, Qualitätssicherung, Lagercontrolling und Verbesserungsprojekte. Mit den Warenwirtschaftsprozessen werden die Materialströme im Lager analysiert und Lagerzonen sowie Artikelplatzierungen angepasst, um Transportwege und Greifzeiten zu verkürzen. Qualitätssicherungsprozesse identifizieren und beseitigen Fehlerquellen, die unnötigen Aufwand wie Nacharbeit oder Reklamationsbearbeitung vermeiden. Lagercontrolling kann Verbesserungspotenziale aufzeigen, die mit Verbesserungsprojekten realisiert werden.

5.4 Auslegung und Steuerung von Lagerprozessen

Die Effizienz der Lagerprozesse hängt von verschiedenen Rahmenbedingungen ab. Zum einen von der technischen Auslegung des Lagers, z. B. der verwendeten Lagertechnik, dem Lagerlayout sowie dem Automatisierungsgrad. Zusätzlich können Strategien und Entscheidungsregeln für die Auslegung und Steuerung der Lagerprozesse die Effizienz maßgeblich beeinflussen. Die wichtigsten Strategien betreffen die Auftragssteuerung, die Lagerplatzauswahl zur Einlagerung und zur Entnahme, die Nachschubsteuerung bei Lagern mit Kommissionierprozessen sowie die Bewegungsstrategien. Die Ausführungen in diesem Abschnitt lehnen sich an Gudehus an (vgl. [7], S. 646 ff).

5.4.1 Auftragssteuerung

Die Konfiguration der Auftragsabarbeitung legt fest, wie wann welche Lageraufträge bearbeitet werden. Dadurch werden die Einhaltung von Auftragsdurchlaufzeiten und Fälligkeitsterminen sowie die Effizienz maßgeblich beeinflusst. Abb. 5.11 zeigt die wichtigsten Stellhebel der Auftragsteuerung sowie deren mögliche Ausprägungen auf.

Aufträge können in einer oder mehreren Stufen bearbeitet werden. Bei der Einlastung als kompletter Auftrag werden alle Arbeitsgänge, die zur Erfüllung des Auftrags erforderlich sind, nacheinander bearbeitet ohne dass eine weitere Beauftragung für die notwendigen Arbeitsgänge erforderlich ist. Alternativ kann sich eine Beauftragung auf einzelne Arbeitsgänge beschränken, z. B. nur kommissionieren, nur packen oder nur den Warenausgang. Vorteil davon ist, dass dadurch eine bessere Priorisierung von Aufträgen möglich ist; die Durchlaufzeiten einzelner Aufträge können sich durch Wartezeiten zwischen Fertigstellung der vorhergehenden und Beauftragung des folgenden Arbeitsgangs erhöhen. Es ist auch möglich, einen logisch zusammengehörigen Arbeitsgang, wie z. B. einen

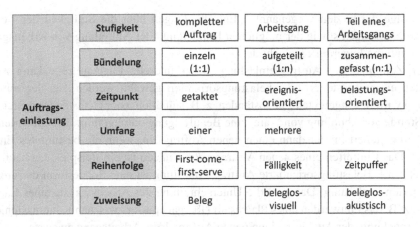

Auftrags- einlastung	Stufigkeit	kompletter Auftrag	Arbeitsgang	Teil eines Arbeitsgangs
	Bündelung	einzeln (1:1)	aufgeteilt (1:n)	zusammen- gefasst (n:1)
	Zeitpunkt	getaktet	ereignis- orientiert	belastungs- orientiert
	Umfang	einer	mehrere	
	Reihenfolge	First-come- first-serve	Fälligkeit	Zeitpuffer
	Zuweisung	Beleg	beleglos- visuell	beleglos- akustisch

Abb. 5.11 Morphologischer Kasten zur Auftragseinlastung

Transport oder eine Kommissionierung, in mehrere Stufen aufzuteilen. Dies ist manchmal erforderlich, z. B. wenn ein Transportmittel fest in einer Regalgasse installiert ist und Ware aus einem anderen Lagerteil deshalb erst durch ein anderes Transportmittel heranbefördert werden muss. Es kann auch sinnvoll sein, z. B. im Rahmen sog. mehrstufiger Kommissionierung im ersten Schritt die Ware innerhalb bestimmter Bereich des Lagers zu sammeln. Im zweiten Schritt wird die Ware aus verschiedenen Zonen zusammengeführt. Die mehrstufige Kommissionierung bietet die Möglichkeit zur Durchlaufzeitverkürzung, indem Teilaufträge in Zonen in der ersten Stufe parallel bearbeitet werden. Es entsteht jedoch ein Mehraufwand im Handling für die Zusammenführung.

Bei der Einlastung von Aufträgen oder Arbeitsgängen kann eine Bündelung oder Aufteilung erfolgen. Gleich- oder verschiedenartige Arbeitsgänge, die zu verschiedenen Aufträgen gehören können, können zur gemeinsamen Bearbeitung zusammengefasst werden. Ein Beispiel dafür ist die Bildung eines sog. Doppelspiels, bei dem ein Einlagertransport und ein Auslagertransportes zusammengefasst werden. Auch kann aus mehreren Kommissionierarbeitsgängen von verschiedenen Kundenaufträge eine Kommissioniertour gebildet werden. In diesem Fall spricht man von Multi-Order-Picking, ansonsten von Single-Order-Picking. Durch die Zusammenfassung kann die Produktivität im Lager stark erhöht werden. Dies ist insbesondere der Fall, wenn z. B. Kommissionieraufträge oder Ein- und Auslageraufträge gebündelt werden, die einander nahegelegene Lagerplätze betreffen. Dadurch wird die zurückzulegende Strecke reduziert. Die Durchführung der Zusammenfassung erfordert in der Regel systemgestützte Optimierungsverfahren, die nur in wenigen Lagerverwaltungssystemen implementiert sind.

Manchmal muss ein Auftrag oder Arbeitsgang in parallele Aktivitäten aufgesplittet werden. Dies ist insbesondere dann der Fall, wenn ein Auftrag zu groß ist, um vollständig in einem Arbeitsgang abgewickelt zu werden. Eine Auslagerung von zwei Paletten wird dann z. B. in zwei Aufträge zur Auslagerung je einer Palette zerlegt, die von verschiedenen Personen bearbeitet werden können.

In Folge der beiden vorgenannten Entscheidungen über die Stufigkeit der Bearbeitung von Aufträgen sowie der möglichen Bündelung oder Aufteilung von Arbeitsgängen werden interne Lageraufträge gebildet.

Der Zeitpunkt der Auftragseinlastung dieser internen Lageraufträge kann zeitlich getaktet, ereignisgesteuert oder belastungsorientiert gewählt werden. Bei der zeitlichen Taktung wird in festgelegten Zeitabständen, z. B. stündlich, oder zu festen Uhrzeiten, z. B. eine Stunde vor Abholung von Ware, eine Beauftragung durchgeführt. Ereignisorientierte Einlastung steuert immer dann einen neuen Auftrag ein, wenn ein bestimmtes Ereignis auftritt. Das Eintreffen eines neuen Auftrags von Kunden ist ein Beispiel, das häufig verwendet wird. Belastungsorientierte Auftragseinlastung ist eine Sonderform der ereignisorientierten Einlastung. Dabei ist die Unterschreitung des Arbeitsvorrats eines Lagerbereichs, z. B. das Freiwerden eines Platzes im Übergabepuffer zwischen Kommissionierung und Verpackung, der Auslöser, einen neuen Auftrag bzw. Arbeitsgang zu starten.

Bei Durchführung der Auftragseinlastung können Aufträge entweder einzeln oder zusammengefasst in Batches freigegeben werden. Die batchweise Auftragseinlastung verursacht weniger Steuerungsaufwand, die Einzelfreigabe kann dafür Durchlaufzeiten und Auslastung von Lagerressourcen präziser koordinieren.

Zur Festlegung, welche Aufträge bei einer Auftragseinlastung zur Bearbeitung freigegeben werden, kann die „First Come First Serve" Strategie verwendet werden. Dabei werden die Aufträge in der Reihenfolge der Erteilung freigegeben. Dadurch lassen sich überlange Durchlaufzeiten vermeiden. Eine andere Strategie basiert auf dem Fälligkeitstermin der Aufträge. Die Aufträge, die am frühesten fertiggestellt werden müssen, werden dabei als erstes eingelastet. Eine ähnliche Strategie ist, den Zeitpuffer des Auftrags als Freigabekriterium zu verwenden. Der Zeitpuffer berechnet sich aus der Differenz der Zeit bis zur Fälligkeit des Auftrags abzüglich der Planbearbeitungszeit für seine noch offenen Arbeitsgänge. Fälligkeits- und Zeitpuffer-basierte Strategien wirken sich positiv auf die Einhaltung der Fälligkeitstermine aus. Bei allen Strategien können zusätzlich die Aufträge bestimmter Kunden oder Kundengruppen bzw. einzelne priorisierte Aufträge bevorzugt eingesteuert werden.

Die freigegebenen internen Lageraufträge müssen den Lagerarbeitern zugewiesen werden. Dies kann mit einem Beleg, z. B. in Form von Pickzetteln, Kommissionierlisten oder Auftragsbelegen erfolgen. Alternativ ist auch eine beleglose Information über optische Anzeigen, z. B. über mobile Datenerfassungsgeräte oder pick by light, sowie akustisch, z. B. mit pick by voice, möglich. Die beleglose Zuweisung erfordert Investitionen in Equipment, ist aber im Betrieb schneller, flexibler und effizienter.

In der Praxis ist es oft sinnvoll, die Auftragseinlastungsstrategie untertägig zu verändern. Solange alle Liefertermine erreicht werden, kann über eine die Effizienz optimierende Zusammenfassung von Aufträgen und Arbeitsgängen eine hohe Produktivität generiert werden; sobald die Einhaltung von Fälligkeitsterminen für Aufträge gefährdet wird, kann auf eine Zeitpuffer-orientierte Freigabe ohne Auftragsbündelung umgestellt werden.

5.4.2 Lagerplatzauswahl

Bei der Lagerplatzauswahl wird im Rahmen von Ein- und Umlagerprozessen entschieden, auf welchen Lagerplatz eine Lagereinheit verbracht werden soll. Analog wird bei Kommissionier- und Auslagerprozessen durch die Lagerplatzauswahl entschieden, von welchem Platz die Ware entnommen werden soll, falls die Ware auf mehreren Plätzen gelagert ist. Abb. 5.12 zeigt die wichtigsten Stellhebel der Lagerplatzauswahl sowie deren mögliche Ausprägungen auf.

Lagereinheiten können chargenrein, artikelrein oder vermischt gelagert werden. Bei der reinen Lagerung werden nur gleichartige Artikel an einem Lagerplatz zusammengefasst. Dies kann noch näher spezifiziert werden: bei artikelreiner Lagerung dürfen alle Artikel eines Typs auf einem Lagerplatz liegen, bei chargenreiner Lagerung müssen die Artikel sogar in der gleichen Produktionscharge hergestellt worden sein. Bei vermischter Lagerung können beliebige Güter in einer Lagereinheit zusammengefasst werden. Vermischte Lagerung kann den Lagerplatzbedarf senken und spart Aufwand in Form des Entmischprozesses ein, erhöht jedoch aufgrund von Suchaufwand den Aufwand zur Entnahme einzelner Artikel aus der Lagereinheit. Zulagerung von einzulagernder Ware in eine bestehende Lagereinheit sowie Konsolidierung von mehreren Lagereinheiten des gleichen Artikels können sinnvoll und erforderlich werden, um bei artikelreiner Lagerung den Platzbedarf zu reduzieren.

Die Belegung der Lagerplätze kann nach dem Prinzip der festen oder variablen Lagerplatzzuordnung erfolgen. Bei der festen Lagerplatzzuordnung werden ein oder mehrere Lagerplätze für jeden Artikel dauerhaft reserviert und bei der Lagerplatzvergabe wird ausschließlich aus diesen reservierten Plätzen ausgewählt. Bei freier Lagerplatzzuordnung kann aus allen freien Lagerplätzen ausgewählt werden. Eine Mischform davon stellt eine zonenweise feste Lagerplatzzuordnung dar, bei der eine Gruppe von Lagerplätzen oder ganze Bereiche eines Lagers für Artikel einer bestimmten Artikelgruppe reserviert sind. In der Praxis werden die Artikel nach ihrem Durchsatz in schnell und langsam gängige Artikel unterschieden. Für schnellgängige Artikel werden häufig Lagerplätze reserviert, die besonders schnell und gut erreichbar sind. Auch bei heterogenem Sortiment ist es sinnvoll, Zonen für Artikel zu nutzen, in denen unterschiedliche Lagertechniken installiert

Lager-platz-auswahl	Zusammensetzung Lagereinheiten	chargenrein	artikelrein	vermischt	
	Lagerplatz-zuordnung	fester Platz	feste Zone	variabel	
	Lagerplatz-verteilung	Konzentration	Gleich-verteilung		
	Auswahl Entnahmeort	FIFO / LIFO	kürzeste Entfernung	Zugriffs-anzahl	Räumung An-bruchmengen

Abb. 5.12 Morphologischer Kasten zur Lagerplatzauswahl

ist. Eine typische Aufteilung erfolgt z. B. nach Kleinteilen, die in Fachbodenregalen oder einem Kleinbehältersystem bereitgestellt werden, Großteilen, die in einem Palettenregal liegen sowie Schwergut und Sperrigwaren, für die spezialisierte Bereitstellsysteme erforderlich sind.

Weitere physische Gegebenheiten von Ware und Lagerplatz, z. B. Größe und Belastbarkeit, sind ebenfalls zu beachten. Besonders schwere Ware muss in Regalen aufgrund von Sicherheitserwägungen oft in der untersten Ebene untergebracht werden.

Für Kommissionierbereiche gibt es noch weitere sinnvolle Prinzipien, die bei der Platzzuordnung berücksichtigt werden sollten. Bei greifoptimierter Platzbelegung werden schnellgängige und schwer zu entnehmende Artikel in optimaler Zugriffshöhe, d. h. zwischen Hüfte und Schulter, bereitgestellt. Langsam gängige und leicht zu greifende Artikel werden in Bereichen darüber und darunter positioniert. In manchen Lagern ist eine fest vorgegebene Kommissioniertour definiert. Dort können Plätze packoptimiert vergeben werden. Die Plätze werden den Artikeln nach absteigendem Gewicht und Volumen und zunehmender Empfindlichkeit vergeben.

Sofern für einen Artikel mehrere Plätze vergeben werden, ist die Verteilung dieser Plätze über das Lager hinweg festzulegen. Die Plätze können konzentriert werden, d. h. so nahe wie möglich zusammenliegend gewählt werden. Bei einem schnell gängigen Artikel werden dann z. B. alle Lagereinheiten um einen günstig gelegenen Lagerplatz herum positioniert. Alternativ kann eine Gleichverteilung der Lagereinheiten über das Lager angestrebt werden. Dies hat den Vorteil, dass die durchschnittliche Entfernung zu einer beliebigen Lagereinheit des Artikels im Lager reduziert wird und dadurch unter gewissen Rahmenbedingungen eine höhere Produktivität erreicht werden kann. Diese Strategie wird insbes. in automatisierten Lagern häufig angewendet. Wenn die Lagereinheiten gleichmäßig auf Lagergassen verteilt werden, ist selbst im Fall des Ausfalls eines Regalbediengerätes ein Zugriff auf die Ware in anderen Gassen möglich.

Bei Entnahme ist im Falle mehrerer Lagereinheiten mit dem gleichen Artikel auszuwählen, welche Einheit entnommen bzw. von welcher Einheit Ware entnommen werden soll. Bei dem First-In-First-Out-Prinzip (FIFO) werden die Lagereinheiten, die zuerst eingelagert wurden, zuerst entnommen. Vorteil dieses Verfahrens ist, dass eine Überalterung von Lagergütern vermieden wird und im Falle von chargenweisen Produktqualitätsproblemen eine Identifikation und Sperrung der entsprechenden Ware einfach möglich ist. Analog FIFO greift LIFO – Last-In-First-Out – immer auf die zuletzt eingelagerte Ware zu.

Eine der am naheliegendsten Möglichkeiten ist es, auf diejenige Lagereinheit zuzugreifen, die vom Standort des Lagerarbeiters oder Betriebsmittels am nächsten liegt bzw. sich mit dem kürzesten Umweg in den Arbeitsauftrag einbinden lässt. Diese Strategie wirkt sich positiv auf die Produktivität aus.

Bei der Kommissionierung, bei der nur Teilmengen der Lagereinheit entnommen werden, ergeben sich weitere Alternativen. Bei einer knappen Anzahl an Lagerplätzen ist es sinnvoll, zunächst Anbruchmengen zu verwenden. Der gewünschte Artikel wird von der Lagereinheit mit der niedrigsten Menge entnommen. Reicht diese Menge nicht aus, wird danach noch Ware von einer anderen Lagereinheit verwendet. Um die Entnahme von mehreren Kommissionierplätzen zu vermeiden kann statt dessen die Strategie genutzt werden, von der Bereitstelleinheit zu greifen, deren Menge auf oder am geringsten oberhalb der benötigten Menge liegt. Diese Strategie kann jedoch zu einer hohen Anzahl an Anbrucheinheiten führen. Um dies zu vermeiden, kann bei Unterschreiten einer definierten Restmenge die gesamte Lagereinheit entnommen werden. Die Restmenge wird dann einer anderen Lagereinheit zugelagert.

5.4.3 Nachschubsteuerung

Die Nachschubsteuerung hat das Ziel, eine hohe Verfügbarkeit der Artikel für die Kommissionierung sicherzustellen. Abb. 5.13 zeigt die wichtigsten Stellhebel sowie deren mögliche Ausprägungen auf.

In manchen Lagern kann auf die Durchführung von Nachschub vollständig verzichtet werden. In diesem Fall muss die Ware bei der Kommissionierung direkt vom Lagerplatz entnommen werden. Häufig erfolgt die Kommissionierung jedoch in speziellen Bereichen des Lagers, die aufgrund ihrer Abmessungen nicht geeignet sind, Ware in größeren Mengen zu lagern. Sobald von einem Artikel eine größere Menge vorhanden ist, als auf den ihm zugeordneten Lagerplätzen im Kommissionierbereich gelagert werden kann, ist ein Nachschubprozess erforderlich. Die Trennung von Lager- und Kommissionierplätzen ermöglicht eine wirtschaftlichere Balance aus Raumnutzung, eingesetzter Lagertechnik und Zugriffsaufwand. Z. B. ist Kommissionieren in größeren Höhen von Regallagern mit dem richtigen Equipment möglich, aber zeitaufwändiger. In einem gesonderten Bereich ausreichender Größe, der nur zum Lagern ausgelegt ist, sind auch deutlich geringere Lagerplatzkosten zu realisieren als in Kommissionierbereichen. Andererseits sind zusätzliche Handlingsaufwendungen für das Umlagern der Ware vom Lager- in den Kommissionierbereich erforderlich.

In manchen Fällen erfolgt der Nachschub sogar zweistufig: aus dem Lagerbereich wird Ware in einen Reservebereich der Kommissionierung und erst von dort auf den Kommissionierplatz verbracht. Dies kann zur Verkürzung der Nachschubdauer und damit zur Sicherung der Warenverfügbarkeit im Kommissionierbereich sinnvoll sein, wenn der Nachschub aus dem Lagerbereich sehr viel Zeit benötigt und die Reserveplätze sehr nahe an den Kommissionierplätzen liegen.

Nachschub-strategie	Stufigkeit	Kein Nachschub	einstufiger Nachschub	zweistufiger Nachschub
	Auslösung	bedarfs-orientiert	bestands-orientiert	
	Nachfüll-strategie	Zulagerung	Starres flip flop	Dynamisches flip flop

Abb. 5.13 Morphologischer Kasten zur Nachschubstrategie

Nachschubprozesse können bestands- oder bedarfsorientiert ausgelöst werden. Bei der Bestandsorientierung wird für jeden Artikel ein Meldebestand definiert. Sobald dieser erreicht wird, wird ein Nachschub ausgelöst. Bei bedarfsorientiertem Nachschub wird bei Eingang eines Auftrags geprüft, ob genügend Ware im Kommissionierbereich vorhanden ist. Falls genug vorhanden ist, erfolgt eine Reservierung. Anderenfalls wird ein Nachschub angestoßen. Die Nachschubmenge kann in beiden Varianten über einen Auffüllpunkt oder eine feste Nachschubmenge definiert sein. Der bestandsorientierte Nachschub erleichtert das Management der Plätze im Kommissionierbereich, der bedarfsorientierte Ansatz führt meist zu einer besseren Verfügbarkeit. Beide Konzepte können auch parallel eingesetzt werden. In diesem Fall wird der Nachschub sowohl bei Unterschreitung des Meldebestands als auch bei nicht gegebener Verfügbarkeit zur Reservierung ausgelöst.

Bei Durchführung des Nachschubs müssen Waren in den Kommissionierplätzen bereitgestellt werden. Dies kann im Zulager- oder Austauschverfahren durchgeführt werden. Beim Zulagerverfahren wird die Ware von der Nachschubeinheit entnommen und auf den Lagerplatz zu der dort möglicherweise vorhandenen Restmenge abgelegt. Beim Austauschverfahren wird die am Platz befindliche Lagereinheit entfernt und durch die Nachschubeinheit ersetzt.

Dies kann erst dann erfolgen, wenn die Lagereinheit leer ist. Dadurch entsteht jedoch ein Verfügbarkeitsrisiko. Deshalb werden beim Austauschverfahren meist spezielle Strategien eingesetzt: Beim sog. starren Flip-Flop-Verfahren werden jedem Artikel zwei hinter- oder nebeneinander liegende Plätze fest zugeordnet. Die Entnahme erfolgt von einem Platz solange bis er geleert ist. Danach erfolgen alle Entnahmen von dem anderen Platz. Um einen permanenten Zugriff auf den Artikel zu gewährleisten muss der Nachschub auf den geleerten Platz bis zur Entleerung des zweiten Platzes erfolgt sein. Beim flexiblen Flip-Flop-Verfahren gibt es einen Kommissionierplatz pro Artikel. Sobald dort ein Meldebestand unterschritten ist, wird Nachschub angefordert, der auf einem freien Kommissionierplatz abgestellt wird. Dadurch ändert sich der Kommissionierplatz eines Artikels bei jedem Nachschub. Vorteil davon ist, dass nicht dauerhaft zwei Kommissionierplätze belegt werden.

5.4.4 Bewegungsstrategie

Viele Entscheidungen, die Bewegungen und Transporte im Lager beeinflussen, z. B. die Zusammenfassung von Ein- und Auslageraufträgen zu Doppelspielen oder von Kommissionieraufträgen zu Touren, werden bereits im Rahmen der Auftragssteuerung bearbeitet. Weitere Stellhebel betreffen insbesondere Bewegungen in Zusammenhang mit der Kommissionierung. Sie sind in Abb. 5.14 dargestellt.

Bei der Kommissionierung müssen, wie in Abschn. 5.2.1.6 beschrieben, Auftragsablage, Kommissionierer und die Bereitstellungseinheit zusammengebracht werden. Im Rahmen der Bewegungsstrategie muss entschieden werden, welche dieser Objekte sich zu diesem Zweck bewegen. Im Falle eines automatisierten Lagers ist dies durch die Technik vorgegeben. Ohne Automatisierung besteht Gestaltungsspielraum. Die wichtigsten Varianten sind die Mann-zur-Ware-Kommissionierung, die inverse Kommissio-

Abb. 5.14 Morphologischer Kasten zur Bewegungsstrategie

nierung und die Ware-zum-Mann-Kommissionierung: Bei der Mann-zur-Ware-Kommissionierung bewegt sich der Kommissionierer zusammen mit den Auftragsablagen zu den Lagereinheiten, aus denen er die Ware entnimmt. Beim inversen Kommissionieren bleiben die Auftragsablagen statisch und der Kommissionierer bewegt sich mit den Bereitstellungseiheiten zwischen den Auftragsablagen. Dieses Konzept eignet sich vor allem bei einer begrenzten Anzahl von Aufträgen mit wenigen Positionen, die viele gemeinsame Artikel aufweisen. Bei Ware-zum-Mann-Kommissionierung werden die Bereitstellungseinheiten zum Kommissionierer gebracht, der diese auf die Auftragsablagen verteilt. Die Auftragsablagen können dabei ebenfalls dynamisch beigestellt und abtransportiert werden. Dieses Kommissionierverfahren ist in einem manuellen Lager sinnvoll, wenn mehrere Aufträge ausschließlich einen gleichen Artikel umfassen. Sonst wird Ware-zum-Mann vor allem in automatisierten Lagern umgesetzt. Es ist dann aufgrund der erforderlichen Fördertechnik investitionsintensiv, im Gegenzug kann ein sehr hoher Durchsatz erreicht werden.

Jeder Transportweg in Lagern kann zur Einbahnstraße erklärt werden oder Transporte in beiden Richtungen zulassen. Bei Einbahnstraßen entstehen meist weniger Behinderungen zwischen den Transportmitteln, es entstehen jedoch längere Transportwege. Bei der Kommissionierung in Regallagern werden die Durchgangs- und Stichgangsstrategie unterschieden. Bei der Durchgangsstrategie, auch Schleifenstrategie genannt, durchläuft der Kommissionierer die Gänge, in denen er Ware entnehmen muss, vollständig. Oft sind die Gänge dabei als Einbahnstraßen ausgelegt. Bei der Stichgangstrategie werden die Gänge nicht durchlaufen. Der Kommissionierer bewegt sich nur so weit in den Gang hinein, wie es die Positionen der Lagereinheiten erfordern. Nach Entnahme verlässt er den Gang wieder in die Richtung, aus der er sie betreten hat. In Abhängigkeit der Lagerplatzzuordnung und der Auftragsstruktur können beide Bewegungsstrategien zu kürzeren Wegen führen. Es ist nicht zwingend, sich für eine der beiden Strategien zu entscheiden, es kann auch eine Mischform umgesetzt werden.

5.5 Management von Lagerprozessen

5.5.1 Lean Management Philosophie

Die beschriebenen Lagerprozesse verursachen Aufwand und sind wie alle Prozesse immer verbesserbar. Deshalb ist ein konsequentes Management dieser Prozesse wichtig. Lean Management ist ein geeignetes Instrument dafür.

Das Kernelement der Lean Management Philosophie ist die Beseitigung von Verschwendung mittels eines kontinuierlichen und strukturierten Verbesserungsprozesses (vgl. [3]). Als Verschwendung sind dabei alle Aktivitäten und jeglicher Einsatz von Ressourcen zu verstehen, die nicht zu einem Mehrwert für die Kunden führen, d. h. für die Kunden nicht bereit sind, zu bezahlen (vgl. [11], S. 262). In vielen Veröffentlichungen werden sieben Arten der Verschwendung unterschieden: Transport, Bewegungen, Überproduktion, Bestände, Nacharbeit, Wartezeiten und ungeeignete Prozesse (vgl. [11], S. 124).

In diesem Sinne sind Lager und alle darin ablaufenden Prozesse Verschwendung. In einer idealen Wertschöpfungskette ist das auch richtig. Wie im Abschn 5.1 und im Kap. Lagerbestandsmanagement dargestellt gibt es jedoch in realen Supply Chains ökonomisch sinnvolle Gründe, Bestände vorzuhalten und damit Lager zu betreiben. Ziel von Lean Management in Lagern ist, das Ausmaß der Verschwendung durch die geeignete Gestaltung der Lagerprozesse immer weiter zu reduzieren.

Die Lean Management Philosophie geht davon aus, dass die Mitarbeiter die Prozesse, die sie täglich ausführen, und die darin enthaltenen Formen der Verschwendung am besten kennen. Ihre Einbindung zur Identifikation, Analyse und Beseitigung ist eine logische Konsequenz. Aufgabe der Führungsmannschaft ist, diese Einbindung sicherzustellen, den Verbesserungsprozess durch Festlegung geeigneter Ziele auf die relevanten Themengebiete zu fokussieren, die Verbesserung zu treiben und zu coachen sowie die Umsetzung der verbesserten Prozesse sicherzustellen. Wenn die Führungsrolle nicht konsequent wahrgenommen wird, werden teilweise Themen bearbeitet, die nicht oder nur geringfügig zur Beseitigung von Verschwendung beitragen, Prozesse werden zwar neu definiert, aber nicht konsequent eingeführt, stabilisiert und angewendet, oder der Verbesserungsprozess kommt vollständig zum Erliegen. Diese Effekte sind bei Mitarbeitervorschlags-Systemen häufig zu beobachten, die zwar zweifellos viel Nutzen für Unternehmen schaffen, aber nicht ansatzweise das Potenzial eines konsequenten Lean Management Systems heben.

Es reicht nicht aus, einmalig eine Verbesserung herbeizuführen. Es wird bei Lean Management vielmehr nach Perfektion gestrebt. Und da sich die Rahmenbedingungen jeder unternehmerischen Tätigkeit laufend verändern, ist auch eine laufende Anpassung und Verbesserung der Prozesse erforderlich. Bei einer derartigen Ausrichtung der Prozesse werden sowohl Kundennutzen als auch Effizienz gesteigert und damit die Wettbewerbsfähigkeit eines Unternehmens nachhaltig verbessert.

In Summe kann Lean Management in Lagern deshalb als Führungskonzept definiert werden, das auf laufende, systematische und messbare Verbesserung der Prozesse in Lagern unter Einbezug der Mitarbeiter abzielt (vgl. [2]).

5.5.2 Grundkonzept der Verbesserungsarbeit

Lean Management besteht aus einem System sich ergänzender Elemente. Die Hauptelemente sind ein niederfrequenter und ein hochfrequenter Verbesserungsprozess, die miteinander verzahnt sind. (vgl. [5], S. 8 ff).

Der niederfrequente Verbesserungsprozess wird auch visionsorientierte Verbesserung genannt. In diesem Prozess wird ein gesamter Wertstrom betrachtet, also alle Aktivitäten, die notwendig sind, um ein Produkt beziehungsweise eine Dienstleistung herzustellen und am Markt anzubieten. Aus einem nicht erreichbaren, verschwendungsfreien Idealzustand wird für den Wertstrom eine innerhalb von 1–5 Jahren erreichbare Wertstromvision abgeleitet. Bei einer Auslegung der Vision auf den 5-Jahreshorizont erfolgt sinnvollerweise noch die Definition eines Zielzustandes mit einer 6–12 monatigen Fristsetzung. Aus dem Abgleich des Ist-Zustands mit der Vision bzw. dem Zielzustand werden Verbesserungsprojekte abgeleitet, terminiert und Verantwortlichen zugewiesen. Ein Review dieser Verbesserungsprojekte sollte monatlich bis quartalsweise erfolgen.

Die visionsorientierte Verbesserung strebt disruptive Veränderungen des Gesamtsystems an. Aufgrund der Komplexität der Wertströme ist das Gesamtsystem schwer überschaubar, veränderbar und steuerbar. Deshalb ist es sinnvoll, im Rahmen der visionsorientierten Verbesserung überschaubare Regelkreise zu bilden, die so weit voneinander entkoppelt sind, dass eine lokale Verantwortlichkeit für sie festgelegt werden kann. Die Regelkreise müssen durch Standards beschrieben sein, d. h. die Prozesse sowie die damit zu erwartenden Leistungskennzahlen, insbes. bzgl. Qualität und Produktivität, sind zu beschreiben.

Genau hier setzt der hochfrequente Verbesserungsprozess an, der auch abweichungsgetriebene Verbesserung genannt wird. Bei jeder Prozessdurchführung oder kurzzyklisch – mindestens stündlich – wird kontrolliert, in wie weit die erwartete Prozessleistung erreicht wurde bzw. der Soll-Prozess eingehalten wurde. Zwischen Soll und Ist werden Abweichungen identifiziert. Relevante Abweichungen werden erfasst und bzgl. Ihrer Ursache kategorisiert. Als relevant werden Abweichungen bezeichnet, wenn die Leistungskennzahl außerhalb einer definierten Bandbreite um den Soll-Wert liegt. Mit geeigneten korrigierenden Maßnahmen wird sichergestellt, dass die Auswirkung der Abweichungen nicht zu Beeinträchtigung der Kundenbelieferung führen, z. B. in Form von falschen Produkten oder einer Verzögerung des Liefertermins.

Die kategorisierten Abweichungen werden regelmäßig in kurzen Intervallen, meist täglich oder mindestens wöchentlich, ausgewertet. In Abhängigkeit ihres Einflusses auf die Prozessleistung werden die wichtigsten Abweichungskategorien ausgewählt und tiefgreifend analysiert. Ziel davon ist es, die Ursachen der Abweichungen zu identifizieren und daraus Maßnahmen abzuleiten, mit dem diese Kategorie von Abweichungen zukünftig dauerhaft vermieden werden kann. Es sollen nur so viele Kategorien zur Bearbeitung ausgewählt werden, dass ausreichend Ressourcen zur schnellen Bearbeitung zur Verfügung stehen, und die Wirkungen den Maßnahmen klar zuzuordnen sind. Das Ergebnis der Maßnahmen ist in der Regel ein angepasster Standard. Dieser neue Standard ist basierend auf engmaschigen Kontrollen in seiner Umsetzung zu kontrollieren, zu verfeinern und zu stabilisieren bis die Wirksamkeit bewiesen ist und die Art von Abweichungen nicht mehr auftritt.

Kurzzyklische Verbesserungen können auch auf positiven Abweichungen basieren. Dann ist die grundlegende Fragestellung: welche Rahmenbedingungen müssen hergestellt werden, um wieder ein so viel besseres Ergebnis, als im Standard vorgesehen, erzielen zu können.

Der niederfrequente Verbesserungsprozess definiert also Standards für mehrere autark agierende Regelkreise, die diese Standards im Rahmen hochfrequenter Verbesserungsprozesse stabilisieren und verbessern. Durch die nächste Iteration der niederfrequenten Verbesserung wird sichergestellt, dass die einzelnen Regelkreise trotz eigenständiger Weiterentwicklung immer wieder abgestimmt werden und sich als Ganzes in die richtige Richtung, also hin zu weniger Verschwendung, weiterentwickeln.

5.5.3 Erfolgsfaktoren des Lean Management in Lagern

5.5.3.1 Wertstrom-Analyse und -Design

Inhalt des niederfrequenten, visionsorientierten Verbesserungsprozesses ist die Erstellung einer Wertstromvision sowie die Ableitung von Verbesserungsmaßnahmen, um den Ist-Wertstrom in Richtung der Vision zu entwickeln. Verbreitete Methoden zur Bearbeitung sind Wertstrom-Analyse und –Design (vgl. [14]).

Die Wertstromanalyse dient zur Abbildung des Ist-Wertstroms. Die Darstellung umfasst die Schnittstelle zu den Kunden, die eigenen operativen Prozesse, die Schnittstelle zu den Lieferanten sowie die Informationsfluss- und Steuerungsabläufe. Die Prozesse sowie die Lagerorte werden mit standardisierten Symbolen schematisch dargestellt. Die einzelnen Prozesse werden transparent und ihr Zusammenhang übersichtlich dargestellt. Die Erfassung des Wertstroms kann auf verschiedenen Ebenen erfolgen, z. B. auf Ebene der gesamten Supply Chain, eines Fertigungswerkes bzw. Lagers oder auf Ebene einer Fertigungslinie oder einer Lagerfunktion wie dem Wareneingang. Entsprechend der Ebene wird auch die Detaillierung der Prozesserfassung so angepasst, dass die Darstellung übersichtlich wird. Für jeden Prozess und jeden Lagerort werden Kennzahlen wie z. B. Zykluszeit, Rüstzeit, Wartezeit und Bestandshöhe in einer Momentaufnahme erfasst. Dies ermöglicht eine faktenorientierte Ableitung von Verbesserungen.

In der Praxis ist bei der erstmaligen Erstellung einer Wertstromanalyse häufig festzustellen, dass die Beteiligten anfänglich ein sehr unterschiedliches Verständnis von den Abläufen und ihren Zusammenhängen haben. Das Gesamtsystem wird im Rahmen des Erstellungsprozesses sichtbar und ein einheitliches Verständnis gewonnen.

Der Überblick, der durch die Visualisierung der Zusammenhänge gewonnen wird, sowie die gesammelten Fakten zum Zustand des Wertstroms lassen versteckte Unwirtschaftlichkeiten erkennbar werden, wie z. B. Bestände, unnötige Wege aufgrund falscher Layoutplanung oder Aktivitäten, die keinen Beitrag zur Wertschöpfung leisten. Verbesserungsideen werden direkt durch Überdenken dieser Erkenntnisse generiert.

Beim Wertstrom-Design wird mit den gleichen Mitteln eine Wertstromvision visualisiert. Dabei fließen die gewonnen Erkenntnisse über Verschwendungen sowie die weitergehenden Ideen ein. Wertstromvisionen sollten auf dem Flussprinzip basieren, das ein kontinuierliche und geglättete Bearbeitung der Aufträge bezweckt anstelle temporärer

Vollauslastung einzelner Ressourcen. Diese führt zwar zu temporär hoher Produktivität, aber auch zu Überproduktion und zu Beständen. Stattdessen sollten Engpässe im Wertstrom beseitigt werden und die Kapazität auf den Kundenbedarf ausgerichtet werden. Eine wichtige Methode zur Realisierung der Flussorientierung ist die Pull-Steuerung, bei der Aktivitäten erst dann ausgelöst werden, wenn der Kunde einen Auftrag erteilt hat oder ein definiertes Bestandsniveau in einem Puffer, z. B. eine vorgegebene Anzahl an fertig kommissionierten Aufträgen vor einem Packbereich eines Lagers, unterschritten wird.

5.5.3.2 Arbeitsplatzgestaltung

Ergonomische Arbeitsplatzgestaltung beschäftigt sich mit körperlich wie auch psychisch angemessener und leistungsfördernder Gestaltung von Arbeitsplätzen. Die international gültigen Normen DIN EN ISO 26800 und DIN EN ISO 6385 beschreiben die Grundsätze. Im Lean Management dient sie vorwiegend zur Reduzierung der Verschwendungsarten Bewegung und ungeeignete Prozesse. Durch ergonomische Arbeitsplatzgestaltung kann eine höhere Produktivität erreicht werden, da Ergonomie sowohl krankheitsbedingte Ausfallzeiten als auch ermüdungsbedingte Verlangsamung der Arbeitsabläufe bei Mitarbeitern reduziert. Auch aus humanitären Gründen ist es geboten, Arbeit menschengerecht zu gestalten. Die Bedeutung nimmt in Zeiten einer alternden Gesellschaft in entwickelten Ländern zu. Im Lagerumfeld sind insbesondere umfangreiche Laufwege, Heben und Tragen teilweise schwerer Objekte, sowie Drehbewegungen des Rumpfes ergonomische Herausforderungen.

Ergonomie umfasst die Anpassung der Arbeit an die Eigenschaften und Fähigkeiten der Menschen. Dies erfolgt durch die Bereitstellung geeigneter Arbeitsmittel, wie Packtische oder Förder- und Hebezeuge. Weiterhin ist die Arbeitsumgebung geeignet zu gestalten, z. B. hinsichtlich der Beleuchtung und Temperaturen sowie Bewegungs- und Greifräume. Die Arbeitsorganisation, z. B. Arbeits- und Pausenzeiten, sowie geeignete Arbeitsinhalte, die verschiedenartige Anforderungen und Belastungen umfassen sollen, sind weitere Gestaltungsfelder. Umgekehrt sollen auch die Menschen an die Arbeit angepasst werden, d. h. Menschen mit der erforderlichen körperlichen Eignung für die Arbeit eingesetzt werden. Durch Einarbeitung und Unterweisungen sollen ihre Fähigkeiten sichergestellt werden.

Methodische Ansätze der Arbeitswissenschaften, wie die Leitmerkmalmethode (vgl. [15]) oder Method Time Measurement (vgl. [13], S. 227 ff.) können verwendet werden, um die Belastungen zu erfassen und die Arbeitsbedingungen ergonomisch zu gestalten.

5.5.3.3 Standardisierung

Ein Standard umfasst im Lean Management Kontext die Reihenfolge der durchzuführenden Arbeitsschritte, ihre Beschreibung, die Art und Weise der Durchführung sowie einzusetzende Hilfsmittel. Zusätzlich ist sind im Standard Maßzahlen für die Leistung enthalten, die unter normalen Bedingungen bei Ausführung des Ablaufs gemäß der Beschreibung erreicht wird. Die Standards sind zu dokumentieren und die Mitarbeiter entsprechend zu unterweisen und zu schulen.

Die Erkenntnis, dass nur bei immer wiederkehrend vergleichbarer Durchführung von Aktivitäten sichergestellt werden kann, dass auch Input und Output der Abläufe vergleichbar sind, ist eine der wesentlichen Grundlagen des Lean Management.

Bei Durchführung von Prozessen kann ihr Ablauf im Einzelfall beobachtet und mit dem Soll-Zustand verglichen werden. Die Leistung kann auch im Zeitablauf kumuliert betrachtet und dem Soll-Wert gegenübergestellt werden. Abweichungen zwischen Soll und Ist können beobachtet, nach Ursache kategorisiert und analysiert werden. Sofern die Ursachen von Eintrittshäufigkeit und Auswirkungen her relevant sind, können diese Abweichungen als Auslöser für eine nachhaltige Problemlösung (siehe Abschn. 5.5.3.6) herangezogen werden.

Standardisierung kann auf Basis von Prozessbeobachtungen erfolgen und mit der PDCA Methode (vgl. [4]) verbessert werden. Zur radikalen Neugestaltung können Ansätze wie Business Prozess Reengineering (vgl. [8]) verwendet werden. Mit REFA, MTM oder anderen zeitwirtschaftlichen Verfahren kann eine Leistungsbewertung erfolgen.

5.5.3.4 Messung und Visualisierung

Die Messung der Leistung stellt die Basis für Soll-Ist-Vergleiche und damit für die abweichungsgetriebene Verbesserung dar. Neben der Leistung, die in Form von benötigter Zeit für bestimmte Prozesse oder einer Produktivitätskennzahl gemessen werden kann, sind in Lagern insbes. die zeitgerechte Abwicklung der Aufträge sowie die Leistungsqualität, d. h. die Bereitstellung der richtigen Ware in der richtigen Form, als Ergebnisgrößen relevant. Zur Steuerung einzelner Prozesse können weitere Kennzahlen sinnvoll sein, z. B. die Durchlaufzeit eines Wareneingangsprozesses oder die Anzahl der Handlingsvorgänge in Kommissionier- und Packprozessen.

Im Lean Management sollen nur Kennzahlen definiert und gemessen werden, die zur Steuerung relevant sind und unmittelbar oder mittelbar zur Stabilisierung oder Verbesserung der Leistung beitragen. Die Definition und Ermittlung aller anderen Kennzahlen stellt eine Verschwendung dar. Um eine Kennzahl zur Steuerung einsetzen zu können, ist ein Zielwert erforderlich, der aus dem Wertstrom bzw. Standard abgeleitet wird. Aus dem Abgleich von Ist- und Zielwert ergeben sich Abweichungen, die bei Überschreiten von Eingreifgrenzen zur Ursachenanalyse herangezogen werden. Diese Abweichungen sind meist, da kontextabhängig, nur zeitnah nach Eintreten unverfälscht analysierbar. Deshalb ist eine hochfrequente Messung und Abweichungsidentifikation erforderlich. Je nach Prozess kann diese einzelvorgangsbezogen erfolgen oder zeitgetaktet. Bei Zeittaktung ist eine stündliche Durchführung der Messung verbreitet; wird sie seltener als täglich ausgeführt, ist eine Rekonstruktion der Rahmenbedingungen, die die Abweichung ausgelöst haben, in der Regel nicht möglich.

Da die kennzahlenbezogene Steuerung Aufwand verursacht, sollte die Anzahl der Kennzahlen je Arbeitsbereich gering gehalten werden. Erfahrungsgemäß sind in der hohen Frequenz drei bis fünf Kennzahlen von einer Führungskraft sinnvoll steuerbar.

Diese Kennzahlen inkl. der Ziele und Eingriffsgrenzen, sowie Wertströme, Standards, die richtige Positionierung von Arbeitsgegenständen oder die Soll-Menge von Produkten an einem Ort sollen beim Lean Management visualisiert werden. Dies schafft Transparenz und ermöglicht faktenorientiertes Handeln. Mitarbeiter werden auf die visualisierten Standards und Ziele fokussiert; gleichzeitig können sie ihre eigenen Handlungen immer wieder an den visualisierten Kennzahlen und Objekten messen. Dadurch wird die Leistungsorientierung gefördert, die Wahrnehmung von Schwankungen und Abweichungen verstärkt und damit die Grundlage für kontinuierliche Verbesserungsarbeit gelegt.

Ohno geht sogar noch einen Schritt weiter und betont den Vorteil von visueller Steuerung, also Auslösung von Prozessen auf Basis visueller Signale (vgl. [12]). So kann z. B. ein leerer Platz in einem Kommissionierbereich als Auslöser für einen Nachschubprozess dienen. Dadurch wird insbes. das Management in die Lage versetzt, an Gegenständen Störungen im Ablauf ablesen zu können, um darauf basierend Maßnahmen einzuleiten. Dies fördert den offenen Umgang mit Störungen und ermöglicht schnelles Eingreifen.

5.5.3.5 Nachhaltige Problemlösung

Eine Situation, bei der die Durchführung oder das Vorankommen bei einer Aufgabe erschwert, unter gegebenen Bedingungen in gewünschter Form oder Zeit nicht durchführbar oder gänzlich unmöglich ist, wird als Problem beschrieben. Abweichungen in den Prozessen und Leistungskennzahlen stellen einen Indikator für das Vorliegen eines Problems dar.

Abweichungen vom Standard – zumindest kleinere – sind eher die Regel als die Ausnahme. Es ist deshalb nicht sinnvoll, sich mit jeder Abweichung zu beschäftigen. Solche, die zu einer Nichteinhaltung des Leistungsversprechens gegenüber dem Kunden führen, z. B. in Form von Qualitätsmängeln oder einer verzögerten Belieferung, müssen jedoch sofort bearbeitet werden und es ist sicherzustellen, dass der Kunde korrekt beliefert wird. Bei anderen Problemen sollte nur eingegriffen werden, wenn sie eine relevante Auswirkung haben. Wann ein Problem als relevant betrachtet wird, wird über Eingriffsgrenzen gesteuert. Diese werden so festgelegt und im Zeitablauf angepasst, dass im Alltag nur solche Probleme die Grenze überschreiten, die die schwerwiegendsten Auswirkungen haben, und nur so viele, dass ihre Bearbeitung mit den verfügbaren Ressourcen möglich ist.

Häufig lässt sich beobachten, dass auftretende Probleme immer wieder ähnlicher Art sind und die gleichen Ursachen haben. 80 % der Probleme können meist drei bis fünf Fehlerkategorien zugeordnet werden. Diese Probleme treten immer wieder auf. Nur wenn die Ursache der Probleme beseitigt wird, kann dies unterbunden werden. Die Identifikation dieser Ursachen ist deshalb einer der wichtigsten Punkte der nachhaltigen Problemlösung. Ishikawa-Diagramme und die 5-Why Methode (vgl. [1], S. 13 ff.) stellen Methoden dar, die dabei helfen, dem Problem so weit auf den Grund zu gehen, dass die Wurzel des Problems erkannt wird. Mit prozessualen, organisatorischen oder technischen Lösungen kann das Problem behoben werden. Die Prozesse sind entsprechend anzupassen.

Um sicherzugehen, dass die Problemkategorie nachhaltig beseitigt ist, erfolgt eine Prozessbestätigung. Über einen längeren Zeitraum wird stichprobenartig beobachtet, ob die definierten Prozesse umgesetzt werden und die Soll-Leistung erreicht wird sowie ob die vorher beobachteten Probleme wieder auftreten. Ist dies der Fall, ist eine Nachjustierung der Lösung oder gar eine neuerliche Problemlösung erforderlich. Anderenfalls, wenn das Problem nicht mehr auftritt, kann schrittweise die Beobachtungsfrequenz reduziert werden und schließlich komplett auslaufen.

Eine Methodik, die sich in der Praxis bewährt hat, um den nachhaltigen Problemlösungsprozess abzuwickeln, ist die 8D-Methode (vgl. [10]).

5.5.3.6 Arbeitssteuerung

Bei konsequenter Anwendung der nachhaltigen Problemlösung wird die Leistung der Prozesse sukzessive steigen und der Personaleinsatz sinkt. Dies bedeutet jedoch nicht unmittelbar, dass auch die Personalkosten sinken, da sich die eingesparte Zeit auch in unproduktive Wartezeit umwandeln kann. Auch Schwankungen in der Arbeitslast können zu temporärer Unterauslastung des Personals führen.

Arbeitssteuerung kann angewendet werden, um diese Verschwendungseffekte zu reduzieren. Die Arbeitssteuerung hat das Ziel, das Arbeitspensum mit der verfügbaren Arbeitsleistung zu synchronisieren.

Auf Planungsebene ist zur Arbeitssteuerung eine Prognose der Arbeitslast erforderlich. Im Lager werden als Basis dafür die vorliegenden Aufträge für Warenan- und –auslieferungen verwendet und ggf. weitere erwartete Aufträge prognostiziert. Die Prognose ist im Lagerumfeld oft schwer, da die Arbeitslast von vielen Einflussfaktoren außerhalb der Kontrolle des Lagers beeinflusst wird und selbst über absehbare Effekte, wie z. B. absatzfördernde Maßnahmen für die gelagerten Produkte, oft nur unvollständige Information vorliegt.

Auf Basis standardisierter Prozessaufwände kann aus dem prognostizierten Auftragsvolumen die Arbeitslast und der Personalbedarf abgeleitet werden.

Auf Steuerungsebene besteht die Möglichkeit, sowohl die Arbeitslast in gewissem Umfang anzupassen wie auch die verfügbare Arbeitskraft. Die Arbeitslast kann durch Vorziehen oder Glätten von Tätigkeiten beeinflusst werden. Auf Seite der Arbeitskräfte kann durch Einsatz von Zeitarbeitern, durch Überstunden oder bei Verträgen mit flexibler Arbeitszeit auch durch Reduktion der Arbeitszeit eine Anpassung erfolgen. Eine der einfachsten Möglichkeiten zur Anpassung ist das Verschieben von Personal zwischen Arbeitsbereichen.

5.5.3.7 Führung

Einer der wichtigsten Erfolgsfaktoren von Lean Management im Lagerumfeld ist die Art der Führung der Mitarbeiter. Ohne ein entsprechendes Verhalten der Führungskräfte sind viele der anderen Erfolgsfaktoren nicht oder zumindest nicht dauerhaft umsetzbar.

Lean Management stellt eine stark kennzahlenorientierten Führungsmethode dar. Ziele, die meist vom Top Management vorgegeben werden, müssen über Wertstromvisionen und Zielzustände operationalisiert werden. Diese Aufgabe kommt den Führungskräften zu, die diese Vision und die Zielzustände gemeinsam mit den Mitarbeitern definieren. Dabei soll die Führungskraft die Lösungen nicht vorgeben, sondern eine Rolle als Coach und Moderator übernehmen. Sie stellt sicher, dass Vorschläge der Mitarbeiter auf die Zielerreichung ausgerichtet sind, und dass Rahmenbedingungen beachtet werden. Weiterhin sollte die Führungskraft die Generierung von Verbesserungsideen fordern und fördern – mindestens so lange, bis genug Potenzial zur Zielerreichung identifiziert ist. Aus den Verbesserungsideen sind Maßnahmen zu definieren, deren Implementierung die Führungskraft überwacht und unterstützt.

Zur Erstellung der Wertstromvision und der Zielzustände, aber auch bei anderen Aufgaben des Lean Management benötigt die Führungskraft umfassende Kenntnisse und Erfahrungen in der Anwendung der Lean Methoden. Darüber hinaus sollte eine Führungskraft in der Lage sein, Verbesserungsideen bzgl. Umsetzbarkeit und Wirkung auf die Leistung zu bewerten. Dies erfordert Kenntnisse der realen Prozesse und Gegebenheiten, die nur dadurch gewonnen werden können, dass die Führungskraft regelmäßig vor Ort die Prozesse beobachtet. Bei der Umsetzung der Verbesserungen und der Stabilisierung neuer Prozesse kommt der Führung vor Ort noch höhere Bedeutung zu.

Der Umgang mit Mitarbeitern im Lean Management Kontext soll wertschätzend sein. Die Grundhaltung ist, dass die Mitarbeiter die Ist-Prozesse am besten kennen und wertvolle Ideen zur Verbesserung einbringen können. Wenn sie sich nicht an die Soll-Prozesse halten liegt das an Störungen, die beseitigt werden müssen. Führungskräfte werden idealerweise nach dem Mentor-Mentee-Prinzip zur eigenständigen Lösung von Aufgaben befähigt.

Lean Management benötigt eine konsequente Führung. Nur bei strikter Einhaltung der Standards und Regeln durch die Führungskraft werden auch die Mitarbeiter zur Einhaltung der für sie gültigen Regeln bereit sein. Termine, wie z. B. die Besprechung der Abweichungen, sind in der definierten Frequenz abzuhalten, um den Mitarbeitern die Bedeutung der Besprechung vor Augen zu führen. Fehlt die Konsequenz in der Durchführung, kommt der Prozess meist bald gänzlich zum Erliegen.

5.5.4 Einführung von Lean im Lager

Im Gegensatz zum Fertigungsumfeld ist die Verbreitung der Anwendung von Lean Management in Lagern noch deutlich geringer. Das kann insofern überraschen, als die im Lager eingesetzte Technologie einfacher ist und die Freiheitsgrade der Prozessgestaltung größer sind. Umgekehrt erschweren im Lagerumfeld längere und stärker schwankende Arbeitszyklen die Anwendung der Lean Methoden gegenüber einer Losfertigung. Den wichtigsten Unterschied macht aber die Führung aus: Während die Fertigung seit vielen Jahren in Unternehmen unter hohem Kostendruck arbeitet, sich mit dem Einsatz zeitwirtschaftlicher Methoden und kennzahlenorientierter Steuerung sowie Problemlösung auseinandergesetzt hat und in oft großen Fertigungsstandorten auf verschiedene Experten zugreifen kann, sind viele Führungskräfte im Lagerumfeld in häufig räumlich weitläufigen Lagern mit oft wenigen Mitarbeitern kaum geschult und erfahren.

Basis für die Einführung von Lean Management ist das Committment des Top Managements. Es kommuniziert die Bedeutung des Themas im Unternehmen und stellt die Ressourcen, z. B. Stellen für Methodenexperten und Finanzmittel für die Ausbildung, bereit.

Motivation durch Lob und Tadel entsprechend des Fortschritts sind zwingend; ideal ist, wenn die Erfolge im Lean Management eine wesentliche Grundlage für die Auswahl und Weiterentwicklung von Führungskräften werden. Auch das eigene Führungsverhalten des Top Managements sollte sich ändern: die faktenorientierte Führung vor Ort sollte auch vom Top Management intensiviert werden und die Einsteuerung von Verbesserungsideen sollte in die Wertstromarbeit einfließen statt in Form einer Forderung nach kurzfristiger Umsetzung.

Für das Vorgehen zur flächendeckenden Einführung von Lean Management gibt es zwei erfolgsversprechende Basisstrategien: die Leuchtturmstrategie mit Rollout nach Schneeballprinzip oder die Massenbewegung von Beginn an. (vgl. [6], S. 11)

Bei der Massenbewegung sollen vom ersten Tag an so viele Mitarbeiter wie möglich involviert werden. Wenn auch nur ein kleiner Anteil von ihnen aktiv bei der Verbesserungsarbeit mitwirkt und kleine Verbesserungsschritte anstößt und umsetzt, wird schnell viel Potenzial gehoben. Bei der Massenbewegung kann jedoch nicht allen Mitarbeitern intensive Expertenunterstützung gewährt werden. Die Wahrscheinlichkeit, dass ausbleibende Anfangserfolge die Initiative ausbremsen, ist deshalb relativ hoch.

Bei der Leuchtturmstrategie werden die Ressourcen auf ein Lager oder sogar einen Lagerbereich fokussiert. Experten können hier intensiv unterstützen und sowohl angehende Experten sowie die Führungsmannschaft vor Ort ausbilden und coachen. Die Erfolgswahrscheinlichkeit ist daher viel höher. Um einen Rollout in andere Lager zu erleichtern sollten in das Einführungsteam Mitarbeiter anderer Standorte integriert werden, die in einer nächsten Welle die Einführung in ihrem eigenen Lager vorantreiben. Diese können die beim Piloten gewonnene Erfahrung übertragen und ihrerseits Mitarbeiter anderer Standorte für die nächste Welle qualifizieren. Durch die Einbindung wird neben der Qualifikation auch das „not invented here"-Syndrom reduziert. Nachteilig an dem Vorgehen ist der höhere Zeitbedarf, bis alle Standorte integriert sind. Der Erfolg des Vorgehens kann ebenfalls nicht garantiert werden. Nichtsdestoweniger scheint dieser Ansatz erfolgsversprechender.

Weiterhin ist festzulegen, mit welcher Methodik die Einführung gestartet wird. Eine oft gewählte Möglichkeit ist, mit 5S zu starten – oder gar nur den ersten 3S – säubern, aussortieren und Ordnung schaffen. Vorteil hierbei ist die Einfachheit des Ansatzes. Er kann bei Massenbewegungen verwendet werden. Nachteil ist die meist fehlende Messbarkeit der dadurch erzielten Verbesserungen. Die Akzeptanz bei den Mitarbeitern kann dadurch gefährdet werden.

Alternativ kann die Einführung mit der Erstellung einer Wertstromanalyse gestartet werden. Dadurch wird gleich eine Übersicht über das Gesamtsystem gewonnen und die Wahrnehmung von Verschwendung gefördert. Zur Erstellung der Wertstromanalyse benötigt das Team vor Ort aber Expertenunterstützung. Die resultierenden Veränderungsvorschläge werden in projektbezogener Arbeit umgesetzt, was den Vorteil bietet, dass diese Arbeitsform den Mitarbeitern meist gut bekannt ist. Dafür vermittelt sie den Mitarbeitern kein Signal des Aufbruchs. In jedem Fall ist darauf zu achten, die ersten Verbesserungsmaßnahmen schnell umzusetzen und bei der Umsetzung schnell die Stabilisierungsmethodik der abweichungsorientierten Verbesserungsarbeit einzuführen.

Eine dritte Variante ist der Beginn der Lean Einführung mit kurzzyklischer Verbesserung. Mitarbeiter können dabei von Beginn durch die starke Kennzahlenorientierung und hochfrequente Diskussion eine Änderung im Führungsverhalten wahrnehmen. Jedoch wird zur Anwendung der abweichungsorientierten Verbesserungsarbeit ein Standard – wenigstens eine akzeptierte Prozesskennzahl – benötigt, um Abweichungen überhaupt messen zu können. Eine Alternative wäre, die Schwankung der Leistungskennzahlen als Abweichung zu interpretieren. So kann die Notwendigkeit der Einführung von Standards zur Stabilisierung mit den Mitarbeitern erarbeitet werden. Die Einführung erfordert methodische Unterstützung durch Experten. Diese ist sowohl zum Coaching der Führungskräfte bei der täglichen Abweichungsbesprechung wie auch für die nachhaltige Problemlösung erforderlich. Problematisch ist es, die hohe Disziplin der Führungskräfte sicherzustellen. Weiterhin ist die Standardisierungsaufgabe im Falle eines nicht standardisierten Umfelds sehr komplex.

Unabhängig von Einführungsstrategie und ausgewählter Methodik müssen Führungskräfte, Experten und Mitarbeiter zügig die erforderlichen Kenntnisse und Fähigkeiten für die nachhaltige Verankerung des Lean Management erwerben. Um den Kompetenzaufbau zu steuern, eignet sich der Ansatz des Kompetenzmanagements (vgl. [6], S. 45 ff).

Dieses umfasst die Identifikation von Kompetenzfeldern und ihren Inhalten, die Definition von Rollen sowie die Zuordnung von Mitarbeiter zu diesen, die Festlegung der erforderlichen Kompetenzausprägungen je Rolle, sowie die regelmäßigen Bewertung der Kompetenzen der Mitarbeiter und der Ableitung von Qualifikationsmaßnahmen bei Kompetenzlücken. Qualifikation kann durch alle üblichen Verfahren, z. B. durch Schulungen, Übungen zur Erlangung von Anwendungserfahrung oder Coaching erfolgen. Die Führungskraft sollte sicherstellen, dass nach den Qualifikationsmaßnahmen eine schnelle Anwendung der Erkenntnisse erfolgt und dabei erste Erfolge erzielt werden. Erfahrungsgemäß können wiederholte Qualifikationsmaßnahmen in kleinen Portionen, die praxisnah ausgelegt sind und eine einfache Übertragung in den Alltag ermöglichen, bessere und nachhaltigere Effekte erzielen. Auch durch regelmäßige standortübergreifende Abstimmung in Gruppen können Führungskräfte erfolgreich voneinander lernen (vgl. [3], S. 48 ff)

Der Einsatz von Reifegradmodellen ist zur Unterstützung der Einführung von Lean Management zu empfehlen. Sie erlauben die Beurteilung der organisationalen Kompetenz. Reifegradmodelle messen anhand von Kriterien ob und wie gut die Anforderungen erfüllt sind. In den Kriterien spiegeln sich die wesentlichen Handlungsfelder wieder und die Stufen des Reifegrades stellen einen antizipierten, logischen, gewünschten oder typischen Entwicklungspfad dar. Reifegradmodelle bieten der Organisation dadurch eine Roadmap für Verbesserungen an. Der vom Management geforderte Einsatz eines Reifegradmodells unterstreicht die Bedeutung des Themas, die regelmäßige Bewertung stellt sicher, dass sich das lokale Management regelmäßig mit dem Thema befasst und sich durch die Bewertungsmaßstäbe geführt in die gewünschte Richtung orientiert. Das Top Management kann die Bewertungsergebnisse zur Kommunikation von Erfolgen sowie als Anlass für Motivationsmaßnahmen für das lokale Management und die Mitarbeiter verwenden.

Literatur

1. Brunner, F.J.: Japanische Erfolgskonzepte. Carl Hanser Verlag, München (2007).
2. Dehdari, P., Schwab, M., Furmans, K., Wlcek, H.: Können Läger schlank sein? Von Lean Production über Lean Management zum Lean Warehousing. in: Wimmer, T. (Hrsg.): Flexibel – sicher - nachhaltig. DVV Media Group, Hamburg (2011).
3. Dehdari, P.: Measuring the Impact of Lean Techniques on Performance Indicators in Logistics Operations. Wissenschaftliche Berichte des Institutes für Fördertechnik und Logistiksysteme am Karlsruher Institut für Technologie (KIT), Band 80. Universitätsverlag, Karlsruhe (2013).
4. Deming, W.E.:Out of the crisis. Massachusetts Institute of Technology, Cambridge (1982).
5. Furmans, K., Wlcek, H. (Hrsg.): Lean Management in Lägern. DVV Media Group, Hamburg (2012).
6. Furmans, K., Schwab, M. (Hrsg.): Roll-out von Lean Management in Lägern. DVV Media Group, Hamburg (2014).
7. Gudehus, T.: Logistik 2 - Netzwerke, Systeme und Lieferketten. 4. Aufl., Springer, Berlin (2012).
8. Hammer, M., Champy, J.: Business Reengineering: Die Radikalkur für das Unternehmen. 7. Aufl., Campus Verlag, Frankfurt (2003).
9. ten Hompel, M., Schmidt, T., Nagel, L.: Materialflusssysteme. 3. Aufl., Springer, Berlin (2007).
10. Jung, B., Schweißer, S., Wappis, J.: 8D und 7Step - Systematisch Probleme lösen. Carl Hanser Verlag, München (2013).
11. Liker, J.K., Meier, D.: Praxisbuch, der Toyota-Weg: für jedes Unternehmen. FinanzBuch Verlag, München (2007).
12. Ohno, T.: Das Toyota Produktionssystem. Campus Verlag, Frankfurt (2005).
13. Pfeiffer, W., Dörrie, U., Stoll, E.: Menschliche Arbeit in der industriellen Produktion. Vandenhoeck und Ruprecht, Göttingen (1977).
14. Rother, M., Shook, J.: Sehen lernen - mit Wertstromdesign die Wertschöpfung erhöhen und Verschwendung beseitigen. LOG X Verlag (2001).
15. Steinberg, U., Windberg, H.-J.: Heben und Tragen ohne Schaden. 6. Aufl., Bundesamt für Arbeitsschutz und Arbeitsmedizin, Dortmund (2011).
16. Weiblen, J.: Determining Cycle Times for Packing in Distribution Centers. Wissenschaftliche Berichte des Institutes für Fördertechnik und Logistiksysteme am Karlsruher Institut für Technologie (KIT), Band 80. Universitätsverlag, Karlsruhe (2014).
17. Wisser, J.: Der Prozess Lagern und Kommissionieren im Rahmen des Distribution Center Reference Model (DCRM). Wissenschaftliche Berichte des Institutes für Fördertechnik und Logistiksysteme der Universität Karlsruhe (TH), Band 72. Universitätsverlag, Karlsruhe (2009).

Normen und Richtlinien

ChemG Chemikaliengesetz
1DIN EN ISO 26800 Ergonomie – Genereller Ansatz, Prinzipien und Konzepte (2011)
DIN EN ISO 6385 Grundsätze der Ergonomie für die Gestaltung von Arbeitssystemen (2004)
HGB Handelsgesetzbuch
TLMV Verordnung über tiefgefrorene Lebensmittel (2007)
TRGS 510 Lagerung von Gefahrstoffen in ortsbeweglichen Behältern (2015)
VDI 2411 Begriffe und Erläuterungen im Förderwesen (1970)
VDI 3590 Kommissioniersysteme. Bl. 1: Grundlagen (1994)

Instandhaltungslogistik

6

Gerhard Bandow

6.1 Einleitung

In der industriellen Instandhaltung geht es längst nicht mehr alleine um die Verfügbarkeit oder „nur" um die „Reparatur einer Anlage". Moderne Instandhaltung umfasst heute eine Vielzahl von Aufgaben, wie z. B. Optimierung der Produktionsabläufe, Einhaltung der Liefertreue, Vermeidung von Produktionsausfällen und Reduzierung des Ressourcenverbrauchs. Sie hat somit einen deutlichen Einfluss auf die Arbeitssicherheit, ist aktiver Umweltschutz, steigert die Wirtschaftlichkeit und trägt als Teil der Wertschöpfung im Unternehmen deutlich zum Unternehmenserfolg bei. Der unternehmerische Nutzen der Instandhaltung steigt dementsprechend mit dem Einsatz, dem Automatisierungsgrad und der Komplexität technischer Anlagen.

Um dieses umfassende Aufgabenportfolio bedarfsgerecht während der gesamten Nutzungsdauer einer Anlage zu wettbewerbsfähigen Kosten durchführen zu können, sind vielfältige unterstützende logistische Dienstleistungen erforderlich. Die kombinierte Betrachtung von Logistik und Instandhaltung in der betrieblichen Praxis wird als Instandhaltungslogistik bezeichnet. Die Instandhaltungslogistik umfasst die vollständige, zuverlässige Versorgung mit allen benötigten Ressourcen (Personal, Information, Material und Ersatzteile, Betriebsmittel), die für eine professionelle Instandhaltung erforderlich sind. Gleichzeitig besteht jedoch auch die Aufgabe, die für diese Instandhaltungslogistik anfallenden Prozesskosten so niedrig wie möglich zu halten.

G. Bandow (✉)
Fachhochschule Dortmund, Sonnenstraße 96, 44139 Dortmund, Deutschland
e-mail: gerhard.bandow@fh-dortmund.de

© Springer-Verlag GmbH Deutschland, ein Teil von Springer Nature 2019
K. Furmans, C. Kilger (Hrsg.), *Betrieb von Logistiksystemen*, Fachwissen Logistik,
https://doi.org/10.1007/978-3-662-57943-5_6

Die Gratwanderung zwischen maximaler Versorgungssicherheit und kostenoptimaler Gestaltung der Prozesse der Instandhaltungslogistik stellt die Unternehmen vor große Herausforderungen.

6.1.1 Definitionen

Instandhaltung ist die „Kombination aller technischen und administrativen Maßnahmen sowie Maßnahmen des Managements während des Lebenszyklus einer Einheit, die dem Erhalt oder der Wiederherstellung ihres funktionsfähigen Zustands dient, sodass sie die geforderte Funktion erfüllen kann" [1]. Die Wahl der Maßnahmen leitet sich aus den auf den Unternehmenszielen basierenden Instandhaltungszielen ab. Dabei werden sowohl interne als auch externe Forderungen sowie verschiedene, auf die Einheiten und die Organisation abgestimmte Instandhaltungsstrategien berücksichtigt. In diesem Zusammenhang wird unter einer Einheit ein Instandhaltungsobjekt verstanden.

Die Instandhaltung wird in die Grundmaßnahmen *Wartung*, *Inspektion*, *Instandsetzung* und *Verbesserung* unterteilt [2]. Diese Grundmaßnahmen werden auch als Hauptprozesse der Instandhaltung bezeichnet.

Sie werden soweit wie möglich planmäßig durchgeführt, Instandsetzungen können jedoch nach nicht vorhersehbaren Anlagenausfällen auch unplanmäßig erfolgen.

Wartung umfasst alle „Maßnahmen zur Verzögerung des Abbaus des vorhandenen Abnutzungsvorrats" [2].

Unter *Inspektion* werden alle „Maßnahmen zur Feststellung und Beurteilung des Ist-Zustandes einer Einheit einschließlich der Bestimmung der Ursachen der Abnutzung und dem Ableiten der notwendigen Konsequenzen für eine künftige Nutzung" [2] verstanden.

Instandsetzung ist eine „physische Maßnahme, die ausgeführt wird, um die Funktion einer fehlerhaften Einheit wiederherzustellen" [1]. Die Instandsetzung umfasst auch die Fehlerortung und die Funktionsprüfung vor Wiederinbetriebnahme einer Einheit.

Unter *Verbesserung* wird verstanden, die „Kombination aller technischen und administrativen Maßnahmen sowie Maßnahmen des Managements zur Steigerung der Zuverlässigkeit und/oder Instandhaltbarkeit und/oder Sicherheit einer Einheit, ohne ihre ursprüngliche Funktion zu ändern" [1]. Eine Verbesserung kann auch vorgenommen werden, um Fehler während des Betriebs zu verhindern und um Ausfälle zu vermeiden [1].

Instandhaltungsmanagement umfasst „alle Tätigkeiten des Managements, die die Ziele, die Strategie und die Verantwortlichkeiten sowie die Durchführung der Instandhaltung bestimmen und sie durch Maßnahmen wie Instandhaltungsplanung, -steuerung und die Verbesserung der Instandhaltungstätigkeiten und deren Wirtschaftlichkeit verwirklichen" [1]. In diesem Zusammenhang müssen sowohl strategische als auch operative Aufgaben berücksichtigt werden.

Unter *Instandhaltungslogistik* wird der logistische Support der Instandhaltung verstanden. Sie umfasst alle Prozesse zum Management der für die Instandhaltung benötigten Ressourcen (Information, Material und Ersatzteile, Betriebsmittel), einschließlich Personal, unterstützt durch moderne Informations- und Kommunikationstechnik. Die Instandhaltungslogistik synchronisiert Mensch, Information, Material und Betriebsmittel am Ort des Geschehens.

6.1.2 Objekte der Instandhaltungslogistik

Die Instandhaltungslogistik muss sich auf die Instandhaltungsobjekte ausrichten, da ihre Beschaffenheit und Eigenschaften den Bedarf an logistischen Leistungen entscheidend mitbestimmen. In jedem Unternehmen sind unterschiedliche Instandhaltungsobjekte vorhanden.

Grundsätzlich lassen sie sich wie folgt unterscheiden:

- Produktionsanlagen und -systeme (z. B. Drehmaschine, Werkzeugmaschine, Lackieranlage),
- Logistikanlagen und -systeme (z. B. Lager, Distributions-, Kommissionier-Systeme, Krane, Stapler, Zellulare Fördertechnik, Fahrerlose Transportsysteme),
- Transportfahrzeuge (Bahn, Nutzfahrzeuge, Schiffe, Flugzeuge),
- Energieanlagen und -systeme (z. B. Strom, Wasser, Luft),
- Infrastrukturanlagen (z. B. Wege/Straßen, Gleisanlagen, Gebäude, Informationstechnik),
- Gebäudetechnische Anlagen (z. B. Heizung, Klima, Lüftung, Telekommunikation, Personenaufzuge).

Diese Instandhaltungsobjekte werden zur besseren Ermittlung des Instandhaltungsbedarfs und zur Zuordnung der notwendigen Instandhaltungsmaßnahmen weiter unterteilt.

Diese Untergliederung ist von verschiedenen unternehmensspezifischen Kriterien abhängig (z. B. Unternehmensziele, Verfügbarkeit, Nutzenmaximierung, Budget etc.).

Häufig findet sich eine sechsstufige Strukturierung in

- System,
- Anlage,
- Maschine,
- Komponente,
- Baugruppe,
- Bauteil.

Für jedes Instandhaltungsobjekt ist individuell zu ermitteln, welche logistischen Leistungen zur Unterstützung der Instandhaltung erforderlich sind, um den maximalen Nutzen aus dem Einsatz (stets bedarfsgerechte Verfügbarkeit bei wettbewerbsfähigen Kosten während des gesamten Lebenszyklus) zu ermöglichen.

6.1.3 Rollen in der Instandhaltungslogistik

In der Instandhaltungslogistik lassen sich drei beteiligte Gruppen identifizieren:

*   Anlagenbetreiber,
*   Anlagenhersteller,
*   Dienstleister.

Diese Gruppen haben unterschiedliche Interessen und Aufgaben, die oft gegensätzlich sind.

Abhängig von dem favorisierten Instandhaltungskonzept (z. B. Total Productive Maintenance, Reliability Centred Maintenance, Risk Based Maintenance, Predictive Maintenance, Lean Maintenance) übernehmen diese Gruppen verschiedene Aufgaben mit unterschiedlicher Leistungstiefe zur Realisierung der Ziele der Instandhaltungslogistik.

Beim Anlagenbetreiber lassen sich folgende Rollen identifizieren, die i. d. R. im Unternehmen von verschiedenen Organisationseinheiten wahrgenommen werden:

*   Bedarfsträger (Instandhaltung, Produktion),
*   Disponent (Logistik),
*   Beschaffer (Einkauf).

Im Falle einer teilautonomen Instandhaltung entsprechend dem TPM-Konzept übernimmt das Produktionspersonal Aufgaben der Instandhaltung, so dass es auch Bedarfsträger der Instandhaltungslogistik ist.

Der Anlagenhersteller führt im Rahmen der Garantie bzw. von Instandhaltungsverträgen spezifische Aufgaben der Instandhaltung aus und fungiert als Ersatzteillieferant.

Beim Dienstleister sind Instandhaltungs- und Logistikdienstleister sowie Ersatzteillieferanten zu unterscheiden.

Ein Instandhaltungsdienstleister bietet Leistungen von der Personalbereitstellung zur Abdeckung von Spitzenbedarf über planmäßige Instandhaltungsmaßnahmen bis hin zum Full-Service und Betreiberkonzepten für die Anlagen.

Entsprechend weit reichend kann die Verantwortung eines Dienstleisters für die Instandhaltungslogistik sein.

Logistikdienstleister können zum einen für die Prozesse der Instandhaltungslogistik komplett verantwortlich sein, aber auch nur die Bereitstellungsprozesse übernehmen.

Ersatzteillieferanten haben ebenfalls ein breites Aufgabenspektrum. Es reicht von der Ersatzteillieferung bis zur Ersatzteilfertigung, insbesondere zur Nachserienversorgung des Betreibers mit Ersatzteilen.

6.2 Hauptprozesse der Instandhaltungslogistik

Die Instandhaltungslogistik lässt sich in koordinierende und versorgende Prozesse unterteilen.

Die Versorgungsprozesse regeln die Bereithaltung und Bereitstellung der für die Instandhaltung benötigten Ressourcen (Personal, Information, Material und Ersatzteile, Betriebsmittel) und der Instandhaltungsobjekte sowie deren Zusammenführung und Ergänzung am Ort der Durchführung der Instandhaltungsmaßnahmen entsprechend der „6 r" der Logistik. Diese Prozesse repräsentieren die logistischen Aufgaben der Hauptprozesse der Instandhaltung (Wartung, Inspektion, Instandsetzung und Verbesserung).

Die koordinierenden Prozesse der Instandhaltungslogistik vernetzen alle Instandhaltungsaktivitäten, die im Rahmen der Planung, Durchführung, Steuerung und Überwachung von Instandhaltungsaufträgen durchzuführen sind.

Von besonderer Bedeutung ist, dass diese Prozesse nur begrenzt planbar sind, da Ausfälle von Instandhaltungsobjekten nur unvollständig vorhersagbar sind.

Als Hauptprozesse der Instandhaltungslogistik lassen sich dementsprechend die folgenden Prozesse identifizieren (vgl. auch [3]):

- Auftragsabwicklung,
- Personalmanagement,
- Betriebsmittellogistik (z. B. Werkzeuge, Mess- und Prüfmittel),
- Material- und Ersatzteillogistik,
- Bestandsmanagement.

6.2.1 Auftragsabwicklung

Die Auftragsabwicklung ist ein wesentliches Kernstück der Ablauforganisation in der Instandhaltung. Sie greift in alle Bereiche der Durchführung von Instandhaltungsprozessen vor Ort oder in einer internen oder externen Werkstatt ein. Die Instandhaltungslogistik sorgt dabei für die anforderungsgerechte Unterstützung durch die zur Durchführung erforderlichen logistischen Prozesse.

Start der Auftragsabwicklung ist eine *Auftragsauslösung* (vgl. Abb. 6.1), die bei planmäßigen Aufträgen vom Instandhaltungsmanagementsystem (Computerized Maintenance Management System (CMMS) bzw. Enterprise Asset Management (EAM) System) weitgehend automatisch entsprechend der jeweiligen Auftragspriorität in die Ablauforganisation

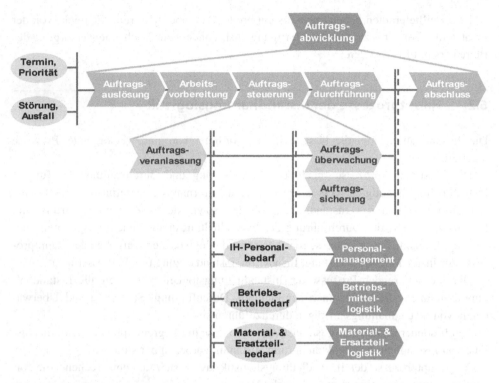

Abb. 6.1 Prozess Auftragsabwicklung

der Instandhaltung eingesteuert und bei unplanmäßigen Aufträgen durch den Betrieb (Produktion als Auftraggeber und Kunde) initiiert wird. Ein Auftrag besteht dabei aus unterschiedlichen Teilaufgaben, die als Listen von Aktivitäten zusammengefasst werden. Diese beinhalten neben der technischen Aufgabenbeschreibung, Mengenangaben, Material-, Ersatzteil- und Betriebsmittelangaben, Hinweise auf Organisationsmittel wie z. B. Stücklisten, Kostenstellen etc. sowie die Auftragspriorität.

Im Anschluss erfolgt die *Arbeitsvorbereitung*. Hier wird zuerst geprüft, ob bereits vorbereitete Abläufe informationstechnisch vorliegen. Diese Prüfung kann automatisch durch das EAM-System bzw. die Arbeitsvorbereitung erfolgen.

Für den jeweiligen Auftrag werden die technischen Details (Methode) und die Durchführung der Instandhaltungsaufgaben (Reihenfolge) festgelegt. Diese umfassen die Planzeit, den Personal- und Materialbedarf, die Betriebs- und Hilfsmittel sowie Plankosten und die erforderlichen Sicherheitsmaßnahmen (u. a. Betriebszustand der Instandhaltungsobjekte).

Die definierten Bedarfe können Auslöser für die Prozesse des Personalmanagements, der Material-, Ersatzteil- und Betriebsmittellogistik sein.

Auf die Arbeitsvorbereitung folgt die *Auftragssteuerung*. Diese umfasst die Teilprozesse Auftragsveranlassung, Auftragsüberwachung und Auftragssicherung.

Die *Auftragsveranlassung* beinhaltet die kurzfristige Einsteuerung der Instandhaltungsaufträge und die Anpassung der Planungsvorgaben an kurzfristige, unvorhersehbare Störungen und an Planungsungenauigkeiten. Es erfolgen die Verfügbarkeitsprüfung von Personal, Material, Ersatzteilen und Betriebsmitteln, die Überprüfung der Durchführbarkeit der Arbeiten vor Ort bzw. in einer Werkstatt, die Auftragsfreigabe, die Aushändigung der Arbeitspapiere (ggf. in digitaler Form) an das ausführende Personal und die Transportsteuerung (Transport von Personal, Material, Ersatzteilen und Betriebsmitteln etc.). Die Informationslogistik und Transportsteuerung sind dabei Aufgaben der Instandhaltungslogistik.

Die Ergebnisse der Auftragsveranlassung sind Arbeitspläne, Materialscheine sowie Arbeitsbelege bzgl. Sicherheitsmaßnahmen. Je nach Branche werden diese informationstechnisch (z. B. für den Personal Digital Assistant, Tablet PC oder das Smart Phone) und/oder als Papierversion erstellt. So fordern z. B. das Eisenbahn- und das Luftfahrtbundesamt beide Ausführungsformen sowohl als Begleitpapiere eines Auftrags als auch für die Dokumentation. Hinzu kommen definierte Aufbewahrungsfristen, die ein adäquates Dokumentenmanagement erfordern.

Nach Überprüfung der Sicherheitsmaßnahmen wird die Instandhaltung entsprechend Auftrag durchgeführt, ggf. werden weitere erforderliche Maßnahmen erkannt. Die *Auftragsdurchführung* kann gleichzeitig auch wiederum Auslöser für die weiteren Prozesse der Instandhaltungslogistik sein, z. B. Betriebsmittel-, Material- und Ersatzteillogistik. So werden beispielsweise die nicht mehr benötigten bzw. defekten Betriebsmittel, Materialien und Ersatzteile abtransportiert. Instandsetzbare Ersatzteile (häufig auch als Kreislauf- oder Reserveteile bezeichnet) werden in die zugehörige Werkstatt gebracht, nicht instandsetzbare Ersatzteile werden nach Ursachenanalyse ordnungsgemäß verschrottet. Entsprechendes gilt für Betriebsmittel, Materialien sowie Hilfs- und Betriebsstoffe, die abhängig von ihrer Wieder- bzw. Weiterverwendbarkeit behandelt werden. Die Inbetriebnahme und Übergabe des Instandhaltungsobjektes an den Betrieb schließen die Auftragsdurchführung ab.

Parallel zur Auftragsdurchführung erfolgen die *Auftragsüberwachung* und *Auftragssicherung*. Die *Auftragsüberwachung* dient der Erfassung und Verwaltung der Aufträge und Kapazitäten. Neben der Zustandsänderung der Aufträge (z. B. in Bearbeitung, Unterbrochen, Erledigt) wird auch der Bedarf an Auftragsdaten – wie beispielsweise Materialverbrauch oder Ersatzteileinsatz – ermittelt. Zu den Teilaufgaben der Auftragsüberwachung gehören [4]:

- Arbeitsfortschritterfassung (Erkennen von Terminabweichungen und Einleiten von weiteren Steuerungsmaßnahmen),
- Kapazitätsüberwachung (Ermittlung der Belastung und Auslastung) und
- Auftragsdatenerfassung (Bestimmung der Arbeitsergebnisse)

Die *Auftragssicherung* ist der letzte Teilprozess der Auftragssteuerung. Sie dient zur Einleitung von bei der Auftragsüberwachung ermittelten weiteren Maßnahmen zur

Auftragssteuerung, um z. B. möglichen Terminabweichungen oder Kapazitätsproblemen entgegenzuwirken. Zu den Teilaufgaben der Auftragssicherung gehören:

- Eingreifen bei Planabweichungen zur Gewährleistung des Auftragserfolgs (z. B. Bereitstellung zusätzlicher Kapazitäten),
- Auftragsänderung, wenn zusätzliche Tätigkeiten durchzuführen sind, die sich im Rahmen der Auftragsdurchführung ergeben haben,
- Planänderungen zur Optimierung der Auftragsdurchführung sowie
- Qualitätsmanagement.

Die Auftragsabwicklung endet mit dem *Auftragsabschluss*. Hierunter werden die Prozessschritte Abnahme durch den Auftraggeber Produktion sowie die Abrechnung und Auswertung des Auftrags durch die Instandhaltung (eigen oder fremd) verstanden. Diese umfasst u. a. die Dokumentation der Fehler, die Ursachenanalyse und Ablage prozessrelevanter Daten. Neben der administrativen Dokumentation ist ggf. auch die technische Dokumentation der Anlage zu aktualisieren.

6.2.2 Personalmanagement

Das Personalmanagement steht in enger Beziehung zur Auftragsabwicklung. Dieser Prozess wird durch den *Bedarf* an *Instandhaltungspersonal* initiiert (vgl. Abb. 6.2), der durch Zeitpunkt und Dauer sowie Durchführungsort der Instandhaltung (vor Ort oder Werkstatt) sowie Personenanzahl und Qualifikationsanforderungen determiniert ist.

Hieran schließt sich die *Verfügbarkeitsprüfung* an, die sich sowohl auf eigenes als auch externes Personal bezieht. Ist das Personal entsprechend des definierten Bedarfs verfügbar, wird es für den zugehörigen Auftrag eingeplant (Reservierung). Sollte eine der Anforderungen

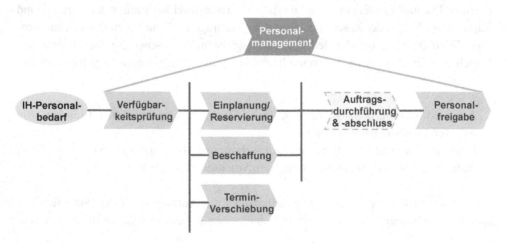

Abb. 6.2 Prozess Personalmanagement

nicht erfüllt sein, werden entsprechende Schritte eingeleitet, z. B. Änderung/Verschiebung des Durchführungstermins, Akquisition benötigter Ressourcen, Ausbildung etc.

Zum vorgesehenen Zeitpunkt wird der *Auftrag* dann wie geplant durch das Personal *durchgeführt* und nach erfolgreicher Durchführung aller erforderlichen Maßnahmen *abgeschlossen*.

Je nach informationstechnischer Unterstützung (z. B. Online-Ankopplung von Personal Digital Assistants an das EAM-System über WLAN und RFID) erfolgt die Berichterstattung (*Feedback*) über die Auftragsdurchführung, erkannte Fehler und Fehlerursachen parallel zur Durchführung bzw. nach deren Abschluss.

Der Prozess des Personalmanagements endet mit der *Freigabe* des Personals, sodass es für weitere Aufträge zur Verfügung steht.

6.2.3 Betriebsmittellogistik

Zu einer umfassenden Versorgung in der Instandhaltung gehört die anforderungsgerechte Versorgung mit Betriebsmitteln. Unter Betriebsmitteln werden Maschinen und Anlagen, Werkzeuge sowie Mess- und Prüfmittel für die Instandhaltung sowie weitere Arbeitsmittel (z. B. Leitern, Hubbühnen etc.) verstanden.

Dieser Prozess der Instandhaltungslogistik ist mit aufwendigen Beschaffungs-, Organisations- und Abwicklungsaufgaben verbunden. Nicht zuletzt durch den vergleichsweise hohen Investitionsbedarf für den Erwerb von Spezialequipment stellen diese einen erheblichen Kostenfaktor dar. Daher nutzen viele Unternehmen, abhängig von Einsatzdauer, Spezifität, Wert und Preis der Werkzeuge, Mess- und Prüfmittel, die Möglichkeit, diese zu mieten oder zu leasen bzw. die zugehörigen Aufgaben durch Dienstleistungsunternehmen durchführen zu lassen, die auch die erforderlichen Betriebsmittel bereitstellen.

Auslöser für den Prozess der Betriebsmittellogistik ist ein *Betriebsmittelbedarf* (vgl. Abb. 6.3) für einen Instandhaltungsauftrag, der die Art und Menge sowie den Zeitpunkt und Ort für den Betriebsmitteleinsatz definiert.

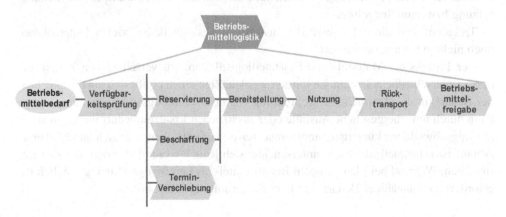

Abb. 6.3 Prozess Betriebsmittellogistik

Der Bedarf hat die *Verfügbarkeitsprüfung* zur Folge, die je nach Konzept die interne als auch externe Prüfung der Betriebsmittelverfügbarkeit umfasst.

Sind die Betriebsmittel verfügbar, werden sie für den Auftrag eingeplant (*Reservierung*). Sollte die Verfügbarkeit nicht gegeben sein, ist zu prüfen, ob sie entsprechend der zeitlichen Vorgaben beschafft, geliehen oder gemietet werden können. Ist dies nicht der Fall, muss der Auftrag verschoben werden. Insbesondere für gesetzliche vorgeschriebene Inspektions- und Wartungsmaßnahmen muss die Betriebsmittelverfügbarkeit so sichergestellt werden, dass durch eine Auftragsverschiebung nicht die maximal zulässigen Ausführungsintervalle überschritten werden. Werden diese Maßnahmen nicht im vorgesehenen Zeithorizont durchgeführt, kann dies eine Stilllegung der Anlagen oder einen Entzug der Betriebsgenehmigung zur Folge haben.

Zum vorgesehen Zeitpunkt erfolgt die *Bereitstellung* der Betriebsmittel am Durchführungsort des Instandhaltungsauftrags, die vom Instandhaltungspersonal bei der Auftragsdurchführung eingesetzt werden (*Nutzung*).

Nachdem die Betriebsmittel nicht mehr benötigt werden, i. d. R. nach Abschluss des Auftrags, erfolgen ihr *Rücktransport* und ihre *Freigabe*. Danach stehen sie wieder für weitere Aufträge zur Verfügung.

6.2.4 Material- und Ersatzteillogistik

Die anforderungsgerechte Versorgung und Bereitstellung von Hilfs- und Betriebsstoffen, Materialien (C-Teilen) sowie zeitunkritischen und zeitkritischen Ersatzteilen ist elementarer Bestandteil einer zuverlässigen Instandhaltungslogistik.

Die Prozesse der Material- und Ersatzteillogistik tragen entscheidend dazu bei, die Verfügbarkeit der Maschinen und Anlagen nachhaltig sicherzustellen, stellen jedoch gleichzeitig einen erheblichen Kostenfaktor dar.

Dabei sind oft nicht die eigentlichen Anschaffungskosten der Materialien und Ersatzteile der Hauptkostenfaktor, sondern vielmehr die logistischen Prozesse und die Infrastruktur für deren Beschaffung, Vorhaltung, Bereitstellung und Abtransport zur Instandsetzung bzw. zum Recycling.

Trotzdem sind diese Prozesse der Instandhaltungslogistik bei vielen Unternehmen noch nicht gut genug organisiert.

Der Prozess der Material- und Ersatzteillogistik kann zu verschiedenen Zeiten und durch unterschiedliche Ereignisse initiiert werden. Zum einen ergibt sich ein entsprechender Bedarf für die planmäßige Durchführung von Instandhaltungsaufträgen, zum anderen kann durch unvorhergesehene Ausfälle oder zusätzlichen Ersatzteilbedarf im Rahmen der Auftragsabwicklung kurzfristig unplanmäßiger Bedarf entstehen. Der sich anschließende Ablauf ist prinzipiell identisch, unterscheidet sich jedoch wesentlich durch die Zeitrestriktionen. Während bei planmäßigem Bedarf mittel- bis langfristige Planung möglich ist, erfordert unplanmäßiger Bedarf eine kurzfristige sofortige Reaktion.

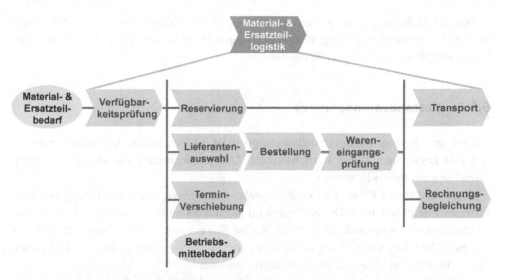

Abb. 6.4 Prozess Material- und Ersatzteillogistik

Daher ist es zuerst erforderlich, zu ermitteln, welches *Material bzw. Ersatzteil* (vgl. Abb. 6.4) benötigt wird. Dabei sind Anzahl, Zeitpunkt und Einsatzort zu *identifizieren*. Ersatzteile werden nach ihrer Verwendung, ihrer Herkunft und/oder nach ihrem Zustand unterschieden. Nach der Verwendung werden Ersatzteile in Einort-, Mehrort- und Mehrfachteile unterteilt. Während ein Einortteil nur an einer Einsatzstelle einer Anlage im Unternehmen eingesetzt werden kann, haben Mehrortteile mehrere Einsatzstellen. Ein Mehrfachteil ist in einem Unternehmen in mehreren Lagern oder Lagerorten verfügbar. Entsprechend ihrer Herkunft werden Original- und handelsübliche Ersatzteile sowie Norm-, fremd- und eigengefertigte Teile unterschieden. Originalersatzteile können vom Anlagenhersteller oder vom Erstausrüster bezogen werden. Fremdersatzteile sind dagegen häufig Nachbauteile. Neuteile, gebrauchte und aufbereitete Teile sowie Halbfertigteile sind Varianten für eine zustandsorientierte Unterteilung von Ersatzteilen.

Wenn feststeht, welches Material bzw. Ersatzteil in welcher Menge zu welchem Zeitpunkt wo benötigt wird, erfolgt die *Verfügbarkeitsprüfung*. Diese Prüfung umfasst die Abfrage der unternehmensinternen Lager ebenso wie die der Lager von Logistikdienstleistern. Als Folge davon kann der Prozess der Betriebsmittellogistik ausgelöst werden, sofern Spezialbetriebsmittel für die Demontage bzw. Montage benötigt werden.

Falls das entsprechende Material bzw. Ersatzteil nicht verfügbar ist, erfolgt die *Lieferantenauswahl*. In der Regel steht der jeweilige Lieferant fest. Es ist jedoch möglich, dass aufgrund von Lieferengpässen bzw. mangelnder Lieferfähigkeit zum definierten Zeitpunkt, ein anderer Lieferant ausgewählt werden muss.

Hieran schließt sich die *Bestellung* an, die vom Lieferanten zu bestätigen ist.

Nach *Anlieferung* und *Wareneingangsprüfung* steht das Material bzw. Ersatzteil für die weitere Verwendung zur Verfügung und es erfolgen der *Transport* zum Einsatzort bzw. ins Lager und die *Begleichung* der *Rechnung*.

6.2.5 Bestandsmanagement

Ein weiterer Prozess der Instandhaltungslogistik ist das Bestandsmanagement von Material und Ersatzteilen sowie Betriebsmitteln. Das Bestandsmanagement steht in enger Beziehung mit diesen Prozessen.

Auslöser für den Prozess ist eine *Verfügbarkeitsabfrage*, wie sie bei den jeweiligen Prozessen beschrieben ist. Die Abfrage wird meist automatisiert durch das Bestandsmanagementsystem bearbeitet, diese ist i. d. R. eine Komponente des EAM-Systems bzw. ein eigenständiges Lagerverwaltungssystem, das vom EAM-System abgefragt wird. Ergebnis der Verfügbarkeitsabfrage ist ein Verfügbarkeitsstatus.

Ist das Material bzw. Ersatzteil oder Betriebsmittel verfügbar, wird es *aus* dem *Lager* bereitgestellt. Sollte es nicht verfügbar sein, wird die *Beschaffung* durch den jeweils anfragenden Prozesses initiiert. Ziel muss es ein, eine hohe Verfügbarkeit bei möglichst geringen Kosten zu realisieren. Nur so können die sehr teuren Ad-hoc-Bereitstellungen in Form von Eilbestellungen minimiert werden. Aufgrund der bisher noch nicht vollständig vorhersagbaren Bedarfssituationen, sind Eiltransporte von betriebsnotwendigen Ersatzteilen per Taxi oder Hubschrauber noch nicht komplett vermeidbar.

Sobald die Verfügbarkeit sichergestellt ist, erfolgt der *Transport* zum Einsatzort.

6.3 Lenkung und Planung

Die Lenkung und Planung von Instandhaltungsprozessen werden maßgeblich von externen und internen normativen Regeln und Steuerungsvorschriften festgesetzt. Als externe normative Regeln gelten vor allem Richtlinien, Verordnungen und Gesetze der nationalen und internationalen gesetzgebenden Gremien, wie z. B. Regelungen zur Sicherheit (Umwelt-, Arbeits- und Anlagensicherheit).

Die internen normativen Regeln werden von der Unternehmensführung durch das Unternehmensleitbild, die Unternehmensziele und -strategie bestimmt. Alle Unternehmensbereiche müssen ihre Prozesse und Strategien so ausrichten, dass die Unternehmensziele erreicht werden und diese Prozesse einen nachhaltigen Beitrag hierzu leisten. Dies gilt damit auch für die Instandhaltungslogistik, die ihr Leitbild, ihre Ziele und Strategien sowie alle logistischen Prozesse zur Unterstützung der Instandhaltung entsprechend ausgestalten und koordinieren muss.

Dabei sind die Schnittstellen zu anderen Unternehmensbereichen und -prozessen, wie z. B. Konstruktion, Einkauf, Produktion und Entsorgung, ziel- und nutzenorientiert abzustimmen.

6.3.1   Strategische Ziele

Das *Hauptziel* der Instandhaltungslogistik ist die Planung, Herstellung und Erhaltung der Verfügbarkeit von Maschinen und Anlagen, Informationen, Material, Ersatzteilen, Betriebsmitteln und Personal.

Die genaue Ausgestaltung des Hauptziels der Instandhaltungslogistik ergibt sich aus der Zielrichtung der Hauptprozesse der Instandhaltung. Als oberste Priorität sind daher die beiden zunächst gegensätzlich erscheinenden Ziele *Kostensenkung* und *Verfügbarkeitssteigerung* zu sehen [5].

Als *wesentliche Teilziele* der Instandhaltungslogistik lassen sich identifizieren (vgl. [5]), die Gewährleistung der bedarfsgerechten Verfügbarkeit

- von Maschinen und Anlagen,
- von Personal zur Durchführung der Instandhaltungsprozesse,
- von Informationen, wie z. B. Störungsmeldungen, Ersatzteilbeistellungen, Ferndiagnosen etc.
- von Material, Ersatzteilen und Betriebsmitteln, z. B. durch Beschaffung, Bereitstellung und Transport, sowie
- die instandhaltungsgerechte Anordnung von Maschinen und Anlagen, wie z. B. durch Betriebsstättenplanung (Werkstätten und Arbeitsplätze) unter Berücksichtigung der Instandhaltungserfordernisse.

Für jede Maschine und Anlage werden die für ihren optimalen Einsatz erforderlichen Einzelleistungen von Logistik und Instandhaltung ermittelt. Hierbei werden alle Kosten und deren voraussichtlicher Verlauf während der Nutzungsdauer (Lebenszykluskosten) berücksichtigt, um den wirtschaftlichen Einsatz zu optimieren [5]. Die *Lebenszykluskosten* einer Maschine oder Anlage umfassen im Wesentlichen die Kosten für die Beschaffung von Maschinen und Anlagen, die planmäßige Instandhaltung, unplanmäßige Ausfallbehebungen, das Ersatzteilmanagement, Produktionsausfälle sowie Stilllegungs- und Entsorgungskosten.

Jede Einzelmaßnahme ist für die jeweilige Maschine oder Anlage *individuell* zu planen, so dass eine möglichst *kostengünstige Kombination* von Ressourcen (Material, Ersatzteilen, Betriebsmitteln, Informationen und Personal) zusammengestellt werden kann. Zudem sind Sicherheits- und Umweltanforderungen, Abnutzung, Erkennbarkeit von Schäden, Verlauf der Ausfallrate und ähnliche Faktoren zu berücksichtigen (vgl. [5]).

Hinsichtlich der Optimierung der Instandhaltungslogistik ist daher eine *Betriebsdatenerfassung* inklusive der Logistik- und Instandhaltungsdaten unbedingt erforderlich.

Die Anforderungen an den optimalen Ressourceneinsatz lassen sich in Form der „*8 r" der Instandhaltungslogistik* zusammenfassen. Es geht um die Sicherstellung der Verfügbarkeit

- der richtigen Ressourcen,
- in der richtigen Menge,

- im richtigen Zustand (Personal: Qualifikation),
- zur richtigen Zeit,
- am richtigen Ort (vor Ort, Werkstatt),
- in der richtigen Qualität (Personal: Qualifikation),
- bei richtigen (minimierten) Beständen (Personal: Eigen/Fremd),
- zu richtigen (wettbewerbsfähigen) Kosten und maximalem Nutzen über den gesamten Lebenszyklus von Maschinen und Anlagen.

6.3.2 Outsourcing

Die zunehmende Konzentration der Unternehmen auf die jeweiligen Kernkompetenzen spiegelt sich auch im Bereich der Instandhaltungslogistik wider. Zur Flexibilisierung der Fixkosten wird die Instandhaltung in zunehmendem Umfang an die Anlagenhersteller und spezialisierte Dienstleistungsunternehmen ausgelagert (Outsourcing, Fremdinstandhaltung).

Unter *Outsourcing* wird die Nutzung externer Ressourcen für die Durchführung von betrieblichen Leistungen verstanden (vgl. [5]). Hierdurch wird die Eigenleistungstiefe zugunsten von Fremdleistungen reduziert.

Die *Bandbreite* von Instandhaltungsdienstleistungen reicht von einfachen Reinigungstätigkeiten bis hin zu so genannten Full-Service-Verträgen, die dem Betreiber eine definierte Anlagenverfügbarkeit gewährleisten. Die Frage, ob und in welchem Ausmaß die Instandhaltungslogistik von eigenem oder von Fremdpersonal durchgeführt werden soll, lässt sich nur für den jeweiligen Einzelfall beantworten.

Die *Gründe* für und wider Outsourcing ergeben sich dabei aus der Summe von personalpolitischen, wirtschaftlichen, organisatorischen und Qualifikationsaspekten. Diese umfassen beispielsweise das Abdecken von Bedarfsspitzen oder die Nutzung von spezifischem Fach- und Erfahrungswissen der Dienstleister, das im eigenen Unternehmen nicht wirtschaftlich aufgebaut und erhalten werden kann. Weitere wesentliche Entscheidungskriterien beziehen sich auf:

- finanzielle Ziele
    - Wandlung von Fixkosten in variable Kosten,
    - Kostenreduzierung,
    - Verbesserung der Liquidität,
    - Skaleneffekte;
- strategische Ziele
    - Personalreduzierung,
    - schlanke Organisation,
    - Konzentration auf das Kerngeschäft;

- geeignete Fremdunternehmen (Dienstleister)
  - Fachlichkeit,
  - Kapazität,
  - Verfügbarkeit und Reaktionsgeschwindigkeit.

Grundsätzlich gilt, dass sich die Eigen- und Fremdinstandhaltung nicht gegenseitig ausschließen, sondern vielmehr im Hinblick auf eine optimale Verfügbarkeitssicherung und Nutzenmaximierung abgestimmt werden können. Die *Zusammenarbeit* ist dabei auf eine *Win-Win*-Situation für alle Beteiligten auszurichten.

6.3.3 Strategien und Konzepte

Die Instandhaltungsstrategie ist definiert als „Vorgehensweise des Managements zur Erreichung der Instandhaltungsziele" [1].

Im Laufe der Zeit haben sich drei grundlegende Instandhaltungsstrategien herauskristallisiert: *ausfallabhängige, zeit- bzw. leistungsabhängige* und *zustandsorientierte* Instandhaltung.

Für die einzelnen Maschinen und Anlagen wird i. d. R. ein *Strategie-Mix* realisiert, da die einzelnen Komponenten unterschiedlichen Instandhaltungsbedarf und unterschiedliche Bedeutung für die Verfügbarkeit haben sowie einen unterschiedlichen Beitrag zum unternehmerischen Nutzen leisten. Ziel muss es sein, die verfügbaren Mittel so für die verschiedenen Anlagen im Unternehmen einzusetzen, dass der damit erzielte Nutzen maximal wird.

Darüber hinaus hat die Problematik der Ermittlung des optimalen Zeitpunktes für die Durchführung von Wartungs-, Inspektions-, Instandsetzungs- und Verbesserungsmaßnahmen zu verschiedenen *Instandhaltungskonzepten* geführt, die alle das Ziel der maximalen Anlagenverfügbarkeit bei minimalen Kosten der Produktion und Instandhaltung unter Berücksichtigung der Anforderungen an den Arbeits- und Umweltschutz verfolgen. Hierzu kombinieren diese Konzepte die grundlegenden Strategien mit konstruktiven Maßnahmen zur Schwachstellenbeseitigung von Maschinen und Anlagen sowie Redundanzkonzepten bzw. setzen auf die Einbindung aller Mitarbeiter im Unternehmen. Zu nennen sind beispielsweise die Zuverlässigkeitsorientierte Instandhaltung (Reliability Centred Maintenance), die Total Produktive Instandhaltung (Total Productive Maintenance), die Nachhaltige Instandhaltung oder die Just-in-Time-Instandhaltung.

Die *Auswahl* einer geeigneten Strategie ist individuell von jedem Unternehmen in Abhängigkeit von dessen Zielen zu treffen. Es gibt keine Instandhaltungsstrategie, die überall angewendet werden kann (vgl. [5]).

Der gewählte Strategie-Mix bestimmt dann die *Anforderungen* an die *Instandhaltungslogistik*. So ist z. B. für eine ausfallabhängige Instandsetzung die Vorhaltung von Personal und Material, Ersatzteilen und Betriebsmitteln unabdingbar, um kurze Stillstands- und Ausfallzeiten der Maschinen und Anlagen sicherzustellen und dadurch die Ausfall- und Ausfallfolgekosten niedrig zu halten. Sowohl die zeit- als auch die zustandsabhängige Instandhaltung erhöhen die Planbarkeit der Anforderungen an die logistischen Prozesse und helfen so, Bestände zu reduzieren.

6.3.4 Vertragsarten

Die vertragliche Gestaltung der Zusammenarbeit mit den Dienstleistungsunternehmen beruht auf den beiden Grundvarianten: Dienst- bzw. Werkvertrag.

Beim *Werkvertrag* schuldet der Dienstleister dem Auftraggeber ein Werk, beispielsweise eine „saubere Anlage", eine „definierte Verfügbarkeit" oder eine „bedarfsgerechte Instandhaltungslogistik". Die vertragliche Vereinbarung ist also ergebnisorientiert.

Dagegen werden beim *Dienstvertrag* die Zeit und der Aufwand für die Durchführung der Maßnahmen Vertragsgegenstand, z. B. „x Stunden Reinigungsleistung", „wöchentliche Inspektion der Rohrleitungen auf Leckagen" oder „Bereitstellung von Ersatzteilen zu einem definierten Termin". In diesem Fall kommt es oft zu einer *Arbeitnehmerüberlassung*, bei der der Dienstleister Personal abstellt, das beim Kunden permanent oder temporär eingesetzt wird, um die vertraglich vereinbarten Leistungen zu erbringen. Der Dienstleister schuldet dem Auftraggeber die Überlassung einer willigen Arbeitskraft.

6.4 Ressourcen der Instandhaltungslogistik

Ressourcen der Instandhaltungslogistik sind Personal, Informationen, Material und Ersatzteile sowie Betriebsmittel und Betriebsstätten. Diese bestimmen maßgeblich die Prozesskosten der Instandhaltungslogistik.

6.4.1 Personal

Die zunehmende Komplexität des Maschinen- und Anlagenparks erfordert nicht nur einen quantitativ und qualitativ höheren Instandhaltungsbedarf, sondern insbesondere auch steigende Anforderungen an das Instandhaltungspersonal.

Hieraus resultiert die Forderung nach einer höheren Leistungsfähigkeit der Instandhaltung, die eine zunehmende Anpassungsfähigkeit und Qualifikation des Personals voraussetzt. Neben „Generalisten", die einen umfassenden Überblick und Kenntnisse in allen erforderlichen Fachdisziplinen haben, werden auch „Spezialisten" benötigt. Die Spezialisten verfügen zum einen über die notwendigen Detailkenntnisse der jeweiligen Fachdisziplin und haben die erforderliche Zulassung für die Durchführung der Arbeiten, die vom Gesetzgeber vorgeschrieben ist, z. B. zur Arbeit an elektrotechnischen Anlagen.

Als logische Konsequenz setzen die Unternehmen vermehrt auf neue Strukturen und Zusammenarbeit. Damit ist eine Verlagerung von Leistungen der Instandhaltung an andere Organisationseinheiten verbunden. Leistungen werden von dem Produktionspersonal, den Herstellern der Maschinen und Anlagen sowie Dienstleistungsunternehmen übernommen. Das Ziel ist, durch einen optimalen Aufgaben-Mix und aufeinander abgestimmte Prozesse eine maximale Verfügbarkeitssicherung und Nutzenstiftung zu realisieren.

Durch die neuen Strukturen und die damit verbundenen Prozesse verändern sich auch die Aufgabeninhalte der Instandhaltung.

Die Aufgaben der Instandhaltungslogistik sind dabei integraler Bestandteil der jeweiligen Prozesse, wobei Prozesseigner für ihren Aufgabenbereich die volle Verantwortung haben.

Damit verlagern sich die Aufgaben der Instandhaltungslogistik in Richtung Coaching der anderen Kooperationspartner, Prozessoptimierung und Schwachstellenbeseitigung sowie Einführung neuer Methoden. Das Personal muss neben Fach- und Methodenkompetenz über Sozial- und Handlungskompetenz verfügen. Diese unterstützen das Denken in Problemlösungen, den Umgang mit Mehrdeutigkeiten und das Erfahrungslernen. Das effiziente und effektive Management von Informationen, Wissen und Erfahrungen wird dadurch immer wichtiger. Das wird sich auch nicht durch die zunehmende informations- und kommunikationstechnische Durchdringung der Maschinen und Anlagen verändern. Eingebettete Systeme im Zuge der Einführung so genannter cyber-physischer Systeme werden vielmehr die Aufgabenverlagerung im Bereich der Instandhaltungslogistik weiter steigern. Denn solche Systeme stoßen an ihre Grenzen, wenn es um Entscheidungen geht, die sich nicht algorithmisieren lassen bzw. kreative und unorthodoxe Herangehensweisen und Lösungen erfordern.

6.4.2 Informationen

Mit zunehmender Komplexität der Maschinen und Anlagen wird es immer notwendiger, nicht nur qualifiziertes Personal einzusetzen, sondern auch wichtige Informationen und Daten permanent und effizient zugänglich zu machen. Nur so kann das Personal schnelle und richtige Entscheidungen treffen und nur so lassen sich die erforderlichen Lernprozesse beschleunigen. Maschinen und Anlagen stellen zunehmend Informationen zur Verfügung, die zur exakteren Ermittlung ihres Zustandes herangezogen werden können und so eine steigende Verbreitung der zustandsabhängigen Instandhaltung fördern.

Des Weiteren kommen vermehrt Systeme zur Zustandsüberwachung (Condition Monitoring) und für den Online-Service (Tele- bzw. Remote Service, Telediagnose etc.) zum Einsatz.

Die Hersteller und Dienstleister reagieren damit auf die durch die steigende Globalisierung erforderliche Präsenz vor Ort in Form von Telepräsenz.

Eine weitere Voraussetzung ist die Vernetzung der unterschiedlichen Wissensbasen von Betreiber, Hersteller und Dienstleister. Diese unterstützt das Erfahrungslernen und macht eine hinreichende Informations- und Kommunikationsinfrastruktur erforderlich. Technologien wie RFID (Radio-Frequenz-Identifikation), Virtuelle und Erweiterte Realität (Virtual and Augmented Reality) sowie Internettechnologien sind dazu besonders geeignet. Insbesondere das Internet der Dinge und Dienste im Zusammenspiel mit Cloud Computing und cyber-physischen Systemen werden diesen Prozess weiter forcieren.

6.4.3 Ersatzteile

Die Ausfallzeitpunkte für Maschinen und Anlagen lassen sich nur in begrenztem Maße vorhersagen. Das zu bevorratende Teilespektrum ist dabei relativ hoch und die Bedarfsmenge und der Bedarfszeitpunkt sind schlecht prognostizierbar.

Der damit verbundenen Unsicherheit wird häufig mit einer überhöhten Ersatzteilbevorratung bei einer niedrigen Umschlaghäufigkeit begegnet.

Ein Nachteil dieses Vorgehens sind die hohen *Lagerhaltungs- und Kapitalbindungskosten*, wobei der Nutzwert der bevorrateten Ersatzteile um ein Vielfaches höher ist als der Buchwert des Teilespektrums (vgl. [6]). Außerdem besteht die Gefahr, dass die Ersatzteile ungenutzt veraltern und/oder wegen der Stilllegung der Maschine oder Anlage, für die sie bestimmt sind, nur noch verschrottet werden können.

Ziel einer optimalen Ersatzteilversorgung ist die *Minimierung* der *Gesamtkosten*, d. h. der Kosten für die Lagerhaltung und der Ausfallkosten.

Voraussetzung für die Zielerreichung ist eine *ganzheitliche Instandhaltungslogistik*. Dabei sind insbesondere die Informationsbeziehungen zwischen der Instandhaltungsplanung und -steuerung sowie dem Ersatzteilmanagement von großer Bedeutung.

Bei der *Ersatzteilbevorratung* kann zwischen verschiedenen Varianten unterschieden werden (vgl. [5]). Der Betreiber wird für sich die Variante wählen, die bei einem möglichst kleinen eigenen Ersatzteillager und einem geringen Risiko die erforderliche Verfügbarkeit seiner Maschinen und Anlagen sicherstellt.

Um die Risiken zu minimieren, setzen die meisten Betreiber auf die eigene Ersatzteilbevorratung (*Bevorratung beim Betreiber*). Dadurch ist gewährleistet, dass die Ersatzteile bei Ausfällen sofort zur Verfügung stehen. In der Regel sind die bevorrateten Teile auch Eigentum des Betreibers. Ein hoher Ersatzteillagerbestand ist damit auch mit hohen Kapitalbindungs- und Lagerhaltungskosten für den Betreiber verbunden.

Eine andere Variante ist die Führung eines *Konsignationslagers*. Die Ersatzteile lagern zwar im Lager des Betreibers, bleiben aber bis zum Einbau Eigentum des Herstellers oder Ersatzteilproduzenten. Ebenso wird die Bezahlung der Teile erst nach Einbau fällig. Der Vorteil für den Betreiber liegt in einer hohen Teileverfügbarkeit bei geringen Kapitalbindungskosten.

Die *gemeinsame Bevorratung mehrerer Betreiber* ist eine weitere Möglichkeit der Ersatzteilbevorratung. Voraussetzung ist eine geographisch günstige Lage von Betreibern ähnlicher oder gleicher Maschinen und Anlagen, also mit gleichem Ersatzteilspektrum. Nachteilig können sich organisatorische Probleme auswirken, wer ist letztlich verantwortlich, wenn benötigte Teile nicht bedarfsgerecht zur Verfügung stehen. Abhilfe könnte hier die Bewirtschaftung eines Ersatzteillagers durch ein Instandhaltungs- Dienstleistungsunternehmen schaffen.

Dagegen hat eine *Beschaffung bei Bedarf* den Vorteil, dass nur ein kleines oder kein Ersatzteillager benötigt wird. Die Kapitalbindungskosten können dadurch minimiert werden oder sogar entfallen. Das Risiko von hohen Ausfallzeiten und -kosten muss bei dieser Variante durch Liefergarantien des Herstellers oder Dienstleisters reduziert werden. Weiterhin ist eine gute Kooperation zwischen allen beteiligten Unternehmen eine entscheidende Voraussetzung für den reibungslosen Ablauf entlang der logistischen Kette. Die Reaktionsfähigkeit auf Ausfälle und die Länge der Ausfallzeit werden dabei durch den Lagerbestand beim Hersteller bzw. von der Durchlaufzeit für eine Neuproduktion des benötigten Ersatzteiles bestimmt.

Die letzte Variante ist die *Improvisation bei Bedarf*. Sie kommt immer dann zur Anwendung, wenn ein Ersatzteil nicht mehr im eigenen Ersatzteillager vorhanden ist und/oder das Ersatzteil nicht mehr lieferbar, die Lieferzeit zu lang oder das Ersatzteil zu teuer ist. Diese Variante empfiehlt sich nur für Maschinen und Anlagen, die nur noch selten genutzt werden oder deren erforderliche Nutzungsdauer nur noch sehr kurz ist.

6.4.4 Material

Neben Ersatzteilen gehören Betriebs- und Hilfsstoffe sowie C-Teile zu den Materialien der Instandhaltung. Die letztgenannten können wie Produktionsmaterial gehandhabt werden und unterliegen analogen Beschaffungs-, Dispositions- und Bevorratungsprozessen. Die Mengen sind jedoch i. d. R. vergleichsweise gering. Im Bereich der Entsorgung bzw. des Recyclings bestimmter Betriebs- und Hilfsstoffe sind aufgrund deren Toxizität spezifische Sammelbehälter bereitzustellen, um die umweltgerechte Entsorgung sicherzustellen.

6.4.5 Betriebsmittel und Betriebsstätten

Für die Durchführung von Instandhaltungsprozessen sind neben Material auch Betriebsmittel und Betriebsstätten erforderlich.

Bei den *Betriebsmitteln* wird zwischen den „Standard-Betriebsmitteln" und „Spezial-Betriebsmitteln" unterschieden.

Zur Minimierung der Kosten ist der Anteil an Spezial-Betriebsmitteln auf ein Minimum zu reduzieren. Hierzu gehört auch die Reduzierung erforderlicher Spezial-Transporteinrichtungen zu ihrer Bereitstellung im Rahmen der Instandhaltungslogistik.

Die *Betriebsstätten* (Werkstätten) sind instandhaltungslogistik- und umweltgerecht auszulegen. Dies betrifft insbesondere die Gestaltung des Materialflusses, für den Transport von Instandhaltungsobjekten sowie die Ver- und Entsorgungsprozesse der Betriebsstätten.

Die Werkstätten können nach ihrer baulichen Gestaltung bzw. entsprechend ihrer Einordnung in die Prozesse der Instandhaltungslogistik unterschieden werden.

Bei der *baulichen Gestaltung* werden unterschieden [7]:

- *Werkstattgebäude* sind stationäre Instandhaltungseinrichtungen einschließlich erforderlicher Freiflächen.
- *Werkstattcontainer* sind dagegen transportable Instandhaltungseinrichtungen für die zeitweilige Nutzung (mehrmonatlich) auf Baustellen. Auf dem Markt werden spezielle Werkstattcontainer für kleinere Instandsetzungsarbeiten, Ersatzteillagerung etc. angeboten. Als Gefahrstofflager für Schmierstoffe, Altöle, Sonderabfälle sind solche Einrichtungen in kleinen und mittleren Unternehmen auch für den ständigen stationären Einsatz zu empfehlen.
- *Werkstattwagen* sind Spezialfahrzeuge für Service- und kleinere Instandsetzungsarbeiten als Ausrüstung mobiler Instandhaltungsteams, meist organisatorischer Bestandteil von Haupt- und Zentralwerkstätten.
- Ein *Handwerkerstützpunkt* ist Teil einer Produktionsfläche/eines Produktionsgebäudes zur Unterstützung von einzelnen Instandhaltern oder kleinen Teams, die in Produktionsbereiche eingeordnet sind.

Abhängig von der *Einordnung in die Prozesse* werden folgende Arten von Werkstätten unterschieden [7]:

- Eine *Stützpunktwerkstatt* ist eine Werkstatteinrichtung für die instandhaltungstechnische Betreuung einer Anlage vor Ort (meistens in Zusammenarbeit mit einer Hauptwerkstatt) und zur Durchführung kleinerer Instandsetzungen, für die der Transportaufwand zur Hauptwerkstatt zu groß wäre.
- Eine *Hauptwerkstatt* ist eine Werkstatt für operative und planmäßige Instandhaltung von Maschinen und Anlagen in Produktionsbereichen.
- Die *Zentralwerkstatt* ist dagegen eine Werkstatt für mehrere Produktionsbereiche, in der hochwertige Ausrüstungen für Arbeiten mit hohen Qualitäts- und Wirtschaftlichkeitsanforderungen eingesetzt werden, z. B. für die Überholung von Produktionsausrüstungen.
- Eine *Spezialwerkstatt* ist eine Sonderwerkstatt für die Instandsetzung von Spezialmaschinen und -einrichtungen sowie für die Grundüberholung von Austauschbaugruppen in hohen Stückzahlen (Pumpen, Elektromotoren etc.).

6.5   Strukturen der Instandhaltungslogistik

Eine umfassende und zugleich rationelle Erfüllung der Ziele und Aufgaben bedingt eine optimale Einordnung der Instandhaltungslogistik in die Unternehmensstruktur. Dabei unterliegen die Strukturen der Instandhaltungslogistik, wie die Gesamtheit der Unternehmensstrukturen, einer Vielzahl von Einflüssen. Dies sind neben der Größe des

Unternehmens u. a. die Unternehmensstrategie, die Anlagenstrukturen, der Prozesscharakter, die Material- und Informationsflüsse sowie die Infrastruktur des Unternehmens.

Darüber hinaus wirken sich die Entwicklungen der Organisationsprinzipien und -philosophien sowie die Ergebnisse aus Unternehmensvergleichen auf die Strukturen aus. Aufgrund der unterschiedlichen Ausprägungen der genannten Einflussfaktoren und der Vielzahl der möglichen Kombinationen dieser Merkmale kann es „die eine für alle gültige, ideale Aufbau- und Ablauforganisation" sicher nicht geben.

Durch eine Begrenzung der Zahl der Varianten auf die typischen Werte in der Industrie, lassen sich jedoch drei grundlegende Organisationsmodelle der Instandhaltung ableiten.

6.5.1 Grundstrukturen der Aufbauorganisation

Die *Fachspezifische Instandhaltung* ist die klassische Organisationsform, sie beruht auf einer starken arbeitsteiligen Aufgliederung in fachspezifische Gruppen, die meist zentral angeordnet sind. Neben den Produktionsbetrieben bestehen eigenständige Fachabteilungen der Gebiete Mechanik sowie Elektro- und Informationstechnik (EMSR-Technik: Elektro-, Mess-, Steuer- und Regelungstechnik). Jeder dieser Fachbereiche organisiert sich und seine Instandhaltungsprozesse inklusive der notwendigen logistischen Unterstützungsprozesse eigenständig. Die Bereiche sind meist vom Handwerker bis zur Geschäftsführung streng hierarchisch gegliedert. Die Optimierung erfolgt nach innen gerichtet, bezogen auf die eigene Fachlichkeit und die Abwicklung der übertragenen Aufgaben. Eine Kooperation ist an den Berührungspunkten der Fachbereiche gegeben, d. h. bei der Anlage, den Prozessen, Medien usw. Als Stärke dieses heute noch weit verbreiteten Organisationsmodells ist festzuhalten, dass die fachspezifische Betriebsbetreuung

- der Standardisierung und Weiterentwicklung der Maschinen und Anlagen Rechnung trägt,
- das Know-how trotz immer kürzerer Innovationszyklen der Maschinen und Anlagen gewährleisten kann,
- das Verantwortungsbewusstsein des Personals für die Fachaufgaben stärkt,
- eine Aufsplitterung der Verantwortung in einem Fachgebiet vermeidet (Fachwissen nur aus einer Hand),
- die Möglichkeiten für einen Kapazitätsabgleich über Betriebsgrenzen hinweg verbessert sowie
- die gebündelte Nachfrage die Marktposition verbessert und Innovationsimpulse geben kann.

Zusammenfassend lässt sich sagen, dass die Stärke dieser Organisationsform in der starken Bündelung von Fachkompetenz liegt und die der Organisationseinheit übertragenen Fachaufgaben optimal erledigt werden können.

Schwächen zeigt das Modell naturgemäß bei der Verzahnung von Aufgaben und bei Aufgaben die nur bereichsübergreifend zu bewältigen sind.

Ein wesentlicher Nachteil liegt in der starken arbeitsteiligen Organisation, die so weit gehen kann, dass Aufgaben im Extremfall alle von unterschiedlichen Fachleuten vorgenommen werden. Des Weiteren wird verhindert, dass freie Kapazitäten eines Bereichs zur Kompensation von Kapazitätsengpässen in anderen Bereichen genutzt werden können. Der dritte Nachteil liegt in einer mangelhaften Kunden- und Nutzenorientierung, d. h. einer unzureichenden Bündelung und Ausrichtung der Ziele der fachspezifisch orientierten Bereiche auf die Belange der Produktion.

Ein Teil der vorgenannten Probleme wird durch die *Fachübergreifende Instandhaltung* vermieden oder zumindest gemildert. In diesem Modell werden die technischen Bereiche der Mechanik sowie Elektro- und Informationstechnik zu einem Technikbereich zusammengefasst. Die Organisation der beiden Bereiche Produktion und Technik erfolgt, wie bereits bei der fachspezifischen Instandhaltung beschrieben, jeweils hierarchisch bis zur Geschäftsführung.

Die Kooperation vereinfacht sich, da sie nur noch über eine Schnittstelle erfolgen muss.

Die fachübergreifende Instandhaltung beinhaltet dabei die zusammenfassbaren Instandhaltungsfunktionen aus den technischen Instandhaltungsbereichen und der Logistik.

Sie ist analog zur Produktion zentral bzw. dezentral angeordnet.

Der fachübergreifende Instandhalter (Mechatroniker) vereinigt Funktionen aus den Bereichen Mechanik sowie Elektro- und Informationstechnik. Neben den „*Generalisten*" werden in der zusammengefassten Technik noch die zwingend notwendigen „*Spezialisten*" der ehemaligen Bereiche Mechanik sowie Elektro- und Informationstechnik vorgehalten. Diese werden oft in einer Zentralwerkstatt zusammengefasst.

Die Schnittstellen in der Ablauforganisation sind minimiert.

Allerdings ist bei dezentraler Anordnung die *Kommunikation* zwischen den einzelnen dezentralen Bereichen explizit zu fordern und zu fördern, um einen breiten Informations- und Erfahrungsaustausch sicherzustellen.

Die Möglichkeiten die Technikbereiche zusammenzufassen, hängt von einer Vielzahl von Faktoren ab. Insbesondere sind zu nennen:

- Art, Anzahl, Verwandtschaft und Komplexität der Fachgebiete,
- vorhandene oder erreichbare Qualifikation der Beschäftigten,
- Rahmenbedingungen, die durch Gesetze, Vorschriften und Regelwerke gegeben sind.

Wird der Gedanke, der zur fachübergreifenden Instandhaltung geführt hat, konsequent weitergedacht, ist der nächste Schritt eine Organisationsform, bei der die Instandhaltungsaufgaben weitestgehend in die (dezentralen) Produktionsbereiche integriert werden. Bei dieser *integrierten Produktion* bilden die Produktion und der aus Mechanik sowie Elektro- und Informationstechnik zusammengefasste Technikbereich eine organisatorische Einheit.

Kennzeichen dieser Organisationsform ist die Optimierung aller Instandhaltungsaufgaben auf der Betriebsebene.

So gesehen vermeidet sie alle Nachteile der bisher beschriebenen Organisationsformen. Die Gefahr dieser Organisationsform liegt jedoch darin, dass die Summe der Betriebsoptima nicht immer zum Gesamtoptimum des Unternehmens führt. Gründe hierfür sind, dass sich Entscheidungen eines Bereichs zur Optimierung der eigenen Kosten auf benachbarte Bereiche negativ auswirken können (Verlagerung von Kosten). Darüber hinaus führt die eigene Optimierung ggf. zu einer ungebremst ausufernden Maschinen- und Anlagenvielfalt, die sich über reduzierte Einkaufsmengen pro Stück oder eine größere Bevorratung von Ersatzteilen auf die Unternehmenskosten auswirkt.

Zur Absicherung dieser Organisationsform sind daher begleitende Maßnahmen durchzuführen, wie

- Einführung oder Stärkung von Betriebsnormen,
- Einrichtung von unternehmensinternen betriebsübergreifenden Fachkreisen.

Wird dies berücksichtigt, so ist das Modell für viele Unternehmen interessant. Seine volle Wirksamkeit erhält das Modell durch entsprechende Anpassungen und Verknüpfungen der Informations- und Planungssysteme eines Unternehmens. Als Vorteile können hierdurch erreicht werden:

- Harmonisierung zwischen Produktions- und Instandhaltungsplan zur Senkung von Stillstandkosten und Optimierung der Personalauslastung,
- Korrelation zwischen Betriebszustand und Instandhaltungsaktivität,
- Korrelation zwischen Produktions- und Instandhaltungskosten bietet Optimierungsmöglichkeiten für die Gesamtkosten,
- Korrelation zwischen Produktionsqualität und Instandhaltungsaufwand ermöglicht zielgerichtete Produktion.

Die Entwicklung der Instandhaltungsaktivitäten von der fachspezifischen über die fachübergreifende Instandhaltung zur integrierten Produktion bietet neben der Chance zur Kostensenkung auch Chancen zur Humanisierung der Arbeitswelt, z. B. durch breitere Qualifizierung der Mitarbeiter und Arbeit in Teams. Andererseits setzt eine solche Entwicklung besondere Kooperations-, Integrations- und Kommunikationsfähigkeiten jedes einzelnen voraus. Eine derart tief greifende Umorientierung der Aufbau- und Ablauforganisation erfordert vor der Umsetzung sorgfältige Analysen und Vorbereitungen.

6.5.2 Strukturen der Fremdinstandhaltung

Im Rahmen der Strukturierung der Instandhaltungsaufgaben des Unternehmens ist auch zu prüfen, ob und in welchem Umfang Prozesse der Instandhaltungslogistik fremd vergeben werden können und sollen. Diese Frage kann i. d. R. nicht grundsätzlich für alle Unternehmensbereiche gleich beantwortet werden. Lediglich die Leitlinien sind unternehmensweit zu formulieren. Neben diesen Leitlinien ist eine Vielzahl von unternehmensinternen und -externen Kriterien heranzuziehen, z. B. personalpolitische, wirtschaftliche, organisatorische und qualifikationsbezogene Kriterien.

Die extreme Entscheidung ist die umfassende Fremdvergabe der Instandhaltung (*Full-Service-Outsourcing*). Bei dieser fremden Komplettinstandhaltung hat der Anlagenbetreiber kein eigenes Instandhaltungspersonal mehr. Alle Arbeiten werden durch einen oder mehrere fremde Dienstleister ausgeführt. Wichtig hierbei ist die Vertragsgestaltung, die dafür sorgen muss, dass der „fremde" Dienstleister – wie früher das eigene Fachpersonal – Schwachstellenanalysen durchführt und Anlagenverbesserungen umsetzt. Wichtige Hilfsmittel hierfür sind *Bonus-Malus-Vereinbarungen*, die das Verfehlen der festgelegten Ziele (z. B. Verfügbarkeit, Produktionsausbringung etc.) „bestrafen" und ein Übertreffen der Ziele „belohnen".

Darüber hinaus dient eine vertraglich festgelegte *Gewinnteilung* bei zusätzlich erschlossenen Nutzungs-, Leistungs- und Qualitätspotenzialen als Anreizsystem. Voraussetzung für die erfolgreiche Zusammenarbeit mit Dienstleistern ist dabei jedoch ein partnerschaftliches Verhältnis. Daher sollte anstelle von Fremdfirmen besser von Partnerfirmen gesprochen werden.

Neben dieser Maximallösung im Bereich der Fremdinstandhaltung existieren eine Reihe von Teillösungen, die sich zum einen auf bestimmte Instandhaltungsmaßnahmen inklusive der logistischen Unterstützung beziehen, wie z. B. Wartung, Inspektion, planmäßige Instandsetzung (Stillstande/Revisionen). Zum anderen kann sich das Unternehmen bei der Fremdinstandhaltung auf bestimmte *Instandhaltungsobjekte* konzentrieren, wie z. B. Produktionsanlagen, Transportanlagen, Produktionshallen, Gebäudetechnik.

Kombinationen dieser grundsätzlichen Varianten sind auch möglich, so dass die richtige Wahl nur für den jeweiligen Fall und die entsprechenden Rahmenbedingungen und Ziele getroffen werden kann.

6.5.3 Instandhaltungscontrolling

Mit dem Instandhaltungscontrolling wird sichergestellt, dass die Instandhaltungslogistik die Verfügbarkeit der Ressourcen unter wirtschaftlichen Gesichtspunkten steuert.

Das Aufgabenfeld wird durch ein *Regelkreismodell* beschrieben. Dabei werden wie in einem kybernetischen System die Ausgangs-(Ist-)größen (*Regelgrößen*) erfasst und mit aus den Unternehmenszielen, den gesetzlichen Vorgaben und dem technischen Fortschritt abgeleiteten Sollwerten (*Führungsgrößen*, z. B. Verfügbarkeit, Nutzen, Kosten und Personalauslastung) verglichen (vgl. [Bec94]). Aus den Abweichungen zwischen Soll- und Istwerten werden Steuerungseingriffe abgeleitet, die eine permanente Angleichung der Regel- und Führungsgrößen bewirken. Dabei spielt der Mensch eine wesentliche Rolle, da er durch Aufdecken und Nutzung von Potenzialen einen wichtigen Effektivitätsfaktor darstellt. Die Aufgabe des Reglers wird von der *Instandhaltungsplanung* übernommen. Sie liefert die Planaufgaben, die die Stellglieder des Regelkreises bilden.

Der Regelkreis Instandhaltung ist dabei nicht autark, sondern in übergeordnete Regelkreise, z. B. Anlagen-, Produktions- und Finanzwirtschaft, eingebunden [8].

Literatur

1. DIN EN 13306: 2010-12: Begriffe der Instandhaltung. Beuth, Berlin (2010)
2. DIN 31051:2012-09: Grundlagen der Instandhaltung. Beuth, Berlin (2012)
3. Cegelec SA, LAB, TUM (Hrsg.): Analysis of organizational processes in maintenance logistics. Abschlussdokumentation zum WP 5.2 des Verbundprojektes PROTEUS – A generic platform for e-Maintenance (ITEA 01011 a) 2004
4. Hackstein, R.; Klein, W.: Informationswesen in der Instandhaltung. Fortschrittliche Betriebsführung und Industrial Engineering, 36 Jg., Heft 5 (1987)
5. Matyas, K.: Instandhaltungslogistik – Qualität und Produktivität steigern. 5. Aufl., Hanser, München (2013)
6. VDI 2892:2006-06: Ersatzteilwesen der Instandhaltung. In: Verein Deutscher Ingenieure (VDI) e.V. (Hrsg.): VDI-Handbuch Betriebstechnik Teil 4. VDI-Verlag, Düsseldorf (2006)
7. Ihle, G.: Technologie der Instandhaltung – Zuverlässigkeitsorientierte Gestaltung. 4. Studienbrief für das Studienfach Betriebstechnik. HDL, 1. Aufl., Berlin (2000)
8. Beckmann, G.; Marx, D: Instandhaltung von Anlagen. Konzepte – Strategien – Planung. 4. Aufl. Deutscher Verlag für Grundstoffindustrie, Leipzig/Stuttgart (1994)

Weiterführende Literatur

Biedermann, H.: Ersatzteilmanagement – Effiziente Ersatzteillogistik für Industrieunternehmen. 2., erw. u. akt. Aufl., Springer-Verlag, Berlin, Heidelberg (2008)

Diehl, H.: Ablauforganisation in der Instandhaltung. In: Horn, G. (Hrsg.): Der Instandhaltungs-Berater. 62. Akt.-Liefg.,TÜV Media GmbH, Köln (2014)

DIN EN 16646: 2015-03: Instandhaltung im Rahmen des Anlagenmanagement. Beuth, Berlin (2015)

Pawellek, G. : Integrierte Instandhaltung und Ersatzteillogistik – Vorgehensweisen, Methoden, Tools. Springer-Verlag, Berlin, Heidelberg (2013)

Strunz, M.: Instandhaltung – Grundlagen – Strategien – Werkstätten. Springer-Verlag, Berlin, Heidelberg (2012)

Service- und Ersatzteillogistik

7

Michael Mezger, Jörg Pirron, Michal Říha und Christian Rühl

7.1 Grundlagen der Service- und Ersatzteillogistik

7.1.1 Einleitung

Das Servicesegment bietet als profitabler Wachstumsmarkt ein enormes Entwicklungspotenzial. Während der Wettbewerb innerhalb des Neuproduktgeschäftes stetig steigt, ist es mit produktbegleitenden Services hingegen möglich höhere Gewinnmargen zu erzielen und eine stärkere Kundenbindung zu realisieren. Bezogen auf die Integration einer Servicestrategie und unterschiedlicher Serviceelemente lassen sich verschiedene Geschäftsmodelle ableiten. Diese reichen von produktorientierten Basisservices, wobei das eigentliche Produkt im Vordergrund steht, bis hin zu Betreibermodellen. Innerhalb dieser Betreibermodelle treten die Serviceanbieter als Full Service Provider auf und bieten den Nutzern umfangreiche Servicepakete, die beispielsweise Value Added Services beinhalten und den Nutzer rundum versorgen. Um diese Leistungen gepaart mit vereinbarten Service Levels zu erfüllen, ist eine durchdachte Service- und Ersatzteillogistik notwendig. Dabei sind über den Produktlebenszyklus verschiedene Aspekte zu bedenken und innerhalb der Inbetriebnahme, Produktbetreuung und Demontage verschieden auszulegen. Aufgabe einer Service- und Ersatzteillogistik ist, notwendige Ersatzteile, einen Servicetechniker und entsprechendes Werkzeug sowie Diagnosetools am Ort der Serviceerbringung bereit zu stellen. Dabei können unterschiedlichste Geschäftsvorfälle auftreten, welche verschiedene Anforderungen und Herausforderung an eine Service- und Ersatzteillogistik stellen.

M. Mezger (✉) · J. Pirron · M. Říha · C. Rühl
Protema Unternehmensberatung GmbH, Julius-Hölder-Straße 40, 70597 Stuttgart, Deutschland
e-mail: mezger@protema.de; pirron@protema.de; riha@protema.de; ruehl@protema.de

© Springer-Verlag GmbH Deutschland, ein Teil von Springer Nature 2019
K. Furmans, C. Kilger (Hrsg.), *Betrieb von Logistiksystemen*, Fachwissen Logistik,
https://doi.org/10.1007/978-3-662-57943-5_7

Unter Bezugnahme auf die Industrie 4.0 ermöglicht die Vernetzung von Produkten, Maschinen oder Anlagen die Speicherung und gezielte Nutzung von produkt- und maschinenbezogenen Daten. Dadurch entsteht die Möglichkeit, den Nutzern einen verbesserten und auf sie zugeschnittenen Service zu bieten. Weiterhin kann der Anbieter der Services durch die bessere Datengrundlage seine Planung optimieren und beispielsweise Lagerbestände durch genauere Prognosen senken. Dementsprechend wird sich das Service- und Ersatzteilgeschäft stetig mit der Zeit und neuen Technologien verändern. Während heutzutage Remote-Anbindungen und kundenindividuelle Services im Vordergrund stehen, können sich beispielsweise durch Individualisierungen der Originalprodukte jederzeit Auswirkungen auf die Ersatzteilversorgung ergeben. Gleichermaßen trägt die Industrie 4.0 zu einer stetigen Veränderung bei und fördert das Entstehen weiterer, neuer Geschäftsmodelle.

7.1.2 Akteure des Systems

Die zunehmende Globalisierung und sinkende Margen im Neuproduktgeschäft führen dazu, dass Akteure alternative Angebote hinsichtlich produktbegleitender sowie vor- und nachbereitender Dienstleistungen am Markt platzieren. Dabei zeigt das Servicegeschäft ein hohes Wachstumspotenzial und hohe Gewinnmargen und ist aufgrund der hohen Anzahl an Marktteilnehmern durch einen starken Wettbewerb gekennzeichnet. Dies haben die Akteure des Systems erkannt und versuchen Nutzer durch attraktive Angebote an sich zu binden. Der Markt lässt sich wie Abb. 7.1 zeigt, durch folgende vier Akteure charakterisieren.

Hersteller
Hersteller treten als Originalprodukthersteller zuerst mit den Nutzern in Kontakt und haben durch das Anbieten von Serviceleistungen, wie beispielsweise einer Service- und Ersatzteilversorgung, die Möglichkeit den Nutzer längerfristig zu binden. Hersteller stehen im Servicegeschäft in einem hohen Wettbewerb zu Lieferanten oder Dienstleistern und versuchen durch geeignete Service-Strategien das Servicegeschäft für die eigenen Produkte zu stärken.

Abb. 7.1 Akteure des Systems

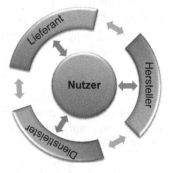

Dienstleister

Dienstleister treten als weitere Akteure des Systems vermehrt in den Markt ein. Die KFZ-Gruppenfreistellungsverordnung hat beispielsweise im Automobilsektor dazu geführt, dass vermehrt Service-Ketten auftreten, welche spezialisierte Leistungen für verschiedenste Fahrzeugmodelle anbieten. Dies ist seit einigen Jahren möglich, da Services gemäß Verordnung von herstellerunabhängigen Werkstätten erbracht werden dürfen. Dienstleister treten aber ebenfalls in anderen Branchen auf und bieten hersteller-unabhängige und häufig kostengünstige Services an. Dies ist den Dienstleistern möglich, da sie hohe Volumen abwickeln und Bündelungen von Serviceaktivitäten beispielsweise in Werkstätten vornehmen [2]. Dabei kann sich der angebotene Service auf einzelne Module oder ganze Produkte, beziehungsweise Anlagen beziehen, die der Dienstleister herstellerübergreifend bedient. Gleichermaßen können auch Hersteller als Dienstleis-ter am Markt auftreten, indem sie Services innerhalb ihrer Sparte produktunabhängig anbieten.

Lieferanten

Ähnlich wie Dienstleister verstärkt in den Markt für Services und Ersatzteile eintreten, haben auch Teile- oder Modullieferanten das bestehende Potenzial des Marktes erkannt. Sie sind als dritte Akteure des Systems zu verstehen und stehen ebenfalls in Konkurrenz zu den weiteren Akteuren. Auch sie bieten dabei Leistungen an, die einzelne Module oder Teile eines Produktes betreffen können oder das gesamte Produkt, beziehungsweise ver-kettete Produktionsanlagen. Lieferanten können dabei ähnlich wie Dienstleister am Markt auftreten, da sie Services für das gesamte Produkt erbringen können, obwohl sie nur ein Teilelieferant sind. Die Leistungen erbringen sie dabei für fremde Teile, Module oder Produkte, ebenso wie für eigene. Im Falle, dass Lieferanten Teile für Originalprodukt-hersteller herstellen und mit einem Branding des OEM versehen, kann es ihnen untersagt sein, Teile eigenständig zu vertreiben.

Nutzer

Ebenfalls haben Nutzer, als vierte Akteure des Systems, gesteigerte Anforderungen an Services und eine Ersatzteilversorgung. Sie erwarten vermehrt individuell auf sie zuge-schnittene Serviceleistungen, die ihren Bedürfnissen gerecht werden. Häufig entwickelt sich der angebotene Service dabei zu einem Kaufkriterium.

7.2 Strategische Neuausrichtung im Servicegeschäft

7.2.1 Neue Geschäftsmodelle im Servicegeschäft

In einigen Branchen besteht für Hersteller die Herausforderung, dass erst das anschlie-ßende Servicegeschäft gewinnbringend ist, da im Gegensatz zum Neuproduktgeschäft, Margen oder Gewinnpotenziale deutlich höher und häufig noch nicht ausgereizt sind.

Zusätzlich weist das Servicesegment ein Wachstumspotenzial auf und bietet die Möglichkeit einen stärkeren Kundenkontakt und bei zur Zufriedenheit erbrachten Services eine
stärkere Kundenbindung zu realisieren. Dementsprechend haben die Akteure erkannt,
dass ein Produkt besser zu vertreiben ist, wenn zusätzliche produktbegleitende Services
angeboten werden. Daraus ergeben sich verschiedene Serviceleistungen über die sich die
Angebote erstrecken können. Tab. 7.1 fasst die Serviceleistungen in Kategorien zusammen und listet exemplarisch die zugehörigen Elemente auf.

Gemäß Tab. 7.1 ist eine Aufteilung der Services in verschiedene Kategorien ersichtlich.
Die erste Kategorie bezieht sich auf die (technische) Beratung und Engineeringleistungen,
die das Ziel hat, dem Nutzer das für ihn optimale Produkt anzubieten und die anschließende Produktionsoptimierung bei selbigem fokussiert. Ebenfalls in der Tabelle enthalten
sind finanzielle Dienstleistungen, die unter anderem Kreditvergaben an Nutzer einbezie-
hen, genauso wie die Vermietung von Produkten. Die Servicekategorien Inbetriebnahme,
Betreuung der Anlage sowie Modernisierung und Nachserienversorgung mit anschließender Demontage oder der Überführung in eine weitere Nutzung sind allesamt als produktbegleitende und erweiternde Services zu kategorisieren. Die zugehörigen Elemente beeinflussen die Service- und Ersatzteillogistik. Value Added Services umfassen unter anderem
die Lohnfertigung oder die Vermietung von freien Produktionskapazitäten an Nutzer. Das
Anbieten von Trainings sowie Services zu Software und IT beinhaltet Schulungen, (Fern-)
Wartungen oder Updates, um dem Nutzer neues Wissen zu vermitteln und die Software
stets aktuell zu halten. Im Falle einer Remote-Anbindung ist weiterhin eine Fernüberwa-
chung und -diagnose der Produkte möglich.

Unter Bezugnahme auf eine je nach Angebot unterschiedliche Serviceleistung sind
durch Kombination der aufgelisteten Services aus Tab. 7.1 verschiedene Strategien und
Geschäftsmodelle ableitbar. Abb. 7.2 zeigt eine Übersicht möglicher Ausprägungen von
Serviceebenen und Geschäftsmodellen, die sich je nach darin enthaltenen Servicekategorien, Serviceangebot und -intensität voneinander differenzieren und dabei bestimmte
Nutzertypen ansprechen sollen. Die möglichen Serviceelemente der einzelnen Geschäftsmodelle sind dabei exemplarisch aufgeführt.

In der ersten Ausprägung finden sich hauptsächlich Hersteller, die beim Verkauf das
Produkt im Vordergrund sehen und Services vermehrt auf Wusch der Nutzer anbieten.
Weiterhin befinden sich die angebotenen Services auf einem Basislevel. Das bedeutet,
dass sich diese Anbieter weniger in den Bereichen der Finanzierung oder Value Added
Services bewegen. Sie erbringen Leistungen, wie beispielsweise die Ersatzteilversorgung
gemäß der Grundanforderung von Nutzern oder gesetzlichen Vorgaben.

Bieten die Anbieter vermehrt Services an, die über Basisleistungen heraus gehen,
können diese als Produkt- und Serviceorientiert bezeichnet werden. Hierbei richtet sich
der Produkthersteller und auch Drittanbieter der Services vermehrt nach den erweiterten Bedürfnissen der Nutzer. Das ausgearbeitete Geschäftsmodell kann nach Produkten kategorisierte Serviceangebote enthalten, die im Bereich der Ersatzteilversorgung
beispielsweise Verfügbarkeitsgarantien beinhalten. Weiterhin können Beratungen oder

Tab. 7.1 Auflistung verschiedener Servicekategorien

Servicekategorie	Serviceelement
(Technische) Beratung und Engineeringleistungen	• Beratung vor und zum Produktverkauf • Versuchsaufbauten • Beratung zum Betrieb (Taktzeiten, Nutzungsgrad)
Finanzierung	• Finanzdienstleistungen (Kreditvergabe, Versicherungen) • Leasing
Inbetriebnahme und Anlaufbetreuung	• Installation • Anlagenaufbau • Einrichtung
(Technische) Betreuung der Anlage	• Wartung • Instandhaltung • Reparatur • Teileaustausch • Ersatzteile • Technischer Service (Kundendienst, Außendienst) • Werkzeugreparatur
Modernisierung	• Um-/ Nachrüsten und Erneuerungen • Produkt-Upgrades
Nachserienversorgung/ 2nd Lifecycle	• Reparatur- und Wartungsverträge • Erneute Garantievergabe
Demontage/ End of Use	• Abbau, Entsorgung, Verwertung • Verwertung von Modulen/Einzelteilen
Value Added Services	• Lohnfertigung • Betreibermodelle
Software, IT und Diagnose	• Bestellplattformen • (Fern-)Wartung • Remote-Service • Service-Hotline • Predictive Maintenance
Training	• Schulungen und Weiterbildung • Technische Informationen

Remote-Anbindungen von Produkten enthalten sein, um die Ausfall- und Stillstandzeiten des Nutzers zu minimieren.

Befinden sich die Anbieter im Bereich des Maximums des Serviceangebotes und deckt ihr Service- und Ersatzteilangebot eine hohe Anzahl verschiedener Servicekategorien ab, so sind sie als Full Service Provider einzuordnen. Innerhalb dieses Segmentes befinden sich Hersteller vermehrt in Konkurrenz zu Dienstleistern oder Lieferanten, die ebenfalls

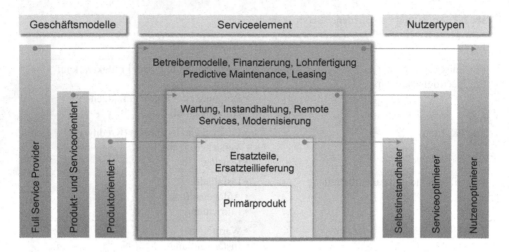

Abb. 7.2 Ausprägungen neuer Geschäftsmodelle

spezifische Servicedienstleistungen anbieten und eine maximale Integration des Nutzers anstreben. Hierbei sind Ausprägungen bis hin zu sogenannten Betreibermodellen möglich, wobei der Serviceanbieter als Produkt-, beziehungsweise Anlagenbetreiber auftritt [1].

7.2.2 Prozessuale und organisatorische Einbindung neuer Geschäftsmodelle

Um eine optimale Serviceleistung zu erbringen, müssen die Prozessanforderungen und -ziele bekannt sein. Darüber hinaus gilt es, unter anderem, die Prozessverantwortlichkeiten, Schnittstellen und Abläufe zu definieren. Abb. 7.3 zeigt eine exemplarische serviceorientierte Prozesslandkarte und führt die verschiedenen Geschäftsprozesse beispielhaft auf.

Gemäß der Abbildung lassen sich fünf Geschäftsprozesse unterscheiden. Gegenstand des ersten Geschäftsprozesses ist die Definition des Angebotes an Produkten und Services unter Bezugnahme auf Trends, Marktanforderungen und neue Technologien. Hier wird die generelle Servicestrategie definiert. Die tatsächliche Entwicklung von Produkten und Services auf Grundlage bereits erarbeiteter Ideen sowie Produkt- und Servicestrategien fällt unter den zweiten Geschäftsprozess. Der dritte genannte Geschäftsprozess beinhaltet alle zum Bereich Vermarktung und Verkauf von Services zugehörigen Aufgaben, die es zum Ziel haben, Kundenanfragen und Bestellungen zu generieren. Zudem lässt sich die Herstellung und Auslieferung der Ersatzteile, basierend auf den Bestellungen und Bedarfen, in einem weiteren, vierten Geschäftsprozess subsumieren, während die letztendliche Ausführung der After Sales Services auf Grundlage der Serviceanfragen Gegenstand des fünften Geschäftsprozesses ist.

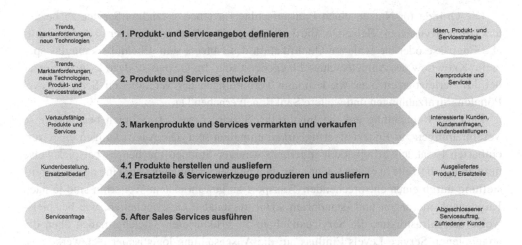

Abb. 7.3 Service-Prozesslandkarte des Service- und Ersatzteilgeschäftes

Die steigende Prozesskomplexität durch neue Services und Geschäftsmodelle fordert dabei definierte Strukturen im Unternehmen, um eine rasche Abwicklung der Kundenaufträge gewährleisten zu können. Durch klar definierte Verantwortlichkeiten und eine standardisierte, durchgängige IT-Basis ist es außerdem möglich Schnittstellen zu reduzieren.

In der konkreten Ausgestaltung bieten sich verschiedene Möglichkeiten. Das Service- und Ersatzteilgeschäft kann einerseits der Instandhaltung, dem Einkauf, der Produktion oder auch weiteren Abteilungen unterstellt sein. Andererseits kann es eine eigene Abteilung darstellen und weitaus eigenständiger agieren. Ist geplant, das Service- und Ersatzteilgeschäft im Sinne neuer Geschäftsmodelle expansiv zu betreiben, bietet sich die Gründung einer eigenen Gesellschaft oder die Ausgestaltung eines Profit Centers an.

7.3 Logistikrelevante Services

7.3.1 Service Levels

Service Levels dienen dazu, Abstufungen innerhalb der Leistung verschiedener Services zu definieren. Ein hohes Service Level entspricht einer hohen Intensität der Leistungserbringung und ist häufig durch einen gesteigerten Preis im Gegensatz zu niedrigeren Service Levels gekennzeichnet. Dabei haben für den Nutzer interessante Service Levels Einfluss auf die Kundenzufriedenheit und bieten die Möglichkeit einer Umsatzsteigerung. Wichtig beim Anbieten der Services in unterschiedlichen Levels ist, dass der Anbieter sich in der Lage befindet, sein Serviceversprechen zu erfüllen und nicht ausschließlich aufgrund der Angebote des Wettbewerbes in das Servicesegment einsteigt.

Die Gründe für Nutzer, einen Preisaufschlag für einen speziellen Service zu bezahlen, können variieren. Beispiele, die Leistung nicht selbst zu erbringen, können zeitliche Engpässe oder die fehlende Qualifikation des Nutzers sein. Ebenfalls kann das spezielle Knowhow des Anbieters ausschlaggebend sein. Im Gegensatz dazu können Nutzer bei Minderleistungen oder wiederholten Verfehlungen der vereinbarten Service Level Pönalen, Strafzahlungen und weitere Sanktionen erheben [1].

Fällt die Betrachtung auf die Inhalte der Service Levels, so können beispielsweise Vereinbarungen zur Ersatzteilverfügbarkeit enthalten sein. Die Auswirkungen einer vereinbarten Ersatzteilverfügbarkeit innerhalb weniger Stunden machen es beispielsweise notwendig, die Teile in einem Lager nahe dem Nutzer vorzuhalten oder eine rasche Bereitstellung durch einen entsprechenden Transport zu gewährleisten. Weiterhin sind je nach Kundenanforderungen und -standorten sowie regionalen Gegebenheiten, wie beispielsweise der Infrastruktur, die Serviceangebote zu strukturieren. Gleichermaßen üben die angebotenen Service Levels Einfluss auf die Ausgestaltung logistischer Netzwerke aus, indem unter anderem abhängig von der Lieferdauer von Produkten die Höhe des Bestandes zu bestimmen ist.

7.3.2   Service- und Ersatzteillogistik im Produktlebenszyklus

7.3.2.1 Phasen des service- und ersatzteilorientierten Produktlebenszyklus

Bezogen auf die neuen Geschäftsmodelle und ihrer Zuordnung zur Serviceleistung lassen sich spezielle logistisch relevante Services hervorheben. Diese sind anhand des service- und ersatzteilorientierten Produktlebenszyklus darstellbar (Abb. 7.4).

Innerhalb des service- und ersatzteilorientierten Produktlebenszyklus nimmt die Population an Neuprodukten nach SOP stark zu. Bis zum Produktionsende ist der Höchstbestand erreicht und nimmt bis zum EDO stark ab. Bei Erreichen des Endes der Produktlebensdauer hat sich die Zahl der am Markt befindlichen Neuprodukte weitestgehend gegen Null bewegt.

In Bezug auf die Erbringung einer Service- und Ersatzteillogistik treten dabei folgende drei Phasen in den Vordergrund:

- Inbetriebnahme
- Produktbetreuung
- Demontage

Diesen Phasen sind die in Tab. 7.1 aufgelisteten Elemente der Servicekategorien zuordenbar.

Inbetriebnahme

Innerhalb der Inbetriebnahme und Anlaufbetreuung befinden sich zum Beispiel die Elemente der Installation, des Anlagenaufbaus und der Einrichtung der Anlage.

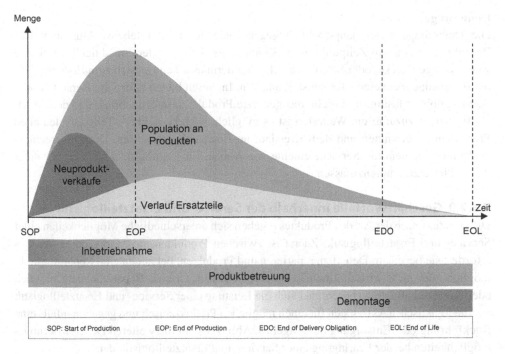

Abb. 7.4 Service- und ersatzteilorientierter Produktlebenszyklus

Dementsprechend beginnt die Phase mit dem Produktionsstart und verringert sich zunehmend mit Erreichen des Produktionsendes. Von Bedeutung für die Logistik ist hierbei die Bereitstellung des Produktes zum korrekten Zeitpunkt in vorgegebener Menge, damit es installiert, korrekt aufgebaut und in Betrieb zu nehmen ist.

Produktbetreuung

Unter dem Begriff der Produktbetreuung sammeln sich die meisten Serviceelemente mit Relevanz für eine Service- und Ersatzteillogistik. Dies sind unter anderem die Wartung und Instandhaltung, welche in einem zusätzlichen Kapitel zur Instandhaltungslogistik dieses Handbuches thematisiert werden. Weiterhin fallen beispielsweise Reparaturen, technische Services, Beratungen und Modernisierungen sowie die Ersatzteilversorgung selbst darunter. Ziel der Phase der Produktbetreuung ist die Vermeidung beziehungsweise Reduzierung von Ausfallzeiten, sowie unter anderem die Erhöhung des Outputs durch Optimierungen oder die gänzliche Verbesserung der Produkte durch Serviceleistungen. Die Ersatzteilversorgung ist während des gesamten Produktlebenszyklus von Bedeutung. Bereits während der Inbetriebnahme oder kurz nach SOP können Frühausfälle sporadisch auftreten. Auch zu diesen frühen Zeitpunkten ist hinsichtlich der Kundenzufriedenheit auf eine schnelle Ersatzteillieferung beziehungsweise einen schnellen Austausch defekter Teile oder Module zu achten.

Demontage

Die Demontage findet hauptsächlich gegen Ende des Produktlebenszyklus statt. Das Produkt hat zu diesem Zeitpunkt oftmals nicht mehr den aktuellen Stand der Technik und weist häufige Defekte oder Störungen auf. Gleichermaßen kann es sich zum Ende der Produktlebensdauer um einen Totalausfall handeln. In diesen Fällen haben die Hersteller oder Serviceanbieter häufig die Pflicht, das genutzte Produkt zurückzunehmen und dem Wertstoffkreislauf zuzuführen. Weiterhin ist es möglich, noch brauchbare Teile aus den alten Produkten zu gewinnen und dem Kreislauf an Ersatzteilen zuführen. Dementsprechend sind unter anderem die Serviceelemente wie Abbau, Entsorgung oder Verwertung unter dieser Phase zusammenzufassen.

7.3.2.2 Geschäftsvorfälle innerhalb der Service- und Ersatzteillogistik

Differenziert nach der Art des Produktes ergeben sich unterschiedliche Möglichkeiten einer Service- und Ersatzteillogistik. Zuerst ist zwischen Produkten am Markt, deren Wert es erfordert sie bei einem Defekt zu reparieren und Produkten, bei denen eine Reparatur nicht möglich oder nicht wirtschaftlich ist zu unterscheiden. Ist eine Reparatur nicht möglich oder unwirtschaftlich, so beschränkt sich die Leistung einer Service- und Ersatzteillogistik auf die logistischen Aktivitäten für einen möglichen Produkttausch und gegebenenfalls eine Rückführung oder Entsorgung des Altgeräts. Abb. 7.5 stellt die weiteren Differenzierungsmöglichkeiten bei der Erbringung einer Service- und Ersatzteillogistik dar.

Im ersten Schritt ist gemäß Abb. 7.5 zwischen der Möglichkeit, eine Reparatur durchzuführen zu können oder nicht zu differenzieren. Ist eine Reparatur möglich, so ergeben sich wiederum zwei Fälle. Bei einem mobilen Produkt kann die Reparatur entweder beim Hersteller stattfinden oder in einem Service Center. Bei immobilen Produkten ist die Reparatur stets am aktuellen Standort des Produktes durchzuführen und als Field Service zu beschreiben. Als dritte Möglichkeit ergibt sich der Fall, dass eine Reparatur möglich, jedoch nicht wirtschaftlich ist. In diesen Fällen ist darüber zu entscheiden, ob der Nutzer

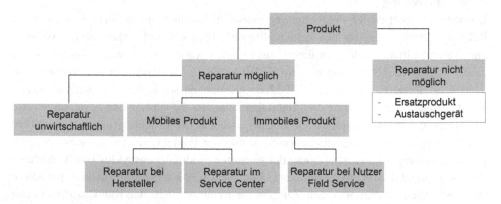

Abb. 7.5 Differenzierungsmöglichkeiten bei der Erbringung einer Service- und Ersatzteillogistik

ein Anrecht auf ein neues Produkt hat, oder ob das Produkt trotz Unwirtschaftlichkeit repariert wird.

In der Service- und Ersatzteillogistik sind die folgenden Elemente an den Ort der Nutzung zu transportieren:

- Ersatz- und Austauschteile
- Werkzeuge
- Techniker
- Wissen und Informationen

Ersatz- und Austauschteile am Ort der Nutzung zur Verfügung zu stellen, bringt eine logistische Herausforderung mit sich. Folgende Planungsgegenstände sind dabei im Rahmen einer Service- und Ersatzteillogistik unter anderem zu beachten:

- Planung der Distributionsnetzwerke
- Planung der Transportkonzepte
- Planung der Bevorratungsstrategien der Ersatzteile

Distributionsnetzwerk Die Auslegung des Distributionsnetzwerkes für Ersatzteile ist eine strategische Entscheidung, die unter anderem Einfluss auf die spätere Leistung hat. Hierbei sind die Anzahl der Lagerstufen, sprich die vertikale Distributionsstrategie ebenso wie die horizontale Distributionsstrategie, welche die Anzahl der Läger je Lagerstufe definiert, festzulegen. Darüber hinaus sind Standorte für die Läger festzulegen und eine Zuordnung der Gebiete je Lager zu treffen. Einfluss auf die Planung haben dabei die garantierten oder angebotenen Service Levels in Hinsicht auf Verfügbarkeit und Erreichbarkeit.

Transportkonzept Das Transportkonzept betreffend sind, unter anderem, folgende Aspekte zu beachten:

- Transportverpackung
- Transportart
- Versorgungsmodell
- Transportweg
- Incoterms

Gleichermaßen ist der Rücktransport defekter und zu reparierender Teile analog zu den oben aufgeführten Aspekten zu planen und zu koordinieren. In der Planung der Transportkonzepte sind erneut definierte Service Level zu beachten. So ist unter Umständen ein kostenintensiver Transport in Kauf zu nehmen, um die Lieferdauer und die notwendige Reaktionsgeschwindigkeit zu weiter entfernten Nutzern zu garantieren.

Bevorratungsstrategie Im Rahmen der Definition ersatzteilspezifischer Bevorratungsstrategien sind unter anderem die Ersatzteilklassifizierung sowie die Anforderungen hinsichtlich der Endbevorratung in die Strategieplanung einzubeziehen. Gleichermaßen ist es ebenfalls möglich Ersatzteile während des Lebenszyklus aufzuarbeiten und dem Kreislauf, als Teile der Serieninstandsetzung, zuzuführen.

Gleichermaßen, wie bei Ersatz- und Austauschteilen, sind auch **Werkzeuge** zu koordinieren. Ja nach Größe und Spezifität kann der Techniker diese mit sich führen oder sie sind zu lagern und dem Techniker zur richtigen Zeit am richtigen Ort zur Verfügung zu stellen. Auch hier kommt dem Distributionsnetzwerk und Transportkonzept eine hohe Bedeutung zu, ebenso wie der Lagerung der Werkzeuge.

Die Koordination der **Techniker** ist ebenfalls eine logistische Herausforderung, denn die Techniker müssen in möglichst kurzer Zeit am Einsatzort sein. Dabei ist die interne Strukturierung stets einzubeziehen, da je nach Unternehmen und Branche, Techniker lokal tätig sind oder bei speziellen Produkten einzufliegen sind.

Die vierte Komponente **Wissen und Informationen** ist dahingehen von Bedeutung, dass Techniker geschult sind, sich mit den Produkte auskennen und fähig sind, Fehler zu lokalisieren. Weiterhin ist darunter ebenfalls der Remote-Service als Teil der Service- und Ersatzteillogistik zu verstehen. Dabei gilt es notwendige Diagnosen für defekte Produkte schon vor Einsatz des Servicetechnikers zu erkennen und damit die 1st Completion Rate zu erhöhen, da dem Servicetechniker direkt das benötigte Ersatzteil zur Verfügung steht.

Gemäß den Differenzierungsmöglichkeiten aus Abb. 7.5 und den beschriebenen Elementen können verschiedene Geschäftsvorfälle abgeleitet werden. Abb. 7.6 zeigt diese in einem Schaubild.

Geschäftsvorfall 1 beschreibt den Austausch von Produkten, Teilen oder Ersatzteilen. Hierbei erbringt der Nutzer die Leistung (beispielsweise Diagnose, Ausbau defektes Teil) selbst, beziehungsweise unterhält eigene Techniker oder einen Drittanbieter und benötigt den Service des Herstellers vor Ort nicht. Gleichermaßen kann dieser Geschäftsvorfall bei einfachen Gütern von Bedeutung sein, wobei der Nutzer selbst in der Lage ist ein defektes Teil zu lokalisieren und auszubauen oder das gesamte Produkt ist irreparabel. Abhängig vom Produkt und vorliegenden Defekt ist dem Nutzer ein Austauschteil zur Verfügung zu stellen oder eine Reparatur am defekten Teil beim Serviceanbieter vorzunehmen. Ferner sind innerhalb dieses Geschäftsvorfalles unter anderem folgende Modalitäten festzulegen und für die Ausführung eines unterschiedlich stark ausgeprägten Services zu definieren:

- Bestellung der Ersatzteile, Produkte
- Rücksendung und Verpackung defekter Teile, Produkte
- Zustellung der Ersatzteile, Produkte

Geschäftsvorfall 2 beschreibt eine Leistungserbringung beim Nutzer, wobei der Transport der Ersatzteile oder defekten Teile separat oder durch den Techniker erfolgen kann. Die Aufgabe des entsendeten Technikers ist es, vor Ort eine Diagnose zu stellen oder eine

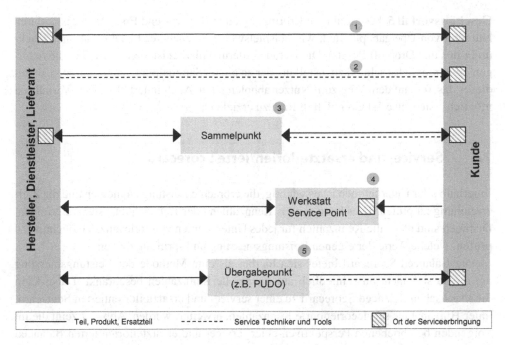

Abb. 7.6 Modell einer Service- und Ersatzteillogistik

Reparatur durchzuführen, Teile auszutauschen und auszubauen oder ein neues Produkt als Ersatz zu installieren. Die Herausforderung besteht darin, beim ersten Kundenbesuch das benötigte Teil vorzuhalten oder den Defekt zu beheben um die Ausfallzeit zu minimieren (1st Completion Rate). Kann der Nutzer vorab den Defekt melden, sollte der Techniker den Defekt stets innerhalb des ersten Besuches behoben haben.

Geschäftsvorfall 3 unterscheidet sich ausschließlich durch die Nutzung eines Sammelpunktes von Vorfall 1 und 2. Hierbei werden Ersatz- sowie defekte Teile über einen Sammelpunkt versendet, koordiniert und gegebenenfalls gebündelt, um Transportkosten zu sparen oder die Reaktionszeit zu erhöhen.

Geschäftsvorfall 4 beschreibt den Austausch defekter Teile oder Produkte über eine Werkstatt oder einen Service Point des Serviceanbieters. Dabei findet die Leistungserbringung stets in der Werkstatt oder am Servicepoint statt, während der Nutzer das mobile Produkt abliefert oder ein Mitarbeiter des Servicepartners oder ein Dienstleister das Produkt abholen kann. Die Herausforderung für den Hersteller, Dienstleister oder Lieferanten stellt hierbei die Ersatzteil- und Produktbevorratung am Ort der Leistungserbringung dar. Dies beinhaltet die Auswahl der vor Ort bevorrateten Teile, sowie die Menge dieser. Weiterhin ist die schnelle Belieferung der Werkstatt oder des Service Points mit zusätzlichen Ersatzteilen sicherzustellen, damit die Stillstands- und Wartezeiten möglichst gering sind.

Geschäftsvorfall 5 beschreibt die Erbringung einer Service- und Ersatzteillogistik durch Nutzung von Übergabepunkten, wie beispielsweise sogenannter PUDO-Stationen (Pick-up Points und Drop-off Points). Die Herausforderung hierbei ist, dem Techniker die richtigen Teile möglichst schnell zuzustellen oder an einem Sammelpunkt zu hinterlegen, damit dieser das Teil auf dem Weg zum Nutzer abholen kann. Auch innerhalb dieses Vorfalls ist möglichst stets eine 1st Completion Rate zu erzielen.

7.4   Service- und ersatzteilorientierte Scorecard

Innerhalb aller Unternehmen ist es wichtig, die erbrachte Leistung zu messen und die Zielerreichung zu prüfen. Dies kann mittels Kennzahlen oder Kennzahlensystemen erfolgen. Dennoch sind nicht alle Kennzahlen für jedes Unternehmen von Relevanz. Vielmehr ist zu prüfen, welche Werte der eigenen Leistungsmessung und -prüfung dienen.

Die Balanced Scorecard bietet sich hierbei als eine Methode der Leistungsmessung an, da sie sich nicht ausschließlich auf finanzielle Kennzahlen beschränkt. Dabei kann die klassischen Balanced Scorecard zu einer service- und ersatzteilorientierten Scorecard, unter Hinzunahme serviceorientierte Kennzahlen, erweitert werden. Abb. 7.7 zeigt die im Folgenden beschriebenen Perspektiven einer service- und ersatzteilorientierten Balanced Scorecard.

Die erste Perspektive ist die Kundenperspektive. Sie beschäftigt sich mit der Kundezufriedenheit und Loyalität und stellt gleichermaßen die Erwartungen der Nutzer fest. Als Kennzahlen dienen neben den eben genannten zusätzlich die Reklamationsquote, der

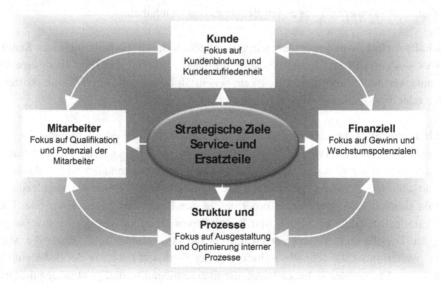

Abb. 7.7 Service- und ersatzteilorientierte Scorecard

Marktanteil und die Dauer der Kundenbeziehung. Die Erhebung der Kennzahlen und vor allem der Zufriedenheit ist kurz nach der Erbringung einer Serviceleistung ratsam sowie in regelmäßigen Abständen über die Zeit hinweg.

Die zweite Perspektive dieser Scorecard ist die finanzielle. Sie betrachtet Umsatz, Gewinn und Wachstumspotenziale von Services und Ersatzteilen. Weiterhin kann innerhalb dieser Perspektive eine Unterteilung in verschiedene Kundengruppen, Servicesegmente oder vereinbarte Service Levels erfolgen, um eine detailliertere Aufstellung verschiedener Leistungen zu erlangen. Ebenfalls können neue Services im Ersatzteilgeschäft getrennt betrachtet werden, um zu erkennen welche Leistungen profitabel sind und sich am Markt durchsetzen. Als Kennahlen dienen hierbei unter anderem der Umsatz, der Auftragsbestand, die Anzahl an neuen Aufträgen oder auch Deckungsbeiträge.

Die dritte Perspektive ist die Struktur- und Prozessperspektive. Sie betrachtet den Ablauf interner Prozesse und stellt Optimierungspotenziale fest. Der Fokus liegt dabei stets auf den Auswirkungen der Prozesse auf die Kundenzufriedenheit und den Nutzen der Kunden. Messbar ist diese Perspektive durch die Feststellung der Fehlerquote, beispielsweise beim Versand von Ersatzteilen und der Kostenabweichungen oder durch die Auftragsquote und Durchlaufzeit. Die Struktur- und Prozessperspektive kann innerhalb einer service- und ersatzteilorientierten Scorecard spezifisch um logistische Aspekte erweitert werden und macht den Reifegrad einer Service- und Ersatzteillogistik messbar. Darunter fallen verschiedene Kennzahlen, wie zum Beispiel der Lieferbereitschaftsgrad, auch als Servicegrad bezeichnet, der für A, B oder C Teile sowie für klassische Verschleißteile und sporadisch abgerufene Ersatzteile differenziert betrachtet werden kann. Dabei ist eine Messung des Lieferbereitschaftsgrades in Abhängigkeit der Lagerhaltungskosten möglich und kann zum Beispiel im Rahmen der Definition von Bewirtschaftungsstrategien oder Festlegung von Distributionsnetzwerken als Kennzahl zur Bewertung verschiedener Szenarien eingesetzt werden. Eine weitere Kennzahl zur Bewertung der bestehenden Servicestrukturen und -prozesse ist die First Completion Rate. Hierbei erfolgt die Messung des Anteils erfüllter Serviceaufträge beim ersten Besuch eines Servicetechnikers. Zusätzlich kommt die Einbeziehung weiterer Kennzahlen, wie folgend beispielhaft aufgelistet in Betracht:

- Durchschnittlicher Ersatzteilvorrat
- Durchschnittliche Verfügbarkeit der angeforderten Teile
- Durchschnittliche Bearbeitungszeit einer Ersatzteilanforderung
- Durchschnittliche Durchlaufzeit einer Ersatzteilanforderung
- Durchschnittliche Liefertreue der Ersatzteillieferungen

Die vierte Perspektive fokussiert die Mitarbeiter selbst und die vorhandenen Potenziale. Um einen guten Service zur Zufriedenheit der Nutzer zu erbringen müssen die Mitarbeiter qualifiziert, motiviert und zufrieden sein, denn sie sind es, die den Service erbringen und häufigen Kontakt zu den Nutzern haben. Dazu ist es wichtig, die Mitarbeiter stets weiterzuentwickeln und dabei gleichermaßen die vorhandenen Prozesse innerhalb des

Unternehmens nicht zu vernachlässigen. Sind Mitarbeiter und Unternehmensstrukturen auf einem hohen und aktuellen Stand kann das zu mehr Leistung und neuen Ideen führen, welche die Position des Unternehmens am Markt sichern. Messbar ist das unter anderem an der Fluktuation, der Mitarbeiterzufriedenheit und an der positiven Annahme und Forderung neuer Weiterbildungen [1, 3, 4].

7.5 Ausblick – Industrie 4.0 in der Service- und Ersatzteillogistik

Innerhalb der Service- und Ersatzteillogistik ist der Begriff Industrie 4.0 von großer Relevanz. In Bezug auf die Service- und Ersatzteillogistik steht die Vernetzung und Kommunikation von Maschinen, Anlagen und Teilen via IT, beispielsweise durch Cyber Physical Systems, im Mittelpunkt. Dementsprechend hat die Industrie 4.0 Einfluss auf die Weiterentwicklung der Service- und Ersatzteillogistik.

Die Folge der Vernetzung ist die Verfügbarkeit einer großen Datenmenge (Big Data), die es entsprechend zu nutzen gilt. Durch geeignete Software ist es den Anbietern möglich, Daten je Nutzer oder Anlage vorzuhalten und diese für individuell ausgelegte Services aufzubereiten. Das geht einher mit dem Trend, Services stets individueller und „on demand" anzubieten. Nutzer haben zudem teilweise nicht mehr das Verlangen nach einer in festgelegten Zyklen ablaufenden Wartung, sondern möchten beispielsweise vor ihrer Hauptsaison und auf Bedarf individuelle Services in Anspruch nehmen. Dabei verfolgen die Nutzer eine 100 % Verfügbarkeit ihrer Anlagen zu den Peaks, um die Kunden ihrerseits stets bedienen zu können. Weiterhin können die vorhandenen Daten zu Kennzahlen und anderen Indikatoren zum Erhalt besserer Entscheidungsgrundlagen aufgearbeitet werden. Die Ausgestaltung der IT-Infrastruktur ist dabei möglichst standardisiert zu halten, denn ein durchgängiger Datenfluss beschleunigt, beispielhaft, den Prozess einer Ersatzteilanforderung und die damit verbundene Lieferung. Gleichermaßen sind Organisation und Prozesse entsprechend zu definieren, sodass möglichst wenige Schnittstellen entstehen und die Abläufe schnell und ohne unnötige Zwischenschritte ablaufen.

Die Anbindung der Nutzer durch Remote-Services ermöglicht eine nochmalig schnellere Reaktion auf Ausfälle oder gar eine Vorbeugung von Ausfällen, durch sogenanntes Predictive Maintenance. Die Produkte messen dabei unter anderem sensorgesteuert selbst den Verschleiß oder stellen einen Ausfall fest und melden dies umgehend an den Betreuer der Produkte. Dieser kann unmittelbar reagieren und einem Ausfall vorbeugen oder die Ausfallzeit minimieren (Abb. 7.8). Diese Vereinfachung der Planung durch eine bessere Datenbasis führt weiterhin zu verringerten Lagerbeständen sowie Kosten. Ähnlich der Remote-Anbindung können RFID-Tags Daten an den Service-Partner liefern. Darüber hinaus bieten sie die Möglichkeit einer Haltbarkeitsüberwachung elektronischer Ersatzteile und dienen der automatisierten Warenwirtschaft. Abb. 7.8 zeigt verschiedene Varianten der Ersatzteilversorgung unter Bezugnahme auf die eben beschriebenen Trends der Industrie 4.0.

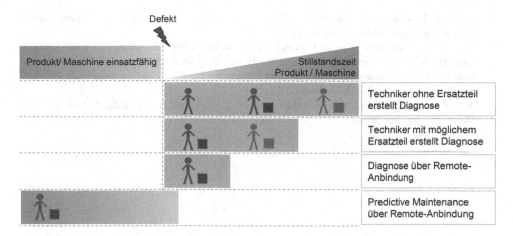

Abb. 7.8 Predictive Maintenance in der Ersatzteilversorgung

Zusätzlich zu den eben aufgeführten Trends haben weitere Aspekte der Industrie 4.0 Einfluss auf die Service- und Ersatzteillogistik. Dabei sind unter anderem das Internet der Dinge und das verstärkte Anbieten von Clouds zu nennen. Gleichermaßen bieten viele Akteure des Marktes „Software as a Service" an, indem die Nutzer Anwendungen über das Internet verwenden können. Ebenfalls durch die allgegenwärtige Nutzung des Internets getrieben, betreiben viele Unternehmen e-Commerce und bieten online Plattformen für eine schnelle Bestellung von Ersatzteilen. Vor Ort bei den Nutzern werden Techniker zunehmend durch mobile Geräte bei der Diagnose oder auch dem Ein- und Ausbau von Ersatzteilen unterstützt. Beispielsweise können mobile Handhelds Daten auslesen, Montageanweisungen geben, oder die sofortige Bestellung von Teilen auslösen. Gleichermaßen ist der 3D-Druck in Bezug auf die Ersatzteillogistik ein an Bedeutung gewinnender Faktor. In verschiedenen Branchen, wie der Flugzeugindustrie oder im Bereich von Kraftwerken ist es beispielsweise bereits möglich, seltene Ausfallteile selbst zu erstellen. Dennoch ist dabei zu bedenken, dass anstatt einer Ersatzteillieferung die Grund- und Rohstoffe zu den Nutzern zu liefern sind. Obwohl der 3D-Druck noch keinen gänzlichen Durchbruch in der Wirtschaft verzeichnen kann, bietet die im Prototypenbau als Rapid Prototyping bekannte und häufig genutzte Technologie einen neuen Ansatz, der das Ersatzteilgeschäft und die damit verbundene Logistik erneut verändern kann.

Literatur

1. Geissbauer, R., Griesmeier, A., Feldmann, S., Toepert, M.: Serviceinnovation. Potenziale industrieller Dienstleistungen erkennen und erfolgreich implementieren. Springer, Berlin/Heidelberg (2012)

2. Göpfert, I., Braun, D., Schulz, M. (Hrsg.): Automobillogistik. Stand und Zukunftstrends. 2. Aufl. Springer Gabler, Wiesbaden (2013)
3. Steven, M., Keine gen. Schulte, J., Alevifard, S.: Strategisches Controlling von hybriden Leistungsbündeln. In: Meier, H., Uhlmann, E. (Hrsg.) Integrierte Industrielle Sach- und Dienstleistungen. Vermarktung, Entwicklung und Erbringung hybrider Leistungsbündel, S. 285-308. Springer Vieweg, Berlin/Heidelberg (2012)
4. Wannenwetsch, H.: Integrierte Materialwirtschaft, Logistik und Beschaffung. 5. Aufl. Springer, Berlin/Heidelberg (2014)

Entsorgung und Kreislaufwirtschaft

Beitrag für das Handbuch der Logistik

Kathrin Hesse und Uwe Clausen

8.1 Abgrenzung der Begrifflichkeiten

8.1.1 Definition der Entsorgungslogistik

Die klassischen Aufgaben der Logistik waren lange Zeit auf die Bereiche Beschaffung, Produktion und Distribution beschränkt. Obwohl die Logistik auf eine ganzheitliche Betrachtung der Problemsituation bedacht ist, blieb die Entsorgung als wesentlicher Faktor innerhalb der Wirtschaftsabläufe lange unberücksichtigt. Dieses Defizit wurde durch die Einbeziehung der Entsorgung in die inner- und außerbetrieblichen Abläufe beseitigt. Die Entsorgung hat sich somit nicht nur zu einer Querschnittsfunktion, sondern auch zum vierten Teilgebiet der Logistik im Gesamtablauf entwickelt. Die klassischen Materialflussfunktionen des Förderns, Lagerns und Handhabens sowie die informationstechnische Verknüpfung werden vielfach auf die Entsorgung übertragen (siehe Abb. 8.1).

Die Entsorgungslogistik grenzt sich von anderen logistischen Systemen, wie der Beschaffungs-, Produktions- und Distributionslogistik vor allem in Bezug auf den Objektbereich ab. Während sich die Beschaffungs-, Produktions- und Distributionslogistik vor allem auf Produktionsgüter beziehen, konzentriert sich die Entsorgungslogistik hingegen auf die in den Produktions-, Distributions- und Konsumtionsprozessen anfallenden

K. Hesse (✉)
Technische Hochschule Köln, Campus Deutz, Betzdorfer Straße 2, 50679 Köln, Deutschland
e-mail: khesse@fh-koeln.de

U. Clausen
Fraunhofer-Institut für Materialfluss und Logistik IML, Joseph-von-Fraunhofer-Straße 2-4, 44227 Dortmund, Deutschland
e-mail: uwe.clausen@iml.fraunhofer.de

© Springer-Verlag GmbH Deutschland, ein Teil von Springer Nature 2019
K. Furmans, C. Kilger (Hrsg.), *Betrieb von Logistiksystemen*, Fachwissen Logistik,
https://doi.org/10.1007/978-3-662-57943-5_8

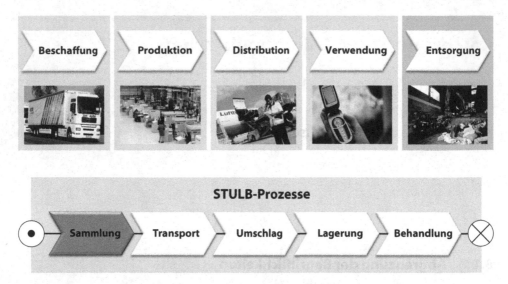

Abb. 8.1 Einordnung der entsorgungslogistischen Prozesse [eigene Darstellung]

Rest- und Abfallstoffe. Die Flussrichtung der Objekte ist ein weiteres Abgrenzungskriterium. Die Rest- und Abfallstoffe fließen, verglichen mit den Material- und Produktströmen, in entgegen gesetzter Richtung.

Die Grundaufgabe der Entsorgungslogistik ist es, Abfälle aller Art zu sammeln, zu sortieren, zu verpacken, ggf. umzuschlagen, zu lagern und schließlich zur weiteren Behandlung abzutransportieren. Zu den anfallenden Rest- und Abfallstoffen gehören u. a. Ausschuss, Überschuss, überalterte Fertigwarenbestände, recycelbare Materialien, ungewollte Kuppelprodukte oder auch defekte Ladehilfsmittel wie zum Beispiel Paletten und Verpackungen. Die Abb. 8.2 fasst die wesentlichen Aspekte der entsorgungslogistischen Definition, Ziele und Aufgaben zusammen.

In Deutschland wurde begonnen – forciert durch die Einführung des Kreislaufwirtschafts- und Abfallgesetzes im Jahre 1996 – das bisherige lineare System der Güterherstellung vom Produzenten zum Verbraucher durch ein zyklisches System zu ersetzen. Kernidee dieses zyklischen Wirtschaftens – der Kreislaufwirtschaft – ist, ähnlich wie die Natur Kreisläufe zu entwickeln, die sich in gewisser Weise „selbst am Leben erhalten".

Mit Hilfe einer durchgehenden Produktverantwortung des Herstellers soll das Problem der Vermeidung, Verringerung und Verwertung von Abfällen gelöst werden. Für ein Produktionsunternehmen bezieht sich dann die Verantwortung auf den gesamten Lebenszyklus eines Produktes von der Beschaffung der Ressourcen über die Produktion und Versorgung der Verbraucher bis hin zur Entsorgung, wobei die gebrauchten Produkte wieder in den Produktionsprozess einfließen sollen. Durch diese „Kreislaufwirtschaft" soll – je nach Stoffbeschaffenheit – der Verbrauch von Ressourcen minimiert oder eine Verwertung als Sekundärrohstoff ermöglicht werden.

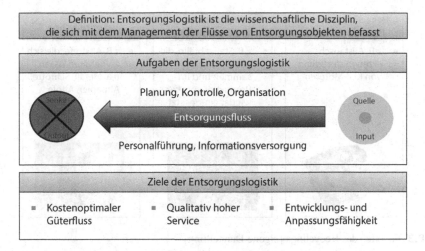

Abb. 8.2 Entsorgungslogistik – Definition, Ziele, Aufgaben [eigene Darstellung]

Die Etablierung einer Sekundärrohstoffwirtschaft muss das Ziel für die produzierende Industrie in rohstoffarmen Industrienationen wie Deutschland sein, die bei anderen Industriemetallen längst zur einer tragenden Säule der Rohstoffversorgung geworden ist, um die Abhängigkeit vom ausschließlichen Primärmaterialeinsatz zu verringern [14].

In der Richtlinie [36] „Recyclingorientierte Produktentwicklung" wird das Schließen von Stoffkreisläufen durch die Rückführung von Rückständen aus Produktionsprozessen bzw. von Altprodukten und -stoffen nach deren Gebrauch in die Produktion oder für den (erneuten) Gebrauch als „Recycling" bezeichnet. Recycling kann dabei in den unterschiedlichen Phasen des Produktlebenszyklus auftreten, beispielsweise während des Produktgebrauchs aber auch im Produktionsprozess sowie bei Altstoffen (siehe Abb. 8.3).

Darüber hinaus werden in der Norm [36] die Begriffe „Verwendung" sowie Verwertung definiert (siehe Abb. 8.4). Unter **Verwendung** wird die „erneute Nutzung von gebrauchten Produkten für denselben (Wiederverwendung) oder einen anderen (Weiterverwendung) Verwendungszweck wie zuvor unter Nutzung ihrer Gestalt ohne bzw. mit beschränkter Veränderung des Produktes" verstanden. Ein Beispiel hierfür wäre der wiederholte Einsatz von Mehrwegflaschen.

Als **stoffliche Verwertung** wird die „Nutzung des Abfalls durch Substitution von Rohstoffen durch das Gewinnen von Stoffen aus Abfällen (rohstoffliche Verwertung) oder Nutzung der stofflichen Eigenschaften der Abfälle (werkstoffliche Verwertung) bezeichnet, während der Einsatz von Abfällen als Ersatzbrennstoff als **energetische Verwertung** definiert wird. Beispiele hierfür können der nachfolgenden Abbildung entnommen werden.

Letztendlich gibt diese Richtlinie [36] allen Produktverantwortlichen, insbesondere dem Entwickler und dem Konstrukteur Informationen, Anleitungen und Entscheidungshilfen

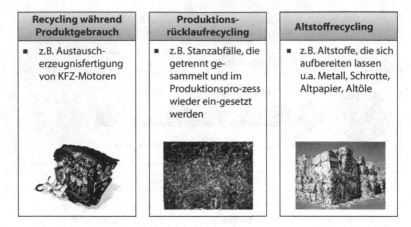

Abb. 8.3 Facetten des Recyclings [eigene Darstellung]

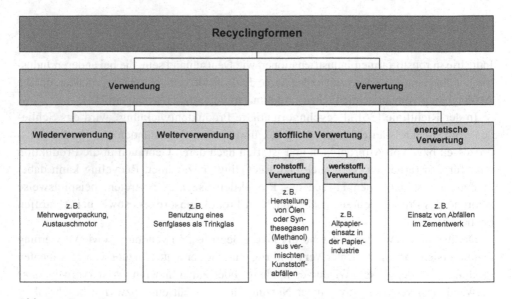

Abb. 8.4 Recycling – Verwendungs- und Verwertungsmöglichkeiten [eigene Darstellung]

für die einzelnen Phasen der Produktentwicklung, um technische und wirtschaftliche Möglichkeiten sowie Alternativen zur Verbesserung der Recyclingfähigkeit von technischen Produkten erarbeiten und auswählen zu können.

Auch wenn in Einzelfällen die weitere Verwendung bzw. Verwertung von Altprodukten ökologisch nicht sinnvoll erscheint, stellt das industrielle Produktrecycling ein effizientes Werkzeug zur Abfallvermeidung dar. Die Grundüberlegung besteht darin, Folgeanwendungen für Bauteile und Aggregate zu suchen, deren Eigenschaftsspektrum möglichst nahe an dem des ursprünglichen Produktes liegt. Im Sinne einer wirtschaftlichen Wiederverwendung von Komponenten stehen Qualitätskriterien im Vordergrund. Das weitere Vorgehen verläuft analog dem heutigen Werkstoffrecycling, wobei ebenfalls unter ökologischen und ökonomischen Prämissen nach einer Kaskade der Verwertbarkeit gesucht wird, also einer optimalen Ausnutzung der vorhandenen Eigenschaften für die anspruchsvollste Zweitnutzung. Ziel ist ein Recycling auf möglichst hoher Wertschöpfungsstufe. Unterstützt wird dieses Ziel durch die Entwicklung bzw. Konstruktion materialoptimierter und recyclingfähiger Produkte. Um die Stoffkreisläufe letztendlich schließen zu können, müssen Bauteile und Materialien als Sekundärbauteile, -halbzeuge oder -rohstoffe im Wirtschaftskreislauf gehalten werden.

Analog zu den klassischen Aufgaben der Logistik sind in der Entsorgung die Spiegelbilder zur Versorgungslogistik (Distribution) und zur Produktionslogistik zu schaffen. Hierzu gehören die Rückführlogistik (Redistribution) mit den Prozessen Sammlung, Transport, Umschlag und Lagerung sowie alle nachfolgenden (Behandlungs-)Prozesse, bis Bauteile, Aggregate oder Werkstoffe dem Wirtschaftskreislauf und nicht kreislauffähige Altproduktbestandteile einer geordneten Beseitigung zugeführt werden. Geeignete Redistributionsstrategien ermöglichen eine geordnete wirtschaftliche Erfassung und Bündelung ausgedienter Produkte. Zu den nachfolgenden (Behandlungs-)Prozessen gehören die Erfassung der Bauteile, Aggregate oder Werkstoffe aus verschiedenen Quellen, z. B. Dienstleister, Handel, Industrie sowie Endverbraucher, die nachfolgende Sortierung, die Demontage, die Aufarbeitung, die Aufbereitung, die Verwertung mit den Prozessen thermische Behandlung und die geordnete Beseitigung sowie der erneute Einsatz in der Produktion [15]. Letztendlich kommen diese (Behandlungs-)Prozesse in Abhängigkeit des Altstoffes bzw. Altproduktes zum Einsatz und werden im Kap. 4 Prozesse der Entsorgungslogistik beschrieben.

Die versorgungsorientierte Produktions- und Anlagentechnik weist einen sehr hochentwickelten technischen Standard auf. Moderne Einsatzmittel, wie z. B. automatisierte Lagertechnik, fahrerlose Transportsysteme, Handhabungsroboter und vollautomatisierte Werkzeugmaschinen werden entsprechend den spezifischen Erfordernissen eingesetzt. Dieser Entwicklungsstand ist in der Entsorgung, sei es inner- oder außerbetrieblich, bei weitem nicht anzutreffen, da es sich um heterogenes Material handelt, das u. a. mit Fremd- und Störstoffen durchsetzt ist.

Eine wichtige Aufgabe der Abfallwirtschaft und insbesondere der Entsorgungslogistik ist somit, den Problemstellungen entsprechend Technikkomponenten für Förder-, Lager- und Handhabungsaufgaben zu entwickeln. Diese Entwicklung muss grundsätzlich so ausgelegt sein, dass einerseits anwendungsorientierte Technikkomponenten der Entsorgung zur Verfügung gestellt werden und andererseits Materialflusssysteme für die Entsorgung kosten- und zeitoptimal arbeiten. Dies bedeutet, dass technische Insellösungen durch systemtechnische Ansätze zu ersetzen sind.

Allerdings darf es kein Recycling um jeden Preis geben. Die neuen, aber auch die bereits vorhandenen Stoffflüsse sind in allen Phasen hinsichtlich ihrer ökonomischen und ökologischen Konsequenzen zu untersuchen. Eine Schließung aller Kreisläufe ist aus thermodynamischer Sicht nicht realisierbar. Weiterhin ist ein bedingungsloses Recycling aus ökonomischen und ökologischen Gründen nicht sinnvoll. Nur wenn sich bei einer ganzheitlichen Betrachtung Vorteile für die Verwertung ergeben, ist diese zu bevorzugen. Bei der Realisierung einer industriellen Kreislaufwirtschaft ist eine derartige Vorgehensweise unumgänglich. Die Kreislaufführung von Metallen z. B. war schon in der Antike selbstverständlich und wird noch heute aus rein wirtschaftlichen Interessen heraus praktiziert. Auch die Aufbereitung anderer Sekundärrohstoffe wie z. B. Altpapier und Altglas, ist mittlerweile eine ökonomische Notwendigkeit. Vor dem Hintergrund steigender Rohstoffpreise nimmt die Bedeutung der Kreislaufwirtschaft insbesondere in einem an Bodenschätzen armen Land wie Deutschland stetig zu. Die Kreislaufwirtschaft entwickelt sich daher immer mehr zur Ressourcenwirtschaft. Aus rein ökonomischer Perspektive betrachtet setzen die Preise für Rohstoffe den Akteuren der Kreislaufwirtschaft eine natürlich Grenze für alle Aktivitäten zur Gewinnung von Sekundärrohstoffen. Steigende Preise für Rohstoffe ermöglichen den Akteuren folglich eine Ausweitung ihrer Aktivitäten entlang ihrer Wertschöpfungskette, zumal durch den technischen Fortschritt eine Senkung der Kosten zur Gewinnung von Sekundärrohstoffen erreicht wird [6].

Die Errichtung einer Kreislaufwirtschaft mit weitgehend geschlossenen Produkt- bzw. Stoffkreiskreisläufen erzeugt eine Vielzahl neuer Herausforderungen. Aus logistischer Sicht gilt es, Abfallvermeidungs- und -verminderungskonzepte zu entwickeln sowie geeignete Redistributionsstrategien zu entwerfen und zu realisieren, um eine effektive Rückführung der gebrauchten Produkte und Produktteile sowie Sekundärrohstoffe zu gewährleisten. Die vermarktbaren Produkte sowie die sonstigen Materialströme sind zu bündeln und unter Einbeziehung vorhandener Strukturen geeignet zu distribuieren, zu verwerten bzw. zu entsorgen.

Ausgehend von einer geordneten Abfallwirtschaft und der damit verbundenen Daseinsvorsorge ist die Entwicklung hin zur nachhaltigen Kreislaufwirtschaft neben den gesetzlichen Regelungen eng mit der wirtschaftlichen Bedeutung der Sekundärrohstoffe verbunden. In der Vergangenheit erfolgte eine kontinuierliche Entwicklung der Abfallwirtschaft hin zur Kreislaufwirtschaft. Diese Entwicklung war maßgeblich von gesetzlichen Regelungen auf EU-, Bundes- und Landesebene gekennzeichnet. Allerdings bietet sie auch handfeste ökonomische Vorteile. Die folgenden Richtlinien [39]: Entsorgungslogistik in produzierenden Unternehmen, [40]: Kreislaufwirtschaft für produzierende Unternehmen sowie [41]: Entsorgungsmanagement von Gewerbeabfällen geben Unternehmen hierzu Hilfestellung.

8.1.2 Entwicklung von Organisations- und Logistikstrukturen

Der Produzent legt durch die Produktgestaltung und die zur Produktion verwendeten Ressourcen die nach Gebrauch möglichen Verwendungs- und Verwertungswege fest. Dadurch bestimmt der Hersteller in hohem Maße den gesamten Lebenszyklus seiner Produkte.

Deshalb wird er in einer Kreislaufwirtschaft für den gesamten Produktlebenszyklus verantwortlich gemacht. Dieser Verantwortung muss der Produzent durch entsprechende Organisation der relevanten inner- und außerbetrieblichen Abläufe gerecht werden. Darüber hinaus bestimmt er die nachgeschalteten (Re)Distributions-, Recycling- sowie Entsorgungsprozesse mit. Dienstleister als beauftragte Dritte müssen sich ebenfalls den geänderten Gegebenheiten anpassen.

Die Verknüpfung dieser Vielzahl an Prozessen führt zu einem komplizierten Netzwerk, dessen Funktionsfähigkeit nur durch Anwendung übergeordneter, effektiver Organisations- und Steuerungskonzepte gewährleistet werden kann. Diese Konzepte ganzheitlich zu entwickeln und in die Tat umzusetzen, ist Aufgabe der Logistik in der Kreislaufwirtschaft.

8.1.2.1 Redistribution

Die Begriffe „Redistribution" und „Redistributionslogistik" sind in Anlehnung an die Distributionslogistik entstanden und bezeichnen somit einen zur Distribution inversen Güterstrom. Allerdings ist dieser Begriff nicht unumstritten, da sich die Abläufe der „Redistributionslogistik" deutlich von denen der Versorgungslogistik differieren. Aus diesem Grund werden meistens die folgenden Begriffe „Rücklauf-, Rückführungslogistik und Retrodistribution" für die geordnete Rücknahme von Gütern nach deren Ge- bzw. Verbrauch verwendet [1, 25].

Mit dem Kreislaufwirtschaftsgesetz (KrWG) hat der Gesetzgeber die Produktverantwortung über den gesamten Lebenszyklus dem Hersteller bzw. Vertreiber übertragen. Diese sind verpflichtet, ihre hergestellten Produkte am Ende ihrer Lebensdauer zurückzunehmen und einem qualitativ hochwertigen Recycling zuzuführen. Beispielsweise haben sich seit langem Rückführungssysteme für Verpackungen, Glas und Papier in Deutschland etabliert. Der Gesetzgeber hat die Verpflichtung zur Produktverantwortung für bestimmte Gebrauchsgüter in Verordnungen und Gesetzen u. a. für Batterien und Akkumulatoren, Altfahrzeuge sowie Elektrik- und Elektronikaltgeräte, festgelegt. Die Anforderungen der gesetzlichen Regelungen beinhalten u. a. den Aufbau eines Rücknahme- und Verwertungssystems für Altprodukte sowie die Festlegung und die Erfüllung von Sammel- bzw. Verwertungsquoten.

Die **Produktrückführung** stellt den ersten Schritt im Materialfluss von den Quellen zu den Senken dar. Hierbei werden beispielsweise der Anfall von zu recycelnden Produkten oder Reststoffen aus verarbeitenden Betrieben den anschließenden Senken, z. B. der Aufarbeitung, Aufbereitung bzw. Demontage, zugeführt.

Innerhalb der Behandlungsprozesse wird zwischen der **Aufarbeitung** und der **Aufbereitung** unterschieden. Die Aufarbeitung wird auch als Überholung bezeichnet. Sie tritt überwiegend beim Recycling während des Produktgebrauchs auf und dient der Bewahrung und Wiederherstellung von Produktgestalt und Produkteigenschaften. Im Allgemeinen handelt es sich hierbei um fertigungstechnische Prozesse. Die Aufbereitung erfolgt in der Regel beim Produktionsabfall- und Altstoff-Recycling und dient u. a. zur Verwertungsvorbereitung durch Zerkleinerungsprozesse oder chemische Zersetzungsprozesse. Aufbereitungsprozesse sind überwiegend verfahrenstechnische Prozesse.

Innerhalb eines Kreislaufes nimmt die Produktrückführung die Funktionen Sammlung, Sortierung, Transport, Ausgleich von Mengen, Zeit und Typen sowie die Koordination dieser Aktivitäten wahr.

Die **Sammlung** bzw. die materialflusstechnische Erfassung des Sammelgutes findet an definierten Übergabeorten statt. Im Verlauf der Sammlung werden die Güter zu größeren Lade- und Transporteinheiten zusammengefasst. Die zentrale Grundlage für die Auslegung der Sammlung bildet der Sammelrhythmus. Für die Planung des Sammelrhythmus sind insbesondere folgende Größen zu ermitteln: die Menge des zu sammelnden Produktes pro Zeiteinheit, Schwankungen der zu sammelnden Menge pro Zeiteinheit, Anzahl der Quellen, zu sammelnde Menge pro Quelle, Schwankungen der zu sammelnden Menge pro Quelle, Entfernung der Quellen voneinander, regionale Verteilung der Quellen, Anzahl der Senken und die durchschnittliche Entfernung der Quellen von einer Senke.

Der **Grad der Sortierung** ist von der Art der Materialbereitstellung abhängig und variiert bei Einstoff-, Einzelstoff-, Mehrstoff- und Mischstoffsammlungen. Einstoff- und Einzelstoffsammlungen kennzeichnen die Erfassung eines einzigen Stoffes bzw. die Erfassung mehrerer getrennt bereitgestellter Stoffe. Bei Mehrstoff- und Mischstoffsammlungen hingegen werden die Stoffe ungetrennt erfasst und anschließend sortiert. Ein wichtiges Sortierkriterium ist der Reinheitsgrad der einzelnen Fraktionen, damit der nachfolgende Recyclingprozess auf hohem Niveau betrieben werden kann.

Der **Transport** dient zur Überbrückung der räumlichen Entfernung zwischen Quelle und Senke. Hierzu sind zunächst Entscheidungen über die Auswahl des Transportmittels und der Ladehilfsmittel (z. B. Paletten, Gitterboxen, Container) zu treffen. Die Wahl des Ladehilfsmittels bedingt nicht nur die Handhabbarkeit der Transporteinheiten, sondern auch die Qualitätsanforderungen, die innerhalb des Produktrückführungssystems realisierbar sind. Der Transport erfolgt häufig in einer mehrgliedrigen Transportkette, d. h. dass ein Wechsel des Verkehrsmittels bzw. -trägers vorgenommen wird. Um die Nutzlast eines Transportmittels maximal nutzen zu können, erfolgt ggf. im Anschluss an eine Zwischenlagerung, oftmals eine erneute Zusammenfassung zu nochmals größeren Transporteinheiten.

Der **Zwischenlagerung** kommt eine Pufferfunktion zu, die Schwankungen der gesammelten Mengen ausgleicht und auf diese Weise die Auslastung der Aufbereitungsanlagen ermöglicht. Durch den so genannten „Typenausgleich" können Altprodukte gleicher Art oder gleichen Typs zu Chargen zusammengefasst und so bei den weiteren Schritten mit geringerem Aufwand bearbeitet werden.

Eine **Vorzerlegung** wird immer dann in Anspruch genommen, wenn sie technisch einfach realisierbar ist und das Recycling der zu demontierenden Fraktion dezentral genauso gut oder besser, im Hinblick auf die Qualität der Demontageprozesse, als in zentralen Einrichtungen durchführbar ist.

Die Struktur eines Produktrückführungssystems wird im Wesentlichen wie ein **Distributionssystem** geplant. Wesentliche Unterschiede bestehen hinsichtlich der Strategien, mit denen die Systeme betrieben werden. Grundsätzlich wird zwischen Bring- und Holsystem unterschieden.

In **Bringsystemen** sorgt der Abfallerzeuger selbst für den Transport der Altprodukte zum jeweiligen Sammelort. Hierbei wird zwischen erzeugernahen und erzeugerfernen Sammelorten unterschieden. Solche Systeme kommen insbesondere dann zum Einsatz, wenn der erforderliche Transportweg kurz, die Zahl der Anfallorte groß und die anfallende Menge gering ist. Da der Aufwand dem Abfallerzeuger zufällt, sind die Rücklaufquoten dieser Systeme vergleichsweise niedrig. Beispiele hierfür sind u. a. die Sammlung von Altglas in Altglascontainern und die Sammlung von Altbatterien im Einzelhandel. Bei den in der Abbildung dargestellten mehrstufigen Bringsystemen erfolgt, ausgehend von den Zwischenlagern, ein weiterer direkter Transport von zusammengefassten Ladeeinheiten zu den Verwertungseinrichtungen [2].

In der Regel werden die Altprodukte unverpackt zurückgegeben, so dass die Stapelbarkeit nur in geringem Umfang gegeben ist. Dadurch werden die Bündel sowie der Transport der Altprodukte erschwert und durch nicht ausgenutzte Transportkapazitäten werden höhere Kosten verursacht. Des Weiteren ist auch bei Altprodukten der Schutz vor Beschädigungen sowie der Schutz der Umgebung (z. B. durch Implosionen bei Röhrenmonitoren oder durch den Verlust des Kühlmittels bei Kühl- und Gefriergeräten) zu gewährleisten. Demnach kommt der Auswahl eines geeigneten Behältersystems eine hohe Bedeutung zu.

In **Holsystemen** fährt ein Sammelfahrzeug nacheinander die Standorte der Abfallerzeuger an. Durch die Sammeltouren reduziert sich der Transportaufwand gegenüber dem Bringsystem durch Vermeidung von Leerfahrten insgesamt (im Bringsystem werden die Transporte zum Abfallerzeuger verlagert), allerdings steht diesem Vorteil ein hoher Planungsaufwand entgegen. Mit diesen Systemen sind allgemein hohe Rücklaufquoten realisierbar, da dem Abfallerzeuger der Transportaufwand abgenommen wird. Ein Beispiel ist die Sammlung von Leichtverpackungen durch die Duales System Deutschland AG. Bei den mehrstufigen Holsystemen werden die Materialflüsse zwischen den Zwischenlagern und der Behandlung nicht direkt, sondern als Sammeltour zwischen mehreren Zwischenlagern durchgeführt. Meistens bieten sich mehrstufige Holsysteme dort an, wo die Ladekapazität des Verkehrsmittels nicht bereits an einem Zwischenlagerstandort ausgelastet wird [2].

In mehrstufigen Redistributionssystemen lassen sich die Strategien entsprechend der jeweiligen Erfordernisse kombinieren, wie in der Abb. 8.5 dargestellt.

Bei der Gestaltung von Redistributionssystemen ist unter betriebswirtschaftlichen Aspekten zu berücksichtigen, dass die Redistribution Aufwand verursacht, dem keine Erlöse gegenüber stehen. Daher ist die Wertschöpfung aus der Verwertung der zurückgeführten Altprodukte diesem Aufwand gegenüberzustellen. Eine Möglichkeit zur Finanzierung stellt die Erhebung eines zweckgebundenen Preisaufschlages beim Verkauf des Neuproduktes dar wie z. B. der „Grüne Punkt" vom Duale System Deutschland (DSD). Dieser wird als Kennzeichnung für diejenigen Verkaufsverpackungen genutzt für die Hersteller einen finanziellen Beitrag zur Produktrückführung und Verwertung geleistet haben. Nachteil dieses Systems ist, dass keine verursachergerechte Berechnung der Kosten möglich ist und dass bei Nicht-Inanspruchnahme der Rückgabemöglichkeit durch den Konsumenten (z. B. Entsorgung der Verpackungen über den Hausmüll und nicht über die gelbe Tonne)

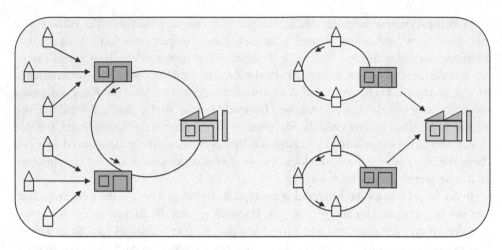

Abb. 8.5 Kombinationen in mehrstufigen Redistributionssystemen Bring-Hol-System (links) und Hol-Bring-System (rechts) [eigene Darstellung]

der Zahlung keine Gegenleistung gegenüber steht. Des Weiteren muss durch Kontrollen gewährleistet werden, dass nur solche Altprodukte durch das Rücknahmesystem erfasst werden, für die im Vorfeld der Preisaufschlag erhoben wurde.

Beispiel Batterien und Akkumulatoren
Im Zuge der Batterieverordnung sind die Hersteller verpflichtet ihre Batterien nach Gebrauch über den Handel einzusammeln und zu verwerten. Die Verbraucher sind verpflichtet, alle Batterien zurückzugeben, wobei nicht nach Batterietyp, Hersteller oder Verkäufer unterschieden werden muss. Die Entsorgung der Batterien über den Hausmüll ist verboten [30]. Die Batterieverordnung unterscheidet zwischen Auto-/Starterbatterien und Gerätebatterien. Letztere werden in verschiedene Batteriesysteme z. B. Einwegbatterien wie Alkali-Mangan oder Zink-Kohle-Batterien und Akkumulatoren wie Blei-, Nickel-Cadmium-, Nickel-Metallhydrid oder Lithium-Ionen-Akkus unterscheiden.

Für die Rücknahme und Verwertung von Gerätebatterien haben eine Reihe großer Gerätebatteriehersteller das Gemeinsame Rücknahmesystem Batterien (GRS) gegründet, das in Form einer Stiftung seinen Sitz in Hamburg hat. Dieses System lässt seit dem 01.10.1998 die Gerätebatterien von den Händlern und den öffentlich rechtlichen Entsorgungsträgern durch beauftragte Entsorgungsunternehmen einsammeln. Daneben sind in Deutschland drei weitere Rücknahmesysteme für Geräte-Altbatterien tätig: die herstellereigenen Rücknahmesysteme (REBAT, ERP Deutschland, Öcorecell). Jedes der Rücknahmesysteme für Geräte-Altbatterien muss die nachfolgenden Mindestsammelquoten erreichen und dauerhaft sicherstellen: 35 Prozent (%) seit dem Jahr 2012, 40 % für die Jahre 2014 und 2015 und 45 % spätestens ab dem Jahr 2016 [31].

Die GRS Sammlung erfolgt sowohl in Einwegboxen aus Karton als auch in Mehrwegboxen aus Kunststoff.[1] Diese Boxen stehen an über 170.000 Rückgabestellen der GRS. Im Jahr 2010 wurden über den Handel 48 %, über die öffentlich rechtlichen Entsorgungsträgern 23 %, beim Gewerbe 29 % gebrauchte Gerätebatterien erfasst. Die erfassten Gerätebatterien, z. B. erfasste GRS letztes Jahr 15.017 Gewichtstonnen Geräte-Altbatterien und Akkus [13], werden vor der Aufbereitung in speziellen Anlagen nach den verschiedenen Batteriesystemen und Schadstoffen sortiert. Nach der Sortierung erfolgt der Transport der einzelnen Batteriefraktionen zu insgesamt 14 Verwertungsanlagen in Europa. Im Bereich der Logistik agieren Logistikdienstleister, Entsorgungsdienstleister und Systembetreiber von Rücknahmesystemen. Die Auftragsauslösung erfolgt vom Erzeuger/Handel über ein GRS eigenes Callcenter oder per Internet über ein online System [13]. Die Aufträge werden direkt in das Auftragsdispositionssystem der Logistikdienstleister übergeben, die die Abholung binnen von 14 Tagen organisieren müssen. Im Jahr werden ca. 150.000 Abholaufträge generiert und durchgeführt.

Für Handel, gewerbliche Endverbraucher, öffentlich-rechtliche Entsorgungsträger und Verbraucher ist das Batterierücknahmesystem unentgeltlich. Die Kosten für die Behälter, das Sammeln, Transportieren, Sortieren, Verwerten oder umweltverträgliche Entsorgen verbrauchter Batterien werden von den Herstellern bzw. Importeuren, die mit GRS Batterien einen Nutzervertrag geschlossen haben, getragen. Mehr als 600 Hersteller bzw. Importeure nutzen inzwischen die Dienstleistungen der GRS z. B. die Unternehmen Gillette, Panasonic, Phillips, Sony und Varta [13]. Entsprechend der Masse und dem Typus ihrer in Deutschland verkauften Batterien entrichten sie Entsorgungskostenbeiträge an GRS für die Durchführung der genannten Leistungen [13]. Jedes Handelsunternehmen, das ständig oder zeitweise Gerätebatterien führt, ist laut Batterieverordnung verpflichtet, die verbrauchten Batterien der Verbraucher unentgeltlich zurückzunehmen – unabhängig davon, ob sie in seinem Geschäft gekauft wurden oder nicht. Für Autobatterien übernehmen die jeweiligen Hersteller ihre Produktverantwortung, d. h. Fahrzeug-Altbatterien können bei den jeweiligen Vertreibern, bei den kommunalen Sammelstellen, die sich an der Sammlung beteiligen sowie bei Behandlungseinrichtungen für Altfahrzeuge (mit dem Altfahrzeug) abgegeben werden. Für Fahrzeugbatterien wird grundsätzlich ein Pfand in Höhe von 7,50 Euro erhoben.

---

[1] Im Rahmen einer vom Fraunhofer IML durchgeführten Untersuchung sollte geklärt werden, ob die Kosten durch die Nutzung eines Mehrwegbehälters zukünftig gesenkt werden können. Untersuchungsgegenstand war einerseits die Optimierung des bestehenden Rücknahmesystems durch die Mehrfachnutzung des Kartons, andererseits die Konzeption eines neuen Rücknahmesystems durch den Einsatz neuer Kunststoff-Mehrwegbehälter. Die konkrete Aufgabenstellung lag in der Analyse dieser Ansätze in Form von Szenarien und in dem Vergleich dieser Szenarien mit dem derzeit existierenden System.

8.1.2.2 Netzwerke

Die Kreislauf- und Abfallwirtschaft beinhaltet die Gesamtheit aller logistischen, ferti-gungs- und verfahrenstechnischen Prozesse zur ordnungsgemäßen Entsorgung, d. h. zur Verwertung und Beseitigung von Abfällen gemäß KrWG. Diese können von einem Unter-nehmen oder von einem Verbund kooperierender Partnerunternehmen, also einem Unter-nehmensnetzwerk, betrieben werden.

Unternehmensnetzwerke bezeichnen die „kompetitive und relativ stabile Beziehungen zwischen rechtlich selbstständigen, wirtschaftlich jedoch meist abhängigen, in unterschied-lichen Ländern angesiedelten Unternehmen" [12]. „Die [...] existierenden Beziehungen sind i.d.R. langfristig vertraglich angelegt und personell (z. B. durch Austausch von Füh-rungskräften) sowie technisch-organisatorisch (z. B. interorganisationales Berichtssystem) abgesichert. Die Beziehungen können auch auf Kapitalbeteiligungen basieren [...]." [12]

Unternehmensnetzwerke in der Kreislauf- und Abfallwirtschaft sind vielschichtig. Sie existieren u. a. im Sinne von **Verwertungsnetzwerken**, die aus den Aktivitäten des produ-zierenden Gewerbes heraus entstanden sind. Exemplarisch werden in der Fachliteratur die „Industriesymbiose Kalundborg", das „Entsorgungsnetzwerk Steiermark" und das „Ent-sorgungsnetzwerk Ruhrgebiet" genannt [19]. Hierbei handelt es sich um regionale Unter-nehmensnetzwerke ohne strategisch führendes Unternehmen.

Ebenfalls aus den Aktivitäten des produzierenden Gewerbes heraus entstanden, jedoch gezielt zur Rücknahme und Verwertung gebrauchter Produkte etabliert, haben Herstel-ler Netzwerke von Vertragspartnern gegründet, wie Beispielsweise GRS zur Rücknahme von Altbatterien, LARS (Lampenrecycling und Service GmbH) sowie LIGHTCYCLE zur Rücknahme entsorgungspflichtiger Lampen und Leuchten.

Darüber hinaus existieren Unternehmensnetzwerke, die aus einer Partnerschaft öffent-licher und privater bzw. aus einer Partnerschaft ausschließlich öffentlicher Entsorgungs-unternehmen heraus entstanden sind, wie z. B. Abfallwirtschaftsverbände, Zweckver-bände, Entsorgergemeinschaften etc. Sie sind regional begrenzt, verfügen jedoch ebenfalls über ein strategisch führendes Unternehmen. Die Auftragsabwicklung in Unternehmens-netzwerken der Kreislauf- und Abfallwirtschaft erfolgt durch die jeweiligen Partnerunter-nehmen (Logistikdienstleister, Entsorgungsunternehmen etc.). Sie erbringen einzelne, definierte sowie aufeinander abgestimmte Teilleistungen zur Entsorgung eines Abfalls. Nach der Erbringungen aller vereinbarten Teilleistungen werden gewonnene Sekundär-produkte, -rohstoffe und -energie dem Wirtschaftskreislauf erneut zugeführt oder verblei-bende Abfälle dem Wirtschaftskreislauf endgültig entzogen. Ein Beispiel hierfür ist das System LOGEX, ein Netzwerk mittelständischer Entsorger aus Bayern, Baden-Württem-berg und Teilen von Hessen, das 1993 in Ingolstadt gegründet wurde. Die Aktivitäten der LOGEX umfassen Entsorgungsprojekte für überregional tätige Kunden, Entwicklung von individuellen Systemlösungen für Großkunden sowie den Handel mit Abfällen, Wertstof-fen und Rohstoffen [22].

Die **Kooperationen und Netzwerke** – einschließlich der Unternehmensbeteiligungen – werden immer komplexer. Dieser Trend geht zu Lasten der Transparenz, die inzwischen auch durch umfassende Unternehmensbefragungen nicht mehr vollständig hergestellt werden kann. So gehören kommunale und private Unternehmensgruppen inzwischen ebenfalls zu den Unternehmenskooperationen sowie -netzwerken in der Kreislauf- und Abfallwirtschaft ebenso wie Public Private Partnerships, Public Public Joint Ventures und Verwertungsnetzwerke.

8.1.3 Gesetzliche Regelungen

Die Entwicklung zur nachhaltigen Kreislauf- und Abfallwirtschaft ist durch die Gesetzgebung der EU, des Bundes und der Länder sowie durch die Vereinbarung „freiwilliger Selbstverpflichtungen" der Industrie geprägt. Die Kreislauf- und Abfallwirtschaft wird durch die gesetzlichen Regelungen auf EU-, Bundes- und Landesebene stark reglementiert. In Deutschland bestimmen etwa 800 Gesetze, 2.800 Verordnungen und 4.700 Verwaltungsvorschriften das Geschehen [47].

Das europäische und das deutsche Abfallrecht ist die Gesamtheit aller Rechtsnormen, die die Behandlung, den Transport, die Entsorgung und die Verwertung sowie den sonstigen Umgang mit ungefährlichen sowie gefährlichen Abfällen regeln. Es ist Teilgebiet des Umweltrechts und hat Bezüge zu fast allen anderen Gebieten des Umweltschutzes, wie z. B. zum Naturschutz, zum Gewässerschutz und zum Immissionsschutz.

Die Rechtsakte im Bereich der europäischen Kreislauf- und Abfallwirtschaft und die der Rechtsnormen in Deutschland [26] lassen sich gliedern in:

- übergeordnete Abfallrechtsakte bzw. -rechtsnormen
- Rechtsakte bzw. -rechtsnormen
    - für Abfallerzeuger und -entsorger
    - für besondere Abfallarten
    - zur Behandlung von Abfällen
    - über die grenzüberschreitende Verbringung von Abfällen
    - zum Gefahrguttransport
    - zur Abfallstatistik

Die wichtigsten Rechtsakte der EU sind nachfolgend angeführt.

8.1.3.1 Rechtsakte der Europäischen Union

Die Bundesrepublik Deutschland ist aufgrund ihrer Mitgliedschaft in der Europäischen Gemeinschaft verpflichtet, Rechtsverordnungen der EU als unmittelbar geltendes Recht anzuerkennen. EU-Richtlinien hingegen sind innerhalb von festgelegten Fristen in nationales Recht umzusetzen. Im Bereich der europäischen Abfallwirtschaft wurde bislang eine Vielzahl von politischen Bestimmungen erlassen. Zu den **übergeordneten EU-Rechtsakten** gehört u. a. der **Gründungsvertrag der Europäischen Wirtschaftsgemeinschaft** (EWGV) vom 25. März 1957, bei dem wirtschaftliche Interessen im Vordergrund standen. Umweltpolitische und umweltrechtliche Belange, zu denen auch die der Abfallwirtschaft

gehören, wurden in andere Rechtsgebiete eingebettet wie z. B. im allgemeinen Polizei-
recht oder im Völkerrecht [10]. Der EWGV wurde am 1. November 1993 durch den Maas-
trichter Vertrag über die Europäische Union umbenannt in Gründungsvertrag der Europäischen Gemeinschaft (EG-Vertrag).

Mit der Unterzeichnung der **Einheitlichen Europäischen Akte** (EEA) am 17. Februar
1986 wurde die gemeinschaftliche Umweltpolitik erstmals auf eine vertragliche Basis
gestellt. Die EEA trat am 1. Juli 1987 in Kraft. Mit ihr wurden die rechtlich verbindlichen
Ziele der Umweltpolitik im EG-Vertrag verankert. Hierzu gehören u. a. die Erhaltung und
der Schutz der Umwelt, die Verbesserung der Umweltqualität, der Schutz der menschlichen Gesundheit, die umsichtige und rationelle Verwendung der Ressourcen sowie die
Förderung internationaler Umweltschutzmaßnahmen. Dieses Prinzip macht deutlich, dass
es nur eine Umwelt gibt und Umweltprobleme an nationalen Grenzen nicht Halt machen.
Dadurch ergibt sich auf völkerrechtlicher Ebene ein „faktischer Zwang zur Kooperation
der EU mit Drittstaaten". Daneben führte die EEA eine Reihe von rechtlich verbindlichen
Grundsätzen ein, u. a. das Vorbeugeprinzip.

Die Gründungsverträge der Europäischen Gemeinschaft wurden durch die folgenden
Verträge hinsichtlich der Umweltrelevanz ergänzt. Am 1. November 1993 trat der Maas-
tricher Vertrag in Kraft. Er verankerte u. a. den Umweltschutz in der Zielbestimmung des
EG-Vertrages. Der Amsterdamer Vertrag regelte ab dem 1. Mai 1999 u. a. nationale Hand-
lungsspielräume im harmonisierten Bereich und integrierte das Konzept der nachhaltigen
Entwicklung. Am 1. Februar 2003 trat der Vertrag von Nizza in Kraft. Die Zielsetzung
dieses Vertrags bestand darin, die EU „beitrittsfähig" zu machen. Die am 29. Oktober
2004 von den Staats- und Regierungschefs der Europäischen Union in Rom unterzeich-
nete Europäische Verfassung fasst die bisherigen Europäischen Verträge zusammen und
fügt neue Elemente ein [10]. Der Vertrag von Lissabon trat am 1. Dezember 2009 in Kraft.
Mit ihm werden die Institutionen der EU modernisiert und ihre Arbeitsmethoden optimiert sowie Themen wie Globalisierung, Klimawandel, demografisches Ungleichgewicht,
Sicherheit und Energieversorgung in den Fokus gesetzt [11].

Nach dem Vertrag von Lissabon traten noch Verträge über die Europäische Union und
über die Arbeitsweise der Europäischen Union sowie zur Gründung der Europäischen
Atomgemeinschaft in Kraft.

Im Juni 2012 fand eine UN-Konferenz für nachhaltige Entwicklung in Rio de Janeiro
statt, wo vor 20 Jahren mit der „Agenda 21"[2] Maßstäbe für eine globale Politik zum Schutz
von Klima und Umwelt gesetzt wurden. Die Rio-Konferenz 2012 sollte die Entwicklung
der Volkswirtschaften zu einer nachhaltigeren Wirtschaftsweise („Green Economy") mit

---

[2] Auf der UN-Konferenz 1992 in Rio de Janeiro trafen sich Vertreter aus 178 Ländern, um über
Fragen zu Umwelt und Entwicklung im 21. Jahrhundert zu beraten. Im Ergebnis hatten sich die
Staaten Ziele gesetzt und Instrumente formuliert, mit denen der Umwelt- und Entwicklungskrise
weltweit begegnet werden sollte: die Agenda 21. Sie hat den Anspruch, ein globales Aktionspro-
gramm für das 21. Jahrhundert zu sein, und nimmt auf nahezu alle Bereiche menschlichen Handelns
Bezug. Zentrales Element ist die Aufforderung zu einer lokalen und regionalen Umsetzung des
Nachhaltigkeitsgedankens [4].

Reformen in den Bereichen Umwelt und nachhaltige Entwicklung weltweit vorantreiben. Ferner sollte ein Beschluss zur Erarbeitung von Nachhaltigkeitszielen (Sustainable Development Goals, SDGs) gemeinsam verabschiedet werden. Darüber hinaus sollten die Organisationsstrukturen der UNO im Nachhaltigkeitsbereich reformiert werden. Am 22. Juni 2012 wurde in Rio de Janeiro der UN-Gipfel zu nachhaltiger Entwicklung mit Bekenntnissen zu mehr Umweltschutz und Armutsbekämpfung beendet. „Auch wenn nicht alle Ziele erreicht worden seien, so haben sich doch alle 191 Staaten der Erde auf das Konzept des grünen Wirschaftens geeinigt, bilanzierte Bundesumweltminister Peter Altmaier die Konferenz. " [3] Die von der Staatengemeinschaft verabschiedete Erklärung mit dem Titel „Die Zukunft, die wir wollen" enthält u. a. ein Konzept zur „Green Economy", einem Wirtschaftsmodell zur Schonung der natürlichen Ressourcen. Darüber hinaus wurde sich verständigt allgemeingültige Nachhaltigkeitsziele (Sustainable Development Goals) in den Bereichen Energie, Wasser, Ressourceneffizienz, nachhaltige Landnutzung, Biodiversität und Meeresschutz auszuarbeiten sowie das bestehende Umweltprogramm der Vereinten Nationen (UNEP) durch Einführung einer universellen Mitgliedschaft und aufgestockte Finanzierung aufzuwerten.

Die erste erlassene **abfallbezogene europäische Rahmenrichtlinie** ist die Richtlinie vom 15. Juli 1975 über Abfälle (75/442/EWG). Sie definiert den Begriff „Abfall", enthält grundlegende Prinzipien und Ziele der Abfallwirtschaft und stellt allgemeine Verpflichtungen über den Umgang mit Abfällen auf. Darüber hinaus beinhaltet sie konkrete Verhaltensvorgaben für die Mitgliedstaaten, die dann angewendet werden, wenn nicht andere Rechtsakte für bestimmte Abfallgruppen erlassen wurden. Daneben gibt es weitere Regelungen, die diese ergänzen: die Richtlinie 91/156/EWG vom 18. März 1991 u. a. mit Änderungen hinsichtlich des Abfallbegriffes, die Entscheidung 96/350/EG vom 24. Mai 1996 zur Anpassung der Anhänge IIA sowie IIB und die Entschließung 97/C76/01 vom 24. Februar 1997 über eine Gemeinschaftsstrategie für die Abfallbewirtschaftung. Die Richtlinie 2006/12/EG vom 5. April 2006 über Abfälle ersetzt die mehrfach und in wesentlichen Punkten geänderte Rahmenrichtlinie 75/442/EWG. Sie trat am 17. Mai 2006 in Kraft und beinhaltet eine effizientere Nutzung der in Abfällen enthaltenen Ressourcen, die Einbeziehung gefährlicher Abfälle und des Altöls, die allgemeinen Anforderungen an die Vermeidung, Verminderung, umweltgerechte Verwertung und Beseitigung von Abfällen. Im Rahmen des mehrjährigen, intensiven Novellierungsprozesses der EG-Abfallrahmenrichtlinie 2008/98/EG wurde am 17. Juni 2008 durch die Legislative Entschließung des Europäischen Parlaments eine Einigung in 2. Lesung erzielt und am 12. Dezember 2008 trat sie in Kraft. Die Richtlinie ist in sieben Kapitel unterteilt, die nachfolgend angeführt und kurz beschrieben sind.

- Kap. I legt den Gegenstand, den Anwendungsbereich und Begriffsbestimmungen der Richtlinie fest. Daneben enthält dieses Kapitel Ausführungen über die Abfallhierarchie und zum Ende der Abfalleigenschaft.
- Kap. II beinhaltet allgemeine Vorschriften, zu denen die erweiterte Herstellerverantwortung, Maßnahmen zu Abfallvermeidung, Wiederverwendung, Recycling, Verwertung, Wiederverwendung, Recycling, Beseitigung und dem Schutz der menschlichen Gesundheit sowie der Umwelt und die damit verbundenen Kosten gehören.

- Kap. III befasst sich mit der Abfallbewirtschaftung. Hierunter fallen die Verantwortung für die Abfallbewirtschaftung, Grundsätze der Entsorgungsautarkie und der Nähe, die Überwachung gefährlicher Abfälle, das Verbot der Vermischung gefährlicher Abfälle, die Bedingungen für die Vermischung von Stoffen, die Kennzeichnung gefährlicher Abfälle. Darüber hinaus werden Regelungen für gefährliche Abfälle aus Haushaltungen, Altöl und Bioabfall erlassen.
- Kap. IV reglementiert den Bereich der Erteilung von Genehmigungen und die Gewährung von Ausnahmen sowie Vorgaben zur Registrierung. Außerdem werden technische Mindestanforderungen festgelegt.
- Kap. V umfasst Regelungen für Abfallwirtschaftspläne und Abfallvermeidungsprogramme sowie die Bewertung und Überarbeitung dieser Pläne und Programme sowie die Beteiligung der Öffentlichkeit, die europäische Zusammenarbeit und die an die Kommission zu übermittelnden Informationen.
- Kap. VI definiert die Vorgaben für die Inspektionen und Aufzeichnungen über die Bewirtschaftungstätigkeiten sowie Vorschriften über Sanktionen für Verstöße gegen die Vorschriften dieser Richtlinie.
- Kap. VII enthält die Schlussbestimmungen, die die Berichterstattung und Überprüfung eines sektoriellen Berichts in elektronischer Form, die Auslegung und Anpassung an den technischen Fortschritt, ein Ausschussverfahren, die Umsetzung, das Inkrafttreten und die Adressaten dieser Richtlinie sowie Aufhebung vorausgehender Richtlinien und Übergangsbestimmungen betreffen.

Darüber hinaus reglementieren zwei Dokumente der EU die **zukünftige Ausrichtung der Abfallwirtschaft**. Wesentlicher Bestandteil der Mitteilung KOM(2005) 666 der Europäischen Kommission „Weiterentwicklung der nachhaltigen Ressourcennutzung – Thematische Strategie für Abfallvermeidung und Abfallrecycling" vom 21. Dezember 2005 ist, den bestehenden rechtlichen Rahmen zu modernisieren, um ein hohes Umweltschutzniveau zu gewährleisten. Das bedeutet im Einzelnen die Einführung von Lebenszyklusanalysen in den politischen Prozess sowie eine Vereinfachung und Straffung des bestehenden EU-Abfallrechts. Durch die Mitteilung KOM(2005) 670 der Europäischen Kommission „Thematische Strategie für eine nachhaltige Nutzung natürlicher Ressourcen" vom 21. Dezember 2005 wird ein Handlungsrahmen geschaffen mit dem Ziel, die Umweltbelastung aufgrund der Produktion und des Verbrauchs natürlicher Ressourcen zu verringern, ohne die wirtschaftliche Entwicklung zu behindern. Das Thema Ressourcen wird in allen Politikbereichen berücksichtigt. Als besondere Maßnahmen werden u. a. eine Zentralstelle für Daten sowie Indikatoren eingerichtet und ein europäisches Forum mit einer Gruppe internationaler Sachverständiger gebildet.

Die EG-IVU-Richtlinie (Richtlinie 96/61/EG des Rates vom 24.09.1996 über die integrierte Vermeidung und Verminderung der Umweltverschmutzung) bildet EU-weit die Grundlage für die Genehmigung besonders umweltrelevanter Industrieanlagen, wie z. B. Abfallverbrennungsanlagen und Abfallbehandlungsanlagen, mit dem Ziel die Umwelt nachhaltig zu schützen. Dazu werden neben den Schadstoffemissionen in die verschiedenen

Kompartimente auch alle Produktionsprozesse bewertet, um den Verbrauch an Ressourcen und Energie und sonstige Umweltbelastungen während des Betriebs und nach der Stilllegung einer Industrieanlage zu minimieren. Zugrunde gelegt wird dabei das Konzept der besten verfügbaren Techniken (BVT), das in Deutschland dem Konzept des Standes der Technik entspricht und den effizientesten und fortschrittlichsten Entwicklungsstand der Anlagentechnik und der Betriebsmethoden zur Vermeidung und Minimierung von Emissionen in Luft, Wasser und Boden bezeichnet. Die verwendete Technik sollte dabei wirtschaftlich vertretbar und technisch machbar sein. Die BVTs werden für jede betroffene Branche erarbeitet und in sogenannten BVT-Merkblättern festgelegt. So wurde beispielsweise mit dem Durchführungsbeschluss 2012/119/EU vom 10. Februar 2012 Leitlinien für die Erhebung von Daten sowie für die Ausarbeitung der BVT-Merkblätter und die entsprechenden Qualitätssicherungsmaßnahmen gemäß der Richtlinie 2010/75/EU über Industrieemissionen erstellt, zu denen auch die Abfallbehandlungsanlagen gehören.

Die EG-IVU-Richtlinie 96/61/EG wurde 2007 „kodifiziert", d. h. die ursprüngliche Fassung der IPPC-Richtlinie 96/61/EG wurde mit allen bis 2006 vorgenommenen Änderungen in einem einzigen Dokument zusammengeführt und Hinweise auf andere EG-Rechtsvorschriften aktualisiert. Die kodifizierte Fassung der IPPC-Richtlinie 2008/1/EG ist am 18. Februar 2008 in Kraft getreten. Derzeit wird an einer grundlegenden inhaltlichen Überarbeitung der Richtlinie intensiv gearbeitet. Mit dem Durchführungsbeschluss 2011/631/EU der Kommission wurde ein Fragebogen für die Berichterstattung über die Durchführung der Richtlinie 2008/1/EG des Europäischen Parlaments und des Rates über die integrierte Vermeidung und Verminderung der Umweltverschmutzung festgelegt.

Mit der Mitteilung KOM(2011) 571 veröffentlichte die Europäische Kommission einen „Fahrplan für ein ressourcenschonendes Europa" zur nachhaltigen Umgestaltung der europäischen Wirtschaft bis zum Jahr 2050. Grundlagen hierfür bilden die Strategie Europa 2020 und ihre Leitinitiative „Ressourcenschonendes Europa" (KOM(2011) 21) sowie die Fortschritte der Thematischen Strategie für eine nachhaltige Nutzung natürlicher Ressourcen von 2005 und der Strategie der Europäischen Union für die nachhaltige Entwicklung. Ziel hierbei ist, dass die Wirtschaft die Grenzen des Planeten respektiert und die Ressourcen, wie energetische und erneuerbare Rohstoffe sowie Boden, Wasser, Luft, Land und Ökosysteme, nachhaltig und emissionsarm bewirtschaftet werden.

Regelungen für Abfallerzeuger und Entsorger beinhalten u. a. Vorgaben über die Einstufung, Verpackung und Kennzeichnung **gefährlicher Stoffe**, Zubereitungen gefährlicher Stoffe sowie gefährlicher Zubereitungen. Hierzu gehört die Richtlinie 67/548/EWG vom 27. Juni 1967 über gefährliche Stoffe und die Richtlinie 73/173/EWG vom 4. Juni 1973 über Zubereitungen gefährlicher Stoffe (Lösemittel). Die Richtlinie 88/379/EWG vom 7. Juni 1988 über gefährliche Zubereitungen wurde durch die Richtlinie 1999/45/EG vom 31. Mai 1999 ersetzt. Letztere wurde wiederum durch die Richtlinie 2006/8/EG vom 23. Januar 2006 über gefährliche Zubereitungen zwecks Anpassung an den technischen Fortschritt ergänzt. Darüber hinaus wird das Inverkehrbringen und die Verwendung gefährlicher Stoffe und Zubereitungen über die Richtlinie 76/769/EWG vom 27. Juli 1976 geregelt. Die Richtlinie 86/280/EWG vom 12. Juni 1986 legt Grenzwerte und

Qualitätsziele für die Ableitung bestimmter gefährlicher Stoffe fest. Die Richtlinie 2009/2/ EG der Kommission vom 15. Januar 2009 diente der 31. Anpassung der Richtlinie 67/548/ EWG des Rates zur Angleichung der Rechts- und Verwaltungsvorschriften für die Einstufung, Verpackung und Kennzeichnung gefährlicher Stoffe an den technischen Fortschritt.

Die erste **Abfallverzeichnisverordnung**, der so genannte Europäische Abfallkatalog (EAK), wurde über die Entscheidung 94/3/EG vom 20. Dezember 1993 eingeführt. Die Entscheidung 94/904/EG vom 22. Dezember 1994 diente der Einführung der Liste über gefährliche Abfälle (HWL). Die Entscheidung 2000/532/EG vom 3. Mai 2000, die Entscheidung 2001/118/EG vom 16. Januar 2001, die Entscheidung 2001/119/EG vom 22. Januar 2001 sowie die Entscheidung 2001/573/EG vom 23. Juli 2001 führten zu der Zusammenlegung der beiden Abfallverzeichnisse zu einem neuen Verzeichnis, dem Europäischen Abfallverzeichnis (AVV).

Das EU-Recht enthält Rechtsakte, die für bestimmte **Abfallarten** spezielle oder ergänzende Vorschriften aufstellen. Das Thema **Altöl** wurde zunächst in der Richtlinie 75/439/ EWG vom 16. Juni 1975 über die Altölbeseitigung aufgegriffen. Diese Richtlinie wurde durch die Richtlinie 87/101/EWG vom 22. Dezember 1986 ergänzt und war gemäß Art. 18 der Richtlinie 2000/76/EG über die Verbrennung von Abfällen bis zum 28. Dezember 2005 gültig. Seitdem wird der Umgang mit Altöl über die Abfallrahmenrichtlinie 2008/98/ EG vom 17. Juni 2008 reglementiert.

Darüber hinaus gibt es spezielle EU-Verordnungen für **Produktgruppen**, die auf der Produktverantwortung der Hersteller und Vertreiber basieren. Der Richtlinie 2000/53/EG vom 18. September 2000 über **Altfahrzeuge** sind eine Reihe von Vorgaben in Bezug auf die Vermeidung von Fahrzeugabfällen, die Wiederverwendung, das Recycling und andere Formen der Verwertung von Altfahrzeugen und ihrer Bauteile zu entnehmen. Darüber hinaus enthält die Richtlinie Bestimmungen über die Rücknahme von Altfahrzeugen. Ein Fragebogen zur Erstellung der Berichte der Mitgliedstaaten über die Umsetzung der Richtlinie 2000/53/EG ist Gegenstand der Entscheidung 2001/753/EG vom 17. Oktober 2001. Mit der Entscheidung 2002/151/EG vom 21. Februar 2002 werden die Mindestanforderungen für ausgestellte Verwertungsnachweise festgelegt. Die Entscheidung 2003/138/EG vom 27. Februar 2003 beinhaltet die Festlegung von Kennzeichnungsnormen für Bauteile und Werkstoffe. Mit der Entscheidung 2005/293/EG vom 1. April 2005 werden Einzelheiten für die Kontrolle der Einhaltung der Zielvorgaben für Wiederverwendung/Verwertung und Wiederverwendung/Recycling gemäß der Richtlinie 2000/53/EG vorgeschrieben. Die Richtlinie 2005/64/EG vom 26. Oktober 2005 handelt von der Typgenehmigung für Kraftfahrzeuge hinsichtlich ihrer Wiederverwendbarkeit, Recyclingfähigkeit und Verwertbarkeit und wurde durch die 2009/1/EG vom 14.01.2009 zur Anpassung der Richtlinie 2005/64/EG des europäischen Parlaments und des Rates über die Typgenehmigung für Kraftfahrzeuge hinsichtlich ihrer Wiederverwendbarkeit, Recyclingfähigkeit und Verwertbarkeit an den technischen Fortschritt ersetzt. Die Änderungen des Anhangs II der Richtlinie 2000/53/EG sind Gegenstand der Entscheidungen 2002/525/EG vom 27. Juni 2002, 2005/63/EG vom 24. Januar 2005, 2005/437/EG vom 15. Juni 2005, 2005/438/EG vom 10. Juni 2005, 2005/673/EG vom 20. September 2005 und 2008/689/EG vom 23.

August 2008 sowie des EU-Beschlusses 2010/115/EU vom 25. 02. 2010 und der Richtlinie 2011/37/EU vom 30. März 2011.

Die **Batterien und Akkumulatoren**, die gefährliche Stoffe enthalten, werden über die Richtlinie 91/157/EWG vom 18. März 1991 geregelt. Sie wurde durch die Richtlinie 98/101/EG vom 22. Dezember 1998 zwecks Anpassung an den technischen Fortschritt erweitert. Die Richtlinie beinhaltet ein Verbot des Inverkehrbringens von Batterien und Akkumulatoren, die einen bestimmten Quecksilbergehalt aufweisen. Sie legt eine Kennzeichnungspflicht sowie eine Pflicht zur gesonderten Einsammlung fest und sieht als wirtschaftliches Instrument zur Förderung der Wiederverwertung die Einführung eines Pfandsystems vor. Am 4. Juli 2006 haben die Abgeordneten des Europäischen Parlaments eine neue Richtlinie (2006/66/EG) über Batterien und Akkumulatoren angenommen, die die Richtlinie 91/157/EWG ersetzt. Ziele der Richtlinie sind u. a. Vorschriften für das Inverkehrbringen von Batterien und Akkumulatoren, insbesondere das Verbot, Batterien und Akkumulatoren, die gefährliche Substanzen enthalten, in Verkehr zu bringen. Darüber hinaus gibt es spezielle Vorschriften für die Sammlung, die Behandlung, das Recycling und die Beseitigung von Altbatterien und Altakkumulatoren, um u. a. ein hohes Niveau der Sammlung und des Recyclings der Altbatterien und Altakkumulatoren zu fördern. Als Mindestziele für das Recycling wurden Quoten zwischen 50 und 75 % des Gewichts der Sammelmenge festgelegt. Änderungen der Richtlinie 2006/66/EG enthalten die Richtlinie 2008/12/EG vom 19. März 2008 im Hinblick auf die der Kommission übertragenen Durchführungsbefugnisse und die Richtlinie 2008/103/EG vom 5. Dezember 2008 über das Inverkehrbringen von Batterien und Akkumulatoren. Mit der Entscheidung 2008/763/EG wurde eine gemeinsame Methodik für die Berechnung des Jahresabsatzes von Gerätebatterien und -akkumulatoren an Endnutzer eingeführt. Die Entscheidung 2009/851/EG der Kommission vom 25. November 2009 diente zur Einführung eines Fragebogens für Berichte der Mitgliedstaaten über die Umsetzung der Richtlinie 2006/66/EG (K(2009) 9105). Die Anforderungen für die Registrierung der Hersteller von Batterien und Akkumulatoren gemäß der Richtlinie 2006/66/EG wurden mit der Entscheidung 2009/603/EG der Kommission vom 5. August 2009 festgelegt (K(2009) 6054). Vorschriften für die Angabe der Kapazität auf sekundären (wieder aufladbaren) Gerätebatterien und -akkumulatoren sowie auf Fahrzeugbatterien und -akkumulatoren wurden Verordnung (EU) Nr. 1103/2010 vom 29. November 2010 reglementiert. Die Verordnung (EU) Nr. 493/2012 vom 11. Juni 2012 enthält Durchführungsbestimmungen zur Berechnung der Recyclingeffizienzen von Recyclingverfahren für Altbatterien und Altakkumulatoren gemäß der Richtlinie 2006/66/EG. „Recyclingeffizienz" eines Recyclingverfahrens ist dabei als der Quotient aus der Masse der anrechenbaren Outputfraktionen und der Masse der aus Altbatterien und Altakkumulatoren bestehenden Inputfraktion in Prozent definiert. Die Meldung der Recyclingeffizienz muss alle zugehörigen Recyclingschritte und Outputfraktionen enthalten.

Die Richtlinie 94/62/EG über **Verpackungen und Verpackungsabfälle** vom 20. Dezember 1994 legt die grundlegenden Anforderungen an die Zusammensetzung, die Wiederverwendbarkeit und Verwertbarkeit der Verpackungen und der Verpackungsabfälle fest. Darüber hinaus sollen die Mitgliedstaaten Systeme zur Rücknahme, Sammlung und

Verwertung von Verpackungsabfällen errichten, um die Quotenvorgaben zu erfüllen. Sie wurde durch die Richtlinie 2004/12/EG vom 11. Februar 2004 hinsichtlich neu definierter Verwertungsquoten und Anpassung an einen neuen zeitlichen Horizont ergänzt. Daneben gibt sie Kriterien vor, anhand derer die Definition des Begriffes „Verpackungen" präzisiert wird. So stellen z. B. Teebeutel keine Verpackung dar, während Klarsichtfolien um CD-Hüllen ebenso als Verpackung gelten wie Etiketten, die unmittelbar am Produkt hängen oder befestigt sind. Die Richtlinie 2005/20/EG zielt darauf ab, den zehn neuen Mitgliedstaaten für die Erfüllung der Zielvorgaben der geänderten Richtlinie über Verpackungen eine zusätzliche Frist zuzugestehen. Diese Ausnahmen galten bis zum 31. Dezember 2012. Daneben gibt es noch die Entscheidungen 2001/171/EG vom 2. März 2001 über die Bedingungen, unter denen die in der Richtlinie 94/62/EG festgelegten Schwermetallgrenzwerte nicht für Glasverpackungen und in der Richtlinie 2009/292/EG vom 25. März 2009 nicht für Kunststoffkästen und -paletten gelten. Letztgenannte Richtlinie ersetzte die gleichlautende Entscheidung 1999/177/EG vom 4. März 1999.

Die Richtlinie 2002/96/EG vom 27. Januar 2003 über **Elektro- und Elektronik-Altgeräte** (WEEE) lehnt sich konzeptionell an die Richtlinie über Altfahrzeuge an. Zu den Vorgaben gehören die Vermeidung von Elektro- und Elektronik-Abfällen sowie die Förderung von Wiederverwendung, Recycling und anderen Formen der Verwertung. Darüber hinaus enthält die Richtlinie Bestimmungen über die Rücknahme. Die Richtlinie 2003/108/EG zur Änderung der Richtlinie 2002/96/EG über Elektro- und Elektronik-Altgeräte hatte die finanzielle Verantwortung für die Sammlung, Behandlung, Wiederverwendung, Verwertung und das Recycling von Elektro- und Elektronik-Altgeräten im Fokus. Mit der Entscheidung 2004/249/EG wurden Fragebögen für Berichte über die Umsetzung der Richtlinie 2002/96/EG eingeführt und die Entscheidung 2005/369/EG diente der Festlegung von Datenformaten für die Zwecke der Richtlinie 2002/96/EG. Die Richtlinie 2012/19/EU über Elektro- und Elektronik-Altgeräte (WEEE), die am 13. August 2012 in Kraft getreten ist und damit die Richtlinie 2002/96/EG ersetzt, zielt darauf ab, insbesondere unter Ressourcenschutzaspekten eine umweltgerechte Entsorgung von Elektro- und Elektronik-Altgeräten (EAG) und eine Kreislaufführung auf der Basis der Produktverantwortung zu gewährleisten. Weitere Neuerungen sind eine Erweiterung des Anwendungsbereiches, die stufenweise Anhebung der Sammelziele und der Verwertungs- und Recyclingquoten.

Mit der Richtlinie 2002/95/EG vom 27. Januar 2003, kurz RoHS, wurde ein Beitrag zur Beschränkung **gefährlicher Stoffe in Elektro- und Elektronik-Altgeräten** verabschiedet. Die RoHS bezieht sich auf die WEEE und verbietet Blei, Cadmium, Quecksilber, Chrom VI, polybromierte Biphenyle und polybromierte Biphenylether in Elektronikprodukten. Ferner gelten Ausnahmen u. a. für Automotive, Bildschirme, Hochtemperaturlote und Leuchtstoffröhren. Die Entscheidung 2005/369/EG vom 3. Mai 2005 enthält Bestimmungen zur Überwachung der Einhaltung der Vorschriften durch die Mitgliedstaaten. Die nachfolgenden Entscheidungen 2005/618/EG vom 19.08.2005, 2005/717/EG vom 13.10.2005, 2005/747/EG vom 21.10.2005, 2006/310/EG vom 28.04.2006, 2006/690/EG vom 14.10.2006, 2006/691/EG vom 14.10.2006, 2006/692/EG 14.10.2006, 2008/385/EG vom 24. 05. 2008, 2009/428/EG vom 05.06.2009 und 2009/443/EG vom 11.06.2009 dienen der Änderung des Anhangs der Richtlinie 2002/95/EG zur Beschränkung der Verwendung bestimmter gefährlicher Stoffe in Elektro- und Elektronikgeräten zwecks Festlegung von Konzentrationshöchstwerten sowie Anpassungen an den technischen Fortschritt als auch hinsichtlich der ausgenommenen Verwendungen. Darüber hinaus legt der Beschluss 2010/122/EU vom 26.02.2010 Ausnahmen für eine Verwendung von Cadmium zwecks Anpassung an den wissenschaftlichen und technischen Fortschritt fest. Der Beschluss 2010/571/EU vom 24. September 2010 bezweckt Anpassungen an den technischen Fortschritt hinsichtlich der ausgenommenen Verwendungen von Blei, Quecksilber, Cadmium, sechswertigem Chrom, polybromierten Biphenylen oder polybromierten Diphenylethern. Der Beschluss 2011/534/EU vom 8. September 2011 bezweckt gleiche Anpassungen hinsichtlich der ausgenommenen Verwendungen von Blei oder Cadmium. Die eingangs angeführte Richtlinie 2002/95/EG (RoHS) wird mit Wirkung vom 3. Januar 2013 aufgehoben und durch die Richtlinie 2011/65/EU vom 1. Juli 2011 ersetzt. Durch unterschiedliche Rechtsvorschriften und Verwaltungsmaßnahmen der einzelnen EU-Mitgliedstaaten hinsichtlich der Beschränkung bestimmter gefährlicher Stoffe in Elektro- und Elektronikgeräten könnten in der Union Handelshemmnisse und Wettbewerbsverzerrungen entstehen, was sich unmittelbar auf den Binnenmarkt auswirken kann. Vor diesem Hintergrund und zum Schutz der menschlichen Gesundheit sowie zur umweltgerechten Verwertung und Beseitigung von Elektro- und Elektronik-Altgeräten wurde daher die RoHS neu erlassen.

Im Bereich der **Abfallbehandlungsanlagen** hat die EU Rechtsakte zur biologischen Abfallbehandlung, zur Abfallverbrennung und zur Abfalldeponierung erlassen. Die Regelungen zur **biologischen Abfallbehandlung** beinhalten gemäß der Verordnung (EG) Nr. 810/2003 vom 12. Mai 2003 Übergangsmaßnahmen hinsichtlich der Verarbeitungsstandards für Material der Kategorie 3 und Gülle, sofern in Biogasanlagen verwendet. Die Verlängerung der Gültigkeit der Übergangsmaßnahmen für Kompostier- und Biogasanlagen wurde mit der Verordnung (EG) Nr. 12/2005 vom 6. Januar 2005 und der Verordnung (EG) Nr. 809/2006 vom 7. Februar 2006 erlassen. Die Verordnung (EG) Nr. 208/2006 vom 7. Februar 2006 betrifft die Änderung der Anhänge VI und VIII hinsichtlich der Verarbeitungsstandards für Kompostier- und Biogasanlagen sowie der Bestimmungen über Gülle.

Die **Abfallverbrennung** war Gegenstand der Richtlinie 89/369/EWG vom 8. Juni 1989 über die Verhütung der Luftverunreinigung durch neue Verbrennungsanlagen für Siedlungsmüll und der Richtlinie 89/429/EWG vom 21. Juni 1989 über die Verringerung der Luftverunreinigung durch bestehende Verbrennungsanlagen für Siedlungsmüll. Die Richtlinie 94/67/EG vom 16. Dezember 1994 regelte die Verbrennung gefährlicher Abfälle. Die genannten Richtlinien wurden durch die Richtlinie 2000/76/EG vom 4. Dezember 2000 über die Verbrennung von Abfällen ersetzt. Mit ihr wurde der Geltungsbereich auf andere ungefährliche Abfälle (z. B. Klärschlamm, Altreifen, klinische Abfälle) und gefährliche Abfälle, die vom Geltungsbereich der Richtlinie 94/67/EG ausgenommen sind (z. B. Altöl und Lösungsmittel), ausgedehnt. Gleichzeitig zielt die Richtlinie darauf ab, technische Fortschritte, die bei der Steuerung von Verbrennungsvorgängen erzielt wurden, in die geltenden Rechtsvorschriften mit einzubeziehen. Daneben wurden die auf den neuesten Stand gebrachten Grenzwerte für Emissionen in die Luft ergänzt durch Grenzwerte für

Freisetzungen in das Wasser. Neben Abfallverbrennungsanlagen unterliegen auch „Mit-verbrennungsanlagen", d. h. Anlagen, deren Hauptzweck in der Energieerzeugung oder Produktion *stofflicher* Erzeugnisse besteht und in denen Abfälle als Haupt- oder Zusatz-brennstoff verwendet werden, dieser Richtlinie. Erweitert wurde diese Richtlinie hinsicht-lich der Festlegung eines Fragebogens für die Berichterstattung über die Durchführung der Richtlinie 2000/76/EG über die Verbrennung von Abfällen und den Durchführungs-beschluss 2011/632/EU vom 24. September 2011. Letzterer ersetzt zum 1. Januar 2013 den Beschluss 2010/731/EU zur Festlegung eines Fragebogens für die Berichterstattung über die Durchführung der Richtlinie 2000/76/EG über die Verbrennung von Abfällen. Die 2000/76/EG Abfallverbrennungs-Richtlinie wurde zum 7. Januar 2014 aufgehoben und durch RL 2010/75/EU über Industrieemissionen (integrierte Vermeidung und Vermin-derung der Umweltverschmutzung) ersetzt. Diese letztgenannte Richtlinie regelt die inte-grierte Vermeidung und Verminderung der Umweltverschmutzung infolge industrieller Tätigkeiten. Hierin sind Vorschriften zur Vermeidung und, sofern dies nicht möglich ist, zur Verminderung von Emissionen in Luft, Wasser und Boden und zur Abfallvermeidung vorgesehen, um ein hohes Schutzniveau für die Umwelt zu erreichen. Mit dem Durchfüh-rungsbeschluss 2012/249/EU 7. Mai 2012 werden Zeitabschnitte des An- und Abfahrens von Feuerungsanlagen zum Zwecke der Richtlinie 2010/75/EU über Industrieemissionen festgelegt.

Spezielle betriebsbezogene und technische Anforderungen an **Abfalldeponien** enthält die Richtlinie 1999/31/EG vom 26. April 1999. Vorgeschrieben wird ein besonderes Genehmigungsverfahren für die unterschiedlichen Deponieklassen. Daneben bildet sie die Grundlage für die Einführung eines einheitlichen Annahmeverfahrens für Abfall und sie regelt Mess- und Überwachungsverfahren während des Betriebes sowie das Stillle-gungs- und Nachsorgeverfahren. Die Entscheidung 2000/738/EG vom 17. November 20007 ergänzt die Richtlinie bezüglich eines Fragebogens für die Berichte der Mitglied-staaten über die Durchführung der Richtlinie 1999/31/EG über Abfalldeponien. Mit der Entscheidung 2003/33/EG vom 19. Dezember 2002 werden Kriterien und Verfahren für die Annahme von Abfällen auf Abfalldeponien gemäß Artikel 16 und Anhang II der Richt-linie 1999/31/EG festgelegt.

Als **grenzüberschreitende Abfallverbringung** wird der Transport von Abfällen zwi-schen verschiedenen Staaten bezeichnet. Zunächst wurde die Richtlinie 84/631/EWG vom 6. Dezember 1984 über die Überwachung und Kontrolle – in der Gemeinschaft – der grenzüberschreitenden Verbringung gefährlicher Abfälle verabschiedet. Das **Basler Über-einkommen** vom 22. März 1989 über die Kontrolle der grenzüberschreitenden Verbrin-gung gefährlicher Abfälle und ihrer Entsorgung trat 1992 in Kraft und ist heute von ca. 170 Staaten ratifiziert. Das Basler Übereinkommen regelt generell, dass Abfälle sowohl zur Verwertung als auch zur Beseitigung nur mit Zustimmung aller beteiligten Staaten über ihre Grenzen verbracht werden dürfen. Ebenso verlangt es eine Kontrolle des Verbleibs der Abfälle. Daneben haben sich die OECD-Mitgliedstaaten ein Kontrollsystem für die grenz-überschreitende Verbringung von zur Verwertung bestimmten Abfällen gegeben. Dieses Kontrollsystem teilt Abfälle zur Verwertung je nach Gefährdungspotenzial in rote, gelbe und grüne Listen ein und regelt das Verhalten der Staaten untereinander bei der Genehmigung von Abfallverbringungen. Die Verordnung (EWG) Nr. 259/93 vom 1. Februar zur Überwachung und Kontrolle der Verbringung von Abfällen in der, in die und aus der Europäischen Gemeinschaft setzt vor allem die wesentlichen Inhalte des Basler Übereinkommens und des OECD-Ratsbeschlusses C(92)39 (z. B. die Listeneinteilung von Abfällen) in unmittelbar geltendes Gemeinschaftsrecht um und ersetzt die Richtlinie 84/631/EWG. Die Verordnung enthält u. a. Begriffsbestimmungen (Abfall, Empfänger, zuständige Behörden etc.) sowie ausführliche Informationen zum Notifizierungsverfahren. Dabei wird unterschieden, ob die Abfälle zur Verwertung oder zur Beseitigung bestimmt sind. Darüber hinaus wird berücksichtigt, welche Staaten von einem Verbringungsvorgang betroffen sind. Seit dem 12. Juli 2007 ist die Verordnung (EWG) Nr. 259/93 durch die Verordnung (EG) Nr. 1013/2006 vom 12. Juni 2006 über die Verbringung von Abfällen ersetzt worden. Die Verordnung (EG) Nr. 1379/2007 vom 26. November 2007 dient der Modifizierung der Anhänge IA, IB, VII und VIII der Verordnung (EG) Nr. 1013/2006 zwecks Berücksichtigung des technischen Fortschritts und der im Rahmen des Basler Übereinkommens vereinbarten Änderungen. Mit der Verordnung (EG) Nr. 669/2008 vom 15. Juli 2008 wird der von Anhang IC der Verordnung (EG) Nr. 1013/2006 ergänzt. Die Verordnung (EG) Nr. 308/2009 vom 15. April 2009 beinhaltet die Änderung der Anhänge IIIA und VI der Verordnung (EG) Nr. 1013/2006 zwecks Anpassung an den technischen und wissenschaftlichen Fortschritt. Die Verordnung (EG) Nr. 1418/2007 vom 29. November 2007 beinhaltet Angaben über die Ausfuhr von bestimmten in Anhang III oder IIIA der Verordnung (EG) Nr. 1013/2006 angeführten Abfällen, die zur Verwertung in Staaten bestimmt sind, für die der OECD-Beschluss über die Kontrolle der grenzüberschreitenden Verbringung von Abfällen nicht gilt. Zwei weitere EG-Verordnungen regeln ergänzend zum Basler Übereinkommen und zur Verordnung (EWG) Nr. 259/93 das Verbringen von bestimmten Abfällen in Länder, für die der OECD-Ratsbeschluss C(92)39 endgültig nicht gilt bzw. die nicht der OECD angehören. Das ist einerseits die Verordnung (EG) Nr. 1420/1999 des Rates vom 29. April 1999 zur Festlegung gemeinsamer Regeln und Verfahren für die Verbringung bestimmter Arten von Abfällen in bestimmte nicht der OECD angehörende Länder. Andererseits handelt es sich um die Verordnung (EG) Nr. 1547/1999 der Kommission vom 12. Juli 1999 zur Festlegung der bei der Verbringung bestimmter Arten von Abfällen in bestimmte Länder, für die der OECD-Ratsbeschluss C(92)39 endgültig nicht gilt, anzuwendenden Kontrollverfahren gemäß der Verordnung (EWG) Nr. 259/93 des Rates. Beide Richtlinien wurden hinsichtlich der Verbringung bestimmter Arten von Abfällen nach Albanien, Bahrain, Brasilien, Bulgarien, Burundi, China, Guinea, Haiti, Jamaika, Honduras, Kamerun, Katar, Libyen, Malaysia, Marokko, Montenegro, Namibia, Nigeria, Paraguay, Peru, Rumänien, Saudi-Arabien, Serbien, Simbabwe, Singapur, Tansania, Tunesien, Usbekistan und Vatikanstadt erweitert. Die Verordnung (EG) Nr. 740/2008 vom 29. Juli 2008, Nr. 967/2009 vom 15. Oktober 2009, Verordnung (EU) Nr. 837/2010 vom 23. September 2010 und Verordnung (EU) Nr. 661/2011 vom 8. Juli 2011 enthalten Änderung der Verordnung (EG) Nr. 1418/2007 hinsichtlich der bei der Ausfuhr von Abfällen in Nicht-OECD-Staaten.

Zweck der **Immissionsschutzgesetze** ist, Menschen, Tiere und Pflanzen, den Boden, das Wasser, die Atmosphäre sowie Kultur- und sonstige Sachgüter vor schädlichen Umwelteinwirkungen zu schützen und dem Entstehen schädlicher Umwelteinwirkungen, wie z. B. Luftverunreinigungen, Geräuschen, Erschütterungen und ähnlichen Vorgängen vorzubeugen. Dazu hat die EU die Richtlinie 84/360/EWG vom 28. Juni 1984 zur Bekämpfung der Luftverunreinigung durch Industrieanlagen und die Richtlinie 88/609/ EWG vom 24. November 1988 zur Begrenzung der Schadstoffemissionen von Großfeuerungsanlagen in die Luft in Kraft gesetzt. Letztere wurde mit der Richtlinie 94/66/EG vom 15. Dezember 1994 und der Richtlinie 2001/80/EG vom 23. Oktober 2001 hinsichtlich der Grenzwerte von Schadstoffemissionen (Schwefeldioxid, Schwebestaub bzw. Partikel, Blei, Stickstoffdioxid und Stickstoffoxide, Ozon, Benzol, Kohlenmonoxid, Schwermetalle (u. a. Arsen, Cadmium, Quecksilber, Nickel) sowie polyzyklische aromatische Kohlenwasserstoffe) aus Großfeuerungsanlagen in die Luft geändert. Darüber hinaus verabschiedete die Kommission die Empfehlung 2003/47/EG vom 15. Januar 2003 über Leitlinien zur Unterstützung der Mitgliedstaaten bei der **Erstellung eines nationalen Emissionsverminderungsplans** gemäß den Bestimmungen der Richtlinie 2001/80/EG des Europäischen Parlaments und des Rates zur Begrenzung von Schadstoffemissionen von Großfeuerungsanlagen in die Luft.

Die Richtlinie 2010/75/EU vom 24. November 2010 über **Industrieemissionen** (integrierte Vermeidung und Verminderung der Umweltverschmutzung) enthält Regelungen zur Genehmigung, zum Betrieb und zur Stilllegung von Industrieanlagen, zu denen auch Abfallbehandlungsanlagen zur Verwertung und Beseitigung (z. B. Deponie, Verbrennung, Mitverbrennung) sowie bestimmte industrielle Abwasserbehandlungsanlagen gehören. Die Industrieemissionsrichtlinie ersetzt die bisherige Genehmigungsgrundlage für Industrieanlagen in EU-Mitgliedsländern, die sogenannte IVU-Richtlinie (2008/1/EG), sowie die Richtlinie über Abfallverbrennung (2000/75/EG), die Richtlinie über Großfeuerungsanlagen (2001/80/EG), die Lösemittelrichtlinie (1999/13/EG) und drei Richtlinien zur Titandioxidherstellung (78/176/EWG, 82/883/EWG, 92/112/EWG). Ziel der Richtlinie ist, die Umweltverschmutzung durch Industrieanlagen durch eine integrierte Genehmigung zu vermeiden oder so weit wie möglich zu vermindern. Der Durchführungsbeschluss 2012/115/EU vom 10. Februar 2012 enthält Bestimmungen zu den nationalen Übergangsplänen gemäß der RL 2010/75/EU. Leitlinien für die Erhebung von Daten sowie für die Ausarbeitung der BVT-Merkblätter und die entsprechenden Qualitätssicherungsmaßnahmen gemäß der RL 2010/75/EU wurden im Durchführungsbeschluss 2012/119/EU vom 10. Februar 2012 festgelegt.

8.1.3.2 Rechtsnormen in Deutschland

Zu den **übergeordneten Abfallrechtsnormen** in Deutschland gehört u. a. das Gesetz über die Beseitigung von **Abfällen** – Abfallbeseitigungsgesetz (AbfG) vom 7. Juni 1972, das am 11. Juni 1972 in Kraft trat. Es entstand drei Jahre vor der ersten erlassenen Abfallrahmenrichtlinie der EU und wurde mit dem Ziel erlassen, auf der Basis bestehender Landesabfallgesetze eine grundlegende Neuordnung und Sanierung der Abfallbeseitigung auf bundesrechtlicher Ebene zu schaffen. Den Schwerpunkt bildete die Hausmüllbesei-tigung. Das Abfallbeseitigungsgesetz wurde über Änderungsgesetze in den Jahren 1976, 1982,1985 und 1986 mehrfach ergänzt. Durch die vierte Novelle wurde am 27. August 1986 das Gesetz über die Vermeidung und Entsorgung von Abfällen – Abfallgesetz (AbfG) geschaffen und das Abfallbeseitigungsgesetz außer Kraft gesetzt. Mit dem Abfallgesetz wurde erstmalig der Abfallverwertung grundsätzlich Vorrang gegenüber der Abfallbeseiti-gung eingeräumt. Allerdings verpflichtete dieses Gesetz nicht zur Abfallvermeidung. Das Abfallgesetz wurde wiederum durch das Gesetz zur Förderung der Kreislaufwirtschaft und Sicherung der umweltverträglichen Beseitigung von Abfällen – Kreislaufwirtschafts- und Abfallgesetz (Krw-/AbfG) vom 27. September 1994 abgelöst. Letzteres trat am 7. Oktober 1996 in Kraft. Es führt einen neuen, vorsorgeorientierten Abfallbegriff ein und zielt darauf ab, das Abfallrecht und die Abfallwirtschaft zur Kreislaufwirtschaft weiterzuentwickeln. Weitere Eckpunkte dieses Gesetzes sind die konsequente Umsetzung des Verursacherprin-zips, die Schaffung einer vermeidungsorientierten Pflichtenhierarchie (Vermeidung vor stofflicher und energetischer Verwertung), die Gleichrangigkeit von stofflicher und ener-getischer Verwertung mit der Möglichkeit den Vorrang per Rechtsverordnung für einzelne Abfallarten festzulegen, die Produktverantwortung für die Produzenten (diese ist jeweils durch weitere Rechtsnormen zu konkretisieren) und die erweiterten Möglichkeiten zur Privatisierung der Entsorgung. Vor dem Hintergrund der Abfallrahmenrichtlinie 2008/98/ EG wurde das Kreislaufwirtschafts- und Abfallgesetz dementsprechend angepasst. Die Novelle orientiert sich nun stärker am Klima- und Ressourcenschutz.

Die Verordnung über die Entsorgung von **gewerblichen Siedlungsabfällen und von bestimmten Bau- und Abbruchabfällen** – Gewerbeabfallverordnung (GewAbfV) vom 19. Juni 2002 trat am 1. Januar 2003 in Kraft. Die Verordnung zielt darauf ab, durch die Getrennthaltung der Abfälle am Entstehungsort die umweltverträgliche Verwertung und Beseitigung von gewerblichen Siedlungsabfällen sicherzustellen. Des Weiteren schreibt die Verordnung vor, dass jeder Gewerbebetrieb dazu verpflichtet ist, in angemessenem Umfang Restabfallbehälter des öffentlich-rechtlichen Entsorgungsträgers zu nutzen. Eine Gewerbeabfallverordnung auf europäischer Ebene gibt es bisher noch nicht.

Darüber hinaus wird seit 1999 vom BMU das abfallwirtschaftliche Ziel der voll-stän-digen und umweltverträglichen Abfallverwertung bzw. des vollständigen Verzichts auf die obertätige Ablagerung für Siedlungsabfälle ab dem Jahre 2020 – „**Strategie für die Zukunft der Siedlungsabfallentsorgung** (Ziel 2020)" – diskutiert. Neben der Beendi-gung der oberirdischen Deponierung von Siedlungsabfällen und der vollständigen sowie hochwertigen Verwertung dieser Abfälle gehören die Aufbereitung von Reststoffen, die einer hochwertigen Verwertung nicht mehr zugänglich sind, und die Reduzierung von relevanten Treibhausgasen zu den wesentlichen Aspekten dieser Strategie.

Die Abfallverzeichnisverordnung gehört u. a. zu den **Regelungen für Abfallerzeu-ger und Entsorger**. Die Länderarbeitsgemeinschaft Abfall (LAGA) hat bereits am 1. November 1979 einen Katalog über die verschiedenen Abfallarten erstellt und in den Folgejahren fortgeschrieben. Das System dieses Katalogs basierte auf den Abfall-eigenschaften, wie z. B. Zusammensetzung, Herkunft und Aggregatzustand, denen

Abfallschlüsselnummern zugeordnet wurden. Mit diesem System wurden über 500 verschiedene Abfallarten erfasst. Der LAGA-Katalog wurde durch die Verordnung zur Einführung des **Europäischen Abfallkataloges** (EAK) vom 13. September 1996, die in Deutschland am 1. Januar 1999 in Kraft trat, ersetzt. Der EAK bildete die Basis für die einheitliche Bezeichnung von Abfällen in der EU und die grundlegende Systematik für das Gemeinschaftsprogramm zur Abfallstatistik. Das System dieses Katalogs bezog sich auf die Herkunft sowie die Inhaltsstoffe der Abfälle und ist in 20 Kapitel, davon zwölf branchen- bzw. prozessspezifische und acht herkunfts- bzw. abfallartenspezifische Kapitel, mit insgesamt 645 Abfallarten aufgeteilt. Nach mehreren Revisionen auf europäischer Ebene wurde der EAK zum 1. Januar 2002 durch das neue **Europäische Abfallverzeichnis** mit der Abfallverzeichnis-Verordnung (AVV) vom 10. Dezember 2001 ersetzt. Das Europäische Abfallverzeichnis orientiert sich an der Systematik des EAK. Es unterteilt die Abfälle nach Herkunft sowie Inhaltsstoffen und gliedert sie in zwölf branchen- bzw. prozess-spezifische und acht herkunfts- bzw. abfallartenspezifische Kapitelüberschriften. Darüber hinaus wurden gefährliche Abfälle mit Bezug auf das EU-Gefahrstoffrecht integriert. Damit erfolgt eine Zuordnung der Abfälle in 111 Gruppen bzw. 839 Abfallschlüssel, von denen 405 gefährlich sind.

Das deutsche Abfallrecht enthält mehrere Rechtsnormen für bestimmte **Abfallarten und Produktgruppen**. Zentrales Ziel der Verordnung über Anforderungen an die Verwertung und Beseitigung von **Altholz** – Altholzverordnung (AltholzV) vom 15. August 2002 ist die Festlegung der Anforderungen an die schadlose Verwertung und die umweltverträgliche Beseitigung von Altholz. Als Abfall anfallendes Altholz wird in Abhängigkeit von der Belastung mit Schadstoffen in vier Altholzkategorien eingeteilt, die wiederum verschiedenen Verwertungswegen zugeordnet werden. Eine Altholzverordnung auf europäischer Ebene gibt es bisher nicht.

Durch das erste Altölgesetz – das Gesetz über Maßnahmen zur Sicherung der Altölbeseitigung vom 23. Dezember 1968 – sollte sichergestellt werden, dass Einsatz und Entsorgung des Öls reibungslos vonstattengingen. Es trat am 1. Januar 1969 in Kraft, wurde am 11. Dezember 1979 novelliert und durch § 30 des Abfallgesetzes zum 31. Dezember 1989 aufgehoben. Die am 27. Oktober 1987 erlassene Altölverordnung regelt die Rücknahme und die Verwertung von **Altöl**. Mit der Änderungsverordnung vom 16. April 2002 hat die Aufbereitung von Altöl (die definierte Grenzwerte einhalten) den Vorrang vor sonstigen Entsorgungsverfahren. Des Weiteren darf Altöl nicht mit anderen Abfällen vermischt werden. Zusätzlich regelt die AltölV die Entnahme und Untersuchung von Altölproben sowie die abfallrechtliche Nachweisführung. Sie trat am 1. Mai 2002 in Kraft.

Regelungen für **Gefahrstoffe** gab es mit der Verordnung zum Schutz vor Gefahrstoffen – Gefahrstoffverordnung (GefStoffV) vom 15. November 1999. Die novellierte Fassung vom 23. Dezember 2004 legt als untergesetzliches Regelwerk des Chemikaliengesetzes u. a. die Voraussetzungen für das Inverkehrbringen gefährlicher Stoffe und Zubereitungen fest.

Die Verordnung über die Verwertung von Bioabfällen auf landwirtschaftlich, forstwirtschaftlich und gärtnerisch genutzten Böden – Bioabfallverordnung (BioAbfV) vom 21.

September 1998 trat am 1. Oktober 1998 in Kraft. Die Verordnung gilt für unbehandelte und behandelte **Bioabfälle** bzw. Gemische, die zur Düngung oder Bodenverbesserung auf landwirtschaftlichen Flächen aufgebracht werden. Sie legt Schwermetallhöchstwerte für Kompost und andere Bioabfälle fest.

Die Verordnung über die Erzeugung von Strom aus **Biomasse** – Biomasseverordnung (BiomasseV) vom 21. Juni 2001 trat am 28. Juni 2001 in Kraft. Sie regelt, welche Stoffe als Biomasse gelten, welche technischen Verfahren zur Stromerzeugung aus Biomasse in den Anwendungsbereich des Gesetzes fallen und welche Umweltanforderungen bei der Erzeugung von Strom aus Biomasse einzuhalten sind.

Am 1. April 1998 trat die erste Verordnung über die Entsorgung von **Altautos** und die Anpassung straßenverkehrsrechtlicher Vorschriften – Altauto-Verordnung (AltautoV) vom 4. Juli 1997 in Kraft. Sie wurde von dem Gesetz über die Entsorgung von Altfahrzeugen – Altfahrzeug-Gesetz (AltfahrzeugG) vom 21. Juni 2002 und der Verordnung über die Überlassung, Rücknahme und umweltverträgliche Entsorgung von Altfahrzeugen – Altfahrzeug-Verordnung (AltfahrzeugV) vom 21. Juni 2002 abgelöst. Das Altfahrzeug-Gesetz fasst alle erforderlichen Änderungen für die Umsetzung entsprechender Rechtsakte der EU u. a. hinsichtlich der kostenlosen Rücknahme und der Einhaltung festgelegter Recyclingquoten für Altfahrzeuge zusammen. Die novellierte Altauto-Verordnung beinhaltet u. a., dass **Altfahrzeuge** nur in bestimmten, umweltgerecht arbeitenden Demontagebetrieben angenommen bzw. entsorgt werden dürfen.

Die **Verordnung über die Rücknahme und Entsorgung gebrauchter Batterien und Akkumulatoren** – Batterieverordnung vom 2. Juli 2001 novelliert die erste Batterieverordnung vom 27. März 1998. Sie verfolgt das Ziel, Schadstoffe, u. a. Batterien, in Abfällen zu verringern. Die Verordnung definiert u. a. Batterien, im Speziellen schadstoffhaltige Batterien, und legt die Pflichten von Herstellern, Vertreibern und Endverbrauchern fest. Durch sie wird der Produktverantwortung der Hersteller umfassend Geltung verschafft. Kennzeichnungspflichtige Batterien sind mit einem Zeichen einer durchgestrichenen Abfalltonne und mit dem chemischen Symbol für Cadmium (Cd), Quecksilber (Hg) bzw. Blei (Pb) des für die Einstufung ausschlaggebenden Schwermetalls zu versehen. Sofern ein Unternehmen Batterien im Rahmen der Unternehmung einsetzt, unterliegt es als gewerblicher Endverbraucher der Batterieverordnung. Um ihrer Produktverantwortung gerecht zu werden, haben die Hersteller von Gerätebatterien die Stiftung GRS Batterien gegründet. Die Stiftung GRS Batterien stellt den gewerblichen Endverbrauchern ebenso wie den Sammelstellen für Batterien aus privaten Haushalten geeignete Sammelbehälter zur Verfügung. Mit dem **Gesetz über das Inverkehrbringen, die Rücknahme und die umweltverträgliche Entsorgung von Batterien und Akkumulatoren** – Batteriegesetz (BattG) vom 25. Juni 2009 wurde die Batterieverordnung vom 2. Juli 2001 aufgehoben. Das Ziel des Batteriegesetzes ist die Umsetzung der Richtlinie 2006/66/EG des Europäischen Parlaments und des Rates vom 6. September 2006 über Batterien und Akkumulatoren in nationales Recht. Es legt erstmals verbindliche Sammelziele für Geräte-Altbatterien fest und erweitert die Beschränkungen für die Verwendung von Quecksilber um ein Verkehrsverbot für Gerätebatterien, die Cadmium enthalten. Daneben werden eine

Anzeigepflicht für alle Batteriehersteller sowie zusätzliche Kennzeichnungspflichten für Batterien neu eingeführt. Des Weiteren werden mit diesem Gesetz die bestehenden und in der Praxis bewährten Rücknahmestrukturen umgesetzt. Im Bereich der Gerätebatterien bedeutet dies die Beibehaltung des Gemeinsamen Rücknahmesystems der Industrie (Stiftung GRS) sowie daneben bestehender, herstellerindividueller Rücknahmesysteme u. a. für den Bereich der Fahrzeug- und Industriebatterien. Der Handel wird dazu verpflichtet, alle von ihm vertriebenen Batterien nach Gebrauch vom Verbraucher unentgeltlich zurückzunehmen und die Gerätealtbatterien den Herstellern zur Verwertung oder Beseitigung zu überlassen. Die Verbraucher müssen gebrauchte Batterien an den Handel oder an von den öffentlich-rechtlichen Entsorgungsträgern eingerichteten Rückgabestellen (z. B. Schadstoffmobile und Recyclinghöfe) zurückgeben.

Das Gesetz über das Inverkehrbringen, die Rücknahme und die umweltverträgliche Entsorgung von **Elektro- und Elektronikgeräten** – Elektro- und Elektronikgerätegesetz (ElektroG) vom 16. März 2005 trat am 13. August 2005 in Kraft. Die operative Rücknahme von gebrauchten Elektro- und Elektronikgeräten durch die Inverkehrbringer erfolgt seit dem 24. März 2006. Das ElektroG ist die deutsche Umsetzung der EU-Richtlinien 2002/96/EG (WEEE) und 2002/95/EG (ROHS). Das Gesetz schreibt vor, dass jeder, der in Deutschland Elektro- und Elektronikgeräte erstmalig auf den Markt bringt, sich bei der Stiftung Elektro-Altgeräte-Register (EAR) in Fürth registrieren lassen muss. Anhand der jährlich in den Markt gebrachten Menge an Geräten (nach Gewicht) bestimmt die Stiftung EAR den Anteil eines registrierten Unternehmens an der jährlich zu entsorgenden Menge an Altgeräten und weist diesem Unternehmen entsprechend viele Abholungen an Übergabestellen der öffentlich-rechtlichen Entsorgungsträger zu, die diese Geräte von den Haushalten gesammelt haben. Das ElektroG differenziert in fünf Sammelgruppen; ein Hersteller bekommt Abholaufträge nur für Sammelgruppen, die er auch selbst produziert. Bei der anschließenden Behandlung und Verwertung sind Quotenvorgaben für die stoffliche und energetische Verwertung einzuhalten.

Die erste **Verordnung über die Vermeidung von Verpackungsabfällen** – Verpackungsverordnung (VerpackV) vom 12. Juni 1991 schreibt die Verwendung umweltverträglicher sowie die stoffliche Verwertung nicht belasteter Materialien vor. Sie legt u. a. Rücknahmepflichten für Transport-, Um- und Verkaufsverpackungen fest. Ihre Umsetzung erfolgte mit der Einführung des Dualen Systems Deutschland (DSD). Mit der Novelle der Verpackungsverordnung vom 21. August 1998 wurden die Anforderungen an die Vermeidung und Verwertung von **Verpackungen** unter Berücksichtigung der gewonnenen Erfahrungen praxisgerechter gestaltet und die deutschen Regelungen an die Richtlinie 94/62/EG über Verpackungen und Verpackungsabfälle vom 20. Dezember 1994 angepasst. Die erste Verordnung zur Änderung der Verpackungsverordnung vom 28. August 2000 legte fest, dass die Schwermetallgrenzen nicht für Kunststoffkästen und -paletten gelten, die bestimmte Bedingungen erfüllen. Die zweite Verordnung zur Änderung der Verpackungsverordnung vom 1. Januar 2003 regelte die Pfandpflicht für bestimmte Einweggetränkeverpackungen. Sie dient der Stabilisierung des Mehrweganteils bei Getränkeverpackungen. Die dritte Verordnung zur Änderung der

Verpackungsverordnung vom 24. Mai 2005 vereinfachte die Pfandbestimmungen. Sie trat am 28. Mai 2005 in Kraft. Am 7. Januar 2006 ist die vierte Änderungsverordnung zur Verpackungsverordnung in Kraft getreten. Durch die Änderungsverordnung werden die Begriffsbestimmungen für Verpackungen ergänzt und neue Zielvorgaben für die Verwertung der einzelnen Verpackungsmaterialien festgelegt. Da Deutschland bereits gegenwärtig bei sämtlichen Materialarten die für Ende 2008 verlangten Quoten erfüllt, haben die Vorgaben keine Auswirkungen auf die Praxis. Das wesentliche Ziel der fünften Verordnung zur Änderung der Verpackungsverordnung vom 2. April 2008 ist die Sicherstellung der haushaltsnahen Entsorgung von Verkaufsverpackungen. Zu diesem Zweck sieht die Änderungsverordnung vor, dass grundsätzlich alle Verpackungen, die zu privaten Endverbrauchern gelangen, bei dualen Systemen zu lizenzieren sind. Zugleich soll die Transparenz bei der Entsorgung von Verkaufsverpackungen erhöht und ein verbesserter Rahmen für den Wettbewerb zwischen den Anbietern haushaltsnaher Rücknahmesysteme vorgegeben werden.

Für die Behandlung von Abfällen sowie die Abfallbehandlungsanlagen wurden u. a. die nachfolgenden Rechtsnormen erlassen. Die **Technische Anleitung Abfall** (TA Abfall) war die zweite allgemeine Verwaltungsvorschrift, die auf der Grundlage des Abfallgesetzes erlassen wurde. Die Vorschrift vom 12. März 1991 regelte die Anforderungen an die Entsorgung von besonders überwachungsbedürftigen Abfällen nach dem Stand der Technik. Teil 1 der TA Abfall beinhaltete Anforderungen an die Lagerung, die chemisch-physikalische und biologische Behandlung sowie die Verbrennung von besonders überwachungsbedürftigen Abfällen. Teil 2 ergänzte die Verordnung um die Anforderungen an die ober- und untertägige Ablagerung von Sonderabfällen. Ziele der TA Abfall sind u. a. eine umfassende Regelung der Abfallentsorgung, indem sie den einzelnen Abfallarten bestimmte technische Verfahren der Sammlung, Behandlung, Lagerung und Ablagerung zuordnet sowie die Vereinheitlichung und Verbesserung der behördlichen Überwachung. Die TA Abfall wurde zum 15. Juli 2009 aufgehoben, die Inhalte sind nun in der novellierten Deponieverordnung vom 27. April 2009 enthalten.

Die **Technische Anleitung Siedlungsabfall** (TASi) vom 14. Mai 1993 war die dritte allgemeine Verwaltungsvorschrift zum Abfallgesetz. Sie enthielt Anforderungen an die Verwertung, Behandlung und sonstige Entsorgung von Siedlungsabfällen. Sie gibt die bauliche Ausführung für Siedlungsabfalldeponien sowie die Überwachung durch Betreiber und Behörden vor. Ferner enthielt sie Zuordnungskriterien für die abzulagernden Abfälle einschließlich der Analysemethoden. Ihr Ziel ist es, Deponien so zu betreiben, dass sie keine Altlasten für nachfolgende Generationen werden. Teile der TA Siedlungsabfall wurden in die Abfallablagerungsverordnung übernommen und haben dadurch Gesetzescharakter. Teil II der TA Siedlungsabfall enthielt Vorgaben zur Entsorgung von Klärschlamm. Die TA Siedlungsabfall sah die Ablagerung unbehandelter organikreicher Siedlungsabfälle nur bis zum 1. Juni 2005 vor. Ausnahmen für die Ablagerung unbehandelter organikreicher Siedlungsabfälle über den 01. Juni 2005 hinaus wurden nicht zugelassen. Die TA Siedlungsabfall wurde zum 15. Juli 2009 aufgehoben, die Inhalte sind nun in der novellierten Deponieverordnung vom 27. April 2009 enthalten.

Die **Verordnung über die umweltverträgliche Ablagerung von Siedlungsabfällen** – Abfallablagerungsverordnung (AbfAblV) vom 20. Februar 2001 regelte die Ablagerung von Abfällen, auch mechanisch-biologisch vorbehandelter Abfälle, auf **Deponien** der Klassen I und II sowie die Zuordnungswerte für den Deponie-Input. Sie diente u. a. als Rechtsnorm für die in der TASi enthaltenen Anforderungen an Deponien. Mit der Verordnung wurde die Deponierung von unbehandelten Abfällen aus Haushalten und aus dem Gewerbe ab dem 1. Juni 2005 verboten. Die Verordnung über Deponien und **Langzeitlager** – Deponieverordnung (DepV) vom 24. Juli 2002 trat am 1. August 2002 in Kraft. Sie regelte organisatorische, betriebliche, standortbezogene sowie technische Aspekte der Ablagerung von Inertabfällen und besonders überwachungsbedürftigen (gefährlichen) Abfällen nach dem Stand der Technik. Die **Verordnung über die Verwertung von Abfällen auf Deponien über Tage** – Deponieverwertungsverordnung (DepVerwV) vom 25. Juli 2005 trat am 1. September 2005 in Kraft. Sie regelte den Einsatz von Abfällen zur Herstellung von Deponieersatzbaustoffen sowie die Verwertung von Abfällen, die auf oberirdischen Deponien und Altdeponien als Deponieersatzbaustoff eingesetzt werden. Die Abfallablagerungsverordnung wurde zum 15. Juli 2009 aufgehoben, die Inhalte sind nun in der novellierten Deponieverordnung vom 27. April 2009 enthalten.

Die **Verordnung über Deponien und Langzeitlager – Deponieverordnung** (DepV) vom 24. Juli 2002 trat am 1. August 2002 in Kraft. Sie regelt organisatorische, betriebliche, standortbezogene sowie technische Aspekte der Ablagerung von Inertabfällen und besonders überwachungsbedürftigen (gefährlichen) Abfällen nach dem Stand der Technik, soweit diese nicht vorgreiflich durch die Abfallablagerungsverordnung festgelegt wurden. Neben weiteren verbindlichen Regelungen enthält sie besondere Anforderungen an die Stilllegung und Nachsorge von Deponien. Für Altdeponien setzt die Deponieverordnung eine Reihe von Anpassungsfristen. Die bestehende Verordnung wurde zum 15. Juli 2009 aufgehoben, die Inhalte sind nun in der novellierten Deponieverordnung vom 27. April 2009 enthalten. Mit der novellierten Deponieverordnung wurde das historisch gewachsene Deponierecht zu einer einheitlichen Regelung zusammengeführt, die die bestehenden drei Verordnungen (die Deponieverordnung, die Abfallablagerungsverordnung und die Deponieverwertungsverordnung) sowie die drei Verwaltungsvorschriften (TA Abfall, TA Siedlungsabfall, erste allgemeine Verwaltungsvorschrift zum Grundwasserschutz) ersetzt und alle deponiespezifischen Vorgaben der Europäischen Union umgesetzt. Kernpunkte der neuen Deponieverordnung sind, dass Abfallerzeuger bei Sammelentsorgung dem Einsammler und dem Deponiebetreiber rechtzeitig vor der ersten Anlieferung die grundlegende Charakterisierung des Abfalls vorzulegen haben, dazu gehören u. a. Analyseberichte und Probenahmeprotokolle. Zukünftig gibt es nur noch vier oberirdische und eine untertägige Deponieklasse. Die Untertagedeponie ist nur noch im Salzgestein erlaubt. Daneben gibt es Anforderungen an die geologische Barriere und an die Abdichtungssysteme, u. a. hinsichtlich des weiterentwickelten Standes der Technik bei Oberflächenabdichtungen. An die Beseitigung von Abfällen und an den Einsatz von Deponieersatzbaustoffen auf Deponien werden gleich strenge Anforderungen gestellt. Derzeit betriebene oder in der Stilllegungsphase befindliche Deponien erhalten Bestandsschutz, sofern für den weiteren Betrieb, die Stilllegung und Nachsorge bestandskräftige Planfeststellungen, Plangenehmigungen, Anordnungen oder behördliche Anzeigen vorliegen. Neu berücksichtigt wird die im Dezember 2008 in Kraft getretene EU-Quecksilber-Verbotsverordnung, die die Ablagerung von Quecksilberabfällen reglementiert. Der Transport von Abfällen zwischen verschiedenen Staaten wird als **grenzüberschreitende Abfallverbringung** bezeichnet. Das Basler Übereinkommen vom 22. März 1989 über die Kontrolle der grenzüberschreitenden Verbringung gefährlicher Abfälle und ihrer Entsorgung trat 1992 auch in Deutschland in Kraft. Das Übereinkommen strebt ein weltweites, umweltgerechtes Abfallmanagement und die Kontrolle grenzüberschreitender Transporte gefährlicher Abfälle an. Das Gesetz über die Überwachung und Kontrolle der grenzüberschreitenden Verbringung von Abfällen – Abfallverbringungsgesetz (AbfVerBrG) vom 30. September 1994 enthält ergänzende Bestimmungen für Deutschland zum Basler Übereinkommen. Es regelt die Verbringung von Abfällen in den, aus dem oder durch den Geltungsbereich (grenzüberschreitende Verbringung).

Die Novelle des **Abfallverbringungsgesetzes** ist am 28. Juli 2007 in Kraft getreten und wurde unter weitgehender Beibehaltung bestehender Regelungen an die Verordnung (EG) Nr. 1013/2006 des Europäischen Parlaments und des Rates vom 14. Juni 2006 über die Verbringung von Abfällen angepasst. Durch diese Anpassung werden hauptsächlich Ausführungsbestimmungen zu neuen oder geänderten Regelungen in der Verordnung (EG) Nr. 1013/2006 festgelegt, Auslegungen zu bestimmten Wahlmöglichkeiten in der Verordnung (EG) Nr. 1013/2006 geregelt und Bestimmungen, die in der Verordnung (EG) Nr. 1013/2006 selbst enthalten sind, gestrichen. Darüber hinaus werden in Bezug auf die Verordnung (EG) Nr. 1013/2006 Bußgeldvorschriften erlassen. Zudem wurden Änderungen aufgrund der Erfahrungen mit der Anwendung des Gesetzes vorgenommen.

Unter dem **Immissionsschutz** werden Maßnahmen zur Verhinderung schädlicher Immissionen verstanden. Durch das Gesetz zur Änderung der Gewerbeverordnung und Ergänzung des Bürgerlichen Gesetzbuches wurde das Immissionsschutzrecht zu Beginn der 1960er Jahre ein eigenständiges Teilgebiet des Verwaltungsrechts. Da dem Bund für eine einheitliche Regelung die Gesetzgebungskompetenz fehlte, erließen vereinzelt die Länder für den häuslichen und kleingewerblichen Bereich eigene Immissionsschutzgesetze. So verabschiedete das Land Nordrhein-Westfalen bereits am 30. April 1962 als Vorreiter das Immissionsschutzgesetz des Landes NRW (LimschG). Dieses Gesetz wurde bis heute durch zahlreiche Verordnungen ergänzt.

Am 21. März 1974 wurde das erste Gesetz zum Schutz vor schädlichen Umwelteinwirkungen durch Luftverunreinigungen, Geräusche, Erschütterungen und ähnliche Vorgänge – **Bundes-Immissionsschutzgesetz** (BimSchG) veröffentlicht. Am 1. April 1974 trat es in Kraft. Seitdem wurde es mehrfach grundlegend geändert und daher am 26. September 2002 neu bekannt gemacht. Dieses Gesetz dient der integrierten Vermeidung und Verminderung schädlicher Umwelteinwirkungen durch Emissionen in Luft, Wasser und Boden unter Einbeziehung der Abfallwirtschaft. Neben den Begriffsbestimmungen u. a. für Emissionen, Immissionen, Anlagen etc. beinhaltet das Gesetz die Pflichten von Betreibern genehmigungsbedürftiger Anlagen sowie nicht genehmigungsbedürftiger Anlagen.

Das Gesetz wird durch zahlreiche Verordnungen (VO) und Verwaltungsvorschriften konkretisiert. Für die Kreislaufwirtschaft sind von den mehr als 40 Durchführungsverordnungen folgende von besonderer Bedeutung:

- 1. Verordnung über kleine und mittlere Feuerungsanlagen (1. BImSchV) vom 26. Januar 2010,
- 4. Verordnung zur Durchführung des Bundes-Immissionsschutzgesetzes über genehmigungsbedürftige Anlagen (4. BImSchV) vom 14. März 1997,
- 5. Verordnung zur Durchführung des Bundes-Immissionsschutzgesetzes über Immissionsschutz- und Störfallbeauftragte (5. BImSchV) vom 30. Juli 1993,
- 9. Verordnung zur Durchführung des Bundes-Immissionsschutzgesetzes über das Genehmigungsverfahren (9. BImSchV) vom 29. Mai 1992,
- 11. Verordnung zur Durchführung des Bundes-Immissionsschutzgesetzes über Emissionserklärungen und Emissionsberichte (11. BImSchV) vom 5. März 2007,
- 12. Verordnung zur Durchführung des Bundes-Immissionsschutzgesetzes über Störfalle (12. BImSchV) vom 8. Juni 2005,
- 13. Verordnung über Großfeuerungs- und Gasturbinenanlagen (13. BImSchV) vom 20. Juli 2004,
- 17. Verordnung zur Durchführung des Bundes-Immissionsschutzgesetzes über die Verbrennung und die Mitverbrennung von Abfällen (17. BImSchV) vom 14. August 2003,
- 27. Verordnung über Anlagen zur Feuerbestattung (27. BImSchV) vom 19. März 1997,
- 30. Verordnung zur Durchführung des Bundes-Immissionsschutzgesetzes über Anlagen zur biologischen Behandlung von Abfällen (30. BImSchV) vom 20. Februar 2001,
- 31. Verordnung zur Durchführung des Bundes-Immissionsschutzgesetzes zur Begrenzung der Emissionen flüchtiger organischer Verbindungen bei der Verwendung organischer Lösemittel in bestimmten Anlagen (31. BImSchV) vom 21. August 2001 und
- 39. Verordnung über Luftqualitätsstandards und Emissionshöchstmengen (39. BImSchV) vom 2. August 2010
- 41. Verordnung zur Durchführung des Bundes-Immissionsschutzgesetzes Bekanntgabeverordnung (41. BImSchV) vom 2. Mai 2013.

Sofern in den Durchführungsverordnungen keine Grenzwerte für Emissionen bzw. Immissionen festgelegt sind, gilt die Technische Anleitung zur Reinhaltung der Luft, eine Allgemeine Verwaltungsvorschrift auf der Grundlage des Bundes-Immissionsschutzgesetzes (**TA Luft**). Sie wurde erstmals im Jahr 28. August 1974 erlassen und am 23. Februar 1983, 27. Februar 1986 und 24. Juli 2002 novelliert. Sie ist ein an die Vollzugsbehörden gerichtetes Regelwerk zum Umweltschutz. Die TA Luft richtet sich hauptsächlich an die Betreiber genehmigungsbedürftiger Anlagen, enthält Grenzwerte für Emission bzw. Immission von Schadstoffen und schreibt die entsprechenden Messverfahren und Berechnungsverfahren vor.

Allein durch ordnungsrechtliche Maßnahmen ist der Staat nicht in der Lage den erforderlichen Umweltschutz, der weit über die Gefahrenabwehr hinausgeht, durchzusetzen. Deshalb müssen in einer demokratischen Marktwirtschaft systemeigene Anregungen – **ökonomische Instrumente** – geschaffen werden. Dazu gehören kostenwirksame Anreize – monetäre Instrumente – in Richtung Umweltqualitätserhöhung. Nichtmonetäre ökonomische Instrumente sind z. B. Kennzeichnungspflichten, Rücknahmeverpflichtungen oder Informations- und Beratungspflichten. Zu den monetären ökonomischen Instrumenten gehören vor allem Subventionen und Abgaben. Bei den angespannten öffentlichen Haushalten können Subventionen nur auf der Basis von Abgaben gezahlt werden. Darüber hinaus sollen Abgaben im Umweltbereich Lenkungswirkung haben und keine Finanzierungsinstrumente darstellen. Folgende Umweltabgaben wurden u. a. bisher eingeführt: die Abwasserabgabe, die Energiesteuer[3] und das Wasserentnahmeentgelt. Daneben wurde mit dem Emissionsrechtehandel[4] ein Marktmechanismus geschaffen, der die im Kyoto-Protokoll festgelegte Reduktion von Treibhausgasen effizienter gestaltet. Das europäische Emissionshandelssystem trat mit Beginn des Jahres 2005 in Kraft. Die EU-Staaten legten dafür Emissionsobergrenzen für alle Unternehmen schadstoffintensiver Industrien fest und vergaben Zertifikate, die am Ende jeder Handelsperiode verrechnet wurden. Neben den Abgaben, die auch als fiskalische Steuerungselemente gelten, gibt es auch nichtfiskalische ökonomische Steuerungselemente, wie z. B. festgelegte Ausgleichsmaßnahmen. Diese sehen für Zusatzbelastungen Verbesserungen in anderen Bereichen vor, u. a. im Natur- und Artenschutz.

8.2   Prozesse der Entsorgungslogistik

In der Kreislauf- und Abfallwirtschaft beinhaltet die Logistik vorrangig Leistungen zur Erfassung von Wertstoffen bzw. Abfällen am Ort ihres Anfalls, zur Bereitstellung dieser Wertstoffe bzw. Abfälle an den annehmenden Anlagen sowie zum Weitertransport der aus diesen Anlagen austretenden Fraktionen zur Verwertung bzw. Beseitigung. Erfassung, Bereitstellung und Weitertransport müssen folglich im Zusammenhang mit der Verkehrs- und Anlageninfrastruktur betrachtet werden. Entsorgungslogistische Prozesse

---

[3] Die Energiesteuer umfasst alle fiskalischen Sonderbelastungen auf Energieerzeugung und -verbrauch durch Steuern und steuerähnliche Abgaben (Erdölsonder-, Erdölbevorratungs-, Förder- und Konzessionsabgabe, Mineralöl- und Stromsteuer). Während früher bei den Energiesteuern die Mittelbeschaffung fokussiert wurde, sollte durch die Einführung der Stromsteuer und der deutlichen Anhebung der Mineralölsteuer im Rahmen der 1999 begonnenen ›ökologischen Steuerreform‹ das knappe Gut Energie verteuert werden, um Anreize zu schaffen, den Energieverbrauch zu reduzieren. Darüber hinaus dient ein Teil der Einnahmen aus den Energiesteuern zur Stabilisierung der gesetzlichen Rentenversicherungsbeiträge.

[4] Den teilnehmenden Unternehmen wird erlaubt, die ihnen zugewiesene Emissionsmenge – sie wird in der Regel durch Emissionszertifikate festgelegt – entweder selbst zu verbrauchen oder mit Teilen davon zu handeln. Ein Unternehmen, das seinen Anteil nicht voll ausnutzt, dementsprechend weniger Schadstoffe ausstößt als es eigentlich dürfte, kann das überschüssige Emissionsguthaben an ein anderes Unternehmen verkaufen. Die Lizenzen werden dem Käufer als eigene Emissionsreduktionen gutgeschrieben.

dienen dazu, Abfälle am Ort ihres Anfalls mit den Senken, d. h. Orte zur Verwertung oder Beseitigung, sowie dazwischen liegende, örtlich gebundene Teilprozesse miteinander zu verbinden.

Die Entsorgungslogistik umfasst dabei ein breites Spektrum an logistischen Dienstleistungen, deren Einzelprozesse von einer Vielzahl von Einflussfaktoren abhängen. Um ein qualitäts- und kostenoptimales Ergebnis zu liefern, müssen diese Einflussfaktoren berücksichtigt und die Prozesse auf den jeweiligen Abfallstrom sowie die Kundenwünsche abgestimmt werden. In der Entsorgungslogistik gehören die Planung, die Steuerung und die Durchführung von der Sammlung, dem Transport, dem Umschlag, der Lagerung von Abfällen und die Behandlung aller in der kompletten Wertschöpfungskette anfallenden Abfälle zu den wesentlichen Prozessen. Der Begriff „Behandlung" schließt hier alle nachfolgenden Prozesse, wie die Erfassung der Bauteile, Aggregate oder Werkstoffe aus verschiedenen Quellen, die Sortierung, die Demontage, die Aufarbeitung, die Aufbereitung, die Verwertung mit den Prozessen thermische Behandlung und die geordnete Beseitigung sowie der erneute Einsatz in der Produktion ein.

8.2.1 Sammlung

Über die Sammlung gelangen die Abfälle in die Entsorgungswirtschaft. Wesentlicher Gegenstand der Sammlung ist die Erfassung des Sammelgutes an definierten Übergabeorten. Diese sind die Haushalte (z. B. bei der Restmüllsammlung), Standorte von Depotcontainern (z. B. Altglassammlung) aber auch Recyclinghöfe, bei denen Privatleute die in den Haushalten angefallenen verwertbaren Abfälle (Glas, Papier, Pappe, Metalle, Kunststoffe, Sperrmüll, Problemabfälle etc.) abgeben können.

Die Sammlung im engeren Sinn umfasst die Prozesse von der Befüllung des Sammelbehälters bis hin zur Beladung des Sammelfahrzeugs [2]. Im weitesten Sinn werden zudem die Transporte zu dem Sammelgebiet, zwischen den einzelnen Übergabeorten sowie aus dem Sammelgebiet heraus mit einbezogen. Bei der Gestaltung von Sammelprozessen sind folgende Kriterien zu berücksichtigen:

- Abfallarten und Anfallorte
- Abfallbereitstellung
- Sammelverfahren
- Fahrzeugvarianten für entsprechende Behältersysteme
- Personal

8.2.1.1 Abfallarten und Anfallorte
Abfälle werden gemäß der Abfallverzeichnis-Verordnung nach Herkunft sowie Inhaltsstoffen in zwölf branchen- bzw. prozessspezifische und acht herkunfts- bzw. abfallartenspezifische Kapitelüberschriften gegliedert (siehe Abb. 8.6). Damit erfolgt eine Zuordnung der Abfälle in 111 Gruppen bzw. 839 Abfallschlüssel, von denen 405 gefährlich sind.

Abb. 8.6 Abfallarten – Definition nach AVV [eigene Darstellung]

Neben Bergbauabfällen, Bau- und Abbruchabfällen sowie Abfällen aus Abfallbehandlungsanlagen und Abwasserbehandlungsanlagen gibt es Produktions- und Siedlungsabfälle, letztere wiederum werden in Haushaltsabfälle und gewerbliche Abfälle unterteilt.

Produktionsabfälle fallen häufig in Mengen an, die keine Sammlung erforderlich machen. Vielmehr ist ein direkter Transport vom Unternehmen zur ausgewählten Behandlungs- oder Beseitigungsanlage möglich, sofern die Produktionsabfälle nicht direkt in den Produktionsprozess zurückgeführt werden. Dieser Prozess wird als Punktentsorgung bezeichnet.

Die Siedlungsabfälle hingegen fallen überwiegend in kleinen Mengen an, so dass ein wirtschaftlicher Abtransport nur über die Sammlung und den gemeinsamen Transport erzielt werden kann. Dieser Prozess wird Flächenentsorgung genannt. Die Erfassung der Gewerbeabfälle unterscheidet sich von der der Haushaltsabfälle durch eine geringere Anzahl an Übergabeorten.

8.2.1.2 Abfallbereitstellung

Ein charakteristisches Merkmal aller Sammelsysteme ist der Grad der Vorsortierung. Dieser ist von der Art der Materialbereitstellung abhängig und variiert bei Einstoff-, Einzelstoff-, Mehrstoff- und Mischstoffsammlungen. Die Einstoffsammlung kennzeichnet die Erfassung eines einzigen Stoffes, wie beispielsweise Altpapier. Die Einzelstoffsammlungen dienen der Erfassung mehrerer getrennt bereitgestellter Stoffe. Hierzu gehört u. a. die Erfassung der Altglasfraktionen Weiß-, Grün-, Braunglas über Depotcontainer. Im Rahmen der Mehrstoffsammlung werden mehrere Wertstoffe in einem Behälter erfasst und anschließend sortiert. Hierunter fallen beispielsweise die Wertstoffe aus der Sack-sammlung des „grünen Punktes" bzw. aus der Wertstofftonne. Bei der Mischstoffsamm-lung erfolgt i. d. R. keine Sortierung der gemischten Rückstände. Hierzu gehören u. a. die Restabfälle aus der Hausmüllsammlung.

Letztendlich ist eine getrennte Erfassung der Abfälle bei einer stofflichen Verwertung hinsichtlich der Einhaltung abfallstromspezifischer Qualitätsanforderungen unabdingbar. Gemäß Kreislaufwirtschaftsgesetz (KrWG) müssen die haushaltsnah erfassten Abfall-ströme Altpapier, Altglas, Kunststoffabfälle und Bioabfälle ab 2015 verpflichtend getrennt gesammelt werden.

8.2.1.3 Sammelverfahren

Die Sammelverfahren werden in Bring- und Holsysteme gegliedert. Mit Bezug auf die eingesetzten Behältersysteme wird weiterhin zwischen der systemlosen und systemati-schen Sammlung unterschieden. Während bei den **Bringsystemen** der Abfallerzeuger selbst für den Transport des Abfalls zu einer Sammelstelle sorgt, wird beim **Holsystem** der Abfall direkt an der Anfallstelle abgeholt. Bringsysteme kommen insbesondere dann zum Einsatz, wenn der erforderliche Transportweg kurz, die Zahl der Anfallorte groß und die anfallende Abfallmenge gering ist. Da der Aufwand dem Abfallerzeuger zufällt, sind die Rücklaufquoten dieser Systeme vergleichsweise niedrig. Beispiele hierfür sind u. a. die Sammlung von Altbatterien im Einzelhandel sowie die Sammlung von Abfällen bzw. Reststoffen auf Recyclinghöfen.

In Holsystemen fährt ein Sammelfahrzeug nacheinander die Standorte der Abfallerzeu-ger an und nimmt dort die Abfälle auf. Durch die Sammeltouren reduziert sich der Trans-portaufwand gegenüber dem Bringsystem durch Vermeidung von Leerfahrten, allerdings steht diesem Vorteil ein hoher Planungsaufwand entgegen. Mit diesen Systemen sind all-gemein hohe Rücklaufquoten realisierbar, da dem Abfallerzeuger der Transportaufwand abgenommen wird. Beispiele hierfür sind die Sammlung von Restmüll und die haushalts-nahe Erfassung von Altpapier.

Eine Kombination aus Bring- und Holsystem stellt die Erfassung von Abfällen in Depotcontainern dar. Die Anlieferung der Abfälle am Depotcontainerstandort erfolgt durch den Abfallerzeuger im Bringsystem, während die Abfuhr im Holsystem durchge-führt wird. Dieses System wird überwiegend für die Erfassung von Altglas, Altpapier und Altkleidern eingesetzt.

Zur Vereinfachung der Erfassung von Abfällen wurde die gemeinsame Erfassung ver-schiedener Abfallfraktionen immer wieder diskutiert und in verschiedenen Untersuchun-gen getestet, wie zum Beispiel

• Wertstofftonne (mit Papier, Pappe und Karton)/ „Grüne Tonne Plus"
  Der Rhein-Neckar-Kreis hat diese Tonne bereits 1991 eingeführt und erfasst hierin neben lizensierten Verpackungen aus den Bereichen Papier, Pappe, Kunststoff und Metall auch alle stoffgleichen Nichtverpackungen. Die Wertstoffe werden anschlie-ßend sortiert und zur Vermarktung bereitgestellt [32].

- System Nasse & trockene Tonne
  Im Stadtgebiet Kassel wurden im Rahmen einer Untersuchung die Fraktionen Restabfall, Bioabfall und Leichtstoffverpackungen in Form einer nassen und einer trocke-
  nen Tonne erfasst. Dabei wurde ermittelt, dass mehr Sekundärrohstoffe zurückgewon-
  nen werden konnten. Darunter fiel auch organisches Material, das zur Erzeugung von
  Biogas genutzt werden konnte. Letztendlich stellte sich dieses System als wirtschaftlich
  teuer dar, wurde aber von den Nutzern als einfacher und komfortabler eingeschätzt [32].
- SiB (Sack im Behälter)
  Hierbei werden im Haushalt die jeweiligen wertstoffhaltigen Fraktionen in verschie-
  denfarbigen Säcken erfasst und danach in einer Sortieranlage wieder getrennt. Nachteilig sind die verringerte Nutzlast der Sammelfahrzeuge und der Sortieraufwand [2].
- Wertstoffsammelbehälter
  Derzeit wird in verschiedenen Modellregionen getestet, wie die im Restmüll enthaltenen Wertstoffe, die sogenannten stoffgleichen Nichtverpackungen, erfasst werden
  können. Dazu gibt es folgende Ansätze, die derzeit noch geprüft werden. Dazu gehören
  die gemeinsame, haushaltsnahe Erfassung von Leichtverpackungen und stoffgleichen
  Nichtverpackungen oder die separate Erfassung von stoffgleichen Nichtverpackungen
  als paralleles System neben der Erfassung von Leichtverpackungen. Ebenso wird in
  der Ausgestaltung der Organisationsverantwortung bei der Erfassung und Verwertung
  zwischen kommunaler, der des Dualen System sowie einer kombinierten unterschieden. Die derzeitigen Erkenntnisse und Ergebnisse aus diesen Modellgebieten bilden
  eine Grundlage für eine gemeinsame Wertstofferfassung im Sinne einer einheitlichen
  Wertstofftonne, deren rechtliche Ausgestaltung im Rahmen eines zukünftigen Wert-
  stoffgesetzes derzeit diskutiert wird [23].

Die Sammelverfahren werden darüber hinaus nach der Art der eingesetzten Behälter
unterschieden. Bei der systemlosen Sammlung werden die Abfälle behälterlos bzw. unter
Verwendung uneinheitlicher Behälter bereitgestellt. Diese Behälter sind häufig unhand-
lich und aufgrund der Vielfalt der Sammelobjekte nicht auf diese abgestimmt. Beispiele
hierfür sind die weit verbreitete Sperrmüllabfuhr [2] und die Sammlung von diversen
Abfällen in Gewerbebetrieben, die in Kartons, Leimfässer sowie selbstgebauten Behält-
nissen (u. a. Boxen, Kisten, etc.) bereitgestellt werden.

Bei der systematischen Sammlung hingegen werden einheitliche Umleer-, Wechsel-
oder Einwegbehälter eingesetzt. Umleerbehälter werden überwiegend bei der Abfuhr von
Hausmüll und hausmüllähnlichem Gewerbeabfall eingesetzt. Sie werden vom Standplatz
zum Sammelfahrzeug gebracht, dort entleert und wieder zurückgestellt. Der Transport
der Behälter erfolgt in Abhängigkeit vom System vom Benutzer oder vom Personal des
Entsorgungsdienstleisters.

8.2.1.4 Behältersysteme
Mittlerweile gibt es eine Vielzahl von Umleerbehältern auf dem Markt. Die Systemmüll-
eimer (SME) mit einem Fassungsvolumen von 35 und 50 l stellen die kleinste Einheit dar.

Die Mülleimer bestehen aus feuerverzinktem Stahlblech oder Kunststoff, werden allerdings nur noch selten eingesetzt, da sie ein geringes Volumen haben und an den Straßenrand getragen oder mit Hilfe von Transportkarren dorthin befördert werden müssen. Die Systemmülltonnen (SMT) mit einem Fassungsvolumen von 70 und 100 l stellen die nächst größere Einheit dar. Die Mülltonnen werden nur aus Kunststoff hergestellt.

Die Müllgroßbehälter (MGB) werden sowohl zur Hausmüllsammlung als auch zur getrennten Sammlung von Wertstoffen eingesetzt. Die MGB gibt es – je nach Einsatzbereich – in unterschiedlichen Ausführungen. Derzeit werden blaue, braune, grüne, gelbe, orange und graue bzw. schwarze MGB genutzt. Die braunen bzw. grünen MGB werden meistens für Bioabfall verwendet. In den gelben MGB hingegen werden Leichtverpackungen mit dem „Grünen Punkt" gesammelt und in den orangen Wertstoffe, d. h. Leichtverpackungen sowie sogenannte stoffgleiche Nicht-Verpackungen (StNVP) aus Kunststoff und Metall. Die Wertstofftonne ist bislang nur in ausgewählten Regionen (u. a. in Dortmund, Bochum und Köln) im Pilotversuch aufgestellt worden, da nach dem neuen Kreislaufwirtschaftsgesetz spätestens ab 2015 alle Kunststoffe und Metalle in Deutschland getrennt gesammelt werden sollen. Die schwarze (bzw. graue) Tonne wird überwiegend für den Restabfall, die blaue und die gelbe mit blauem Deckel überwiegend für Papierabfall eingesetzt. Die bekanntesten Exemplare sind die Kunststoff-Müllgroßbehälter mit zwei gummibereiften Rädern und einem Fassungsvolumen von 80, 120, 240 oder 360 l. Daneben gibt es auch noch sogenannte Mehrkammer-Behälter (MEKAM), die vertikal oder horizontal geteilt sind und zwei verschiedenen Stoffgruppen aufnehmen können [20].

Seit 2005 gibt es die Multifunktionsbehälter (MFB), die für den Front-, Heck- und Seitenladereinsatz geeignet sind. Neben den Standardausführungen gibt es vielfältige Sonderausführungen, z. B. ein Transponder zur automatisierten Identifizierung und eine Diamondschürze für die automatisierte Leerung [33].

Für den Einsatz in Großwohneinheiten, im Handel, in der Gastronomie etc. gibt es u. a. Behälter mit einem Fassungsvolumen von 660, 770 und 1100 l aus verzinktem Stahlblech oder aus Kunststoff. Diese Behälter gibt es ebenfalls in verschiedenen Ausführungen, beispielsweise mit Rund- oder Flachdeckel, mit Tretbügel zum Öffnen des Deckels oder mit Zugdeichseln und Kupplungen, um einzelne Behälter in Zügen zusammenstellen zu können.

Für noch größere Abfallmengen gibt es Müllsammelsysteme mit einem Fassungsvolumen von 2,5 und 4,5 m³ aus feuerverzinktem Stahlblech. Diese werden insbesondere für Gewerbeabfälle, Wertstoffgemische, Leichtverpackungen, Pappe und Kartonagen eingesetzt [34].

Depotcontainer dienen für die Erfassung von Wertstoffen, wie beispielsweise Altglas, Altpapier und Alttextilien, an zentralen Sammelplätzen. Sie haben u. a. ein Fassungsvolumen von 1,6 m³, 3,2 m³ oder auch 5,0 m³ und werden überwiegend aus feuerverzinktem Stahlblech hergestellt. Zur Verbesserung des Stadtbildes und zur Vermeidung bzw. Reduzierung von Lärmemissionen werden zum Teil auch Unterflursysteme bis 5 m³ eingesetzt, d. h. der Container befindet sich unter der Erde und hat einen Einwurfschacht oberhalb [20].

Das Wechselverfahren ist bei der Sammlung von Abfällen hoher Dichte, wie z. B. Bodenaushub und Bauschutt, von Vorteil. Die Wechselbehälter werden vom Sammelfahrzeug gegen einen leeren Behälter ausgetauscht und mitgenommen. Ihre Entleerung erfolgt i. d. R. unregelmäßig auf Abruf, ihre Füllmenge liegt zwischen 1 und 40 m³. Die Wechselcontainer werden in Mulden mit einem Rauminhalt bis zu 20 m³, Müllgroßcontainer mit einem Rauminhalt von 10 bis 40 m³ und Großbehälter mit eigenen Verdichtungseinrichtungen unterschieden. Letztere werden auch als Müllpresscontainer bezeichnet und erreichen – je nach Müllart – eine Verdichtung von 4:1 bis 8:1. Die Mulden und Müllgroßcontainer gibt es in offenen und geschlossenen Ausführungen. Sie werden über Hub-, Abroll-, Abgleit- und Absetzkippersysteme aufgeladen und abgesetzt. Während des Transportes werden die Inhalte offener Container mit Planen oder Netzen abdeckt.

Einwegbehälter werden nur in bestimmten Situationen eingesetzt wie beispielsweise für die Entsorgung von Verpackungsabfällen im Holsystem, bei Übermengen oder für spezielle Abfälle, u. a. Krankenhausabfälle, eingesetzt. Im Ausland hingegen werden Einwegbehälter wesentlich häufiger eingesetzt. Die Einwegbehälter werden gemeinsam mit dem Abfall entsorgt. Als Sammelbehälter dienen Müllsäcke aus Kunststoff und Papier mit einem Fassungsvolumen von 40 bis 110 l. Beispielsweise werden in einigen Regionen Deutschlands anstatt der gelben MGB auch gelbe Plastiksäcke verwendet. Abfälle aus Arztpraxen, Krankenhäusern und anderen medizinischen Einrichtungen werden aufgrund des Infektionsrisikos in stapelbare 30 und 60 l Kunststoffbehälter verpackt und verbrannt. Mittels einer speziellen Deckeldichtung wird der Behälter nach dem verschließen hermetisch abgedichtet und kann nur noch gewaltsam geöffnet werden.

8.2.1.5 Fahrzeugvarianten

Zur Sammlung von Abfällen stehen unterschiedliche Fahrzeugvarianten zur Verfügung. Die Auswahl der geeigneten Fahrzeugvariante ist abhängig von den zu entsorgenden Abfallfraktionen und -mengen, den eingesetzten Behältersystemen sowie der Struktur des Entsorgungsgebietes. Bei der systemlosen Sammlung werden die Abfälle behälterlos bzw. unter Verwendung uneinheitlicher Behälter bereitgestellt. Die Sammlung flüssiger Abfälle erfolgt dabei z. B. durch Saugfahrzeuge, die Sammlung fester Abfälle hingegen z. B durch Pritschen- und Kofferfahrzeuge [42, 43].

Bei der systematischen Sammlung werden einheitliche Umleer-, Wechsel- oder Einwegbehälter eingesetzt. Umleerbehälter werden durch Heck-, Front- und Seitenlader sowie kombinierte Front- und Seitenlader, Wechselbehälter durch

Abroll- und Absetzkipper abgefahren [44, 45, 46]. Beim Frontlader nimmt das Sammelfahrzeug die Abfallsammelgefäße über ein Greifsystem in Front des Fahrerhauses auf, so dass die Ladung vom Fahrer gut überblickt werden kann und dieser den Lademechanismus mit Hilfe eines Joysticks bedienen kann. Der Greifarm des Fahrzeuges wird dann über das Fahrerhaus hinweg bewegt und die Schüttung findet anschließend direkt hinter dem Fahrerhaus in eine Vorkammer hinein statt.

Beim kombinierten Front- und Seitenlader werden die Abfallsammelgefäße seitlich angefahren, so dass diese mit Hilfe eines Greifarms vom Fahrer erreicht werden können.

Der Greifarm ist in Front des Fahrerhauses angebracht und wird nach dem Erfassen des Gefäßes an das Fahrzeug herangezogen. Die Schüttung erfolgt wie beim Frontlader per Überkopfentleerung.

Beim Seitenlader erfolgt die Aufnahme der Abfallgefäße ähnlich wie beim kombinierten Front-/Seitenlader. Die Schüttung erfolgt jedoch ebenfalls seitlich, direkt hinter dem Fahrerhaus. Dies erfordert beim Ein-Mann-Betrieb eine Anbringung eines speziellen Spiegels oder einer Kamera, damit der Fahrer die Entleerung verfolgen kann.

Der Hecklader ist die traditionelle Ausführung bei der Entleerungstechnik. Dabei werden die Müllbehälter am Heck des Fahrzeuges entleert, was bedeutet, dass für die Entleerung neben dem Fahrer noch weiteres Personal notwendig ist, um die Entfernungen zwischen den abgestellten Abfallgefäßen und dem Beladungsort zu überbrücken.

Neben den Behältersystemen ist die Bebauungsstruktur ein entscheidendes Kriterium für die Auswahl der Fahrzeugtypen. Während sich Front- und Hecklader besonders gut für den Innenstadteinsatz eignen, bieten sich Seitenlader und kombinierte Front- und Seitenlader für den Einsatz in weniger dicht besiedelten städtischen Randgebieten und ländlichen Regionen an. Seitenlader und kombinierte Front- und Seitenlader können jedoch nur Behälter einer Straßenseite entleeren. Gegenüber dem Hecklader ergibt sich für die anderen Systeme ein Vorteil in der Sicherheit, da die Schüttung bei ihnen im Blickfeld des Fahrers liegt. Außerdem besteht keine Notwendigkeit für das Mitfahren auf Trittbrettern, die bei Heckladern eingesetzt werden und sich meistens außerhalb des Blickfeldes des Fahrers befinden.

Depotcontainer zur Sammlung von Altpapier, -glas oder -kleidern werden meist mittels eines Kranes in Lkw-Sattelauflieger entleert, die die Abfälle dann zu den entsprechenden Verwertungs- bzw. Entsorgungsanlagen transportieren. Darüber hinaus werden für den Transport von Schüttgütern Walking-Floor-Fahrzeuge eingesetzt. Daneben gibt es noch die Mehrkammer-Fahrzeuge, die zwei Fraktionen gleichzeitig sammeln können. Sie werden überwiegend in ländlichen Gebieten eingesetzt, da hier das Verhältnis von Streckenlänge zum Abfallaufkommen wesentlich höher ist als in städtischen Gebieten.

In der Tab. 8.1 werden die unterschiedlichen Fahrzeugtypen für die Abfallsammlung tabellarisch zusammengefasst.

8.2.1.6 Personal

Das erforderliche Personal ist abhängig von der Abfallbereitstellung, dem Sammelverfahren, dem Behältersystem und der Fahrzeugvariante. Während bei dem Bringsystem (seitens des Entsorgungsunternehmens) keine Person erforderlich ist, wird bei dem Holsystem mindestens eine Person, z. B. für das Transportieren und Absetzen eines Wechselcontainers, benötigt.

Je nach angebotenem Servicegrad schwankt dabei jedoch die Anzahl des eingesetzten Personals. Als Vollservice werden die Bereitstellung und der Rücktransport der Abfallbehälter durch einen Mitarbeiter des Entsorgungsdienstleisters bezeichnet. Diese Tätigkeiten übernimmt beim Teilservice der Kunde. Eine Kombination der beiden Servicearten besteht z. B. in der Bereitstellung der Behälter durch einen Mitarbeiter des

Tab. 8.1 Fahrzeugtypen für die Abfallsammlung

Fahrzeug-system	Erläuterung
Hecklader	• „Traditionelle" Entleerungstechnik • Ein bzw. zwei an der Rückseite des Fahrzeugs angebrachte Hubkippvorrichtungen je nach Behältergröße (manuell oder vollautomatisch betätigt) • Neben dem Fahrer ist der Einsatz von Ladepersonal für die Bereitstellung, Entleerung und den Rücktransport der Behälter notwendig (kostenintensiv) • Meist eingesetzt bei Standorten mit erhöhtem Behälteraufkommen, z. B. Innenstadtlage mit Vollservice
Frontlader	• Das Sammelfahrzeug nimmt die Abfallsammelgefäße über ein Greifsystem in Front des Fahrerhauses auf • Der Greifarm des Fahrzeuges wird über das Fahrerhaus hinweg bewegt – die Schüttung findet direkt hinter dem Fahrerhaus in eine Vorkammer statt • Kein Ladepersonal notwendig, da der Fahrer die Ladung gut überblicken und den Lademechanismus mit Hilfe eines Joysticks übernehmen kann
Seitenlader	• Die Abfallsammelgefäße werden seitlich angefahren, so dass sie von einem vom Fahrer gesteuerten Greifarm erreicht werden können (immer nur Behälter einer Straßenseite) • Der Greifarm befindet sich hinter der Fahrerkabine auf der rechten Seite des (rechtsgesteuerten) Fahrzeugs – die Gefäße werden fixiert, an das Fahrzeug herangeführt und seitlich in den hinter dem Fahrerhaus angeordneten Schüttraum entleert • Beim Ein-Mann-Betrieb ist die Anbringung eines speziellen Spiegels oder einer Kamera erforderlich, damit der Fahrer die Entleerung verfolgen kann • Kommt häufig in städtischen Randgebieten oder ländlichen Regionen zum Einsatz • Das System hat den Vorteil der vermehrten Sicherheit gegenüber Heckladern, da die Schüttung im Blickfeld des Fahrers liegt • Es besteht keine Notwendigkeit für das Mitfahren von Ladepersonal auf Trittbrettern wie bei Heckladern (Gefahrenquelle)
Kombinierte Front- und Seitenlader	• Der Greifarm ist in Front des Fahrerhauses angebracht – er wird zur Aufnahme der Gefäße seitlich ausgeschwenkt • Die Ansteuerung der Abfallsammelgefäße erfolgt ähnlich wie beim Seitenlader ebenfalls seitlich, so dass sie vom ausgeschwenkten Greifarm erfasst werden können • Der Greifarm wird nach dem erfassen des Gefäßes an das Fahrzeug herangezogen und wieder in die Längsachse des Fahrzeugs eingeschwenkt • Die Schüttung erfolgt wie beim Frontlader per Überkopfentleerung • Gleiche Einsatzgebiete und Vorteile wie beim Seitenlader

Tab. 8.1 (Fortsetzung)

Fahrzeug-system	Erläuterung
Containerfahrzeuge	Je nach Behälterart und -größe werden verschiedene Fahrzeuge eingesetzt, beispielsweise: 1. Absetzkipper (für Absetzmulden bis 20m³) 2. Abrollkipper/Liftfahrzeuge mit Haken-, Seil oder Kettenliftsystemen (für Abrollcontainer bis 40m³) 3. Lkw-Wechselbrückensysteme (Behälter mit klappbaren Stützen) 4. Sattelauflieger mit Kran (für Depotcontainer)
Saugfahrzeuge	Zur systemlosen Abfuhr flüssiger Abfälle und Kanalreinigung

Entsorgungsdienstleisters (Hervorholen der Behälter und Abstellen an der Straße) und den Rücktransport der Behälter auf das Grundstück durch den Kunden.

Die Betriebsdatenauswertung des Verbandes kommunaler Unternehmen zeigte, dass in rund 82 % aller betrachteten kommunalen Unternehmen das Personal in einer 5-Tagewoche eingesetzt wird. Mittlerweile werden auch Arbeitszeitmodelle wie z. B. 4 in 5-Tagemodelle (7 % aller betrachteten Unternehmen) sowie 2-Schicht-Systeme (2 % aller betrachteten Unternehmen) und sonstige Arbeitszeitmodelle angewendet. Darüber hinaus wird zunehmend eine Flexibilisierung der Arbeitszeiten über Jahresarbeitszeitkonten vorgenommen [33].

Bei den Unternehmen des VKU erfolgt in rund der Hälfte der Fälle der Teilservice, während jeweils zu einem Viertel der Vollservice bzw. der kombinierte Service angewandt werden [35]. Die Besetzung der Fahrzeuge mit Fahrern und Ladern schwankt z. B. bei der Restabfallsammlung im Vollservice zwischen 1,5 (Behälter ab 550 l), 2,5 (bei gemischter Abfuhr von Klein- (< 360 l) und Großbehältern (> 550 l)) und 3,0 (Behälter bis 360 l). Das durchschnittliche Verhältnis von Fahrer zu Lader liegt beim Teilservice zwischen 1,2 und 1,6. Die Wahl des Servicegrades und die Anzahl der eingesetzten Mitarbeiter haben direkten Einfluss auf die Arbeitsbelastung des Personals.

Für die Restabfallsammlung im Vollservice führt ein Lader pro Tag ca. 110 Schüttvorgänge für Behälter ab 550 l sowie bei Behältern bis 360 l 286 durch, während er im Teilservice auf bis zu 632 Schüttvorgänge für Behälter bis 360 l kommen kann [33]. Die Anzahl der Schüttvorgänge im Vollservice sind aufgrund der Behältergestellung und der Behälterrücktransporte geringer.

Zur Planung von Sammelprozessen werden neben den bereits genannten Faktoren die Leerungsintervalle der Abfallbehälter berücksichtigt. Sie erstrecken sich von mehrmals wöchentlich über wöchentlich bis hin zu zwei- bzw. vierwöchentlicher Leerung. Die Länge der Intervalle hängt dabei von der Art des zu sammelnden Abfalls ab. Beispielsweise werden in Ballungsgebieten die Tonnen für Restabfall und „Gelber Sack" bzw. Wertstofftonne wöchentlich, die für Bioabfall wöchentlich bis 14tägig und die für Papierabfall 14tägig bis monatlich geleert. Ländlichen Regionen verfügen über einen 14-tägigen Abfuhrrhythmus für die Biotonne, den „Gelber Sack" bzw. Wertstofftonne und die Restmülltonne. Die Abfuhr des Papierabfalls hingegen erfolgt in Abhängigkeit von der Behältergröße in einem zwei- oder vierwöchentlichen Leerungsintervall.

8.2.2 Transport

Das Fördern und das Transportieren stellen in der entsorgungslogistischen Kette Prozesse zur Verknüpfung unterschiedlicher Orte dar. Beide Prozesse sind demnach phänomenologisch gleichbedeutend, werden jedoch von der Begrifflichkeit unterschiedlich verwendet. Das Fördern kennzeichnet die Verbindung relativ nahe liegender Orte, wie z. B. unterschiedliche Betriebseinheiten innerhalb einer Behandlungs- oder Beseitigungsanlage. Das Transportieren hingegen erfolgt zwischen relativ weit voneinander getrennt liegenden Orten, wie z. B. Sammelrevieren, Behandlungs- und Beseitigungsanlagen.

Im Allgemeinen kennzeichnet der Begriff „Transportieren" das Verändern der Raumkoordinaten von Personen oder Gütern in makrologistischen Systemen mit manuellen oder technischen Mitteln [7]. Insbesondere in der Entsorgungswirtschaft ist damit die außerbetriebliche Ortsveränderung von Abfällen zur Verwendung, Verwertung oder Beseitigung zu verstehen. Die Abfalltransporte beginnen nach der Beendigung des Sammelvorgangs und enden mit der Übergabe an Verwertungs-, Behandlungs- und Beseitigungsanlagen.

Folgende Kriterien sind u. a. bei der Gestaltung von Transportprozessen zu berücksichtigen:

- Transportketten
- Transportwege
- Ladehilfsmittel
- Transportmittelvarianten

8.2.2.1 Transportketten und -wege
Eine Folge von technisch und organisatorisch miteinander verknüpften Transportvorgängen, wie beispielsweise Nahtransport, Umschlag sowie Ferntransport, stellt einen mehrstufigen Transport dar und wird als Transportkette bezeichnet. Diese kann je nach Anzahl eingesetzter Transportmittel ein- oder mehrgliedrig aufgebaut sein, wobei mehrgliedrige Transportketten in gebrochenen und kombinierten Verkehr unterschieden werden. Bei letzterem ist kein Wechsel der Ladeeinheit erforderlich, so dass aufwendige Umschlagvorgänge entfallen.

Zur Durchführung der Abfall- bzw. Gütertransporte ist der Einsatz von Verkehrstechnik erforderlich. Hieraus resultiert der Güterverkehr. Dieser wird zunächst dem Transportweg entsprechend in Land-, Wasser- sowie Luft- und Raumverkehr differenziert [5].

8.2.2.2 Ladehilfsmittel
Ladehilfsmittel sind Einrichtungen zum Bilden von Ladeeinheiten für den Transport, die Förderung und die Lagerung der Abfälle bzw. Güter. Sie werden für einen begrenzten Zeitraum gebildet und ermöglichen u. a. den rationellen Umschlag innerhalb einer Transportkette sowie die wirtschaftliche Einsetzbarkeit der Transport-, Förder- und Lagermittel [18].

Grundsätzlich werden drei Arten von Ladehilfsmitteln unterschieden:

- Ladehilfsmittel mit ausschließlich tragender Funktion, die nur aus einer Bodenfläche bestehen, wie beispielsweise Paletten zum Transport von Fässern
- Ladehilfsmittel mit tragender und umschließender Funktion, die zusätzlich zur Bodenfläche Seitenwände besitzen, u. a. Gitterboxen für Elektro- bzw. Elektronikkleingeräte, Mulden etc.
- Ladehilfsmittel mit abschließender Funktion, die über einen Boden, Seitenwände und einen Deckel verfügen, wie z. B. ASF- bzw. ASP-Behälter für flüssige bzw. pastöse Abfälle, Container, MGB, etc.

In Abhängigkeit von den Transportketten und den Transportwegen werden verschiedene Transportmittelvarianten eingesetzt. Besondere Bedeutung kommen in der Entsorgungswirtschaft den Straßen- und Schienen- sowie in Teilen auch den Wassertransporten zu [2]. Luft- und Raumtransporte spielen hingegen keine Rolle. Sie bleiben daher weiterführend unberücksichtigt.

8.2.2.3 Transportmittelvarianten

Abfalltransporte auf der Straße
Bei den Abfall- und Transportfahrzeugen handelt es sich sowohl um Kombi-, Liefer- und Lastkraftwagen (Lkw) als auch um Sonder- und Schwerlasttransporte. Die Lkw sind der häufigste verwendete Verkehrsträger in der Entsorgungswirtschaft. Sie finden als Solofahrzeuge oder als Lastzüge Verwendung, wobei sich die Lastzüge wiederum unterteilen in Fahrzeuge mit Anhänger und Zugmaschinen mit Sattelauflieger. Alle Lkw können mit festen Aufbauten oder für eine Aufnahme von Wechselaufbauten ausgerüstet sein [2].
Die Fähigkeit zur Netzbildung ist der bedeutendste Vorteil des Straßenverkehrs, da es sich bei den Systemen zur Abfallentsorgung häufig um komplexe Netzwerke handelt, die mit ihrer Vielzahl an Quellen und Senken einen Flächenverkehr unabdinglich machen. Ebenfalls von Vorteil ist die Häufigkeit der Verkehrsbedienung, d. h. die Eigenschaft, zu jeder Zeit zu beliebig vielen Orten fahren zu können. Sie kennzeichnet die zeitliche Flexibilität des Abfalltransportes auf der Straße. Lastkraftwagen können dennoch ein sehr großes und dichtes Verkehrsnetz nutzen und sich flexibel individuellen Transportbedürfnissen anpassen [5]. Dies gilt u. a. für die Abfalltransporte mit Containern.
Da Abfallsammelfahrzeuge am öffentlichen Straßenverkehr teilnehmen, unterliegen sie dem Straßenverkehrsgesetz, der Straßenverkehrsordnung und der Straßenverkehrszulassungsverordnung [2]. In diesen Verordnungen werden neben den Abmessungen das zulässige Gesamtgewicht für zwei- und dreiachsige Fahrzeuge festgeschrieben. Nach § 32 StVZO beträgt u. a. das zulässige Gesamtgewicht für zweiachsige Fahrzeuge 17 t und für dreiachsige Fahrzeuge 24 t. Neben der Nutzlast müssen bei der Festlegung der Größe des Sammel- sowie Transportfahrzeuges auch folgende Aspekte berücksichtigt werden [2]:

- Entfernung zur Entsorgungs- oder Umschlagstation
- Behältersysteme
- Topographie sowie Verkehrsbehinderungen oder -beschränkungen
- Straßenbreiten der Sammel- und Transportstrecken
- Tägliche Arbeitszeiten des Personals
- Größe der Sammelmannschaft

In der Tab. 8.2 werden die unterschiedlichen Fahrzeugtypen für den Abfalltransport tabellarisch zusammengefasst.

Abfalltransporte auf der Schiene

Die steigende Verkehrsleistung, die Lkw-Maut, die Verkehrs- und bisweilen auch die Umweltbelastung haben die Akteure der Kreislaufwirtschaft sensibilisiert, alternative Verkehrsträger in ihre Überlegungen mit einzubeziehen. Entsprechende Lösungen finden sich zunehmend in der Integration des Verkehrsträgers Schiene [5]. Die Eignung dieses Verkehrsträgers resultiert aus den Eigenschaften der Kreislauf- und Abfallwirtschaft bzw. aus den Eigenschaften der Abfälle selbst. Abfälle sind Massengüter. Sie weisen ein hohes Bündelungspotenzial auf und verursachen – wenn überhaupt – nur eine geringe Kapitalbindung. Darüber hinaus bedingen sie lediglich geringe Anforderungen an die Transport- sowie Umschlaggeschwindigkeit und führen zu lediglich geringen spezifischen Transport- und Umschlagkosten. Auf dem Schienenweg kann ein Vielfaches der Straßen-Transportleistung erbracht werden. Die Abfälle werden hierzu nach der Sammlung mit Straßenfahrzeugen in einer Umschlaganlage auf die Bahn umgeschlagen meistens in sogenannten

Tab. 8.2 Fahrzeugtypen für den Abfalltransport auf der Straße

Fahrzeugsystem	Erläuterung
Lkw-Solofahrzeug	Fahrzeug ohne Anhänger
	Kann Güter transportieren
Lkw mit Anhänger	Sowohl das Fahrzeug als auch der Anhänger können Güter transportieren
Zugmaschine mit Sattelauflieger	Zugmaschinen können keine Güter transportieren
	Nur die Auflieger können Güter bzw. Abfälle aufnehmen (insbesondere bei Altglastransporten aus der Depotcontainer-Sammlung)
Walking-Floor-Fahrzeug	Sattelauflieger sind mit einem Schubboden ausgerüstet
	Leichtere Entladung der Fahrzeuge (kein Kippen des Aufliegers notwendig)
	Transport von losen als auch für palettierte Güter
Lkw mit festen Aufbauten	Einsatz z. B. als Schadstoffmobil (Kastenwagen)
Lkw mit Wechselaufbauten	Behälter wird auf abklappbare Stützen gesetzt, in dem der Lkw abgesenkt wird

Presscontainern, Drehtrommelbehältern oder auch in oben offenen Waggons mit Nutzlasten von 30 bis 50 Mg pro Einheit. Dabei erfolgt häufig eine Verdichtung der Abfälle, um den Weitertransport zur Behandlungsanlage wirtschaftlicher zu gestalten. Als vorteilhaft erweist sich bei der Bahn die Unabhängigkeit von Witterungseinflüssen, die Entlastung des Straßennetzes, die Verkehrssicherheit und der mögliche Transport großer Lasten. Nachteilig hingegen ist der Mangel an Gleisanschlüssen bei den Verwertungs-, Behandlungs- und Beseitigungsanlagen. Dieser erfordert häufig einen weiteren Umschlag und erhöht damit die Transportkosten. Die Liste derjenigen Abfälle, die bereits auf der Schiene gefahren werden, ist lang. Sie reicht u. a. von Hausmüll über hausmüllähnliche Gewerbeabfälle, kompostierbare Abfälle, Glas, Papier, Kunststoffe und Elektronikteile bis hin zu Bauschutt, Bodenaushub, Baustellenabfällen aber auch Schlämmen und Schlacken [2].

Abfalltransporte auf dem Wasser

Auch auf dem Wasserweg kann ein Vielfaches der Straßen-Transportleistung erbracht werden [5]. Die Abfälle, wie z. B. Altkunststoffe, können hierzu u. a. lose in Schütt- und Stückgutfrachter oder in Wechselbehältern auf Containerschiffe umgeladen werden. Allerdings ist es häufig nicht möglich, den Transport zum endgültigen Bestimmungsort ohne weiteren Umladevorgang durchzuführen, da nur wenige Behandlungs- und Beseitigungsanlagen einen Anschluss an einen Wasserweg besitzen. Zudem können Hoch-, Niedrigwasser und Eisgang den regelmäßigen Transportbetrieb beeinträchtigen. Da weiterhin lange Transportzeiten benötigt werden, die lediglich den Transport nicht verrottbarer Abfälle zulassen, ist der Abfalltransport auf dem Wasserweg relativ selten [2].

kombinierte Verkehre in der Kreislauf- und Abfallwirtschaft

Sammelfahrzeuge mit Wechselbehältern stellen eine Variante für kombinierte Verkehre in der Kreislauf- und Abfallwirtschaft dar. Die Wechselbehälter durchlaufen die gesamte logistische Prozesskette von der Abfallsammlung bis hin zur Behandlung bzw. Beseitigung. Die Trennung von Sammlung und Transport führt dabei zu effizienten Sammlungs- und Transportprozessen. Die Fahrzeuge können auf die jeweilige Kernaufgabe abgestimmt und gezielt für diese Aufgabe abgestellt werden. Die effiziente Nutzung dieser Technologien fordert jedoch die Entwicklung darauf abgestimmter Logistikkonzepte. Darüber hinaus ist i. d. R. eine Investition in entsprechende Sammelfahrzeuge erforderlich. Da konventionelle Sammelfahrzeuge neben der Sammlung auch den Transport zu den verschiedenen Behandlungsanlage durchführen müssen, resultieren hieraus ineffiziente Transportfahrten, vermeidbare Leerfahrten sowie unnötige Wartezeiten. Die Einbindung neuer Wechselbehältertechnologien in darauf abgestimmte Logistikkonzepte bietet die Möglichkeit der Trennung von Sammlung und Transport bei gleichzeitiger Dezentralisierung der Umschlagorte. Folglich lassen sich große Optimierungs- und Rationalisierungspotenziale erschließen.

Ortsfeste Umschlaganlagen sind eine weitere Variante für kombinierte Verkehre in der Kreislauf- und Abfallwirtschaft. Sie werden von konventionellen Sammelfahrzeugen im Anschluss an eine Sammeltour angefahren, um die Abfälle zum Ferntransport in Wechselcontainer umzuschlagen. Der Umschlag kann verpresst oder unverpresst erfolgen.

Verpresst bietet sich u. a. die Technik der Max Aicher GmbH an: Die runde Form der Max Aicher-Pressbehälter führt zu einer sehr hohen Stabilität, gleichzeitig reichen das Volumen der Behälter und die Presskraft der Hydraulikpressen aus, so dass die Beladung der Behälter immer von dem zulässigen Transportgewicht der Bahn oder des Lkw begrenzt und eine maximale Zuladung möglich wird. 30-Fuß-Pressbehälter sind hauptsächlich für den Bahntransport geeignet, können aber auch mit Zugmaschine und Sattelauflieger transportiert werden. Beispielsweise werden in Köln von der AWB diese Container genutzt, um den Restabfall über die Schiene zur Müllverbrennungsanlage zu transportieren. Der Umschlag der 30-Fuß-Pressbehälter (siehe Abb. 8.7) erfolgt mittels Kran. Für die Entleerung ist eine hydraulische Ausschiebevorrichtung, die an der Entsorgungsanlage oder auf dem Sattelauflieger installiert ist, notwendig. Der entscheidende Vorteil liegt in der Ausnutzung der zulässigen Radsatzlast beim Bahntransport.

Der Umschlag auf die Bahn erfolgt dabei über Drehrahmen; der Behälter ist vollständig kompatibel zum Abroll-Container-Transport-System, kurz ACTS. Weitere auf dem Markt erhältliche Systeme sind u. a. BHS, MABEG und Rocholl.

Erfolgt der Umschlag in der Umschlaganlage unverpresst, bieten sich konventionelle ACTS-Behälter an. Sie ermöglichen ebenfalls eine Entkopplung von Sammlung und Transport und können aufwandsarm umgeschlagen werden.

Andere Abfallarten erfordern andere technische Lösungen. Insbesondere für Abfallarten hoher Dichte, z. B. Bauschutt, Schlämme oder Schlacken, steht das System der AWILOG-Transport GmbH zur Verfügung. Bei diesem System werden Absetzmulden von einem Teleskop-Absetzkipper aufgenommen, transportiert und unmittelbar auf Güterwagen mit automatischer Ladungssicherung umgeschlagen. Die Mulden können bezüglich Form und Größe (8,5–10,5 m³ Nutzvolumen, 10–16 t Nutzlast) den Anforderungen des Marktes angepasst und sowohl zum Transport als auch zur Zwischenlagerung verwendet werden. Zur Verladung der Mulden auf Güterwagen genügt ein befestigter

Abb. 8.7 Umschlag eines 30-Fuß-Pressbehälters [eigene Darstellung]

Untergrund mit ca. 12 m Rangierfläche für den Absetzkipper. Alternativ zum Absetzkipper können die Mulden auch durch einen Stapler oder per Kran umgeschlagen werden.

Neben den etablierten Systemen wird der Mobiler, eine Horizontal-Umschlagstechnik, eingesetzt, die an jedem Ladegleis Container und Wechselbrücken zwischen Lkw und Tragwagen verschiebt. Er besteht im Kern aus zwei Balken, deren untere Komponenten fest am Lkw montiert sind, während die oberen Komponenten den Container in einer ausgeklügelten Bewegung heben und befördern. Damit können auch Container „mobilert" werden, die ein Mehrfaches des Lkw wiegen. Hieraus resultiert ein entscheidender Vorteil gegenüber dem ACTS, das in seiner Standardausführung auf ein Containergewicht von ca. 15 t begrenzt ist. Der Mobiler erzielt damit eine maximale Auslastung der Transportmittel, erfordert aber dennoch kein Terminal für den kombinierten Verkehr und keine entsprechenden Krananlagen. Vielmehr erlaubt er den Umschlag von der Straße auf die Schiene bei dem nächsten Anschlussgleis. Allerdings muss das Anschlussgleis entsprechend präpariert werden. Auch ist die Investition in die Fahrzeugtechnik aufgrund der integrierten Umschlagtechnik erheblich.

8.2.3 Umschlag

Der Begriff „Umschlagen" kennzeichnet die Gesamtheit aller Förder- und Lagervorgänge bei dem Übergang der Güter auf ein Arbeitsmittel, beim Abgang der Güter von einem Arbeitsmittel und bei einem Wechsel der Güter zwischen Arbeitsmitteln [7]. In der Entsorgungswirtschaft wird darunter das Überwechseln der Abfälle zur Verwendung, Verwertung und Beseitigung zwischen Transport-, Förder- und Lagermitteln verstanden. Zur Durchführung der Umschlagvorgänge ist, abhängig von dem jeweiligen Umschlagbereich, eine Kombination unterschiedlicher Betriebsmittel erforderlich. Maßgeblich für die Gestaltungsmöglichkeiten der Umschlagvorgänge sind insbesondere: [16]

- Bereich
- Arbeitsmittel
- Ladehilfsmittel
- Umschlagmittelvarianten

8.2.3.1 Bereich
Das Umschlagen erfolgt sowohl in makro- als auch in mikrologistischen Systemen. Die Literatur unterscheidet diesbezüglich nach Umschlagen im außer-betrieblichen Materialfluss, Umschlagen als Schnittstelle zwischen außer- und innerbetrieblichem Materialfluss und Umschlagen im innerbetrieblichen Materialfluss [17].

Darüber hinaus wird bei dem Abfallumschlag nach dem Zustand des Abfalls nach Umschlag mit und ohne Verdichtung unterschieden [2]. Beim Abfallumschlag ohne Verdichtung wird der im Sammelfahrzeug vorverdichtete Abfall in offene Transportmittel oder Wechselbehälter gekippt. Eventuell sind auch Transportbänder für eine Befüllung vorgesehen. Vorteile dieses Abfallumschlags sind die einfache Beladung sowie die geringe

Störanfälligkeit. Allerdings wird beim unverdichteten Umschlag die Nutzlast der Transportfahrzeuge oft nicht erreicht.

Abfälle können im Rahmen des Abfallumschlags mit speziellen Verdichtungsfahrzeugen, hydraulischen Pressen sowie Abfallzerkleinerungsaggregaten verdichten. Als Verdichtungsfahrzeuge werden Raupenschlepper oder Kompaktoren eingesetzt. Mit diesen Fahrzeugen wird nur ein geringes Verdichtungsverhältnis erreicht und bei der Beladung wird der Abfall wieder aufgelockert. Die hydraulischen Pressen können an Wechselcontainer gekoppelt sein oder sich direkt im Fahrzeug befinden. Nachteilig ist hierbei, dass der Versdichtungseffekt beim Entladen der Pressen zum Teil wieder verloren geht. Daneben gibt es stationäre Ballenpressen, die während des Pressvorganges die Abfälle zu Ballen formen und mit Umreifungsbändern umwickeln. Hiermit werden Verwehungen von Abfällen vermieden. Mit Scheren, Prall- oder Hammermühlen kann der Abfall zerkleinert und dadurch verdichtet werden [2].

8.2.3.2 Arbeits- und Ladehilfsmittel
Die Arbeitsmittel beinhalten neben Transport- auch Förder- und Lagermittel. Diese können entweder aktiv (z. B. Lkw mit Lastaufnahmemittel) oder passiv (z. B. Lkw ohne Lastaufnahmemittel) am Umschlag beteiligt sein. Entsprechend den möglichen Kombinationen von Arbeitsmitteln und Arbeitsmittelvarianten ergeben sich unterschiedliche Formen des Umschlagens (z. B. außerbetrieblich von Straße/Solofahrzeug auf Schiene/offene Wagen, innerbetrieblich von Lagermittel/Sammelbehälter auf Fördermittel/Rollenbahn). Die einsetzbaren Ladehilfsmittel wurden bereits erläutert.

8.2.3.3 Umschlagmittelvarianten
Die Art der eingesetzten Umschlagmittel hängt davon ab, in welchem Bereich umgeschlagen wird, zwischen welchen Arbeitsmittelvarianten die Abfälle überwechseln und ob (bzw. wenn ja welche) Ladehilfsmittel verwendet werden. In Abhängigkeit der genannten Kriterien und deren Ausprägungsformen ergeben sich für den Prozess des Umschlagens unterschiedliche Gestaltungsmöglichkeiten.

Umschlagmittel sind i. d. R. stationäre oder mobile Anlagen, Maschinen und Geräte für den mechanisierten oder automatisierten Umschlag von Gütern, mit deren Hilfe Waren aufgenommen, fortbewegt und abgegeben werden. Hierzu gehören u. a. Krane, Bagger, Stapler (Flurförderer), Radlader etc. Zur Verladung von Schüttgütern – insbesondere staubende Güter – werden häufig automatisierte Verladeanlagen eingesetzt. Diese Anlagen sind i. d. R. mit Silos, Gurtförderanlagen oder Becherwerken, Materialzuführung und -dosierung sowie Füllstandmeldern ausgestattet.

8.2.4   Lagerung

Der Begriff „Lagern" kennzeichnet das geplante Liegen von Arbeitsgegenständen im Materialfluss [38]. Läger sind demnach Räume oder Flächen zum Aufbewahren von Arbeitsgegenständen, die mengen- und/oder wertmäßig erfasst werden. Insbesondere in der Entsorgungswirtschaft übernehmen sie die Aufgaben des Bevorratens, Pufferns und Verteilens von Abfällen (zur Entsorgung, Verwendung, Verwertung oder Beseitigung). Je nach Typ dienen sie vorrangig zur Überbrückung einer Zeitdauer oder zum Wechsel der Zusammensetzungsstruktur zwischen Zu- und Abgang. Dadurch wird eine verbesserte Auslastung der Behandlungs- und Beseitigungsanlagen möglich und eine ökonomisch sowie ökologisch günstigere Entsorgung durch die Zusammenfassung gleichartiger Abfälle erreicht.

Läger erfüllen eine wichtige logistische und abfalltechnische Funktion in der Entsorgungskette, da sich durch die Sortierung und Konfektionierung von Abfällen und die Zusammenstellung gleichartiger Abfälle zu größeren Transporteinheiten die Behandlungskosten reduzieren lassen. Ein Beispiel hierfür sind die Recyclinghöfe, die von Gebietskörperschaften unterhalten werden und an denen Bürger ihre Abfälle, z. T. gegen Gebühr, abgeben können. Hier erfolgt eine Zusammenführung kleinerer Abfallmengen, wie beispielsweise Sonderabfälle aus Haushalten, die anschließend in größeren Einheiten (Fässer oder ASF-Behälter) zur Verwertungs- bzw. Beseitigungsanlage transportiert werden.

Der Bunker einer Müllverbrennungsanlage ist ein Beispiel für ein Lager zwischen Zu- und Abgang. Hierin wird der zur Entsorgung angelieferte Abfall entleert und ggf. nach Bedarf zerkleinert. I. d. R. ist hier ausreichend Platz, um Abfall für rund eine Woche zu lagern.

Daneben gibt es Läger mit überwiegend betriebswirtschaftlicher Funktion, wie z. B. Läger für Altpapier oder Kunststoffe. Diese sind für die Sekundärrohstoffwirtschaft bedeutende Wirtschaftsgüter und werden an den weltweiten Rohstoffmärkten gehandelt. Sie werden in Aufbereitungs- und Sortieranlagenanlagen i. d. R. zu Ballen verpresst und anschließend bis zu ihrem Weiterverkauf eingelagert. Diese Läger sind i. d. R. überdachte Flächen, die ggf. gegen Witterungseinflüsse geschützt und mit entsprechenden Brandschutzeinrichtungen ausgerüstet sind. Darüber hinaus gibt es auch Läger für Schüttgüter wie z. B. Schrotte.

Vor dem Hintergrund der Umsetzung der TA Siedlungsabfall im Jahr 2005 kam es zu Verschiebungen von Mengenströmen und damit in einigen Teilen Deutschlands zu Kapazitätsengpässen in den Behandlungsanlagen. Als Konsequenz hieraus wurden so genannte Abfallzwischenlager als Übergangslösung eingerichtet, um diesem Entsorgungsnotstand zu begegnen. Nach Bundes-Immissionschutz-Recht dürfen Abfälle, die zur Beseitigung anstehen, in einem Zeitraum von weniger als zwölf Monaten in einem Zwischenlager „deponiert" werden. Dabei wird vorausgesetzt, dass hierzu die gleichen Anforderungen wie bei einer Deponie einzuhalten sind. Hierzu gehören beispielsweise, dass Sicherheitsleistungen zu zahlen sind, die Nachsorge vorzuhalten ist und Abdichtungssysteme vorzusehen sind [21].

Im Vergleich zur klassischen Lagerung bezeichnet der Begriff „Abfalllagerung" auch die geordnete Entsorgung von Abfällen auf so genannte Endlagerstätten, wie Deponien bzw. Sonderabfall- bzw. Untertagedeponien.

8.2.5   Verwertung, Behandlung und Beseitigung von Abfällen

In der Kreislauf- und Entsorgungswirtschaft werden die Anlagen zur Abfallverwertung, -behandlung und -beseitigung von entsorgungspflichtigen Körperschaften (Kreise oder kreisfreie Städte) und der Privatwirtschaft betrieben. Diese Anlagen werden von der kommunalen Müllabfuhr (hierzu zählen auch beauftragte Privatunternehmen), von Handel, Gewerbe und Industrie sowie von Privatpersonen beliefert. Als Anlagen zur Abfallverwertung, -behandlung sowie -beseitigung dienen u. a.: Bauschuttaufbereitungsanlagen, Sortieranlagen, Kompostierungsanlagen, mechanisch-biologische und chemisch-physikalische Behandlungsanlagen, thermische Behandlungsanlagen sowie Deponien. Im Folgenden werden die wichtigsten Verfahren zur Abfallverwertung, -behandlung und -beseitigung vorgestellt.

8.2.5.1 Aufbereitungsverfahren

Im Rahmen der Aufbereitungsverfahren werden verschiedene Techniken zur Zerkleinerung, Sortierung, ggf. Identifizierung und Reinigung kombiniert. Im Allgemeinen werden bei der automatischen Identifizierung unterschiedliche physikalisch-chemische Merkmale von Materialien detektiert z. B. werden Kunststoffe mit Hilfe der NIR-Spektroskopie (NIR = nahinfrarote (NIR) Spektralbereich) sortiert. In Abhängigkeit von den Anforderungen an das Sekundärmaterial können auch die Agglomerierung und die Umschmelzung erforderlich sein. Beim werkstofflichen Recycling werden Altkunststoffe erst zu Kunststoffrohstoffen und anschließend zu neuen Produkten verarbeitet. Da bei der Aufbereitung nur physikalische Methoden genutzt werden, bleibt der chemische Aufbau des Kunststoffs erhalten. Bei Thermoplasten geschieht dies durch Umschmelzen. Im Folgenden werden die wichtigsten Verfahren skizziert.

Die Zerkleinerung dient zur Oberflächenvergrößerung des Abfalls und zur Trennung der verschiedenen miteinander verbundenen Materialien. Mittels Scherung, Druck, Schlag, Schnitt und Prall wird der Abfall zerkleinert und in Abhängigkeit vom Aufbereitungsprozess nach dem Grad der Zerkleinerung in Grob-, Mittel- und Feinzerkleinerung unterschieden. Für die Grobzerkleinerung werden häufig Daumenbrecher, Schneidzerkleinerer, Schneidwalzenzerkleinerer und Shredder eingesetzt. Die Korngröße des Abfalls ist hierbei größer als 100 mm. Die Mittelzerkleinerung erfolgt meistens mit Hammer-, Kugel-, Schneid- und Schwingmühlen sowie Backenbrecher. Die hierbei erzielte Korngröße des Abfalls liegt zwischen 5 mm und 100 mm. Zahnscheiben-, Walzen-, und Pralltellermühlen dienen u. a. zur Feinzerkleinerung. Hiermit werden Korngröße des Abfalls zwischen 0,1 mm und 5 mm erzielt. Um einen bestimmten Zerkleinerungsgrad zu erreichen, können die genannten Zerkleinerungsaggregate beliebig miteinander kombiniert werden [2, 20].

Die Auftrennung eines Materials in verschiedene Korngrößenklassen wird als Klassierung bezeichnet. Die Klassierung kann entweder durch Siebung oder Sichtung erfolgen. Mit einem Sieb erfolgt die Trennung einer Fein- und Grobfraktion sowie die

Nachsortierung von zerkleinerten Fraktionen. In der Feinfraktion befinden sich die Materialien, die kleiner als die Öffnung des Siebes sind (Siebunterlauf bzw. Siebdurchgang). Die Grobfraktion enthält die Materialien, die oberhalb des Siebbodens verbleiben, den so genannten Siebüberlauf. Entsprechend der Siebbewegung wird in feste und bewegte Siebe, wie z. B. Trommel-, Vibration- und Spannwellensiebe, unterschieden. Feste und bewegte Siebe sowie Roste werden aufgrund ihrer robusten Bauweise für den Bereich des Grobkorns verwendet [2, 20].

Die Sichtung, auch als Stromklassierung bezeichnet, trennt die Materialien aufgrund der unterschiedlichen Sinkgeschwindigkeiten bzw. Bewegungsbahnen in einem Luft- oder Flüssigkeitsstrom. Mit der Windsichtung bzw. Aeroklassierung werden die zu trennenden Materialien, wie z. B. Hausmüll und Kompost zur Nachsortierung, in einem Luftstrom separiert. Hierfür dient beispielsweise ein Zick-Zack-Windsichter oder ein Rotationswindsichter. Die nasse Stromklassierung bzw. Hydroklassierung kann in einem Aufstromklassierer, Horizontalstromklassierer oder mechanischen Nassstromklassierer erfolgen. Daneben gibt es noch Zentrifugalklassierer wie beispielsweise den Hydrozyklon [2, 20].

Die Sortierung nutzt die Unterschiede in den physikalischen Eigenschaften der zu trennenden Materialien. Dabei kann das Material in mehrere Fraktionen aufgetrennt oder von störenden Stoffen befreit werden. Da viele Sortierverfahren nur für einen speziellen Korngrößenbereich geeignet sind, ist eine Klassierung vorzuschalten. Ein wichtiges Sortierkriterium ist der Reinheitsgrad der einzelnen Fraktionen, damit der nachfolgende Recyclingprozess auf hohem Niveau betrieben werden kann. Die Sortierung kann sowohl manuell (Handklauben) als auch durch den Einsatz von Technik erfolgen. Eine Kombination beider Verfahren ist ebenfalls möglich. In der Praxis werden hauptsächlich folgende Sortiertechniken angewandt [2, 20]:

- die Dichtesortierung (Nutzung von Unterschieden in der Materialdichte) zur Abtrennung von Plastik bzw. Metallen z. B. nach dem Schwimm-Sink-Verfahren
- die Magnetscheidung (Nutzung von ferromagnetischen Eigenschaften) zum Umlenken bzw. Ausheben von ferromagnetischen Teilen aus dem Hausmüll und Kompost z. B. mit Trommelmagnetscheidern
- die Elektrosortierung (Stoffe werden mit elektrischen Feldern aufgeladen und damit in unter-schiedliche Bewegungsbahnen versetzt) zur Trennung von NE-Metallen u. a. aus dem Hausmüll
- die Wirbelstromscheidung (Umlaufendes Magnetpolrad erzeugt in elektrisch leitenden Stoffen Wirbelströme, die ein Ablenkung bzw. spezifische Wurfbahn bewirken) zur NE-Abscheidung beispielsweise in Schwerstofffraktionen
- die Flotation (Nutzung unterschiedlicher Wasserbenetzbarkeit von dispergierten Stoffkörnern) z. B. zur Druckfarbenabtrennung beim Altpapier (Deinkingverfahren)
- das Klauben (Nutzung optischer Unterschiede (Form, Farbe)) sowie Ausnutzung stoffspezifischer physikalischer Eigenschaften (Glanz, Dielektrizitätskonstante, elektrischer Widerstand, Strahlungsemission, -reflexion, -absorption) als manuelle Einzelsortierung und als automatisches Klauben bzw. optische Sortierung z. B. für die Trennung von Glas nach Farben

Bei einer Verdichtung werden sowohl die Oberfläche des Materials verringert als auch größere Agglomerate gebildet. Grundsätzlich wird zwischen Aufbau- und Pressagglomeration unterschieden. Bei der Aufbauagglomeration bilden sehr feinkörnige Materialien durch Zusatz von Feuchtigkeits- bzw. Bindemittel in einem umlaufenden Reaktor unter anschließendem Trocknen kugelförmige Agglomerate. Bei der Pressagglomeration werden aus feinkörnigen und faserigen Materialien unter Druckeinwirkung Agglomerate geformt [2, 20].

Beispielsweise werden in der Praxis häufig Ballenpressen für Papier, Pappe sowie Kunststofffolien eingesetzt. Daneben gibt es noch Strangpressen u. a. für Schrotte, Kollerwalzenpressen u. a. für Biomassen, Brikettier- bzw. Pelletierpressen beispielsweise für die Herstellung von Strohpresslingen, Schneckenpressen, Lochwalzenpressen sowie Walzenpressen.

8.2.5.2 Biologische Verfahren

Bei der biologischen Abfallbehandlung werden organische Stoffe durch verschiedene Mikroorganismen abgebaut. Hierbei wird zwischen dem Abbau unter Luftzufuhr, der so genannten Kompostierung, und dem Abbau unter Luftabschluss, der Vergärung bzw. Biogasherstellung, unterschieden. Beide Verfahren dienen zur Inertisierung der Abfälle und Reduktion der Abfallmengen.

Die mechanisch-biologische Abfallbehandlung (kurz MBA) wird zur Vorbehandlung von Siedlungsabfällen vor einer Deponierung eingesetzt. Durch verschiedene Behandlungsschritte und eine biologischen Behandlung kann ein reaktionsarmer Abfall erzeugt werden, der entsprechend der Deponierungsverordnung abgelagert werden darf. Neben der Vorbehandlung vor einer Deponierung kann die MBA auch zur Vorbehandlung von Abfällen vor einer thermischen Behandlung eingesetzt werden, wobei die Abfälle in der MBA trockenstabilisiert werden.

Bei der biologischen bzw. mechanisch-biologischen Abfallverwertung wird in einem ersten Schritt der Restabfall mechanisch vorbehandelt. Dabei werden die heizwertreichen Fraktionen, wie z. B. Kunststoffe für eine energetische Nutzung und Metalle für eine stoffliche Verwertung, aussortiert. Der Abbau der biogenen Anteile erfolgt entweder in aeroben (Kompostierung) bzw. anaeroben (Vergärung) Verfahrensschritten oder durch eine Kombination beider Verfahren. Die bei der biologischen Abfallverwertung entstehenden Produkte sind einerseits Biogas, das in der Anlage bzw. in Blockheizkraftwerken zur Erzeugung von Strom und Wärme genutzt wird, andererseits eine feste, in der biologischen Reaktionsfähigkeit stark verminderte Fraktion. Diese Fraktion erfüllt die Anforderungen der Deponieverordnung und kann deshalb auch deponiert werden. Die Abb. 8.8 skizziert die wichtigsten Schritte der mechanisch-biologischen Abfallbehandlung.

Neben der MBA gibt es mechanisch-biologische Stabilisierungsanlagen (MBS). Bei diesen Anlagen verbleiben die biogenen Bestandteile im heizwertreichen Stabilat. Daneben werden weitere verwertbare Fraktionen gewonnen. In einem ersten Schritt wird der Restabfall für die nachfolgende Trocknung konditioniert, d. h. zerkleinert. Die Trocknung dient zur gezielten Reduzierung der Feuchtigkeit im Restabfall. Abschließend erfolgt eine trockene mechanische Aufbereitung, bei der der Restabfall in verschiedene heizwertreiche

Abb. 8.8 Wesentliche Schritte der mechanisch-biologischen Abfallbehandlung [eigene Darstellung]

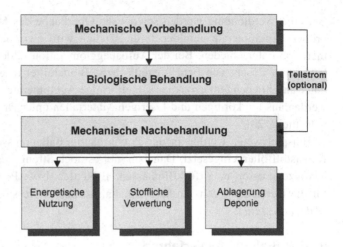

Abfallfraktionen unterschiedlicher Qualität eingeteilt wird. Metalle, Stör- und Inertstoffe werden ebenfalls in dieser Verfahrensstufe abgetrennt. Bei diesem Verfahren werden nur geringe Mengen z. B. die Inertstoffe auf Deponien abgelagert [28].

8.2.5.3 Chemisch-physikalische Verfahren

Sonderabfälle bzw. gefährliche Abfälle werden mit chemischen und physikalischen Behandlungsmethoden umgewandelt oder immobilisiert. Beispielsweise werden für anorganische Abfälle chemisch physikalische Behandlungsverfahren, wie die Neutralisation, Entgiftung und Entwässerung, eingesetzt. In der Regel werden hierbei die teils hochgiftigen Konzentrate durch Zugabe von Chemikalien neutralisiert bzw. umgewandelt. Die chemisch physikalischen Behandlungsverfahren organischer Abfälle, wie z. B. die Trennung von Öl-Wasser-Gemischen und Öl-Emulsionen, erfolgt mittels Zugabe von Trenn- und Flockungsmitteln.

Die Tab. 8.3 zeigt die wesentlichen Verfahren bzw. Verfahrensschritte, die zur Behandlung von Sonderabfällen bzw. gefährlichen Abfällen eingesetzt werden [2, 20].

8.2.5.4 Thermische Abfallbehandlung

In der Abfallbehandlung werden folgende thermische Verfahren eingesetzt: die Abfallverbrennung, die Abfallpyrolyse (Entgasung/Vergasung), die Hydrierung und die Trocknungsverfahren [2, 20].

Das wichtigste thermische Abfallbehandlungsverfahren ist nach wie vor die Abfallverbrennung. Hierbei wird in Hausmüll- sowie Sonderabfallverbrennung unterschieden. Daneben gibt es noch spezielle Anlagen wie beispielsweise die Klärschlammverbrennungsanlage, die zur Entsorgung der Trockensubstanzen der Klärschlämme dienen, da diese laut Klärschlammverordnung vom 15. April 1992 aufgrund der Schadstoffbelastung kaum noch zum Düngen in der Landwirtschaft eingesetzt werden dürfen. In der Regel

Tab. 8.3 Wesentliche Verfahrensschritte zur Behandlung von Sonderabfällen bzw. gefährlichen Abfällen

Eingangsstoff	Verfahren
Abwasser, Sickerwasser	fest-/flüssig Trennung, Neutralisation, Oxidation bzw. Reduktion, Fällung
Altöl	Destillation (Zweitraffination)
Altsäure, Dünnsäure	Fällung, thermische Verfahren
Batterien	Destillation
Chemikalienreste	Oxidation bzw. Reduktion, Fällung, Ionenaustausch, Elektrolyse, Destillation
Farben/Lacke/Lösemittel	Destillation
Fotochemikalien	Destillation, Ultrafiltration, Elektrolyse, Umkehrosmose
Gase	Adsorption
krankenhausspezifische Abfälle	Dampfdesinfektion
ölhaltige Betriebsmittel	Destillation
ölhaltige Betriebsmittel Emulsionen (flüssig)	Sedimentieren, Dekantieren, Emulsionsspaltung, Oxidation bzw. Reduktion, Fällung, Konditionierung
organische Verbindungen (flüssig)	Mikrofiltration, Destillation
Schlämme, Abscheiderinhalte	Filtration, Entwässerung, Flockung, Leichtstoffabscheidung, Konditionierung, Emulsionsspaltung
Sonderabfall (flüssig/paströs)	fest-/flüssig-Trennung, Oxidation/Reduktion, Fällung, Neutralisation, Elektrolyse, Ultrafiltration, Ionenaustausch
Transformatoren	Destillation des Trafoöls

wird Klärschlamm thermisch entsorgt, zum Beispiel in Monoklärschlammverbrennungsanlagen, Zement- und Kohlekraftwerken [27].

Zurzeit gibt es 68 Siedlungsabfallverbrennungsanlagen (MVA), die mit einer Jahreskapazität von etwa 19,6 Mio. t Abfall betrieben werden [29]. Daneben gibt es ca. 30 Sonderabfallverbrennungsanlagen in Deutschland mit einer jährlich nutzbaren Verbrennungskapazität von circa 1,5 Millionen Tonnen, die sich meistens an Standorten der chemischen Industrie befinden [29].

Die in Deutschland bestehenden Müllverbrennungsanlagen verfügen alle über eine Energienutzung (Strom, Prozessdampf und/oder Fernwärme). Die Müllverbrennungsanlagen entsprechen mit ihren Abgasreinigungen den Anforderungen der 17. BImSchV. Einige Anlagen behandeln den Rest-Siedlungsabfall zusammen mit kommunalem Klärschlamm. Die meisten Anlagen mit nasser Abgasreinigung werden abwasserfrei betrieben. Die bei der thermischen Abfallbehandlung entstehenden Rostaschen werden einer Aufbereitung mit dem Ziel der Verwertung im Straßen- und Wegebau zugeführt. Darüber hinaus werden Eisenschrott und Nichteisenmetalle stofflich verwertet [29].

Seit 1987 wird die bisher einzige Pyrolyse-Anlage zur Behandlung von Restabfall und Klärschlamm im Entsorgungsmaßstab mit einem Jahresdurchsatz von ca. 25.000 t in Burgau (Landkreis Günzburg) betrieben. Die Ablagerung der Pyrolyse-Reststoffe erfolgt gemäß den Anforderungen der neuen Deponieverordnung.

Neben den Müllverbrennungsanlagen gibt es noch die Mitverbrennung von heizwertreichen Abfällen, wie beispielsweise Altreifen, in geeigneten Industrieanlagen z. B. Zementwerken, Kraftwerken oder anderen Feuerungsanlagen, deren Hauptzweck nicht die Abfallverbrennung ist. Die Abfälle ersetzen dort entsprechend ihrem Heizwert den Regelbrennstoff [29].

8.2.5.5 Deponierung

Eine Deponie ist eine Abfallentsorgungsanlage zur zeitlich unbegrenzten, geordneten und kontrollierten Ablagerung von Abfällen. Sie dient zur Entsorgung von den Abfällen, die weder vermieden noch verwertet wurden. Allerdings müssen sie nun vorbehandelt werden. Denn nach der Deponieverordnung ist die Ablagerung von unbehandelten Abfällen, welche die Zuordnungskriterien für Deponien nicht erfüllen, untersagt.

In Deutschland wurde im Jahr 1961 die erste geordnete Deponie von der Stadt Bochum errichtet. Mit dem Abfallbeseitigungsgesetz wurde im Jahr 1971 die Grundlage für eine geordnete Deponierung in der ganzen Bundesrepublik geschaffen. Das führte dazu, dass viele kleine Gemeinden ihre bis dahin betriebenen Müllkippen schließen mussten, da sie den gesetzlichen Anforderungen nicht mehr entsprachen. In der DDR existierte bis zur Wende ein Gesetz, nach dem Abfälle nicht weiter als 3 km transportiert werden durften. Dadurch gab es unzählige kleine Müllkippen.

Im Allgemeinen regelt die Deponieverordnung vom 27. April 2009 die umweltverträgliche Ablagerung von Abfällen auf Deponien. Sie enthält Anforderungen hinsichtlich der unterschiedlichen Deponieklassen über die Errichtung, den Betrieb, die Stilllegung und die Nachsorge. Nach dieser Verordnung wird zwischen folgenden Deponieklassen unterschieden:

- Deponieklasse 0 (Inertstoffdeponie)
  Oberirdische Deponie für Inertabfälle wie z. B. Bodenaushub und Schlacken aus der Müllverbrennung (unter bestimmten Bedingungen und nach Überprüfung der Auslaugbarkeit)
- Deponieklasse I (Mineralstoffdeponie)
  Oberirdische Deponie für Abfälle mit einem sehr geringen organischen Anteil und mit einer sehr geringen Schadstofffreisetzung im Auslaugungsversuch wie beispielsweise Bauschutt
- Deponieklasse II (Siedlungsabfalldeponie)
  Oberirdische Deponie für Abfälle, einschließlich mechanisch-biologisch behandelter Abfälle, mit höherem organischen Anteil als Deponieklasse I und mit höherer

Schadstofffreisetzung im Auslaugungsversuch als Deponieklasse I sowie mit höheren Anforderungen an den Deponiestandort und an die Deponieabdichtung wie z. B. Deponien für Siedlungsabfälle und z. T. Gewerbe- und Produktionsabfälle
- Deponieklasse III (Sonderabfalldeponie)
  Oberirdische Deponie für Abfälle, mit höherem Anteil an Schadstoffen als Deponieklasse II und mit höherer Schadstofffreisetzung im Auslaugungsversuch als Deponieklasse II sowie mit höheren Anforderungen an den Deponiestandort und an die Deponieabdichtung wie z. B. Deponien für Sonder- und Produktionsabfälle
- Deponieklasse IV (Untertagedeponie)
  Untertagedeponie für umweltgefährdende Sonderabfälle wie z. B. mittel- und hochradioaktive Abfälle in einem Bergwerk mit eigenständigem Ablagerungsbereich oder einer Kaverne

Die Grundlage für die Planung, den Bau und den Betrieb einer oberirdischen Deponie – unabhängig von der Deponieklasse – bildet das Multibarrierenkonzept, das durch mehrere voneinander unabhängige Barrieren die Freisetzung und Ausbreitung von Schadstoffen aus der Deponie verhindert. Die Anforderungen an die einzelnen Barrieren sind in der Abfallablagerungsverordnung, der TA Siedlungsabfall, der Deponieverordnung sowie in der TA Abfall enthalten. Das Multibarrierenkonzept besteht aus folgenden Barrieren [2]:

- 1. Barriere: Abfallvorbehandlung
  Die abzulagernden Abfälle sollen weitgehend reaktionsträge und schadstoffarm sein, damit sich praktisch kein Deponiegas bildet. Haben die Abfälle, diese Eigenschaften nicht, so sind sie vorzubehandeln z. B. durch chemisch-physikalische Vorbehandlung, Verbrennung oder von der Ablagerung auszuschließen.
- 2. Barriere: Standortauswahl
  Der Deponiestandort sollte hydrologisch und geologisch geeignet sein wie beispielsweise durch einen ausreichenden Abstand zum Grundwasserleiter sowie vorhandene, wasserundurchlässiger Schichten.
- 3. Barriere: Beschaffenheit des Deponiekörpers
  Im Deponiekörper laufen chemische, biologische und physikalische Prozesse ab. Der Deponiekörper muss so aufgebaut werden, dass er stabil ist und dass langfristig keine unannehmbaren Gasemissionen nach außen dringen.
- 4. Barriere: Deponiebasisabdichtung und Sickerwasserbehandlung
  Die Basisabdichtung soll in Verbindung mit dem integrierten Entwässerungssystem verhindern, dass belastetes Sickerwasser ins Grundwasser eindringt. Das Abdichtungssystem besteht aus wasserundurchlässigen Materialien. Das Entwässerungssystem dient der Sammlung und Ableitung der belasteten Sickerwässer zu einer Aufbereitungsanlage.
- 5. Barriere: Oberflächenabdichtung
  Der Eintrag von Fremd- und Sickerwasser in den Deponiekörper muss nach Verfüllung der Deponie durch eine Oberflächenabdichtung verhindert werden. Eine auf der

Oberflächenabdichtung angeordnete Rekultivierungsschicht einschließlich Bewuchs dient dem Schutz der Abdichtung und der Eingliederung des Deponiekörpers in die Landschaft.

- 6. Barriere: Nachsorge und Reparatur
Die Deponie muss auch wenn sie fertig verfüllt ist noch überwacht werden, um eine Beschädigung der Oberflächenabdichtung auszuschließen. Alle Systeme müssen so aufgebaut sein, dass sie ohne weiteres repariert werden können, wie z. B. die Rohre der Sickerwassererfassung. Das Deponielangzeitverhalten muss kontrolliert und dokumentiert werden.

Moderne Deponien verfügen neben den oben genannten technischen Einrichtungen im Ablagerungsbereich über Deponiestraßen, Betriebsgebäude, Hallen, Werkstätte und Messeinrichtungen für Wetterdaten sowie Deponiekontrolldaten.

8.3   Planungssysteme in der Kreislaufwirtschaft

8.3.1 Planungsverfahren

Eine Planung ist die gedankliche Gestaltung eines Prozesses oder einer Anlage, der bzw. die eine bestimmte vorgegebene Aufgabe in einem bestimmten Zeitabschnitt, dem Planungshorizont, in der Zukunft zu erfüllen hat. Zur Planung logistischer Systeme allgemein und insbesondere in der Entsorgung gehört eine Vielzahl von möglichen Tätigkeitsgebieten, zu denen die Ablaufplanung (z. B. Gestaltung der Transportkette im Sonderabfallbereich), die Arbeitsmittelplanung (z. B. die Fuhrparkplanung im Hausabfallsammelbereich) und die Fabrikplanung (z. B. Aufbau von Abfallbehandlungsanlagen) zu zählen sind.

Gegenstand einer Planung sind alle an der gestellten Aufgabe beteiligten Objekte (Güter, Personen, Informationen, Energie), Arbeitsmittel (Transportmittel, Produktionsmittel) und die notwendige Infrastruktur. Zur Planung werden Modelle herangezogen, die das zu planende System so detailliert wie notwendig, aber so einfach wie möglich darstellen sollen. Hierbei wird zwischen abstrakten (mathematischen, kybernetischen) und konkreten Modellen unterschieden. Auf diese Modelle werden dann Verfahren aus dem Operation Research wie die Graphentheorie, Netzplantechnik, lineare und nichtlineare Optimierung usw. angewendet oder es kommen andere Verfahren wie Entscheidungstabellen, Systemanalysen, Flussdiagramme und Materialflusspläne zum Einsatz. Darüber hinaus gibt es Simulationsprogramme und Expertensysteme als Planungswerkzeuge, denen in Zukunft eine immer größer werdende Rolle u. a. bei der Lösung komplexerer Probleme einzuräumen ist. Neben der Komplexität des Planungsobjektes sind folgende Aspekte zu berücksichtigen:

- Anlagentechnik
- Bautechnik

- Energietechnik und -verbrauch
- Ergonomie
- Informationstechnik
- Organisation
- Verkehrstechnik
- Wirtschaftlichkeit

Insbesondere in der Entsorgungsbranche kommt eine Vielzahl zu beachtender Gesetze und Verordnungen hinzu. Der Einsatz rechnergestützter Verfahren bei der Planung logistischer Systeme dient der Ermittlung alternativer Lösungsmöglichkeiten und Planungsvarianten, die miteinander verglichen werden können. Die damit verbundenen großen Datenmengen lassen sich mittels EDV effektiv verwalten und den Anforderungen entsprechend dokumentieren. Als wichtiges Hilfsmittel haben sich Programmsysteme herausgestellt, die zur Planungsdatenanalyse beitragen können. Da in vielen Unternehmen Daten hauptsächlich aus wirtschaftlichem bzw. kaufmännischem Interesse verwaltet werden, müssen für die Planung logistischer Systeme Daten neu erhoben werden oder aus den vorhandenen Daten abgeleitet werden. So sind z. B. in einem Betrieb, der sich mit der Sammlung und Behandlung von Sonderabfällen beschäftigt, Informationen über Materialbewegungen auf dem Betriebsgelände und Verweilzeiten von Abfällen in bestimmten Zeitabschnitten kaum vorhanden, dies ist aber für die konsistente Planung eines Lagers für Sonderabfälle notwendig. Nun lassen sich solche Daten mittels EDV häufig aus Auftragsdaten und Abrechnungsdaten ermitteln, da diese Daten heute fast überall mittels EDV verarbeitet werden. Ist dies nicht der Fall, so müssen entsprechende Daten aufgenommen werden und auf ihre Plausibilität, Vollständigkeit, Redundanz und Konsistenz überprüft werden, bevor sie als Planungsgrundlage verwendet werden können. Die hierbei gewonnenen Daten lassen sich dann auch zu Hochrechnungen heranziehen, um die Auslegung des zu planenden Objektes für einen bestimmten Zeitraum zukunftssicher gestalten zu können. Neben diesen als Analysewerkzeuge zu bezeichnenden EDV-Hilfsmitteln sind die Instrumente zu erwähnen, die die eigentlichen Planungsvarianten erzeugen oder sogar optimieren. Beispiele sind:

- Layoutplanungsprogramme, die bei der Aufteilung eines Betriebsgeländes oder einer Fertigungshalle bzw. dem Einpassen eines neuen Anlagenteiles oder einer Produktionsstätte eingesetzt werden. Hierzu wird das vorhandene Layout, also die momentane räumliche Situation, maßstabsgetreu graphisch im Rechner abgebildet. In diese Darstellung können jetzt die neu einzubindenden Anlagenteile mit allen Materialflusswegen graphisch eingesetzt werden und die Auswirkungen auf Flächenverbrauch und Materialflussweglängen vom Programm errechnet werden, so dass ein qualitativer und quantitativer Vergleich verschiedener Planungsvarianten möglich ist. Mittlerweile existieren auch schon Systeme, die die räumliche Anordnung selbst durchspielen können und durch eine Simulation zu einem optimalen Ergebnis kommen.
- Lagerplanungsprogramme, die bei der Planung von Lagersystemen, z. B. inertisierte Hochregallager für Sonderabfälle, behilflich sein können. Auf Grundlage von

Eingabedaten, z. B. der zu lagernden Mengen, der Aus- und Einlagerungsmargen, einer grundsätzlichen Entscheidung des Planers für bestimmte Lagerprinzipien und einer Datenbasis über die am Markt vorhandene Lagertechnik, können solche Systeme in kurzer Zeit verschiedene Varianten errechnen und auch graphisch darstellen, so dass der Planer sehr gut die Nutzbarkeit einer Variante für das gestellte Problem überprüfen kann, um dann in einem iterativen Prozess zu einem optimalen Lager zu gelangen.

8.3.2 Standortplanung

Die Bedeutung der Standortplanung lässt sich daran erkennen, dass einmal realisierte Entscheidungen, wenn überhaupt, nur mit sehr großem Aufwand und dementsprechend hohen Kosten rückgängig gemacht werden können. Deshalb muss der Standortauswahl innerhalb der strategischen Planung die erforderliche Beachtung geschenkt werden. Vor allem ist die Standortplanung in der Kreislaufwirtschaft verbunden mit genehmigungsrechtlichen Restriktionen.

Bei einer Standortplanung wird i. d. R. eine begrenzte Region betrachtet, wobei grundlegende Entscheidungen über die zu produzierenden Güter bereits getroffen sind. Jeder Standort ist durch bestimmte Nebenbedingungen gekennzeichnet, die es qualitativ zu beschreiben gilt. Danach kann mit Hilfe geeigneter Verfahren des Operations Research der optimale Standort errechnet werden. Das an dieser Stelle zugrundeliegende Planungsproblem wird als **Warehouse Location Problem** (WLP) bezeichnet. Dieses Problem umfasst sowohl die optimale Anzahl als auch die optimale Lage der Standorte in einem logistischen Netzwerk. Optimierungsverfahren müssen also das kostenoptimale Verhältnis zwischen Standortkosten (steigend mit zunehmender Anzahl von Standorten) und Transportkosten (sinkend mit zunehmender Anzahl von Standorten) finden bei gleichzeitiger Optimierung der geografischen Lage der Standorte. Um die Güte einer Lösung des WLP in Bezug auf die Lage der Standorte zu bewerten, müssen alle Güterströme innerhalb des logistischen Netzwerks ausgehend von einem Ausgangspunkt über verschiedene Stufen eines Logistiknetzwerkes hinweg einem Endpunkt zugeordnet werden. Dieses Problem ist das so genannte **Transport Problem**, das im Rahmen einer Zuordnungsplanung gelöst wird. Lösungsverfahren, die das WLP lösen, müssen in jedem Iterationsschritt auch das Transport Problem lösen, also eine Zuordnungsplanung durchführen.

Die Zuordnungsplanung kann auch als alleinstehende Methode angewendet werden im Rahmen der Optimierung von Güterflüssen in bereits existierenden logistischen Netzwerken. Sie wird überwiegend von Logistikunternehmen in der Distributions- und Handelslogistik angewendet. Sie optimiert die Zuordnung von Produkten ausgehend vom Hersteller über Zentral- und Regionallager bzw. über den Groß- und Einzelhandel bis hin zum Endkunden. In Ansätzen wird sie inzwischen auch von Herstellern in der Beschaffungs- und Produktionslogistik eingesetzt. Hierbei dient sie der Zuordnung von Rohstoffen ausgehend von den Lieferanten über die Produktion von Halbzeugen, Bauteilen und Baugruppen hinweg bis hin zum Hersteller fertiger Endprodukte. Darüber hinaus wird die Methode von Entsorgungsunternehmen eingesetzt. Hierbei dient sie der Zuordnung von Abfällen ausgehend vom Anfallort über die Sortierung, Demontage und Aufbereitung hinweg bis hin zur Verwertung oder Beseitigung. Das Ziel ist dabei vornehmlich, unter Einbeziehung logistischer, fertigungs- und verfahrenstechnischer Prozesse kostenminimale Materialflüsse zu realisieren [8]. Die Standort- und Zuordnungsplanung kann heuristisch oder exakt vorgenommen werden. Ihre Anwendung erfordert sowohl Projektdaten (z. B. kundenspezifische Standort-, Kunden- und Kosteninformationen) als auch Geodaten (z. B. digitale Straßenkarten, Schienen- und Wasserwege). Die Daten werden dazu eingangs in ein mathematisches Modell überführt [24].

8.3.3 Tourenplanung

Die Planung von Fahrtrouten (Touren) zur Sammlung von Abfällen, Wertstoffen und Altprodukten wird angesichts des allgemeinen Zwangs zur Optimierung und Rationalisierung in der Entsorgungsbranche vielfach angewendet. Darüber hinaus führen die Zentralisierung von Entsorgungseinrichtungen und die zunehmende Fraktionierung getrennt zu sammelnder Materialien zu einer drastischen Zunahme der Transportbeziehungen. Dadurch verlängern sich die Anfahrwege für die Sammelfahrzeuge und die spezifischen Sammelzeiten verringern sich, wodurch sich ein Mehraufwand an Personal- und Fuhrparkkosten ergibt. Die anteiligen Kosten für die Logistik (Sammlung, Umschlag und Transport) betragen schätzungsweise 30 bis 40 % der Gesamtkosten der Entsorgung [2].

Problemstellungen in der Kreislaufwirtschaft umfassen sowohl die Entsorgung von Haustür zu Haustür (Holsystem) als auch die Entleerung bzw. Abholung von Abfällen an dafür vorgesehenen spezifischen Orten (Bringsystem). Die allgemeine Problemstellung kann folgendermaßen beschrieben werden: Eine gegebene Anzahl von Kunden, deren Standorte bekannt sind und deren jeweilige Abfall- oder Altproduktmenge bekannt oder abgeschätzt ist, soll von einem Betriebshof angesteuert werden. Hierzu steht eine Anzahl von Sammelfahrzeugen mit einer beschränkten Ladekapazität bereit. Die Fahrzeuge werden von Mitarbeitern begleitet, die eine begrenzte Arbeitszeit haben. Auf Grund der Restriktionen ist es im Allgemeinen nicht möglich, alle Kunden mit einem Fahrzeug zu bedienen. Darüber hinaus führen die tageszeitlich nicht immer aufeinander abgestimmten Einschränkungen der Ladekapazität und Arbeitszeit dazu, dass bestimmte Fahrzeuge (i. d. R. alle) ein oder mehrmals im Verlauf der zur Verfügung stehenden Zeit zur Entleerung den Zielort (z. B. Sortieranlage, Müllverbrennung, Deponie) ansteuern müssen. In der betrieblichen Praxis wird für die genannten Problemstellungen die kostengünstigste Lösung gesucht.

Die Tourenplanungsprobleme können in knotenorientierte – z. B. das verallgemeinerte **Travelling Salesman Problem** (TSP) – und kantenorientierte Probleme – z. B. das verallgemeinerte **Chinese Postman Problem** (CPP) – differenziert werden. In der Praxis der Entsorgungslogistik treten verschiedene Formen der Tourenplanungsprobleme auf. Die wichtigsten Planungsaufgaben sind dabei:

- Die Tourenplanung für Wechselbehälter, z. B. Absetz- oder Abrollcontainer
- Die Tourenplanung für Gewerbeumleerbehälter
- Die Tourenplanung für die Depotcontainersammlung, z. B. Glas, Papier oder Textilien
- Die Planung der haushaltsnahen Sammlung, z. B. der Restmüllfraktion oder von Leichtverpackungen

Das zugrundeliegende Tourenplanungsproblem im Bereich der Wechselbehälter ist das **Pickup-and-Delivery-Problem** (PDP), dabei stellen die Rahmenbedingungen des Wechselcontainergeschäfts (z. B. unterschiedliche Containergrößen, Stapelbarkeit von leeren und nicht gedeckelten Absetzmulden, etc.) spezielle Randbedingungen dar. Als grundlegendes Planungsproblem bei der Depotcontainersammlung und der Leerung von Gewerbeumleerbehältern kann das **Capacitated Vehicle Routing Problem** (CVRP) gesehen werden, im Fall der Gewerbeumleertouren kommen häufig noch Zeitfensterrestriktionen hinzu, so dass das Problem als **Capacitated Vehicle Routing Problem with Time Windows** (CVRPTW) angesehen werden kann. Weiterhin kommt sowohl im Fall der Gewerbeumleertouren als auch der Depotcontainertouren der Aspekt der Periodizität des Planungsproblems hinzu, d. h. die Planung muss sich über einen längeren Zeitraum erstrecken, der vom längsten vorkommenden Leerungszyklus bestimmt wird (z. B. alle vier Wochen). Die im Laufe der Planung entstehenden Rahmentouren müssen dabei Kapazitätsreserven beinhalten, die es erlauben ad-hoc-Aufträge (z. B. Gewerbekunden, die auf Abruf angefahren werden oder Zwischenleerungen bei überlaufenden Depotcontainern) noch nachträglich unterzubringen. In der Praxis sind häufig noch weitere Restriktionen zu beachten, z. B. dass Fahrzeuge möglichst immer in der gleichen Gegend einzusetzen sind um die Ortskenntnis der Fahrer zu nutzen.

Die Planung der haushaltsnahen Abfallsammlung beinhaltet sehr spezielle Restriktionen und Anforderungen in Abhängigkeit der Periodizität (z. B Leerungszyklen von „täglich" bis „alle vier Wochen" im gleichen Planungsgebiet), des Servicegrads (z. B. Vollservice, bei dem die Mitarbeiter des Entsorgungsunternehmen die Müllbehälter aus verschlossenen Hinterhöfen holen und nachher wieder dort abstellen) und der Transparenz für den Bürger (gleiche Abfuhrtage im gleichen Stadtteil). Das an dieser Stelle zugrundeliegende Planungsproblem lässt sich als **Periodic Mixed Capacitated Arc Routing Problem with Intermediate Facilities** (P-MCARP-IF) auffassen [9]. Die Komplexität dieses Planungsproblems erfordert es in der Regel, das Planungsgebiet zunächst zu clustern, bevor die eigentliche Tourenplanung in Form einer Reihenfolgeplanung erfolgen kann (cluster first – route second).

Literatur

1. Arnold, D. et. Al (Hrsg.): Handbuch Logistik. Berlin, Heidelberg : Springer, 2002, S. B7-31.
2. Bilitewski, B; Härdtle, G: Abfallwirtschaft : Handbuch für Praxis und Lehre. 4. Aufl. Wiesbaden: Springer Vieweg Verlag, 2013.

3. Bundesministerium für Umwelt, Naturschutz und Reaktorsicherheit (BMU): Rio plus 20. Internet (2015): http://www.bmu.de/rio_plus_20/doc/47266.php

4. Bundesministerium für wirtschaftliche Zusammenarbeit und Entwicklung (Hrsg.): Es begann in Rio 1992. Internet (2015): http://www.bmz.de/de/themen/umwelt/hintergrund/umweltpolitik/rio_1992.html

5. Verkehrs- und Transportlogistik, Uwe Clausen, Christiane Geiger, Springer-Verlag, 20.09.2013-458 Seiten

6. Clausen, U., Hesse, K., Hohaus, C.: Werte erhalten, Potenziale erschließen – von der Entsorgung zur ganzheitlichen Kreislaufwirtschaft, Vortrag BVL-Kongress, Berlin, 2010.

7. Deutsches Institut für Normung (DIN): DIN 30781 Teil 1: Transportkette – Grundbegriffe. Ausgabe Mai 1989.

8. Domschke, W.; Drexl, A.: Einführung in Operations Research. 4. Aufl., Berlin Heidelberg New York : Springer, 1998. – ISBN 3-540-64587-X.

9. Engels, V.: Planungsheuristiken für periodische, kantenbasierte Sammelprobleme in der Entsorgungslogistik; Dissertation; Verlag Dr. Hut; München 2013; ISBN 978-3-8439-0848-1

10. Epiney, A.: Umweltrecht in der Europäischen Union. 2. Aufl. Köln : Carl Heymanns, 2005. – ISBN 3-452-25873-4.

11. Europäische Union: Vertrag von Lissabon. Internet (2015): http://europa.eu.

12. Engelhard, J.: Internationale Unternehmensnetzwerke. http://wirtschaftslexikon.gabler.de/Archiv/3715/internationale-unternehmensnetzwerke-v11.html (2015). Zugegriffen: 20. August 2015

13. Stiftung Gemeinsames Rücknahmesystem Batterien (Hrsg.): Internet (2015): http://www.grs-online.com

14. Hesse, K.; Hohaus, C.: Ressourcenmanagement: Nachhaltigkeit und Effizienz : Eine Einführung. In: Corporate Responsibility 2012 : Ressourcenmanagement: Nachhaltigkeit & Effizienz, Herausgeber: F.A.Z.-Institut und AmCham Germany, April 2012, ISBN-13: 978-3-89981-640-2.

15. Hesse, K.: Tray Cycling – Logistics for Urban Mining (TraCy). In: Koschany, G: Handbuch für den Abfallbeauftragten. Beuth Verlag. Berlin, 2013 (Lose Blattsammlung).

16. Materialflusssysteme: Förder- und Lagertechnik, Michael Hompel, Thorsten Schmidt, Lars Nagel, Springer-Verlag, 15.08.2007-388 Seiten

17. Warehouse Management, Michael Ten Hompel, Thorsten Schmidt, Springer-Verlag, 2010-354 Seiten

18. Kommissionierung: Materialflusssysteme 2 - Planung und Berechnung der Kommissionierung in der Logistik, Michael Hompel, Volker Sadowsky, Maria Beck, Springer-Verlag, 22.03.2011-296 Seiten

19. Kaluza, B. : Blecker, T.: Interindustrielle Unternehmensnetzwerke in der betrieblichen Entsorgungslogistik. Duisburg : Gerhard-Mercator-Universität, Fachbereich Wirtschaftswissenschaft, 1996 (Diskussionsbeitrag Nr. 229).

20. Kranert, M; Cord-Landwehr, K: Einführung in die Abfallwirtschaft, 4. Auflage. Vieweg+Teubner Verlag. Wiesbaden, 2010

21. Kummer, B.: Umsetzung des neuen Deponierechts : Erfahrungen in Deutschland und der EU. Tagungsbeitrag. Stand 31. Mai 2006. Internet (2015): www.sekundaer-rohstoffe.com/Umsetzung_des_Deponierechts.pdf

22. Unternehmens-Webpage.   http://www.webdev2.lpc-computer.de/ueber-uns/aktuelles.html (2015). Zugegriffen: 20. August 2015

23. Löhle, S., Müller, M.: Ausweitung der Getrennterfassung von Wertstoffen : Überblick und Potenzial der Wertstofftonne. In: Hösel, G. et. al. (Hrsg.): Müll-Handbuch : Sammlung und Transport, Behandlung und Ablagerung sowie Vermeidung und Verwertung von Abfällen. Berlin : Erich Schmidt, Loseblattsammlung Stand Januar 2015, Kz. 0175.

24. Michaelis, E: Lösung von Zuordnungs- und Umladeproblemen mit exakten Algorithmen. In: Bányai, T. (Hrsg.); Cselényi, J. (Hrsg.): Modelling and Optimaisation of Logistic Systems : Theory and Practice. Miskolc : Universität, 2001. – ISBN 963-661-510-1.
25. Stache, U.: Redistributionsstrategien. In: Rinschede, A.; Wehking, K.-H.; Jünemann, R. (Hrsg.): Entsorgungslogistik III: Kreislaufwirtschaft. Berlin : Erich Schmidt, 1995, S. 77f. – ISBN 3-503-03699-7.
26. UWS Umweltmanagement (Hrsg.): Umwelt-online. http://www.umwelt-online.de (2015). Zugegriffen: 20. August 2015
27. http://www.umweltbundesamt.de/sites/default/files/medien/376/publikationen/klaerschlammentsorgung_in_der_bundesrepublik_deutschland.pdf
28. https://www.umweltbundesamt.de/themen/abfall-ressourcen/entsorgung/mechanisch-biologische-behandlung Stand 30.01.2015
29. https://www.umweltbundesamt.de/themen/abfall-ressourcen/entsorgung/thermische-behandlung, Stand 23.03.2015
30. Umweltbundesamt (Hrsg.): Produktverantwortung in der Abfallwirtschaft – Batterien. Internet (2015): http://www.umweltbundesamt.de/themen/abfall-ressourcen/produktverantwortung-in-der-abfallwirtschaft/batterien (Zugriff 27.08.2015)
31. Umweltbundesamt (Hrsg.): Sammelquote für Geräte-Altbatterien auch 2013 unter 50 Prozent. Internet (2015): http://www.umweltbundesamt.de/daten/abfall-kreislaufwirtschaft/entsorgung-verwertung-ausgewaehlter-abfallarten/altbatterien (Zugriff 27. 08.2015)
32. Urban, Arnd I. / Halm, Gerhard (Hrsg.) Wertstofftonne und mehr ... Auf dem Weg zur Kreislaufwirtschaft kassel university press, ISBN: 978-3-86219-142-0, 2011, 156 Seiten (Schriftenreihe des Fachgebietes Abfalltechnik UNIKAT 12) URN: urn: nbn:de:0002-31435Inhalt: E-ISBN 978-3-86219-143-7
33. Verband kommunaler Unternehmen (Hrsg.): VKU Information 83, Betriebsdatenauswertung 2012. Berlin, München : Sigillium-Verlag, 2014.
34. http://www.vku.de/abfallwirtschaft/sammlung-und-logistik/fahrzeuge-u-behaelter.html
35. Verband kommunale Abfallwirtschaft und Stadtreinigung im Verband kommunaler Unternehmen (Hrsg.): VKS Information 64, VKS im VKU : Betriebsdatenauswertung 2004. Köln : VKS Service, 2005.
36. Verein Deutscher Ingenieure (VDI): VDI Norm 2243 Recyclingorientierte Produktentwicklung. Düsseldorf : VDI-Verlag, Ausgabe Juli 2002.
37. Verein Deutscher Ingenieure (VDI): VDI Norm 2343 Recycling elektrischer und elektronischer Geräte, Blatt 1. Düsseldorf : VDI-Verlag, Ausgabe Mai 2001.
38. Verein Deutscher Ingenieure (VDI): VDI Norm 3629 Organisatorische Grundfunktionen im Lager. Düsseldorf : VDI-Verlag, Ausgabe März 2005.
39. Verein Deutscher Ingenieure (VDI): VDI Norm 4413 Entsorgungslogistik in produzierenden Unternehmen. Düsseldorf : VDI-Verlag, Ausgabe Entwurf März 2015.
40. Verein Deutscher Ingenieure (VDI): VDI Norm VDI 4431 Kreislaufwirtschaft für produzierende Unternehmen. Düsseldorf : VDI-Verlag, Ausgabe Juli 2001.
41. Verein Deutscher Ingenieure (VDI): VDI Norm VDI 4432 Entsorgungsmanagement von Gewerbeabfällen. Düsseldorf : VDI-Verlag, Ausgabe April 2014.
42. Würz, W.: Fahrzeuge zur Abfuhr von festen Abfällen. In: Hösel, G. et al (Hrsg.): Müll-Handbuch : Sammlung und Transport, Behandlung und Ablagerung sowie Vermeidung und Verwertung von Abfällen. Berlin : Erich Schmidt, Loseblattsammlung Stand Juni 1998, Kz. 2210.
43. Würz, W.: Fahrzeuge zur systemlosen Abfuhr. In: Hösel, G. et al (Hrsg.): Müll-Handbuch : Sammlung und Transport, Behandlung und Ablagerung sowie Vermeidung und Verwertung von Abfällen. Berlin : Erich Schmidt, Loseblattsammlung Stand Juni 1998, Kz. 2220.

44. Würz, W.: Fahrzeuge für Umleerbehältersysteme. In: Hösel, G. et al (Hrsg.): Müll-Handbuch :
    Sammlung und Transport, Behandlung und Ablagerung sowie Vermeidung und Verwertung von
    Abfällen. Berlin : Erich Schmidt, Loseblattsammlung Stand Juni 1998, Kz. 2230.
45. Würz, W.: Konventionelle Abfallfahrzeuge. In: Hösel, G. et al (Hrsg.): Müll-Handbuch : Samm-
    lung und Transport, Behandlung und Ablagerung sowie Vermeidung und Verwertung von Abfäl-
    len. Berlin : Erich Schmidt, Loseblattsammlung Stand Juni 1998, Kz. 2231.
46. Würz, W.: Fahrzeuge für das Wechselverfahren. In: Hösel, G. et al (Hrsg.): Müll-Handbuch :
    Sammlung und Transport, Behandlung und Ablagerung sowie Vermeidung und Verwertung von
    Abfällen. Berlin : Erich Schmidt, Loseblattsammlung Stand Juni 1998, Kz. 2240.
47. Würz, W.: Kaum zu überschauen, die rechtlichen Bestimmungen. In: Hösel, G. et al (Hrsg.):
    Müll-Handbuch : Sammlung und Transport, Behandlung und Ablagerung sowie Vermeidung
    und Verwertung von Abfällen. Berlin : Erich Schmidt, Loseblattsammlung Stand 2005, Kz.
    2030.

Stichwortverzeichnis

© Springer-Verlag GmbH Deutschland, ein Teil von Springer Nature 2019
K. Furmans, C. Kilger (Hrsg.), *Betrieb von Logistiksystemen*, Fachwissen Logistik,
https://doi.org/10.1007/978-3-662-57943-5

Printed in the United States
By Bookmasters